普通高等教育"十三五"规划教材

起重运输与吊装技术

张永清　主　编
孙有亮　副主编

化学工业出版社
·北京·

本书系统地介绍了各种起重吊装机械专用机具的结构特点与选用原则及起重机各个机构的组成、结构特点、工作原理，重点介绍了起重吊装机械的基本理论、基本工艺、基本技术，并详细说明了大型设备吊装运输的方法以及有代表性的大型设备运输及吊装施工方案的编制过程。

本书主要作为高等工科院校（包括函授、夜大学、成人教育）建筑工程技术、工业设备安装专业本、专科的专业教材，也可供其他相关专业的教师和学生及工程技术人员参考。

图书在版编目（CIP）数据

起重运输与吊装技术/张永清主编. —北京：化学工业出版社，2016.9（2022.1重印）
普通高等教育"十三五"规划教材
ISBN 978-7-122-27774-9

Ⅰ.①起… Ⅱ.①张… Ⅲ.①起重机械-安装-高等学校-教材 Ⅳ.①TH210.7

中国版本图书馆 CIP 数据核字（2016）第 181657 号

责任编辑：高　钰　　　　　　　　　　　　文字编辑：陈　喆
责任校对：边　涛　　　　　　　　　　　　装帧设计：刘丽华

出版发行：化学工业出版社（北京市东城区青年湖南街 13 号　邮政编码 100011）
印　　装：北京捷迅佳彩印刷有限公司
787mm×1092mm　1/16　印张 23¼　字数 579 千字　2022 年 1 月北京第 1 版第 3 次印刷

购书咨询：010-64518888　　　　　　　　　售后服务：010-64518899
网　　址：http://www.cip.com.cn
凡购买本书，如有缺损质量问题，本社销售中心负责调换。

定　　价：59.00 元

前言

　　随着国内外工业建筑和现代科学技术的迅猛发展及"中国制造 2025"的推进，大中型构件、重型构件、高精端设备、异形设备的整体吊装要求越来越高，新技术、新工艺、新材料、新结构的大量应用，使得起重吊装工程量越来越大。尤其是现代化的大型化工设备、石油设备、桥梁、运动场馆、高层写字楼采用整体吊装作业量是前几年的几倍甚至几十倍，所以，迫切需要大功率的工程起重机来完成这些吊装工作。这是一个比较复杂的系统工程，对起重运输和吊装技术的难度、精度提出了更高的要求，使之成为一种无法替代的专门技术，具有广阔的发展空间和应用前景。

　　由于目前对大型设备吊装运输的施工组织和工艺技术还没有统一标准，各行业、各企业编写的施工组织和吊装技术方案五花八门，对大型设备吊装运输技术文件的编审、方案选择、组织实施、监督检查等方面还存在许多问题。吊装市场竞争激烈，各行业吊装工程千变万化，各种吊装工艺技术和机具优化不断更新。为了提高我国高等学校设备安装行业的教学质量，并为从事设备安装工作的技术人员、技术工人提供具有参考价值的依据，我们组织有经验的教师编写了本教材。

　　本书作为工业设备安装专业本、专科学生的专业课教材，系统介绍了各种起重吊装机械专用机具的结构特点与选用原则，介绍了起重机各个机构的组成、结构特点、工作原理，介绍了起重吊装机械的基本理论、基本工艺、基本技术，大型设备吊装运输的方法以及有代表性的大型设备运输及吊装施工方案的编制。

　　本书的编写特点是注重理论与实际相结合，理论简单明了、实际操作经济实用。本书加入了较多典型的工程案例进行分析研究，缩短了高等学校与实际工作的衔接时间，使毕业生能够尽快适应工作岗位。

　　本书主要作为高等工科院校（包括函授、夜大学、成人教育）建筑工程技术、工业设备安装专业本、专科的专业教材，也可供其他相关专业的教师和学生及工程技术人员参考。

　　本书由张永清任主编，孙有亮任副主编。石树正、戴美魁、郭思佳参加编写。

　　由于编者水平有限，加之时间仓促，书中难免存在不足，恳请各位专家和读者批评指正，以便再版时修改和完善。

编　者

2016 年 5 月

目录

第 1 章　绪论 ... 1

1.1　概述 ... 1

1.1.1　起重机械与吊装技术在国民经济中所起的作用和意义 ... 1

1.1.2　起重机械与吊装技术的发展简史 ... 1

1.1.3　起重机械今后的发展方向 ... 2

1.2　起重机的主要参数 ... 3

1.2.1　额定起重量 Q 和起重力矩 M ... 3

1.2.2　起升高度 H ... 4

1.2.3　跨度 L ... 4

1.2.4　幅度 R ... 4

1.2.5　工作速度 ... 4

1.2.6　生产率 ... 5

1.3　起重机的工作级别和工作类型 ... 5

1.3.1　起重机利用等级 ... 5

1.3.2　起重机载荷状态 ... 6

1.3.3　起重机整机工作级别 ... 7

1.3.4　起重机机构的利用等级 ... 7

1.3.5　起重机机构的载荷状态 ... 7

1.3.6　起重机机构的工作级别 ... 8

1.3.7　起重机的工作类型 ... 8

1.3.8　施工现场吊装工作要求 ... 10

第 2 章　起重机械的基本构造、工作原理 ... 11

2.1　起重机械的基本构造 ... 11

2.1.1　轻小型起重设备的构造、工作原理 ... 11

2.1.2　桥式起重机的构造 ... 14

2.1.3　旋转类起重机的构造 ... 18

2.2　通用桥式起重机的构造、工作原理 ... 23

2.2.1　通用桥式起重机的构造 ... 23

2.2.2　通用桥式起重机传动原理 ... 29

第 3 章　起重机械的载荷分类及设计计算方法 ... 30

3.1　起重机械的载荷分类 ... 30

3.1.1　载荷的分类 ……………………………………………………………… 30

3.1.2　载荷的计算 ……………………………………………………………… 31

3.2　起重机械的设计计算方法 ………………………………………………… 36

第4章　起重机械的制动装置与安全装置　38

4.1　制动器的种类和用途 ……………………………………………………… 38

4.1.1　制动器的用途 …………………………………………………………… 38

4.1.2　制动器的种类 …………………………………………………………… 39

4.2　块式制动器 ………………………………………………………………… 42

4.2.1　块式制动器的构造 ……………………………………………………… 42

4.2.2　块式制动器的选择计算 ………………………………………………… 45

4.3　带式制动器 ………………………………………………………………… 48

4.3.1　简单带式制动器 ………………………………………………………… 48

4.3.2　差动带式制动器及综合带式制动器 …………………………………… 52

4.4　起重机械安全装置 ………………………………………………………… 53

4.4.1　缓冲器 …………………………………………………………………… 53

4.4.2　防风装置 ………………………………………………………………… 56

4.4.3　起重量限制器与载重力矩限制器 ……………………………………… 60

第5章　起重机械常用吊索与吊具　65

5.1　钢丝绳 ……………………………………………………………………… 65

5.1.1　钢丝绳的用途和制造方法 ……………………………………………… 65

5.1.2　钢丝绳的构造和种类 …………………………………………………… 66

5.1.3　钢丝绳的破坏形式和报废标准 ………………………………………… 71

5.2　滑轮 ………………………………………………………………………… 72

5.2.1　滑轮的构造 ……………………………………………………………… 72

5.2.2　滑轮组的构造及其应用 ………………………………………………… 75

5.3　卷筒 ………………………………………………………………………… 78

5.3.1　卷筒的构造与材料 ……………………………………………………… 78

5.3.2　卷筒的主要尺寸 ………………………………………………………… 79

5.3.3　卷筒的强度 ……………………………………………………………… 83

5.3.4　卷筒的抗压稳定性 ……………………………………………………… 85

5.4　吊钩与吊环 ………………………………………………………………… 85

5.4.1　取物装置的要求 ………………………………………………………… 85

5.4.2　吊钩的构造、种类、计算 ……………………………………………… 87

5.4.3　吊环的构造、应用 ……………………………………………………… 96

5.5　吊物缆与卸扣 ……………………………………………………………… 97

5.5.1　吊物缆的构造与应用 …………………………………………………… 97

5.5.2　卸扣的构造与应用 ……………………………………………………… 99

第6章 常用起重机具   **103**

6.1 卷扬机 …………………………………………………………………………… 103

  6.1.1 手摇卷扬机 ……………………………………………………………… 103

  6.1.2 电动卷扬机 ……………………………………………………………… 104

6.2 千斤顶 …………………………………………………………………………… 107

  6.2.1 千斤顶的使用 …………………………………………………………… 107

  6.2.2 千斤顶的构造、种类、技术规格 ……………………………………… 107

  6.2.3 使用千斤顶的注意事项 ………………………………………………… 110

6.3 起重桅杆 ………………………………………………………………………… 111

  6.3.1 起重桅杆的特点和作用 ………………………………………………… 111

  6.3.2 起重桅杆的种类 ………………………………………………………… 111

6.4 塔式起重机 ……………………………………………………………………… 115

  6.4.1 塔式起重机的用途和构造 ……………………………………………… 115

  6.4.2 塔式起重机的技术规格和特点 ………………………………………… 116

6.5 自行式起重机 …………………………………………………………………… 117

  6.5.1 自行式起重机的用途和特点 …………………………………………… 117

  6.5.2 自行式起重机的种类 …………………………………………………… 118

第7章 起升机构   **121**

7.1 起升机构的构造 ………………………………………………………………… 121

  7.1.1 起升机构的组成 ………………………………………………………… 121

  7.1.2 起升机构的传动 ………………………………………………………… 121

7.2 起升机构的计算 ………………………………………………………………… 123

  7.2.1 卷绕系统和驱动装置的计算 …………………………………………… 124

  7.2.2 制动器的选用 …………………………………………………………… 131

  7.2.3 启动、制动时间的验算 ………………………………………………… 132

  7.2.4 电动机发热验算 ………………………………………………………… 134

第8章 运行机构   **135**

8.1 运行机构的概述 ………………………………………………………………… 135

  8.1.1 运行机构的任务 ………………………………………………………… 135

  8.1.2 运行机构的分类 ………………………………………………………… 135

  8.1.3 运行支承装置 …………………………………………………………… 135

8.2 运行驱动机构的构造 …………………………………………………………… 146

  8.2.1 自行式运行驱动机构 …………………………………………………… 146

  8.2.2 牵引式运行驱动机构 …………………………………………………… 151

8.3 运行阻力 ………………………………………………………………………… 152

8.4 运行驱动机构计算 ……………………………………………………………… 156

  8.4.1 电动机容量的初选 ……………………………………………………… 156

8. 4. 2　减速器的选择 ･････････････････････････････････ 159

8. 4. 3　制动器的选择 ･････････････････････････････････ 160

8. 4. 4　验算主动轮的打滑 ･････････････････････････････ 160

第 9 章　变幅机构　　162

9. 1　变幅机构的类型 ････････････････････････････････ 162

9. 2　臂架摆动式变幅机构 ･･････････････････････････････ 163

9. 2. 1　载重的水平位移 ･････････････････････････････ 163

9. 2. 2　臂架的自重平衡 ･････････････････････････････ 166

9. 3　运行小车式变幅机构 ･･････････････････････････････ 167

9. 3. 1　小车的构造 ･･･････････････････････････････ 168

9. 3. 2　运行小车式变幅机构的工作原理 ･･･････････････ 168

第 10 章　回转机构　　170

10. 1　回转机构的组成和常用形式 ･･･････････････････････ 170

10. 1. 1　回转机构的组成 ･･･････････････････････････ 170

10. 1. 2　回转机构的形式 ･･･････････････････････････ 170

10. 2　回转支承装置受力计算 ･･･････････････････････････ 170

10. 2. 1　回转支承装置的形式与构造 ･･･････････････････ 170

10. 2. 2　回转支承装置受力计算 ･･･････････････････････ 179

10. 3　回转驱动装置计算 ･･････････････････････････････ 183

10. 3. 1　回转驱动装置的形式与构造 ･･･････････････････ 183

10. 3. 2　回转驱动装置受力分析与计算 ･････････････････ 188

第 11 章　顶升机构　　196

11. 1　自升式塔式起重机的顶升结构及顶升方式 ･･･････････ 196

11. 1. 1　概述 ･･･････････････････････････････････ 196

11. 1. 2　顶升接高方式 ･････････････････････････････ 196

11. 1. 3　顶升机构的种类 ･･･････････････････････････ 197

11. 1. 4　液压顶升机构 ･････････････････････････････ 197

11. 2　自升式塔式起重机的安装和拆卸 ･･･････････････････ 199

11. 2. 1　塔式起重机的安装 ･････････････････････････ 199

11. 2. 2　塔式起重机的拆卸 ･････････････････････････ 203

11. 2. 3　塔式起重机的使用 ･････････････････････････ 204

11. 3　旋转法 ･････････････････････････････････････ 204

11. 3. 1　安装 ･･･････････････････････････････････ 204

11. 3. 2　拆卸 ･･･････････････････････････････････ 206

11. 4　起扳法和折叠法 ･･･････････････････････････････ 206

11. 4. 1　整体起扳法 ･･･････････････････････････････ 206

11. 4. 2　折叠法 ･････････････････････････････････ 206

11.5 内爬式塔式起重机的安装、爬升与拆卸 ······ 210
  11.5.1 轮绳爬升系统 ······ 210
  11.5.2 液压爬升系统 ······ 212
11.6 塔式起重机的运输方法 ······ 213
  11.6.1 分件运输 ······ 213
  11.6.2 整体拖运方式 ······ 213
  11.6.3 半拖挂运输所要求的最小路面宽度 ······ 214

第12章 桅杆式起重机   **216**

12.1 桅杆的组立、移动与放倒 ······ 216
  12.1.1 桅杆的受力分析 ······ 216
  12.1.2 桅杆的组立方法 ······ 219
  12.1.3 桅杆的移动和放倒方法 ······ 224
12.2 单桅杆吊装 ······ 225
  12.2.1 夺吊 ······ 226
  12.2.2 扳吊 ······ 232
  12.2.3 倾斜桅杆吊装 ······ 234
12.3 双桅杆吊装 ······ 236
  12.3.1 等高双桅杆吊装 ······ 237
  12.3.2 不等高双桅杆吊装 ······ 239
12.4 人字桅杆吊装 ······ 241
  12.4.1 人字桅杆的分类 ······ 241
  12.4.2 人字桅杆的吊装 ······ 241
12.5 门式桅杆吊装 ······ 248
  12.5.1 概述 ······ 248
  12.5.2 侧偏吊 ······ 249
  12.5.3 无锚点吊装 ······ 250
  12.5.4 推举 ······ 255
12.6 动臂桅杆吊装 ······ 259
  12.6.1 动臂桅杆的分类 ······ 259
  12.6.2 临时吊杆吊装 ······ 261
  12.6.3 动臂回转桅杆吊装 ······ 264

第13章 起重吊装工艺   **266**

13.1 吊装工艺选择的原则 ······ 266
  13.1.1 吊装场地的布设 ······ 266
  13.1.2 吊装机具的定位 ······ 266
  13.1.3 桅杆的试验 ······ 267
13.2 设备吊运的安全保护措施 ······ 268
13.3 正装法与倒装法的选择 ······ 268

13.3.1　正装法与倒装法的特点 ………………………………………… 268

13.3.2　倒装法吊装设备实例 ……………………………………………… 269

第14章　设备的运输与装卸　　271

14.1　运输路线的选择 ……………………………………………………… 271

14.2　设备（构件）运输 …………………………………………………… 272

14.2.1　常用的一次运输方法 ……………………………………………… 272

14.2.2　常用的二次运输方法 ……………………………………………… 273

14.3　设备装车与卸车 ……………………………………………………… 276

14.4　设备运输牵引力的计算与估算 ……………………………………… 278

14.4.1　滑运设备牵引力计算 ……………………………………………… 278

14.4.2　滚动设备牵引力的计算 …………………………………………… 279

14.4.3　设备运输牵引力估算 ……………………………………………… 281

14.5　设备过坑（沟）搬运方法的选择 …………………………………… 282

第15章　大型设备吊装工程施工组织设计　　284

15.1　施工组织设计编制原则和方法 ……………………………………… 284

15.1.1　施工组织设计的作用和任务 ……………………………………… 284

15.1.2　施工组织设计的编制原则 ………………………………………… 284

15.1.3　施工组织设计的内容和依据 ……………………………………… 285

15.1.4　施工组织设计中的几个重要部分 ………………………………… 286

15.1.5　技术、物资供应计划的编制 ……………………………………… 289

15.1.6　施工准备工作计划的编制 ………………………………………… 290

15.1.7　施工平面图设计 …………………………………………………… 291

15.2　吊装工程施工组织设计实例 ………………………………………… 291

15.2.1　两台300MW发电锅炉本体钢结构安装工程吊装施工组织设计 … 291

15.2.2　主要工程量 ………………………………………………………… 294

15.2.3　主要机具配置与布置及组合场平面布置 ………………………… 294

15.2.4　主要施工方案及技术措施 ………………………………………… 296

15.2.5　大型龙门起重机吊装施工组织设计 ……………………………… 305

15.2.6　吊装方案编制依据 ………………………………………………… 306

15.2.7　施工方案 …………………………………………………………… 306

15.2.8　主要力学分析及受力计算 ………………………………………… 317

15.2.9　吊装（安装）施工管理 …………………………………………… 323

15.2.10　施工（吊装）安全管理 ………………………………………… 323

15.2.11　施工（吊装）技术质量管理 …………………………………… 326

第16章　典型吊装工程施工方案　　327

16.1　吊装工程施工方案编写内容及方法 ………………………………… 327

16.1.1　吊装工程施工方案的编写内容 …………………………………… 327

16.1.2 吊装工程施工方案的编写方法 ……………………………………………… 327

16.1.3 石化大型设备吊装方案的编制 ……………………………………………… 331

16.1.4 吊装方案中安全技术措施的编制 …………………………………………… 338

16.2 吊装工程施工方案实例 …………………………………………………………… 339

16.2.1 400t 桥式起重机吊装施工方案 …………………………………………… 339

16.2.2 大型油压机搬迁吊装施工方案 …………………………………………… 351

16.3 大型设备吊装安全技术管理 …………………………………………………… 357

16.3.1 吊装工程安全技术要点 ……………………………………………………… 357

16.3.2 起重伤害事故分析及对策 …………………………………………………… 358

16.3.3 建设工程施工现场安全应急预案 ………………………………………… 360

参考文献 362

第1章

绪论

1.1 概述

1.1.1 起重机械与吊装技术在国民经济中所起的作用和意义

随着"中国制造 2025"的推进,工业设备向大型化、规模化、集成化和智能化发展,需要大批起重吊装设备。起重吊装机械是各种工程建设广泛应用的重要设备。它对减轻劳动强度、节省人力、降低建设成本、提高劳动生产率、加快建设速度、实现工程施工自动化起着十分重要的作用。

随着现代科学技术的飞跃发展,在国民经济各部门和基本建设中,不断有新结构、新工艺、新技术、新材料的应用出现,一些大型、重型的构件、设备、塔器的运输与吊装等工作,如果没有起重机械设备是很难完成的。

工厂、矿山、车站、港口、仓库、货场、建筑、安装等都离不开起重、吊装机械。特别是一些重要建设项目的安装工程,例如一套年产 30 万吨合成氨、52 万吨尿素的化肥装置就要吊装设备 1165 台,质量达 5800t;管道长 68000m,质量达 3600t;钢结构质量达 2370t,合计 11770t。因此,在工程建设中,如何合理地配备起重机具,怎样科学地组织管理,制定的措施和方案是否先进、安全可靠均关系到工程建设的全局,直接影响工程的质量、安全和进度。随着现代工业的发展,起重机械与吊装技术在国民经济中显得更为重要了。

1.1.2 起重机械与吊装技术的发展简史

中国在发明和使用起重运输机械方面历史最为悠久。早在新石器时代末期,中国劳动人民已能用木棍滚动来搬运巨石。在商朝时,人们发明了利用对重杠杆原理起重的桔槔,之后又发明了辘轳。汉朝时,人们在四川井盐开采过程中广泛采用以绞车、滑车组成的起重装置,这种以木杆组成井架和缆风绳(拖拉绳)稳定的结构形式就是现今龙门桅杆或升降机的始祖。中国的长城、地下宫殿、故宫、历代古都钟楼的巨大铸钟及上百吨的铸造雕像的吊装,都凝聚着中国劳动人民的智慧。

古埃及人在建造金字塔时,已经运用了不等臂杠杆及滚子、斜面,用逐级升级法来提升巨石(有的重达 10t)。

18 世纪工业革命时,制造起重机采用了金属材料,并出现了用蒸汽驱动的起重机。

中国由于封建制度的长期束缚,社会生产和科学技术得不到发展,在旧中国连较简单的起重运输机械都不会制造。

新中国成立后，中国在起重运输机械这个领域也从无到有、由小到大逐步发展起来，一批起重运输机械的科研机构和生产工厂逐步建立，设计、研制力量日趋壮大。今天，中国已经能设计制造起吊质量为 $3\sim100t$ 的各种类型的汽车式和轮胎式起重机，起吊质量为 $10\sim400t$ 的各种类型塔式起重机，起吊质量为 $200\sim800t$ 的门式和桥式起重机，起吊质量为 $500t$ 的浮吊，起吊质量为 $350t$ 的桅杆，起吊质量为 $450t$ 的公路大平板车等，以适应日益增长的设备、结构的起重装卸以及运输吊装任务的需要。

在吊装技术方面，新中国成立初期只能吊装几十吨，近几年来已经能吊几百吨乃至近千吨。举例如下：

采用双桅杆滑移法，整体吊装 $\phi12.3m\times34m/606t$ 的再生器、$\phi4.5m\times82.5m/510t$ 的丙烯分馏塔。使用钢筋混凝土和钢结构组合框架整体吊装 $\phi3m\times35.7m/350t$ 标高 $21m$ 的尿素合成塔。采用单桅杆倾斜带负荷变幅吊装 $\phi2.2m\times20.7m/100t$ 标高 $35.5m$ 高压蒸汽包。采用直立单桅杆扳吊 $310t$ 氨合成塔。采用人字桅杆扳吊 $156m/410t$ 电视塔架。采用龙门桅杆整体推吊 $120m/205t$ 火炬。用多根桅杆整体吊装 $650t$ 网架屋盖。使用轮胎式起重机通过双联组合半拱旋转吊装法，吊装 $22.7m/48t$ 的三铰拱钢结构散装尿素仓库屋架等。

从吊装技术来看，中国具有较多的经验，吊装工艺与国外相比并不落后，目前总体吊装机械化水平正在逐步提高，以适应吊装作业机械化配套连续发展的需要。但在许多改建和扩建的工程建设项目中，受场地和资金限制，仍然使用机动性较差与利用率较低的桅杆式起重机。

现在国外已生产出了起升质量为 $1000t$ 的桅杆式起重机，起升质量为 $1000t$ 的轮胎式起重机，起升质量为 $1300t$ 的大平板车（法国产）；起升质量为 $800t$ 的履带式起重机（德国产）。

中国起重机的制造水平也在飞速提高，例如：太原重机公司制造的三峡 $1200t$ 水电站桥式起重机，主、副钩的起升质量分别为 $1200t$ 和 $125t$，跨度为 $33.6m$，起升高度为 $H_主=34m$，$H_副=37m$，单钩起重量为世界之最；天生桥 $2\times420t$ 水电站双小车桥式起重机，起重量为双小车系列世界之最。

中国烟台的莱佛士船厂的固定回转起重机的主吊钩能将质量为 $1900t$ 的物体吊至 $95m$ 高度，副吊臂能将质量为 $200t$ 的物体吊起 $135m$。这个巨型起重机被安置在 $40m$ 高的固定水泥基座上，是世界上最大的固定回转起重机。

1.1.3 起重机械今后的发展方向

近年来随着建设工程规模的不断扩大，起重安装工程量越来越大，尤其是现代化大型石油设备、化工设备、冶炼设备、电站、奥运场馆以及高层建筑的安装作业逐年增多。因此，对大功率的工程起重机的需求量日益增加。随着现代科学的发展，各种新技术、新材料、新结构、新工艺在工程起重机上得到了广泛的应用。根据目前国内外现有工程起重机产品和技术资料分析可得，近年来起重机械的发展趋势主要体现在以下几个方面。

(1) 液压技术的广泛应用

由于液压传动具有体积小、质量小、结构紧凑、能实现无级调速、操纵简便轻巧、运输平稳和工作安全可靠等优点，因此国内外各种类型的工程起重机广泛采用液压传动。液压技术尤其适合中小型起重机械，如汽车式起重机等。

（2）设备的大型化、自动化、人工智能化

为了满足大型石油、化工、冶炼设备和高层建筑、大型板材、大型构件的安装，今后的起重机必须向大型化、自动化、人工智能化发展。

（3）用途多、效率高

由于建筑规模、使用场合条件的复杂多变，各国开始注意一机多用、提高功效的问题。即转换工作状态要快，能配多种工作装置（吊钩、抓斗、拉铲、电磁吸盘、抓取器、打桩设备等）；装有各种先进的安全报警、遥控、新式传动装置、工业电视及电子计算机，加入人工智能、"互联网＋"等最新技术，从而极大提高了机械的工作效率。

（4）提高"三化"程度，实行专业生产

提高"三化"程度，在不同程度上扩大了产品标准化、参数尺寸规格化（系列化）、零部件通用化的范围，为起重机械制造的机械化、自动化、连续作业提供了方便的条件。中国对桥式起重机、轮胎式起重机和塔式起重机分别制定了基本参数系列，统一了产品型号和等级，并制定了技术条件标准。目前各国标准都在向国际标准（ISO）靠拢。

1.2 起重机的主要参数

起重机的技术参数是说明起重机工作性能的指标，表征起重机的作业能力，也是设计的依据。起重机的主要参数有：起重量和起重力矩、起升高度、跨度（桥式类型起重机）、幅度（臂架类型起重机）、各机构的工作速度及生产率。

1.2.1 额定起重量 Q 和起重力矩 M

起重机在正常工作时允许起吊的物品重量和可以从起重机上取下的取物装置重量的总和，或起重机正常工作时一次起升的最大重量称为额定起重量。

额定起重量不包括吊钩、吊环之类吊具的重量，但包括抓斗、起重电磁铁、料罐、盛钢桶、真空吸盘之类吊具的重量。

某些旋转臂架类起重机，如塔式起重机、汽车起重机、轮胎起重机、履带起重机、铁路起重机以及门座起重机等，除起重量外还有起重力矩 M 这个参数，它是起吊重物的重量 Q 和臂架幅度 R 的乘积，这个参数决定了起重机工作过程中抗倾覆稳定性的能力。在起重力矩一定的前提下，这类起重机的起重量是随幅度变化的，这时的额定起重量是指最小幅度时的最大起重量。

额定起重量系列国家标准及国际标准见表1-1。

表 1-1 额定起重量系列国家标准（GB 783—87）及国际标准（ISO 2374：1983） 10kN

0.1	0.125	0.16	0.2	0.25	0.32	0.4	0.5	0.63	0.8
1	1.25	1.6	2	2.5	3.2	4	5	6.3	8
10	(11.2)	12.5	(14)	16	(18)	20	(22.5)	25	(28)
32	(36)	40	(45)	50	(56)	63	(71)	80	(90)
100	(112)	125	(140)	160	(180)	200	(225)	250	(280)
320	(360)	400	(450)	500	(560)	630	(710)	800	(900)
1000									

注：应避免选用括号中的起重量数据。

1.2.2 起升高度 H

起升高度是指从地面或起重机运行轨道顶面到取物装置最高起升位置的铅垂距离（吊钩取钩口中心；当取物装置使用抓斗时，指到抓斗最低点的距离），以 H 表示，单位为 m。当取物装置可以放到地面或轨道顶面以下时，其下放距离称为下放深度。起升高度和下放深度之和称为总起升高度。

在确定起重机的起升高度时，除考虑起吊物品的最大高度以及需要越过障碍的高度外，还应考虑吊具所占的高度。

表 1-2 列出了 30～2500kN 电动桥式起重机起升高度系列，即 GB 791—65。抓斗桥式起重机的起升高度为 16m 和 22m。表 1-3 所示为轮胎和汽车式起重机的起升高度标准。

表 1-2　30～2500kN 电动桥式起重机起升高度系列（GB 791—65）

主钩起重量/10kN		3～50		80		100		125		160		200		250	
起升高度/m	主钩	12	16	20	30	20	30	20	30	24	30	19	30	16	30
	副钩	14	18	22	32	22	32	22	32	26	32	21	32	18	32

表 1-3　轮胎和汽车式起重机起升高度标准

起重量/10kN		3	5	8	12	16	25	40	65	100
起升高度/m	基本臂作业	5.5	6.5	7	7.5	8	8.5	9	10	11
	最长主臂作业			11	12	18	25	30	34	36

1.2.3 跨度 L

起重机运行轨道轴线间的水平距离称为跨度，以 L 表示，单位为 m。桥式起重机的跨度 L 依厂房的跨度而定。表 1-4 示出了 GB 790—65 规定的 30～2500kN 电动桥式起重机跨度的标准值。

表 1-4　30～2500kN 电动桥式起重机跨度的标准值（GB 790—65）　　　　　　m

厂房跨度 L_c		9	12	15	18	21	24	27	30	33	36
起重机跨度 L	$Q=30～$ 500kN	7.5	10.5	13.5	16.5	19.5	22.5	25.5	28.5	31.5	—
		7	10	13	16	19	22	25	28	31.2	—
	$Q=800～$ 2500kN	—	—	—	16	19	22	25	28	31	34

1.2.4 幅度 R

对于旋转臂架式起重机，幅度就是从起重机回转中心线至取物装置中心铅垂线之间的距离，用 R 表示，单位为 m。对于非旋转臂架式起重机常用有效幅度表示，有效幅度是指臂架所在平面内的起重机内侧轮廓线与取物装置铅垂线之间的距离。如轮胎式起重机是指在使用支腿侧向工作时吊钩中心线至该支腿中心线的水平距离。

1.2.5 工作速度

起重机的工作速度包括起升、变幅、旋转和运行四个机构的工作速度。对伸缩臂架式起重机还包括吊臂伸缩速度和支腿收放速度。

① 起升速度——是指取物装置的上升速度（或下降速度），单位为 m/s。

② 变幅速度——是指臂架式起重机的取物装置从最大幅度到最小幅度的平均线速度，单位为 m/s。

③ 旋转速度——是指起重机旋转时每分钟的转数，单位为 r/min。

④ 运行速度——是指桥式起重机大车、小车的运行速度，单位为 m/s。

表 1-5 列出了常用起重机的工作速度。

表 1-5　常用起重机的工作速度　　　　　　　　　　　　　　　m/s

起重机的工作速度	起重机类型	工作速度
起升速度	一般用途起重机	0.1～0.417
	装卸用起重机	0.667～1.5
	安装用起重机	<0.016
运行速度	桥式起重机与龙门起重机小车	0.733～0.833
	装卸桥小车	3～4
	桥式起重机大车	1.5～2
	龙门起重机大车	0.667～1
	门座起重机及装卸桥大车	0.333～0.5
	轮胎起重机	10～20km/h
	汽车起重机	50～65km/h
变幅速度	门座起重机(工作性)	0.667～1
	浮式起重机(工作性)	0.417～0.667
	汽车及轮胎起重机(调整性)	0.167～0.5
旋转速度	门座起重机	$n≈2r/min$
	汽车及轮胎起重机	$n≈2～3.5r/min$
	浮游起重机	$n≈0.5～2r/min$

1.2.6　生产率

起重机在一定的工作条件下，单位时间内完成的物品作业量称为生产率。

1.3　起重机的工作级别和工作类型

划分起重机的工作级别是为了对起重机金属结构和机构设计提供合理的基础，也是为用户和制造厂家进行协商时提供一个参考范围。在确定起重机的工作级别时，应考虑两个因素：利用等级和载荷状态。

1.3.1　起重机利用等级

起重机在有效寿命期间有一定的总工作循环数。起重机作业的工作循环是从准备起吊物品开始，到下一次准备起吊物品为止的整个作业过程。工作循环总数表征起重机的利用程度，它是起重机分级的基本参数之一。

工作循环总数与起重机的使用频率有关。为了方便起见，工作循环总数在其可能范围内，分成 10 个利用等级（表 1-6）。

工作循环总数除根据实际经验估算外，也可按式（1-1）计算得出，即：

$$N = \frac{3600YDH}{T}$$

(1-1)

式中　N——工作循环总数；

Y——起重机的使用寿命，以年计算，与起重机的类型、用途、环境、技术和经济因素等有关；

D——起重机一年中的工作天数；

H——起重机每天的工作小时数；

T——起重机一个工作循环的时间，s。

表 1-6 起重机的利用等级（ISO 4301-1：1986，GB/T 3811—2008）

利用等级	工作循环总数/次	备 注
U_0	1.6×10^4	不经常使用
U_1	3.2×10^4	
U_2	6.3×10^4	
U_3	1.25×10^5	
U_4	2.5×10^5	经常轻负荷使用
U_5	5×10^5	经常断续使用
U_6	1×10^6	不经常繁忙使用
U_7	2×10^6	繁忙使用
U_8	4×10^6	
U_9	$>4 \times 10^6$	

1.3.2 起重机载荷状态

载荷状态是起重机分级的另一个基本参数，它表明起重机的主要机构——起升机构受载的轻重程度。载荷状态与两个因素有关：一个是实际起升载荷 Q_i 与额定载荷 Q_{max} 之比（Q_i/Q_{max}）；另一个是实际起升载荷 Q_i 的作用次数 N_i 与工作循环总数 N 之比（N_i/N）。表示 Q_i/Q_{max} 和 N_i/N 关系的线图称为载荷谱。表 1-7 列出了四个起重机名义载荷谱系数 K_Q，每个系数值代表一个名义的载荷状态。

$$K_Q = \sum_{i=1}^{n} \left[\frac{N_i}{N} \left(\frac{Q_i}{Q_{max}} \right)^m \right] \qquad (1-2)$$

式中　Q_i——第 i 个实际起升载荷，$i=1, 2, 3, \cdots, n$；

Q_{max}——额定起升载荷（最大载荷）；

N_i——起升载荷 Q_i 的作用次数；

N——工作循环总数，$N = \sum_{i=1}^{n} N_i$；

m——材料疲劳试验曲线的指数，此处取 $m=3$。

根据计算所得的 K_Q 从表 1-7 中查得最接近（等于或稍大于）的名义载荷谱系数。

表 1-7 起重机名义载荷谱系数 K_Q

载荷状态	名义载荷谱系数 K_Q	说 明
Q_1—轻	0.125	很少起吊额定载荷，一般起吊轻载荷
Q_2—中	0.25	有时起吊额定载荷，一般起吊中等载荷
Q_3—重	0.5	经常起吊额定载荷，一般起吊较重的载荷
Q_4—特重	1	频繁起吊额定载荷

1.3.3 起重机整机工作级别

确定了起重机的利用等级和载荷状态后，按表 1-8 确定起重机整机的工作级别。起重机整机的工作级别分为 A1～A8 共 8 级。

表 1-8 起重机整机工作级别（ISO 4301-1：1986；GB/T 3811—2008）

载荷状态	名义载荷谱系数 K_Q	利 用 等 级									
		U_0	U_1	U_2	U_3	U_4	U_5	U_6	U_7	U_8	U_9
Q_1—轻	0.125			A1	A2	A3	A4	A5	A6	A7	A8
Q_2—中	0.25		A1	A2	A3	A4	A5	A6	A7	A8	
Q_3—重	0.5	A1	A2	A3	A4	A5	A6	A7	A8		
Q_4—特重	1	A2	A3	A4	A5	A6	A7	A8			

中国国家标准、国际标准和前苏联国家标准关于起重机工作级别划分以及前苏联《国家矿山技术监督安全规程》关于起重机整机工作类型划分有所区别。不同标准对起重机工作级别划分的对照见表 1-9。

表 1-9 不同标准对起重机工作级别划分的对照

标 准 名 称	工 作 级 别			
GB/T 3811—2008 ISO 4301-1：1986	A1～A3	A4,A5	A6,A7	A8
ГОСТ 25835—83	1K～3K	4K,5K	6K,7K	8K
前苏联《国家矿山技术监督安全规程》	轻	中	重	特重

1.3.4 起重机机构的利用等级

起重机机构的利用等级表征机构工作的繁忙程度，以总的使用时间（h）为标志，分为 10 级（表 1-10）。

表 1-10 起重机机构的利用等级

利 用 等 级	总使用时间[1]/h	平均每天运转时间[2]/h	说 明
T_0	200		不经常使用
T_1	400		
T_2	800		
T_3	1600		
T_4	3200	0.64	经常使用
T_5	6300	1.28	
T_6	12500	2.56	
T_7	25000	5.12	繁忙使用
T_8	50000	10.24	
T_9	100000	20.48	

① 按每周有双休日、工作级别为 A7 的桥式起重机，报废年限按 20 年考虑，所列数据仅供参考。
② 利用等级 T_0～T_3 属不经常使用，所以不推算每天平均运转时间。

1.3.5 起重机机构的载荷状态

起重机机构的载荷状态表征机构及其零部件受载的轻重程度，以及零件在载荷作用下损伤效应的大小。起重机机构的载荷状态由载荷谱系数表示，根据名义载荷谱系数将机构载荷状态分为 4 级（表 1-11）。机构名义载荷谱系数的计算请参考《起重机设计手册》。

表 1-11 机构载荷状态分级及其名义载荷谱系数 K_m

载荷状态	名义载荷谱系数 K_m	说　明
L_1—轻	0.125	机构经常承受轻的载荷,偶尔承受最大载荷
L_2—中	0.25	机构经常承受中等载荷,较少受最大载荷
L_3—重	0.5	机构经常承受较重载荷,也常受最大载荷
L_4—特重	1.0	机构经常承受最大载荷

1.3.6　起重机机构的工作级别

起重机机构的工作级别按机构的利用等级和载荷状态分为 8 级（表 1-12）。

表 1-12　起重机机构的工作级别

载荷状态	名义载荷谱系数 K_m	利　用　等　级									
		T_0	T_1	T_2	T_3	T_4	T_5	T_6	T_7	T_8	T_9
L_1—轻	0.125			M1	M2	M3	M4	M5	M6	M7	M8
L_2—中	0.25		M1	M2	M3	M4	M5	M6	M7	M8	
L_3—重	0.5	M1	M2	M3	M4	M5	M6	M7	M8		
L_4—特重	1.0	M2	M3	M4	M5	M6	M7	M8			

中国国家标准、国际标准和前苏联国家标准关于起重机机构工作级别划分以及前苏联《国家矿山技术监督安全规程》关于机构工作类型划分也有不同。不同标准对起重机机构工作级别划分的对照见表 1-13。

表 1-13　不同标准对起重机机构工作级别划分的对照

标 准 名 称	机构工作级别				
GB/T 3811—2008 ISO 4301-1:1986	M1～M3		M4,M5	M6,M7	M8
ГОСТ 25835—83	1M	2M,3M	4M	5M	6M
前苏联《国家矿山技术监督安全规程》	手动	轻	中	重	特重

1.3.7　起重机的工作类型

起重机的工作类型表明起重机工作繁重程度和载荷波动特性。起重机是间歇工作的机器,具有短暂而重复工作的特征。它不像一般机器,开动后在较长一段时间内连续不停地运转,而是在工作时各机构时开时停,时而正转、时而反转。有的日夜三班工作,有的只工作一班,有的甚至一天只工作几次。这种工作状况表明起重机及其机构的工作繁忙程度是不同的。此外,作用于起重机上的载荷也是变化的,有的经常满载工作,有的经常只吊轻载。另外,由于起重机各机构的短暂而重复的工作,启动、制动频繁,因此时时受到动力冲击载荷的作用。由于机构工作速度不同,这种动力冲击载荷作用程度也不同。因此将起重机按工作忙闲程度、载荷波动特性决定的工作类型划分为轻、中、重、特重四种类型。

(1) 工作忙闲程度

对整个起重机来说,起重机实际运转时间与该机运转总时间之比称为起重机工作忙闲程度。起重机某一机构在一年内实际运转时间与该机构年运转总时间之比则是该机构的工作忙闲程度。在起重机的工作循环中某机构实际运转时间所占的百分比,称为该机构的负载率或机构运转时间率,用 JC 表示,即:

$$JC = t/T \tag{1-3}$$

式中　　JC——机构运转时间率，%；

　　　　t——起重机一个工作循环中机构的实际运转时间，h；

　　　　T——起重机一个工作循环的总时间，h。

（2）载荷波动特性

按额定起重量设计的起重机在实际作业中所起吊的载荷往往小于额定起重量，载荷是变化的，载荷的变化程度用起重机利用系数来表示，即：

$$K_利＝Q_均/Q_额 \tag{1-4}$$

式中　　$K_利$——起重机利用系数；

　　　　$Q_均$——起重机全年实际起重量的平均值，kN；

　　　　$Q_额$——起重机额定起重量，kN。

（3）工作类型划分

根据起重机工作忙闲程度和载荷变化程度（载荷波动特性），起重机工作类型划分为轻级、中级、重级和特重级4级（表1-14）。整个起重机及其金属结构的工作类型是按其主起升机构的工作类型而定的。同一台起重机各个机构的工作类型可以各不相同。

表 1-14　起重机工作类型划分

工作类型	工作忙闲程度		载荷变化程度	
	起重机年工作时间/h	机构运转时间率/%	机构载荷变化范围	每小时工作循环数
轻级	1000	15	经常起吊额定载荷的33%	5
中级	2000	25	经常起吊额定载荷的33%～50%	10
重级	4000	40	经常起吊额定载荷	20
特重级	7000	60	起吊额定载荷机会较多	40

起重机的工作类型与起重量是两个不同的概念，起重量大，不一定是重级；起重量小，也不一定是轻级。表1-15所示为几种起重机机构工作类型的实例。

表 1-15　几种起重机机构工作类型的实例

起　重　机　类　型			机　　构				旋转	变幅
			起　升		运　行			
			主	副	小车	大车		
手动起重机			轻	—	轻	轻	轻	轻
桥式起重机	吊钩式	安装检修用	轻	轻	轻	轻		
		一般车间仓库用	中	中	中	中		
		繁重工作的车间和仓库用	重	中	中	重		
	抓斗式、电磁式		特重	—	特重	特重		
龙门起重机	吊钩式		中		中	中		
	抓斗式		重	重	重	—	—	
装卸桥	抓斗式		特重	—	特重	轻		轻(俯/仰)
	集装箱式		重	—	重			
门座起重机	吊钩式	安装用	中	中	—	轻	中	中
		装卸用	中	—	轻		中	中
	抓斗式		特重	—	轻		重	重
汽车、履带及铁路起重机	吊钩式		中	—	中	中	中	轻
	抓斗式		重	—	重	重	重	轻
塔式起重机	建筑用		中	—	中	中	中	轻

1.3.8 施工现场吊装工作要求

在《起重施工技术规范》中对吊装工作也做了规定，因为施工现场吊装均系临时性或一次性的工作，速度也较低，故将起重量分为三级。

大型：$Q > 800 \mathrm{kN}$。

中型：$Q = 400 \sim 800 \mathrm{kN}$。

一般：$Q < 400 \mathrm{kN}$。

大型起重施工要编制吊装施工方案；中型起重施工要编制起重措施。但对于被吊物体形状复杂、刚度小、长细比大、精密、贵重、危险、施工条件特殊困难的，级别提升一级。

第2章

起重机械的基本构造、工作原理

2.1 起重机械的基本构造

起重机械一般有一个起升运动和一个或几个水平运动。例如，桥式起重机有三个运动：起升运动、小车运动和大车运动。而门座起重机则有四个运动：起升运动、变幅运动、旋转运动和大车运动。最简单的起重机械（如千斤顶和起升葫芦等）则只有一个运动，即起升运动。

起重机械除千斤顶、起升葫芦外，大都需要运行。一般的装设轨道与车轮，称为有轨运行装置；另外的起重机械装设无轨运行装置，如汽车起重机、轮胎起重机配备橡胶轮胎，履带起重机配备履带，使其能在一般地面上运行。

起重机械多为通用式的，如桥式起重机、龙门起重机、汽车起重机等；但也有专门为某种工艺服务的，如装料起重机，脱锭起重机等冶金桥式起重机。

起重机械的种类如图 2-1 所示。

2.1.1 轻小型起重设备的构造、工作原理

轻小型起重设备如千斤顶、手扳葫芦、手拉葫芦等，它们体积小、质量小，不需要电源，特别适用于维修工作。

电动葫芦是一个电动起升机构，由于把电动机、减速器和卷筒三者紧密联合在一起，结构非常紧凑、价格便宜，从而得到普遍应用。电动葫芦还可以备有小车，以便在工字梁的下翼缘上运行，使吊重在一定范围内移动。

(1) 千斤顶

千斤顶是修理工作和设备安装找正工作中最常用的工具，它的起升高度很小，一般在 400mm 以下。但工作平稳无冲击，能正确地停止在所要求的高度。根据传动原理不

图 2-1 起重机械的种类

同，可以分为螺旋千斤顶、齿条千斤顶和液压千斤顶三种，详见 6.2 节。

(2) 手扳葫芦

钢丝绳式手扳葫芦十分轻巧，通常利用它来拉货物或张紧系物绳等（图 2-2）。手扳葫芦的工作原理（图 2-3）如下：

前进——摇动前进手柄 1，带动杠杆，杠杆两端各有一个连杆（长连杆 8 与短连杆 9）分别连着，夹住钢丝绳的夹钳 4，当手柄摇动时，向前运动的夹钳夹紧钢丝绳，拉动钢丝绳向前运动，向后运动的夹钳放松钢丝绳。

夹持——前进手柄 1 与倒退手柄 3 都是松的，载荷钢丝绳被夹持停止不动；两连杆各分提载荷的 1/2。

后退——摇动倒退手柄 3，向前移动的夹钳的支持力减小，从而向前滑动；向后移动夹钳夹紧力增大，紧握钢丝绳，使它向后退下。

松卸——当需要穿进或卸下钢丝绳时，在无载荷的情况下，扳动松卸手柄 2、使前后两夹钳都松开。

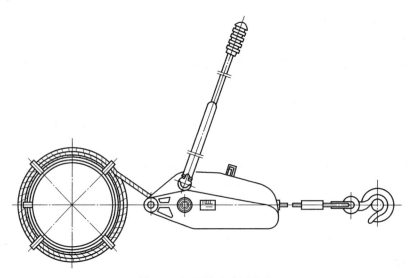

图 2-2　钢丝绳式手扳葫芦

图 2-3 所示为手板葫芦的结构。钢丝绳手扳葫芦广泛应用于水平、垂直、倾斜及任意方向上的提升与牵引作业，对于狭窄巷道，以及其他起重设备不能使用的地方，用它来做起吊和牵引之用最为方便，还可用来收紧设备的系紧绳索。使用中钢丝绳的窜动长度不受限制。若重物超过手扳葫芦的牵引能力时，还可以与滑车组配合使用。钢丝绳手扳葫芦规格性能见表 2-1。

表 2-1　钢丝绳手扳葫芦规格性能

型　　号	起重量/kN	手扳力/N	钢丝绳规格/mm	手柄往复一次钢丝绳行程/mm
HSS0.8	8	430	$\phi 7.7$	50
HSS1.5	15	450	$\phi 9.0$	50
HSS3	30	450	$\phi 13.5$	≥25

(3) 手拉葫芦

手拉葫芦如图 2-4 所示，其构造如图 2-5 所示。

拉动曳引链 3，驱动曳引链星轮 1，通过载重制动器 2，带动主动星轮 6，经过传动齿轮

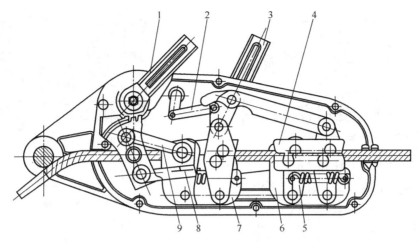

图 2-3　手扳葫芦结构

1—前进手柄；2—松卸手柄；3—倒退手柄；4—夹钳；5—夹紧板；

6—后侧板；7—前侧板；8—长连杆；9—短连杆

7、8、9 带动载重链星轮 5，从而提升或下降重物。传动机构可以采用普通齿轮传动〔如图 2-5（a）所示为二级正齿轮传动〕，也有采用行星齿轮的。老式的还有采用蜗轮蜗杆传动的，但以采用正齿轮的居多。

　　手拉葫芦广泛用于小型设备和重物的短距离吊装。起重量一般不超过 100kN，最大可达 200kN。在安装和维修工作中，常与三脚起重架或单轨行车配合使用，组成简易起重机械，吊运平稳、操作方便，它可以垂直起吊，也可以水平或倾斜使用，起升高度一般不超过 3m。HS 型手拉葫芦系列〔图 2-5（b）～（e）〕为国家定型产品。HS 型 5～200kN 手拉葫芦技术规格见表 2-2。

　　（4）电动葫芦

　　电动葫芦是将电动机、减速机构、卷筒等紧凑结合为一体的起重机械，可以单独使用，更方便地可以作为电动单轨起重机、电动单梁或双梁起重机，以及龙门、塔式起重机的起重小车之用。电动葫芦一般制成钢丝绳式，特殊情况也采用环链式（焊接链）与板链式（片式关节链）（图 2-6）。

　　钢丝绳电动葫芦工作安全可靠，起升速度较高，一般为 8m/min，起升高度较大，用得很普遍。图 2-6 中还示出了附带的运行小车。钢丝绳电动葫芦必须有常闭式制动器，采用锥形转子的电

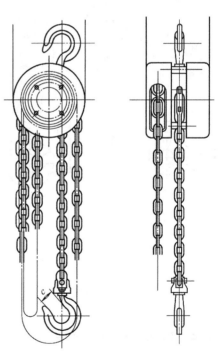

图 2-4　手拉葫芦

动机（图 2-7）。当电动机断电时，转子弹簧压向制动器，吊重保持平衡不动；当电动机接电时，锥形转子与定子间的磁力，吸引转子沿轴向移动，压缩弹簧，使制动器松开，电动葫芦运转。采用锥形转子电动机的电动葫芦标注为 YHZ，其主要技术规格可参考相关手册。

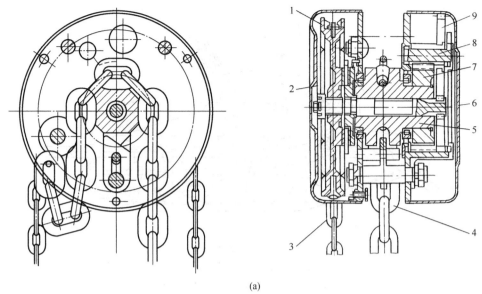

(a)

HS型0.5～20t手拉葫芦

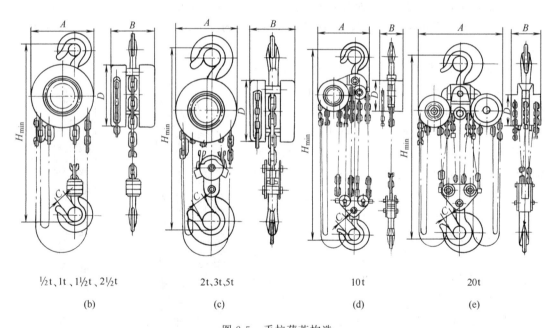

½t、1t、1½t、2½t

(b)

2t、3t、5t

(c)

10t

(d)

20t

(e)

图 2-5　手拉葫芦构造

1—曳引链星轮；2—载重制动器；3—曳引链；4—载重链；5—载重链星轮；6—主动星轮；7～9—传动齿轮

2.1.2　桥式起重机的构造

(1) 手动梁式起重机

手动梁式起重机（图 2-8）的起升机构采用的是手拉葫芦，小车、大车运行机构用曳引链人力驱动。这种起重机用于无电源或起重量不大的情况。

(2) 电动梁式起重机

当起重量不大（一般为 1～100kN），起升高度为 3～30m 时，多采用电动梁式起重机

（图 2-9）。这种起重机通常采用地面操纵。跨度不大时（$L<10\text{m}$），可用一段工字钢作为主

表 2-2　HS 型 5～200kN 手拉葫芦技术规格　　　　　　　　　　mm

型号	起重量/10kN	额定起升高度/m	手拉力/kgf (1kgf=9.80665N)	起重链行数	起重链条 圆钢直径	起重链条 节距	手拉链条 圆钢直径	手拉链条 节距	两钩间最小间距	A	B	C	D	试验载荷/kg	净质量不大于/kg	起升高度每增加1m链条应增加的质量/kg
HS0.5	0.5		16～17		6	18			280	142	126	24	142	0.625	9.5	
HS1	1	2.5	31～34	1					360			28		1.25	10	
HS1.5	1.5		36～39		8	24			360	178	142	32	178	1.875	15	2.3
HS2	2		31～34	2	8	18			380	142	126	34	142	2.5	14	2.5
HS2.5	2.5		39～42	1	10	30			430	210	165	36	210	3.125	28	3.1
HS3	3		36～39	2	8	24	2	25	470	178	142	38	178	3.75	24	3.7
HS5	5	3							600	210		48		6.25	36	5.3
HS7.5	7.5			3					690	336		57		9.375	48	7.5
HS10	10		39～42	4	10	30			760	358	165	64	210	12.5	68	9.7
HS15	15			6					860	488		75		18.75	105	14.1
HS20	20			8					1000	195		82		25	150	19.4

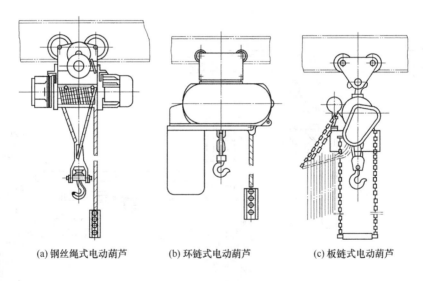

(a) 钢丝绳式电动葫芦　　　　(b) 环链式电动葫芦　　　　(c) 板链式电动葫芦

图 2-6　电动葫芦

梁，跨度较大时常制成桁构梁［图 2-10（a）、（b）］或桁架梁［图 2-10（c）］。桁构梁是超静定结构，下弦杆就是工字梁，以便电动葫芦小车行走。

　　电动梁式起重机主梁的侧面常平行地布置一个轻型桁架，称为副桁架，它与主梁之间以水平桁架连接，称为水平连系。副桁架用来支承大车运行机构和维护人员的走台，水平连系提高了桥架的水平刚性，以承受大车启动、制动时的惯性力。

　　近年来金属结构的发展多采用箱形梁，出现了如图 2-11 所示的箱形单梁断面，这在制造工艺方面有很大的优越性。

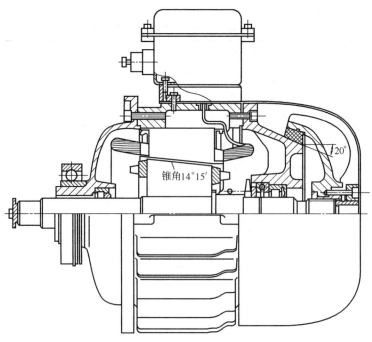

图 2-7　锥形转子的电动机

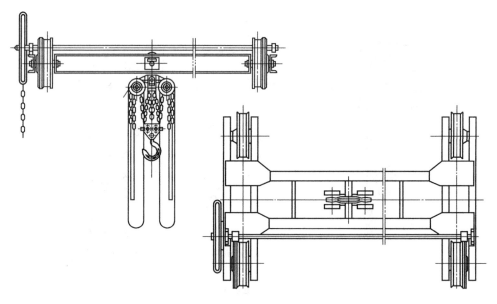

图 2-8　手动梁式起重机

（3）电动单梁悬挂起重机

图 2-12 所示为电动单梁悬挂起重机，单梁悬挂在两端的小车上。这种起重机的特点是小车可以走到另一跨去，例如，在很大的飞机修理场地，可以并列若干跨悬挂起重机，以充分发挥起重机的作用。

（4）电动双梁通用桥式起重机

起重量在 50kN 以上时采用电动双梁通用桥式起重机。起重量为 50～2500kN，跨度为

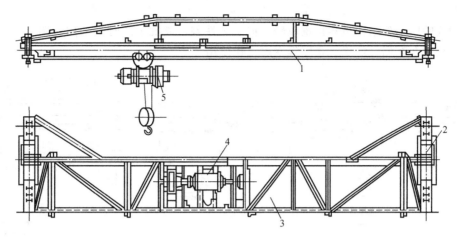

图 2-9 电动梁式起重机

1—主梁；2—端梁；3—水平桁架；4—大车运行机构；5—电葫芦

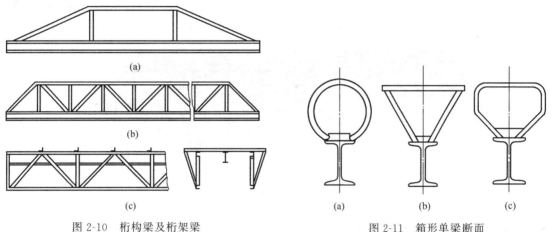

(a)

(b)

(c)

图 2-10 桁构梁及桁架梁

(a) (b) (c)

图 2-11 箱形单梁断面

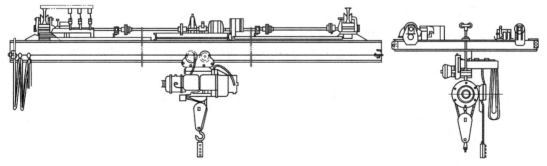

图 2-12 电动单梁悬挂起重机

10～34m。电动双梁通用桥式起重机的工作速度较高，通常小车运行速度为 35～50m/min，大车运行速度为 90～120m/min，起升速度则依起重量 Q 而变，如 $Q=50kN$，$V=20m/min$；$Q=500kN$，$V=7.5m/min$。

目前，绝大多数双梁桥式起重机的主梁采用箱形梁，它有适当的横向刚性，而不需要副桁架及水平连系。对于大于 1000kN 的大起重量起重机，一般采用箱形结构的桥架，也有采用由钢板组合焊成的工字梁为主梁，副桁架为空腹桁架（图2-13）的，它的焊接施工条件较好。旧式的四桁架结构虽然自重较轻，但工艺性差，成批生产时不采用（图2-14）。通用桥式起重机适合车间、厂房、仓库等室内工作使用。

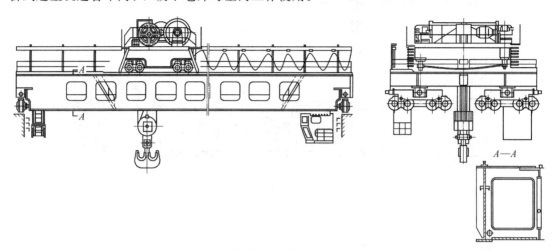

图 2-13　板梁-空腹桁架桥式起重机

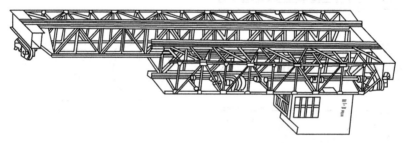

图 2-14　四桁架桥式起重机

2.1.3　旋转类起重机的构造

(1) 固定式旋转起重机

固定式旋转起重机作业范围很窄，通常装设在某工艺装置的一旁，如一台机床的旁边，以备装卸工件使用，如图2-15所示，起升机构采用电动葫芦，小车运行及旋转机构用手动控制。

(2) 门座起重机

门座起重机（图2-16）是一台旋转起重机，装在一个门形座架上，门形座架内通过两条或数条铁轨。门座起重机多用于港口装卸货物，常用起重量为50～250kN。用吊钩或抓斗起重，或者两者使用。造船工业也用此种起重机，起重量达1000kN。

(3) 塔式起重机

支承于高塔上的旋转臂架起重机，称为塔式起重机（图2-17）。塔式起重机在建筑部门用得最广，这种起重机常常设计轻巧，便于装拆，以适应建筑工地搬迁。

(4) 轮胎起重机与汽车起重机

轮胎起重机与汽车起重机的运行支承装置都是采用充气轮胎，可以在无轨路面上行走。轮胎起重机与汽车起重机适用于工厂、矿山、港口、车站、仓库及建筑工地。这两种类型起重机的差别如下。

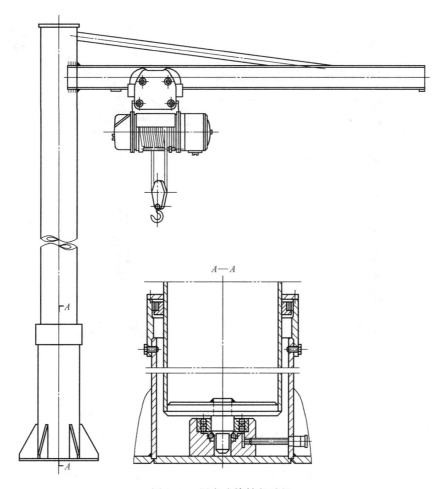

图 2-15 固定式旋转起重机

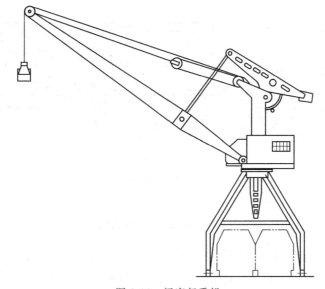

图 2-16 门座起重机

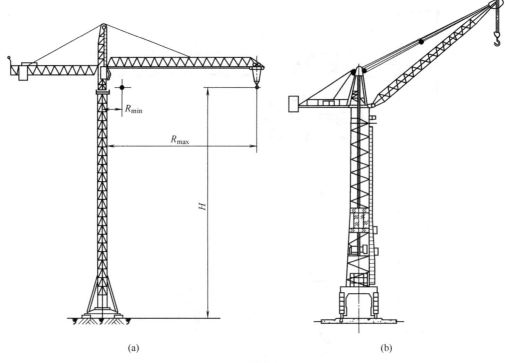

图 2-17 塔式起重机

① 运行速度 轮胎起重机 $v \leqslant 30$km/h，汽车起重机 $v = 50 \sim 80$km/h。

② 原动机 轮胎起重机的运行机构与起升机构、旋转机构、变幅机构共用一台柴油机，装于转盘上方（图 2-20）。机械传动的汽车式起重机则由于运行功率较大，要求能与汽车编队行驶，带有两台柴油机，一台与汽车一样，装于车架上供运行机构使用，另一台装于转盘上方供起升机构、旋转机构、变幅机构使用（图 2-18）；液压传动的汽车起重机也用一台原动机装于车架，专供运行机构使用。

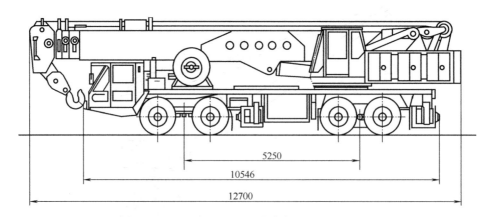

图 2-18 400kN 汽车起重机

③ 悬挂 汽车式起重机有弹簧悬挂，轮胎式起重机由于速度较低，不需要弹簧悬挂。轮胎式起重机有时带重物行走，为了增大稳定性，轮距较大，但轴距较小，以达到较小的转弯半径。

④ 臂架 轮胎式起重机的臂架多为桁架式，而汽车起重机多为伸缩臂式臂架，后者较重，但便于改变幅度。

上述差异也有特殊情况，如 K-51 型汽车起重机（图 2-19）只有一台汽油发动机。

传动装置方面，旧式的多为机械传动，由内燃机集中带动起升、旋转、变幅及运行机构。也有采用柴油机-电气传动的（图 2-21），由柴油机带动直流发电机提供各机构的电流，分别带动各机构的直流电动机。随着液压传动的发展，为适应汽车起重机与轮胎起重机的要求，近代的汽车起重机与轮胎起重机几乎全部采用液压传动系统，如图 2-18 所示的 400kN 液压式伸缩臂汽车起重机，除运行部分采用机械的传动装置外，起升、旋转、变幅和吊臂伸缩都采用液压传动。此外，这种起重机为了增加工作时的稳定性，增设了四个支腿，它们的伸缩也是采用液压传动。液压传动设备较贵，机械效率较低，但具有结构简单紧凑、操作方便、无级调速、易于实现过载保护、维修简单等许多优点，因此，很适合于汽车起重机和轮胎起重机。

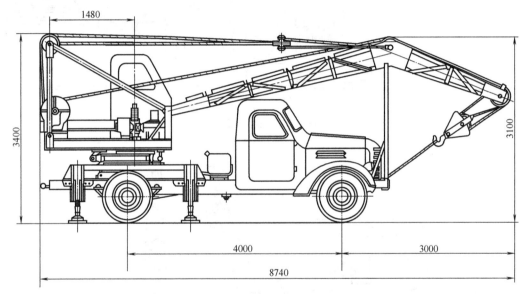

图 2-19 K-51 型汽车起重机

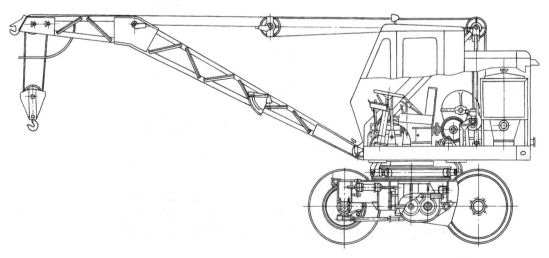

(a)

图 2-20

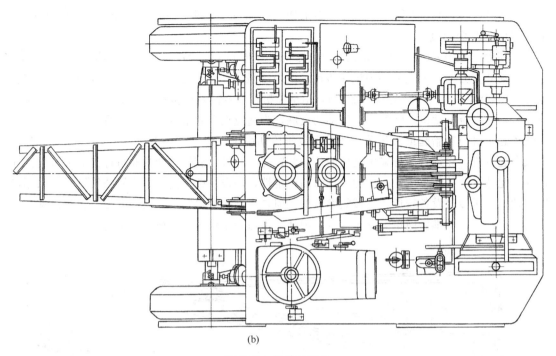

(b)

图 2-20 轮胎起重机

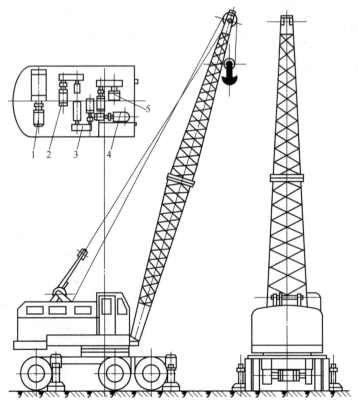

图 2-21 柴油机-电气传动的轮胎式起重机

1—发电装置；2—变幅机构；3—主起升机构；4—旋转机构；5—副起升机构

(5) 履带式起重机

履带式起重机与轮胎式起重机构造相似，只是行走支承装置换成了履带运行装置，见图 2-22。履带运行装置可以在没有铺路的松软的地面上行走，它的钢铁车轮在自带的无端循环的履带链条板上行走。履带与地面接触具有足够的尺寸，使触地最大容许比压力达 $0.08 \sim 1.5 N/mm^2$。履带式起重机也采用了液压式传动系统，其构造原理与液压式汽车起重机相似。

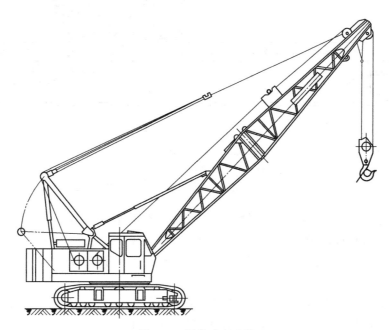

图 2-22 履带式起重机

2.2 通用桥式起重机的构造、工作原理

2.2.1 通用桥式起重机的构造

通用桥式起重机担负着运送和装载货物及安装设备等多项工作任务，是当今工业生产中应用十分广泛的起重设备。其结构目前有以下两类形式。

第一类，主梁是桁架结构的。此类结构的特点是：主梁采用桁架形式，大车的传动机构采用开式齿轮传动结构；大车的车轮采用滑动轴承支承在两梁的下面，制动装置采取短行程和长行程交流电磁铁瓦块式制动器；传动轴相互之间采用弹性联轴器（弹性圈有橡皮和牛皮的两种）或刚性联轴器（俗称夹瓦）进行连接，主要的传动零件都不进行热处理，如车轮、齿轮和传动轴等；各机构都是以单件形式进行配装的，如车轮采用滑动轴承，减速装置采用开式齿轮等，组合精度很低。

第二类，主梁是箱形结构的（图 2-23）。其特点是：主梁采用箱形板梁结构；变速装置采用减速器；所有车轮部分的支承都采用滚动轴承；制动装置增添了液压推杆瓦块式制动器和液压电磁铁瓦块式制动器；主要传动零件，如车轮、齿轮、齿轮轴等，均采用较好的钢材进行热处理；尽可能地采用组合机构进行装配，如角型轴承箱和减速器等，因此提高了装配

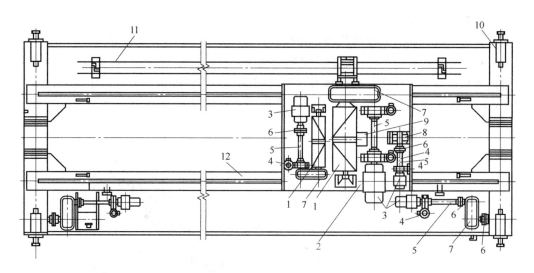

图 2-23 箱形结构起重机

1—卷筒；2—小车；3—电动机；4—制动器；5—补偿轴；6—全齿联轴器；7—减速器；

8—立式减速器；9—定滑轮组；10—端梁；11—小车滑线；12—主梁

精度；传动轴之间的连接采用半齿联轴器和全齿联轴器的结构形式。

桁架结构节省材料，同时由于钢结构设计技术和机械技术的进步，桥式起重机近几年出现了主梁是桁架结构的形式，但仍以箱形结构为多数，其中分别驱动类型更为常见，尤其是大吨位的桥式起重机。

通用桥式起重机是由四大部分组成的：桥架、大车运行机构、起重小车（包括横向传动机构和吊钩的升降机构）、司机室（包括操纵机构和电气设备）。

（1）桥架

通用桥式起重机的桥架是由两根主梁和两根端梁及走台和护栏等零部件组成的。其结构形式有两种：箱形的和桁架的（图 2-24）。

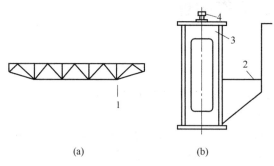

(a)　　　　　(b)

图 2-24 主梁结构形式

1—桁架梁；2—走台；3—箱形梁；4—轨道

桁架式的主梁是用型材互相焊接而成的，一般采用单梁和双梁桁架形式的结构[图 2-24（a）]。

箱形结构的主梁是由钢板事先加以预应力，并使之产生一定的上拱度然后焊接而成的，其结构见图 2-24（b）。

桥架外形的尺寸大小决定于起重机自身的起重量、跨度、起升高度和桥架的结构形式。

桥架的跨度即为端梁的间距。沿端梁下面最外侧两车轮轴线间的距离叫做桥架的轴距，它起保证桥架的水平刚度和稳定性的作用。

桥架的高度取决于桥架的跨度和结构形式。

桥架的主梁是承担小车的重量和外载荷的，因此必须有足够的强度、刚度和稳定性，以保证在规定载荷作用下，其主梁的弹性下挠度值在允许的范围内，以及运行时不发生变形。

此外，为了不使主梁过早地出现下挠度，主梁还应具有一定的上拱度，以此来抵消工作中因不良因素所产生的下挠和减轻小车的爬坡、下滑及保障大车运行机构的传动性能。

端梁都是采用箱形结构并与主梁形成刚性连接的，以保证桥架的运行刚度和稳定性。在端梁下面装有大车的车轮组，承担着起重机所有垂直方向的载荷。

在旧式的桥式起重机上面，大车的车轮组都是采用滑动轴承直接支承在端梁下面，而在新式的桥式起重机上面，大车的车轮组却是以角型轴承箱与端梁用螺栓连接起来的，这使得维护和检修都很方便。

为了保证桥架水平方向的变形在规定的范围内，桥架的轴距与桥架的跨度之比值限定在 0.14～0.2 的范围内。

桥架变形后所引起的小车轨距向内侧变化的数值，不许超过下列规定（L_K 为桥架的跨度）：

$L_K < 19.5$m 时，小于 5mm；$L_K > 19.5$mm 时，小于 7mm。

(2) 大车运行机构

桥式起重机大车运行机构的作用，是驱动大车的车轮转动并使车轮沿着起重机轨道做水平方向运动。它包括有电动机、制动器、减速器、联轴器、传动轴、角型轴承箱和车轮等零部件。车轮又是通过角型轴承箱、端梁和主梁，支承着起重机自身的重量及其全部外载荷的。大车运行机构可以分为集中驱动和分别驱动两种形式，见图 2-25。由一套驱动装置通过中间轴同时驱动大车两边主动车轮旋转的驱动，叫做集中驱动。由两套各自独立的驱动装置来驱使桥架两边主动车轮旋转的驱动，叫做分别驱动。在新型的桥式起重机上，一般多采用分别驱动形式，而在小吨位或旧式的桥式起重机上仍然采用集中驱动的形式。

① 低速集中驱动。如图 2-25 (a) 所示，电动机 7 通过全齿联轴器 6 与减速器 5 连接，减速器带动传动轴 4 旋转。各段传动轴是通过联轴器 3 连接在一起的，传动轴的末端装有主动车轮 2，制动器 8 装在电动机的外伸轴端上，也可装在电动机与减速器相连接的轴上。这种传动形式的传动轴转速一般在 50～100r/min 范围之内，但却能传递较大的转矩。因此，轴、轴承、联轴器和轴承座的尺寸都比较大，使整个运行机构变重，一般只用于小起重量和小跨度的桥式起重机上。此外，这种低速集中驱动形式也有采用开式齿轮传动结构的。

② 中速集中驱动。如图 2-25 (b) 所示，电动机经制动器和减速器带动传动轴 4 旋转，传动轴又经开式齿轮 9 驱动车轮沿轨道运行。各段传动轴是通过联轴器 11 连接在一起的。这种传动形式与低速集中传动形式比较，由于转速增高到 200～300r/min，传递转矩相对减小，所以轴、轴承、联轴器、轴承座的尺寸也随之减小，使整个运行机构减轻了重量。但传动轴两端的开式齿轮磨损却很快；另外，由于车轮按转动载荷固定在心轴上，所以装拆和维修也不方便。现在这种结构形式已不再采用了。

③ 高速集中驱动。电动机通过补偿轴 12 与左右两个减速器连接。制动器设在电动机的一侧。在减速器的高速轴端，因转速较高，故多采用补偿轴连接，以保证安装精度和减轻联轴器内齿轮的磨损 [图 2-25 (c)]。这种驱动形式运行速度快（600～1500r/min），传动机构尺寸小，重量轻。它的缺点是转递转矩小，需要两个减速器，对传动轴的加工精度要求较高（通常是每米轴长的径向跳动不超过 0.8mm）。

④ 分别驱动。分别驱动的特点是：大车两端的每套驱动该机构都是单独地由电动机、制动器、补偿轴、减速器和主动车轮等零部件组成的 [图 2-25 (d)]。除图中所示的连接形式外，还有在减速器和主动车轮之间也采用补偿轴连接的。电动机与补偿轴之间采用带制

动轮的联轴器相连接。

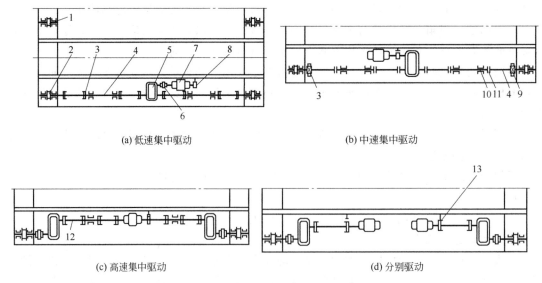

(a) 低速集中驱动 (b) 中速集中驱动

(c) 高速集中驱动 (d) 分别驱动

图 2-25　大车运行机构传动形式

1—从动车轮；2—主动车轮；3,11—联轴器；4—传动轴；5—减速器；6—全齿联轴器；7—电动机；

8—制动器；9—开式齿轮；10—轴承；12—补偿轴；13—制动轮联轴器

两台电动机之间，可采用一套电线连锁控制装置，或完全没有任何联系的两套各自独立的电气控制装置。一般多采用后者。

分别驱动有以下优点。

a. 由于省去了中间部分的传动轴，所以大车的运行机构的重量减轻了很多，同时走台尺寸及大车重量也随之减小。有的单位做过统计，在起重量为 10t，跨度为 25m 的桥式起重机上，由集中驱动形式改为分别驱动形式之后，运行机构本身与走台部分一共减轻了 3.5t。

b. 分别驱动的结构不因主梁的变形而在大车的传动性能方面受到影响，从而保证了运行机构多方面的可靠性。

当一端电动机损坏后，另一端的电动机仍可以维持短时间的工作，而不致造成像集中驱动形式那样，一旦电动机出现故障就会立即造成停工或引起事故。

(3) 起重小车

桥式起重机的起重小车是由小车架、起升机构和小车运行机构组成的。按小车的主梁结构形式，可以分为单梁起重小车和双梁起重小车。桥式通用起重机的起重小车都是双梁的。

1) 起升机构

起升机构是用来起升重物的，是起重机的重要组成部分。在桥式吊钩起重机的起重量大于 15t 时，一般都设有两套起升机构，即主起升机构和副起升机构，两者的起重量不同，起升速度也不同。主起升机构的起升速度慢，副起升机构的起重速度快，但其结构基本一样。

桥式起重机都是采用电动的起升结构。它是由电动机、制动器、减速器、卷筒、定滑轮组和钢丝绳等零件组成的，分为如下两种类型（图 2-26）。

第一种类型，是在电动机 4 和卷筒 6 之间通过减速器 5 进行连接的［图 2-26（a）］。在此种类型中，卷筒与减速器之间有两种连接方式。一种是卷筒轴 7 的右端支承在双列调心轴承 4 上，左端采用球面垫 2 支承在减速器低速轴 1 的端部喇叭口内；轴的端部外缘有齿，并与固定在卷筒上的内齿圈 3 相啮合，形成一个半齿联轴器的结构形式，同时在内齿圈的外侧设有防护密封盖 6，以防啮合齿轮间的润滑油流出和落进灰尘（图2-27）。此类结构可以补偿一定的安装误差。此外，左端还有用十字滑块进行连接的。另一种是卷筒 6 的左端与减速器低速轴 7 之间用法兰盘 8 进行刚性连接的（图2-28）；卷筒轴只有右端一段，它有定轴 4 和转轴 3 两种形式；减速器底面一端用销轴 2 与小车架底座 5 相接触，另一端通过弹簧 1 与小车架底座连接在一起。这种结构形式简单，安装和维修方便，并具有自动调整减速器低速轴与卷筒的同心性作用。

第二种类型，是在电动机与卷轴之间除减速器 5 外，还设有一级开式齿轮，包括小齿轮 10 和大齿轮 11［图 2-26（b）］。此类结构中，电动机 4 与减速器 5 的高速轴之间的连接形式与第一种类型的连接形式一样，而减速器与卷筒 6 的连接形式则不同。它的减速器低速轴与全齿联轴器 9 连接，然后再通过小齿轮 10 与卷筒大齿轮进行连接，以达到再次减速的目的。这种结构多用在大起重量的起重机构上。起重卷筒与大齿轮是采用螺栓 3 与抗剪套 2 进行连接的（图2-29）。

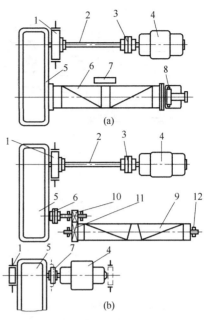

图 2-26 起升机构类型

1—制动器；2—补偿轴；3—半齿联轴器；
4—电动机；5—减速器；6—卷筒；7—定
滑轮组；8—轴承座；9—全齿联轴器；
10—小齿轮；11—大齿轮；12—轴承

在起升机构中，电动机与减速器高速轴之间多采用带制动轮的补偿轴进行连接，但也有因为地方的限制无法设置补偿轴，而采用全齿联轴器或弹性柱销联轴器进行连接的。由于带制动轮的齿轮联轴器结构复杂，一般都是把制动轮与齿轮联轴器分装，即在减速器高速轴的电动机一侧设置全齿联轴器，在另一侧的伸出轴上或电动机尾部的伸出轴上设置制动轮。

为安全起见，在带制动轮和补偿轴的连接形式中，其制动轮都安装在减速器的一侧，目的是：一旦补偿轴被扭断，制动器仍然可以制动住卷筒，不致造成重物下坠的事故。这种带补偿轴的连接形式适用于起升速度较快与卷筒速度高的情况。

不论是上述两种起升机构中的哪一种类型，其所使用的制动器都是常闭的。对于大吨位起重机上的起升机构或运送炽热金属、熔融金属、毒品以及易燃、易爆等危险物品的起重机构，均应设置两套制动器（其规格大小都是一样的），以利于安全。

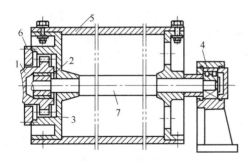

图 2-27 内外齿联轴器

1—减速器低速轴；2—球面垫；
3—内齿圈；4—双列调心轴承；
5—卷筒；6—防护盖；7—卷筒轴

如取物装置改用电磁盘，则其起升机构除多一套电缆卷筒外，其余都和吊钩式起重机的相同。如取物装置改用四绳抓斗，则起升机构等于两套吊钩式的起重机构，其中一套是操纵抓斗的起升绳，另一套是操纵抓斗的开闭绳。

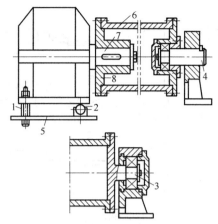

图 2-28 法兰盘刚性连接形式

1—弹簧；2—销轴；3—转轴；4—定轴；5—小车
架底座；6—卷筒；7—减速器低速轴；8—法兰盘

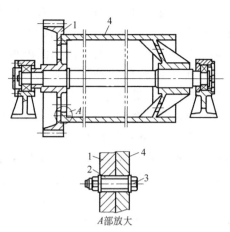

图 2-29 抗剪套的连接形式

1—大齿轮；2—抗剪套；3—螺栓；4—卷筒

2）小车运行机构

小车的运行机构承担着重物的横向运动。它有三种类型，如图 2-30 所示。

如图 2-30（a）所示，小车的主动车轮 8 装在传动轴 1 上。传动轴上设有大齿轮 2，由减速器 4 低速轴伸出的小齿轮 3 带动旋转，使车轮沿轨道运行。电动机 6 与小齿轮之间，用减速器或一级开式齿轮相连接，这种类型的优点是结构简单，缺点是车轮部位维修不方便。

在图 2-30（b）所示的类型中，减速器装在小车架的一侧。减速器的高速轴通过齿轮联轴器与电动机轴相连接。减速器低速轴通过十字滑块联轴器 10（或齿轮联轴器）与车轮轴连接。十字滑块联轴器的一半与减速器低速轴做成一体，另一半与车轮轴做成一体，中间有一个十字滑块。这种类型的连接方式优点是结构简单，造价较低，适于在小跨度小重量的小车上使用；缺点是因两车轮的中间轴过长，容易产生扭曲变形，以及靠近减速器的车轮在启动时超前，在制动时因惯性力的作用而落后，促使两车轮不能同时启动或停止。如果轴的刚性不够，这种变形将引起小车运行时的歪斜，从而造成车轮的啃道。

如图 2-30（c）所示是将三级立式减速器装在小车两主动轮中间的类型。减速器的高速轴与电动机轴之间的补偿轴连接（或用全齿联轴器连接），并使制动器靠近电动机一侧，使之在制动时补偿轴能够帮助吸收一部分的冲击振动。低速轴与主动车轮之间也用补偿轴连接。这种结构的优点是采用了立式减速器、角型轴承箱和补偿轴，使整个结构变得紧凑、传动性能良好和维修方便；缺点是成本高。

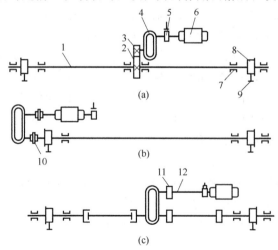

图 2-30 小车运行机构的类型

1—传动轴；2—大齿轮；3—小齿轮；4—减速器；5—制动器；6—电动机；7—轴承；8—主动车轮；9—轨道；10—联轴器；11—半齿联轴器；12—补偿轴

3）起重小车架

起重小车架按其制造方法来分，有铸钢制造和焊接两种。铸钢制造的底座刚性很大，不易变形，但制造困难。现在多数是采用钢板焊接的小车架，但小起重量的小车架也有用型钢焊接制成的。

起重小车架上面装设起重机的起升机构和小车的运行机构，还承担着所有的外加载荷。它也是由主梁和端梁组成的。沿小车轨道方向的梁，称为主梁，是箱形结构的，小车车轮即装设在此梁下面。与小车轨道相垂直的梁，称为端梁。主梁和端梁连接的地方，在主梁内设有隔板。

此外，在小车架上还设有安全保护装置，如安全压尺、缓冲器、排障板和护栏等。

4）司机室

司机室是起重机操作者工作的地方，里面设有操纵起重机的设备（大车、小车、主钩、副钩的控制器或脚踏制动器踏板）、保护装置和照明设备。梯口和舱口都设有电气安全开关，并与保护盘相互连锁。只有梯口和舱口都关闭好之后，起重机才能启动。这样可以避免车上有人工作或人还没完全进入司机室时就开车而造成人身事故。

2.2.2　通用桥式起重机传动原理

通用桥式起重机的运动是由大车的纵向、小车的横向及吊钩（抓斗或电磁盘）的上下三种运动组成的。它们有时是单一动作，有时是合成的动作，都有各自的传动机构来保证其运行形式的实现。

(1) 起升系统的传动原理

起升系统的动力来源是由电动机发出，经齿轮联轴器、补偿轴、制动联轴器，将动力传递给减速器的高速端轴，并经减速器把电动机的高转速降低到所需要的转速后，由减速器低速输出，经卷筒上的内齿圈，把动力传递给卷筒组，再通过钢丝绳和滑轮组使吊钩（抓斗或电磁盘）进行升降，从而完成升降的目的（图 2-26）。

(2) 起重小车运行系统的传动原理

动力由电动机发出，经制动轮联轴器、补偿轴和半齿联轴器，将动力传递给立式三级减速器的高速轴端，并经立式三级减速器把电动机的高转速降低到所需要的转速之后，再由低速轴端输出，又通过半齿联轴器、补偿轴、半齿联轴器与小车主动车轮轴连接，从而带动了小车主动车轮的旋转，完成小车横向运送重物的目的（图 2-30）。

(3) 大车运行系统的传动原理

动力由电动机发出，经制动轮联轴器、补偿轴和半齿联轴器将动力传递给减速器的高速轴端，并经减速器把电动机的高转速降低到所需要的转速之后，由低速轴传出，又经全齿联轴器把动力传递给大车的主动车轮组，从而带动了大车主动车轮的旋转，完成桥架纵行吊运重物的目的。大车两端的驱动机构是一样的。

第3章
起重机械的载荷分类及设计计算方法

3.1 起重机械的载荷分类

3.1.1 载荷的分类

作用在起重机上的外载荷有起升载荷、起重机自重载荷、不稳定运动时的动载荷、风载荷、坡度载荷、通过不平的轨道接头时的冲击载荷、车轮侧向载荷、碰撞载荷、安装和运输载荷以及某些工艺性载荷等。

由于起重机的外载荷种类很多而且变化不定，因此在进行设计计算时，只能将与起重机零部件或结构破坏形式有关的、具有典型性的载荷作为依据，这种载荷通常称为计算载荷。

在起重机设计计算方法中，对于起重机的零部件或结构进行以下三类计算。

① 疲劳、磨损或发热的计算。

② 强度计算。

③ 强度验算。

与这三类计算相适应，起重机的计算载荷有下列三种组合。

(1) Ⅰ类载荷（正常工作情况下的工作载荷）

又称寿命计算载荷。这是用来计算零部件疲劳、磨损和发热的一种计算载荷。它所要考虑的是起重机在正常工作情况下产生的载荷。这种载荷，不仅要计算载荷的大小，还要计算其作用时间。一般针对应力反复作用次数超过一定值（一般大于 10^5）的零部件，需要进行疲劳强度计算（表 3-1）。

表 3-1 需要进行疲劳强度计算的零件

工作状态	零件名称	工作类型
每旋转一周完成一次应力循环的零件	齿轮、链轮、蜗轮、车轮、转动的心轴、主要承受弯曲载荷的转轴	轻级（$n > 5r/\min$）、中级、重级、特重级
机构每开动一次完成一次应力循环的零件	运行、旋转机构中主要承受扭转载荷的转轴及联轴器	中级、重级、特重级
起重机每个工作循环应完成一次应力循环的零件	吊钩及其他吊具、固定的心轴、起升机构中主要承受扭转载荷的转轴	重级、特重级

(2) Ⅱ类载荷（工作状态下的最大载荷组合）

又称强度计算载荷。这是用来计算零部件和金属结构的强度、稳定性以及起重机整体稳定性和轮压的计算载荷。它所要考虑的是起重机在正常工作条件下最不利的载荷组合，如满载、上坡、迎风时起重机启动的载荷组合。一般来说，对起重机的所有受力零部件都要用Ⅱ类载荷进行强度计算。

（3）Ⅲ类载荷（非工作状态下的最大载荷）

又称验算载荷。这是指起重机处于非工作状态下可能出现的最大载荷（如暴风载荷、船上起重机由于波浪引起的船舶颠簸载荷等），或工作时发生的事故载荷（如起重机全速碰撞产生的载荷）。这种载荷用来验算起重机的固定设备（如夹轨器）、变幅机构、支承旋转装置的某些零部件和金属结构的强度以及起重机不工作时的整体稳定性。

产生这类载荷时起重机是不工作的，或虽在工作但出现的机会极少，因此，按此类载荷验算静强度时，可取较小的安全系数。

3.1.2　载荷的计算

本节介绍几种常见载荷的计算方法。

（1）起升载荷

起升载荷包括起升物品的重量和随物品升降的取物装置或机构的重量，即：

$$Q_{起} = Q + Q_0 \tag{3-1}$$

式中　$Q_{起}$——起重载荷；

　　　Q——起升物品的重量；

　　　Q_0——随着物品升降的取物装置或机构的重量，包括大起升高度（$H > 50\text{m}$）起重机的钢丝绳重量以及某些冶金起重机中和物品一同升降的取物装置和机构的重量。

（2）起重机自重载荷

起重机自重包括机械、金属结构及电气设备等组成部分的重量。自重的分配根据结构情况而定。机械及电气设备重量一般可看成集中载荷，桁架自重可假定分布在相应的节点上，箱形结构可看成是连续分布的。

（3）动载荷

动载荷是起重机机构运行状态改变时（如启动或制动）产生的振动载荷和惯性载荷的总称。不同的机构、结构、工作环境、工作情况，得到的动载荷也不相同。

1）机构传动零部件的最大动载荷

对电动起重机，传动零部件的最大动载荷可按式（3-2）确定，即：

$$M_{\max} = \Psi_{Ⅱ} M_{零额} \tag{3-2}$$

式中　$M_{\max}$——所计算的零部件传递的最大力矩；

　　　$M_{零额}$——电动机额定力矩换算到所计算零部件上的力矩；

　　　$\Psi_{Ⅱ}$——第Ⅱ类载荷的动力系数。

对轻级、中级机构的$M_{零额}$应按$JC = 25\%$时的电动机额定力矩计算；对重级、特重级机构的$M_{零额}$应按$JC = 40\%$时的电动机额定力矩计算。初步计算时，动力系数$\Psi_{Ⅱ}$可按表3-2选取。

2）金属结构及其他零部件的最大动载荷

金属结构和其他承载零部件（如吊耳等）承受物品重力及风载荷等的直接作用。这些构件的最大动载荷，要根据工作中可能出现的最不利的外载荷组合进行计算。这些载荷中最重

表 3-2　传动零部件的动力系数 Ψ_{II} 值

零件名称	机构名称/(m/min)										
	起升机构按主起升速度分				运行机构按运行速度分			旋转机构按臂架端点切向速度分			
	<7	8~15	16~40	>40	<10	20~50	>50	50~100	>100~200	>200~350	>350
低速轴零件	1.10	1.20	1.30	1.50	1.50	2.00	2.50	1.50	1.85	2.20	2.60
减速器高速轴	1.30	1.40	1.50	1.60				2.20			
其余高速轴	2.00							2.00			

要的是包括额定起重量在内的起升机构工作时引起的物品动载荷、风载荷，以及运行、变幅和旋转机构启动、制动时产生的惯性载荷。其动力系数可按图 3-1、图 3-2 查得。

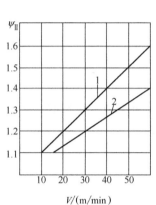 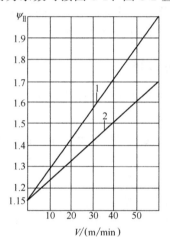

　(a) 吊钩、象鼻架、拉杆的动力系数 ψ_{II} 值　　(b) 臂架、门架、人字架的动力系数 ψ_{II} 值

图 3-1　门座起重机金属结构及其他承载构件的动力系数

1—抓斗起重机；2—吊钩起重机

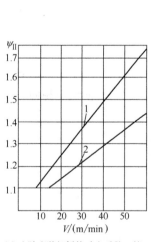 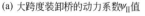 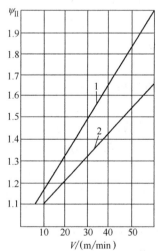

　(a) 大跨度装卸桥的动力系数 ψ_{II} 值　　(b) 通用桥式与龙门起重机的动力系数 ψ_{II} 值

图 3-2　桥式类型起重机的动力系数

1—抓斗起重机；2—吊钩起重机

3）起重运输及吊装工艺设计中的计算载荷

在设备的起重运输及吊装工艺设计中采用的计算载荷，包括动载荷与受力不均衡载荷两

种。设计计算中常利用动载系数（动力系数）K_1、不均衡系数 K_2 乘以静载荷，来近似地代替设备和起重机具有冲击振动情况下的动载荷与不均衡对称工作情况下的不均衡载荷。

① 计算动载荷。

在设备的起吊、牵引、运输过程中，机械传动和操作人员的突然启动或刹车，均能增大设备本身及其起重机索具所承受的载荷。

因此，在选择或验算起重机索具强度以及设备本体强度时，应将设备自重以及根据吊装工艺设计中由静力平衡原理计算出的各机索具的受力，乘以动载系数 K_1，作为吊装工艺设计中该机索具所承受的计算动载荷。

视工作情况而定的动载系数 K_1 见表3-3。

表3-3 视工作情况而定的动载系数 K_1

驱动方式及运行条件	手动	机动		
		轻级	中级	重级
动载系数 K_1	1.00	1.10	1.30	1.50

此外，设备在运输过程中，因道路不平引起的运输车辆振动，使设备本身静自重增大。因此在验算设备强度时，应将其自重乘以动载荷系数 K_1，作为运输工艺设计中的计算自重。

设备运输时的动载系数 K_1 见表3-4。

表3-4 设备运输时的动载系数 K_1

设备运输方式	K_1	设备运输方式	K_1
用胶皮轮小车人力曳运时	1.2	用载重汽车载运时	1.3
用胶皮轮大车马拉曳运时	1.25	用火车载运时	1.2

② 计算不均衡载荷。

当利用人字桅杆、双分支吊索、四分支吊索或双桅杆起吊设备时，因现场具体条件的不同，往往存在着下述各种受力不平衡因素。

a. 由于桅杆制作或组合的不完全对称，受力后引起分支单桅杆的受力不平衡。

b. 由地质变化而产生的桅杆不均衡沉陷，引起各分支吊索的受力不均衡。

c. 由于各分支绑固的吊索长短、松紧不完全相同，因而引起各分支吊索的受力不均衡。

d. 当用多台卷扬机起吊设备时，因卷扬机卷筒直径、转速等不一样，卷扬机操作人员启动、停车不一致，动作不协调，均能引起各套牵引装置和制动装置的受力不均衡。

因此，在选择和验算各起吊索具时，应将吊装工艺设计计算中由静力平衡原理计算出的各起吊索具的受力，乘以不均衡系数 K_2。一般 $K_2 = 1.2$。

③ 综合计算载荷。

综上所述，在设备起吊、运输或牵引过程中，可能同时承受冲击振动影响与不均衡载荷影响的各起重吊索具，在选择和验算强度时，应将设备起重运输和吊装时以静力平衡原理算出各起重吊索具的受力，乘以动载系数 K_1 和不均衡系数 K_2，作为吊索具或设备所承受的综合计算载荷。

要求综合计算的载荷等于或不小于该设备或该起重吊索具体的最大容许使用应力或安全承载力。

(4) 风载荷

1) 风载荷的计算公式

露天工作的起重机应按下式计算风载荷 $P_风$（N），则：

$$P_风 = \sum CK_h qA \qquad (3-3)$$

式中 C——风力系数（风载体型系数）；（表 3-5）；

K_h——风力高度变化系数（表 3-6）；

q——计算风压值，Pa，第Ⅰ、Ⅱ、Ⅲ类计算载荷的风压值分别记为 $q_Ⅰ$、$q_Ⅱ$、$q_Ⅲ$（表 3-7）；

A——起重机结构或物品垂直于风向的迎风面积，m^2。

2）风力系数 C 的确定

风载体型系数与挡风结构物的表面形状有关，可近似地按表 3-5 选取。

表 3-5　单片结构的风力系数 C

结　构　形　式			C
型钢制成平面桁架			1.6
型钢、钢板、型钢梁和箱形截面构件	跨度与高度之比 L/h	5	1.3
		10	1.4
		20	1.6
		30	1.7
		40	1.8
		50	1.9
圆管及管结构	qd^2	1	1.3
		3	1.2
		7	1.0
		10	0.9
		13	0.7
封闭的司机室、机器房、对重、钢丝绳及物品等			1.1～1.2

表 3-6　风力高度变化系数 K_h 值

离地（海）面高度/m	—	20	30	40	50	60	70	80	90	100	110	120	130	140	150	200
陆上 $K_h = \left(\dfrac{h}{10}\right)^{0.3}$	1.00	1.23	1.39	1.51	1.62	1.71	1.79	1.86	1.93	1.99	2.05	2.11	2.16	2.20	2.25	2.45
海上及海岛 $K_h = \left(\dfrac{h}{10}\right)^{0.2}$	1.00	1.15	1.25	1.32	1.38	1.43	1.47	1.52	1.55	1.58	1.61	1.64	1.67	1.69	1.72	1.82

表 3-7　起重机标准风压值（GB/T 3811—2008）　　　　　　　Pa

地　　区	工作状态计算风压			非工作状态计算风压
	风速/(m/s)	$q_Ⅰ$	$q_Ⅱ$	$q_Ⅲ$
内陆	15.5	0.6$q_Ⅱ$	150	500～600
沿海	20		250	600～1000
台湾省及南海诸岛	20		350	1500

3）标准风压值 q 的确定

① 第Ⅱ类载荷的风压值 $q_Ⅱ$。

$q_Ⅱ$ 值按相当天地空旷地区 10m 高处的 6 级风（对沿海地区）或 5 级风（对内陆地区）的瞬时风压值计算，但计算时不考虑风振系数。

② 第Ⅲ类载荷的风压值 $q_Ⅲ$。

$q_Ⅲ$ 值按 10m 高处 30 年一遇的最大的 10min 平均风压值确定。

4）迎风面积 A 的计算

① 起重机迎风面积的计算。

起重机结构或物品的迎风面积按起重机组成部分或物品的净面积在垂直于风向平面的投影来计算，即：

$$A = \phi A_轮 \tag{3-4}$$

式中　$A_轮$——起重机组成部分的轮廓面积在垂直于风向平面上的投影，m^2；

　　　　ϕ——起重机金属结构或机构的充满系数，即结构或机构的净面积与其轮廓面积之比。

常见结构形式的 ϕ 值如下。

a. 由型钢或钢板制成的桁架或空腹结构：$\phi = 0.2 \sim 0.6$。

b. 管子桁架结构（无斜杆的桁架取最小值）：$\phi = 0.2 \sim 0.4$。

c. 实体板结构：$\phi = 1$。

d. 机构：$\phi = 0.8 \sim 1.0$。

当两个或两个以上的结构并列，其迎风面积相互重叠时，第二个和第二个以后的被前面遮挡的迎风面积减小，减小的程度用折减系数 η 表示（表 3-8）。

表 3-8　桁架结构挡风折减系数 η

ϕ		0.1	0.2	0.3	0.4	0.5	0.6
间隔比 b/h	1	0.84	0.70	0.57	0.40	0.25	0.15
	2	0.87	0.75	0.62	0.49	0.33	0.20
	3	0.90	0.78	0.64	0.53	0.40	0.28
	4	0.92	0.81	0.65	0.56	0.44	0.34
	5	0.94	0.83	0.67	0.58	0.50	0.41
	6	0.96	0.85	0.68	0.60	0.54	0.46

如图 3-3 所示，两片重叠的桁架，当风向垂直于桁架面时，总挡风面积为：

$$A_\Sigma = \phi_1 A_1 + \eta \phi_2 A_2 \tag{3-5}$$

式中　A_1——第一片桁架的轮廓面积；

　　　　A_2——第二片桁架的轮廓面积；

　　　　ϕ_1——第一片桁架的充满系数；

　　　　ϕ_2——第二片桁架的充满系数；

　　　　η——折减系数，根据比值 b/h 由表 3-8 查得（h 为桁架高度，b 为两片桁架间的垂直距离）。

两个箱形梁重叠时也可按上式计算，但间距应是两箱形梁内侧的间距［图 3-3（b）］。

箱形截面构件挡风折减系数见表 3-9。

表 3-9　箱形截面构件挡风折减系数 η

b/h	$\leqslant 4$	5	6
η	0	0.1	0.3

② 起重机小车和物品的迎风面积：起重机小车和物品的迎风面积按它们实际的轮廓尺寸决定。物品的迎风面积可参考表 3-10，根据物品质量近似地估计。

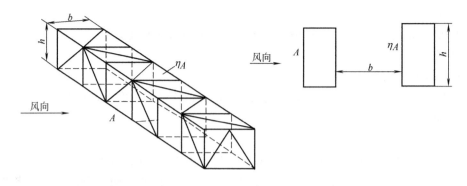

(a) 桁架   (b) 平行的箱形梁

图 3-3 两个挡风面重叠时的挡风面积计算简图

表 3-10 物品迎风面积的估计值

物品质量/t	1	2	3	5～6.3	8	10	12.5	15～16	20	25	30～32	40
迎风面积/m²	1	2	3	5	6	7	8	10	12	15	18	22
物品质量/t	50	63	75～80	100	125	150～160	200	250	280	300～320	400	
迎风面积/m²	25	28	30	35	40	45	55	65	70	75	80	

3.2 起重机械的设计计算方法

起重机的零件和金属结构应按工作状态下的最大载荷进行强度计算。

强度计算按下列公式进行。

对塑性材料（钢、铝合金等）为：

$$\sigma \leqslant [\sigma] = \frac{\sigma_s}{n} \tag{3-6}$$

对脆性材料（铸铁、青铜等）为：

$$\sigma \leqslant [\sigma] = \frac{\sigma_b}{n'} \tag{3-7}$$

式中 σ——零件危险截面的最大应力，求 σ 值时须考虑动载的作用，但不考虑应力集中；

     σ_s——零件的屈服极限；

     σ_b——材料的强度极限；

     n——塑性材料的安全系数，按第 Ⅰ 类载荷计算时为 n_{I}，按第 Ⅱ 类载荷计算时为 n_{II}，按第 Ⅲ 类载荷计算时为 n_{III}，按特殊载荷时计算时为 n_0；

     n'——脆性材料的安全系数可根据零件重要程度一般取为 $n'_{\mathrm{II}} = 3 \sim 5$，$n'_{\mathrm{III}} \approx 0.9 n'_{\mathrm{II}}$，$n'_0 \approx 0.8 n'_{\mathrm{II}}$。

按切应力 τ 进行的强度计算和按正应力 σ 进行的强度计算相类似。同时受正应力和切应力的零件，应按折合当量正应力 σ_d 计算，即：

$$\sigma_d = \sqrt{\sigma^2 + 3\tau^2} \tag{3-8}$$

表 3-11 中，安全系数 K_1 是用来计算材料的最小强度储备的，其值和所计算零件或构件的重要性以及载荷和应力的计算精确程度有关；安全系数 K_2 是用来计算材料的不均匀性、内部可能存在的缺陷，以及实际尺寸与设计尺寸的误差等因素的。

表 3-11　起重机零件和金属结构的安全系数 n

计算对象			载荷情况								
			第一类			第二类			第三类		
			耐久性计算			强度计算			强度验算		
			K_1	K_2	n_I	K_1	K_2	n_{II}	K_1	K_2	n_{III}
金属结构	除运送液态金属以外的所有起重机金属结构	Q235	0.3	0.1	1.4	0.3	0.1	1.4	0.2	0.1	1.3
		Q345		0.15	1.45		0.15	1.45		0.15	1.35
	运送液态金属的起重机金属结构	Q235	0.5	0.1	1.6	0.5	0.1	1.6	0.2	0.1	1.3
		Q345		0.15	1.65		0.15	1.65		0.15	1.35
机构零件	起升、变幅机构,支承部件,防风、取物装置,制动器	锻轧件	0.5	0.1	1.6	0.5	0.1	1.6	0.3	0.1	1.4
		铸钢件		0.3	1.8		0.3	1.8		0.3	1.6
	旋转、运行机构	锻轧件	0.3	0.1	1.4	0.3	0.1	1.4	—	—	—
		铸钢件		0.3	1.6		0.3	1.6	—	—	—

第4章

起重机械的制动装置与安全装置

起重机是一种间歇动作的机械，它的工作特点是经常启动和制动，因此，在起重机中广泛应用各种类型的制动器，制动器是依靠摩擦副之间的摩擦而产生制动作用的，摩擦副中的一组与机构的固定机架相连，另一组则与机构转动轴相连。当机构启动时，使摩擦面脱开，机构转动件即可运转；当机构需要制动时，使摩擦面接触并压紧，这时摩擦面间产生足够大的摩擦力矩，消耗动能，使机构减速，直到停止运动。采用摩擦制动的优点是：机构制动平衡可靠，有时还可以根据需要调整制动力矩的大小。

4.1 制动器的种类和用途

4.1.1 制动器的用途

在起重机的各个机构中，制动器几乎是不可缺少的组成部分。在起升机构中必须装设可靠的制动器，以保证吊重能停止在空中。自重不完全平衡的起重伸缩臂也必须用制动器将它维持在一定的位置。运行机构与旋转机构也需要用制动器使它们在一定的时间或一定的行程内停下来。对于在露天工作或在斜坡上运行的起重机，制动器还有防止风力吹动或下滑的作用。阻力很大、速度很低的室内起重机的运行机构还利用制动器来使物品以所要求的速度下降，如汽车起重机、淬火起重机等。

综上所述，制动器的作用如下。

① 支持：保持不动。

② 停止：用摩擦消耗运动部分的动能，以一定的减速度使机构停止下来。

③ 落重：制动力与重力平衡，重物以恒定的速度下降。

在起重机的各种机构中，制动器可以具有上述一种或几种作用。在选用制动器时，应充分注意制动器的任务以及对它的要求。例如支持制动器，其制动力矩必须具有足够的储备，也就是应当保证一定的安全系数。对于安全性有高度要求的机构需要装设双重制动器，例如运送熔化铁水包的起升机构，规定必须装设两个制动器，其中每一个制动器都能安全地支持铁水包不致坠落。对于落重制动器，则应考虑散热问题，它必须具有足够的散热面积，将重物的位能所产生的热量散去，以免制动器过热而损坏或失效。

为了减小制动力矩、缩小制动器的尺寸，通常将块式制动器安装在高速轴上，也就是电动机轴上或减速器的输入轴上。某些安全制动器则装在低速轴上或卷筒上，以防传动系统断轴时物品坠落。特殊情况下也有将制动器装在中速轴上的，如需要浸入油中的载重制动器。

有些电葫芦为了减轻发热与磨损，就装在减速器壳里。

4.1.2 制动器的种类

(1) 根据制动器的构造分类

1) 块式制动器

块式制动器（图4-1）的构造简单，制造与安装都很方便，成对的瓦块压力互相平衡，使制动轮轴不受弯曲载荷，因此在起重机上广泛使用。

2) 带式制动器

带式制动器（图4-2）由于制动带的包角很大，因而制动力矩较大，对于同样的制动力矩可以采用比块式制动器更小的制动轮。由于它的结构紧凑，可以使起重机的机构布置得很紧凑。它的缺点是制动带的合力使制动轮轴受到弯曲载荷，这就要求制动轮轴有足够的刚度。装在卷筒端部上的安全制动器常用这种形式。带式制动器主要用于紧凑性要求高的起重机，如汽车起重机。

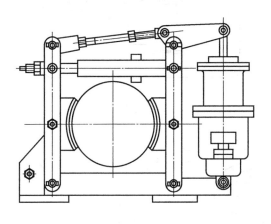

图4-1 块式制动器

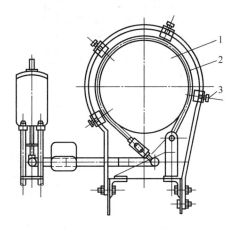

图4-2 带式制动器

1—制动轮；2—制动带；3—限位螺钉

3) 多盘式、盘式制动器、圆锥式制动器

多盘式制动器（图4-3）与圆锥式制动器（图4-5）的上闸力是轴向力，其制动轮轴也不受弯曲载荷。这两种制动器都只需要较小的尺寸与轴向压力就可以产生相当大的制动力矩，常用于电动葫芦上，使结构非常紧凑。这种制动器适宜制成标准部件，因而在一般起重机中极少采用。

近来出现了一种新型的盘式制动器（图4-4）。这种制动器的上闸力也是轴向的，成对互相平衡，但其摩擦力对制动轮轴产生制动力矩，其大小依制动块的数目与安装情况而定。这种制动器的优点是对同一直径的制动盘可采用不同数量的制动块以达到不同的制动力矩。此外，制动块是平面的，摩擦面易于跑合，能够容忍较高的"计算"温度。为了很好地散热，有的制动盘制成两片，中间通风冷却。

4) 蹄式制动器

内张蹄式制动器简称蹄式制动器，也称鼓式制动器（图4-6）。它主要由制动鼓（轮）、制动蹄、传力杠杆、紧闸装置以及附件等组成。由于结构紧凑、密封容易，可用于安装空间受限制的场合，曾广泛用于各种车辆；但因构造复杂、散热性差、调整不方便等缺点，在某

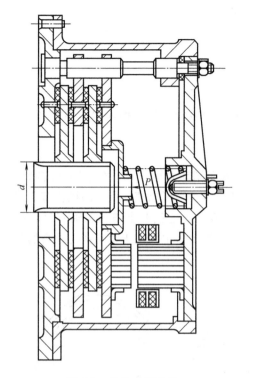

图 4-3　多盘式制动器

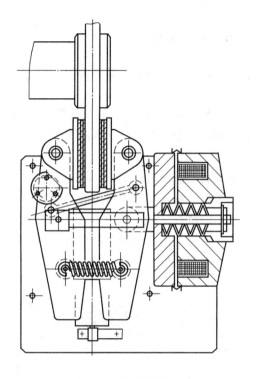

图 4-4　盘式制动器

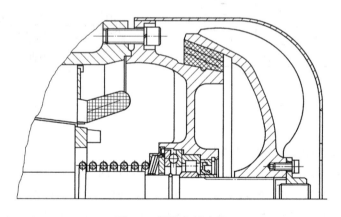

图 4-5　圆锥式制动器

些车辆上逐渐被盘式制动器所代替。

(2) 根据操作情况的不同分类

1）常闭式

常闭式制动器在机构不工作期间是闭合的，在机构工作时由松闸装置将制动器分开。起重机一般多用常闭式制动器，特别是起升机构必须采用常闭式制动器，以确保安全。制动器的闭合力大多数由弹簧产生，少数有用重块的。后者的缺点是质量大、惯性大、上闸时的冲击力大。

2）常开式

常开式制动器经常处于松开状态，只有在需要制动时才根据需要施以上闸力，产生制动力矩进行制动。如自行车的制动装置就是典型的例子。

3）综合式

综合式制动器是常闭式与常开式的综合体。图 4-7 所示为综合式制动器，这种制动器具有常开式可以任意操纵控制的优点，同时又具有常闭式安全可靠的优点。起重机工作时，电磁铁通电将重块抬起，使制动器松开，而利用操纵杠杆可以随意进行制动。当起重机不工作时，切断电源，电磁铁将重块释放，制动器上闸以防起重机滑走。

几乎所有的常开式制动器都带有综合式的性质，如门座起重机的旋转机构的制动器是常开式的，但很多起重机都备有专门的机构，在起重机不工作期间将制动器锁紧。

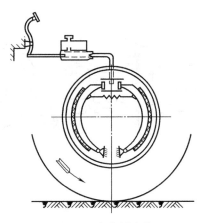

图 4-6　蹄式制动器

（3）根据驱动方式的不同分类

1）自动式

自动式制动器的上闸与松闸是自动的。起重机上常用的制动器是由电磁铁、电动推杆等进行松闸。这些制动器都是随着电动机的开、停而自动松闸、上闸。载重制动器（图 4-8、图 4-9）的上闸力是载重本身产生的，这种制动器主要用于手动葫芦，一些电动葫芦里也装有这些制动器，可以使重物下降更加平稳安全。离心制动器（图 4-10）也是一种自动式制动器，它的制动力矩靠重块的离心力产生，当吊重下降速度达到一定值时，重块离心力所产生的制动力矩与吊重的重力所产生的力矩平衡，使吊重匀速下降。

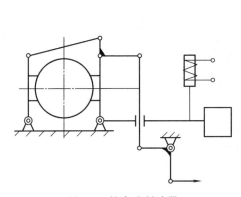

图 4-7　综合式制动器

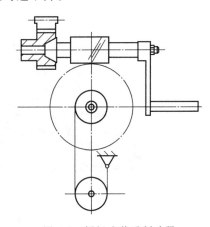

图 4-8　螺杆式载重制动器

2）操纵式

操纵式制动器的制动力矩是可以由人随意控制的。对于需要停车准确的运行机构，宜于采用操纵式制动器。这种制动器通常用手柄或足踏板进行操纵。传动方式可以是机械的，例如拉索或刚性杠杆与连杆，也可以是液压的。图 4-11 所示为液压操纵带式制动器。它的动作原理是：踏下踏板 1，凸轮 2 即将活塞 3 推动，将油缸 4 中的油通过油管 5 压入油缸 6，从而推动活塞 7，然后通过杠杆系统使带式制动器上闸。放松踏板，即由弹簧将各活塞复位。泄漏的油由储油器 8 补充。液压操纵的优点是可以很方便地操纵任何位置的制动器。最省力的操纵式制动器利用的是压力空气，其缺点是需要有压气机。

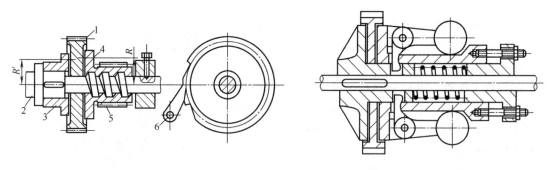

图 4-9 螺旋式载重制动器   图 4-10 离心制动器

1—棘轮；2—轴；3,4—摩擦制动盘；5—齿轮；6—棘爪

3）综合式

综合式制动器在正常工作时为操纵式，当切断电源后自动上闸，以保证安全，图 4-7 所示的制动器就是在这种意义上表现为综合式的。

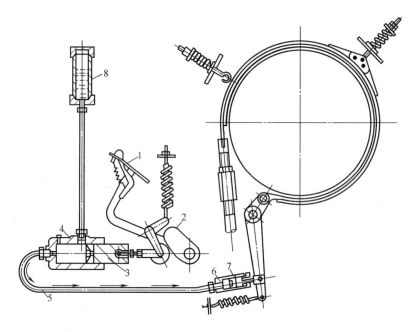

图 4-11 液压操纵带式制动器

1—踏板；2—凸轮；3,7—活塞；4,6—油缸；5—油管；8—储油器

4.2 块式制动器

块式制动器有构造简单、安装方便、成对的瓦块压力互相平衡、使制动轮轴不受弯曲载荷等优点，在起重机各机构中广泛应用，本节较详细地介绍它的结构及选择计算。

4.2.1 块式制动器的构造

图 4-1、图 4-12 和图 4-13 示出了几种块式制动器的构造。它们的差别主要是松闸杠杆

系统的不同。通常根据松闸器的行程的长短，把这些制动器分别称为长行程制动器与短行程制动器。短行程制动器（图 4-12）的松闸器可以直接装在制动臂上，使制动器结构紧凑，但由于松闸力小，只适用于小型制动器（制动轮直径一般不大于 $\phi 300$mm）。长行程制动器（图 4-1、图 4-13）的松闸器可以通过杠杆系统产生很大的松闸力，适用于大型制动器。短行程松闸器的松闸行程通常为 5mm 以下，长行程松闸器的松闸行程通常大于 20mm。

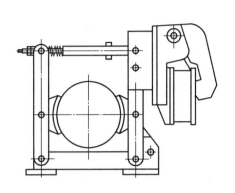

图 4-12　交流短行程制动器

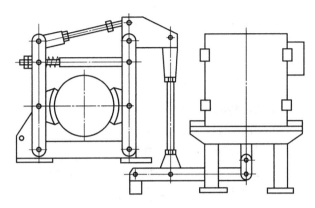

图 4-13　交流长行程制动器

块式制动器的主要部分是制动轮、制动瓦块、制动臂和松闸器，此外还有一些附属装置。下面分别介绍它们的构造。

（1）制动轮

制动轮通常由铸钢制造，转速不高的制动轮也可以用组织细密的铸铁制造。通常把制动轮作为联轴器的一个半体（图 4-14）。从减轻联轴器受力的观点出发，应该将带制动轮的半体装在减速器一侧，这样布置对起升机构来说可以使联轴器在电动机断电后完全卸载，对于运行机构来说也可以使联轴器承受较小的惯性力矩，因为电动机转子的惯性比运行质量的惯性小得多。但有时从装配工艺出发，也有反过来装的，弹性柱销联轴器的半体不宜作热负荷很大的制动轮，如下降制动器。

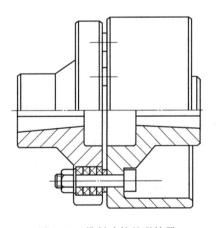

图 4-14　带制动轮的联轴器

制动轮的宽度通常比制动瓦块的宽度大 5~10mm。

（2）制动瓦块

制动瓦块有固定式［图 4-15（a）］、铰接式［图4-15（b）］两种。固定式制动瓦块构造简单，但由于对安装要求高，现在几乎已不采用。因为具有这种瓦块的制动器如果安装偏高或偏低，瓦块的圆弧面就不能与制动轮密切配合，只在一端接触（图 4-16），只是在衬料大量磨损之后，接触面积才逐渐增大，最后达到全面接触。现在起重机的制动器几乎都是采用铰接式制动瓦块。由于瓦块可以绕制动臂上的铰点旋转，即使制动器的安装高度略有误差，瓦块仍能很好地与制动轮密切配合。

（3）制动衬料

不加衬料的制动瓦块只用于铁路车辆，起重机制动器采用带有摩擦衬料的制动瓦块。由于衬料的摩擦因数大，所以使制动轮的磨损小。

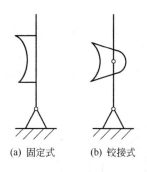

(a) 固定式　　(b) 铰接式

图 4-15　制动瓦块

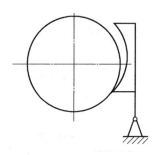

图 4-16　固定式瓦块与制动轮的初始接触情况

摩擦衬料的主要种类如下：

① 棉织制品，较少应用。

② 石棉织制品，常用材料。

③ 石棉压制品，价廉物美，值得推广应用。

④ 石棉树脂材料，耐热性好。

⑤ 粉末冶金摩擦材料，新型摩擦材料，适合高速重载工作和高温下工作。

（4）制动臂

制动臂可用铸钢或钢板制造，但不允许用铸铁。铸钢制动臂断面为工字形，钢板制动臂断面为矩形。中国标准制动器采用直的制动臂，以保证制动轮轴不受弯曲力。

（5）松闸器

制动器的性能很大程度上取决于松闸器的性能。制动器的松闸器有制动电磁铁、电动推杆（电力液压推动器和电力离心推动器）、电磁液压电磁铁。

1）制动电磁铁

制动电磁铁是最常用的松闸器。制动电磁铁根据励磁电流的种类分为直流电磁铁与交流电磁铁；根据行程的大小，分为短行程电磁铁与长行程电磁铁。它们的特点是构造简单，工作安全可靠，但工作时响声大，冲击大，电磁铁线圈寿命短。目前采用一种新型的电磁铁，称为压电磁铁。这种电磁铁消除了简单电磁铁的缺点。其特点是：动作平稳，无噪声，寿命长，能自动补偿瓦块衬料的磨损，但制造工艺要求较高，价格昂贵。

2）电动推杆

电动推杆有电动液压推杆和电动离心推杆，两者的基本原理都是利用旋转物体的离心力，前者是利用旋转液体离心力所产生的液体压力，后者是利用重块旋转时的离心力。电动液压推杆的特点是：动作平稳，无噪声，允许开动的次数多，推动恒定，所需用电动机功率小，耗电少，但上闸缓慢；用于起升机构时，制动行程较长；不适用于低温环境，只宜于垂直布置，偏角一般不大于 $10°$。

电动离心推杆几乎具有电动液压推杆的所有优点，并可用于寒冷气候与任何位置，但由于惯性质量大，松闸、上闸动作迟缓，故不宜用于起升机构。目前中国尚未生产这种松闸器。

3）电磁液压电磁铁

电磁液压电磁铁消除了电磁铁的缺点，动作平稳、快速、无噪声、寿命长，能自动补偿制动衬片磨损引起的间隙。但其结构复杂，对密封元件和制造工艺要求高，对维修技术要求高，价格较贵，制造不完善的液压电磁铁常有失灵现象，现已被电动液压推杆制动器代替。

(6) 闸瓦松闸间隙（退距）

制动器在松闸状态时应当使制动瓦块与制动轮间具有适当的间隙。通常松闸间隙随着闸瓦衬料的磨损而逐渐增大。为了保证制动器正常工作，松闸间隙不能过大或过小。最小松闸间隙根据制动衬料的弹性而定，通常为 $\varepsilon_{min}=0.6\sim0.8mm$，用以保证制动轮在旋转时不致由于振摆、轴的挠度及热膨胀而与制动瓦块接触。松闸间隙过大可能引起很大的上闸冲击和延长上闸时间，所以最大的松闸间隙通常约为 $\varepsilon_{max}=1.5\varepsilon_{min}$，最大不超过 $2mm$。

4.2.2 块式制动器的选择计算

制动器是根据制动力矩来选择的。

(1) 起升机构的制动力矩

起升机构的制动力矩 M_{zh} 按式（4-1）、式（4-2）进行计算：

$$M_{zh} \geqslant K_{zh}M_j \tag{4-1}$$

$$M_j = \frac{Q}{m} \times \frac{D}{2} \times \frac{1}{i} \times \eta \tag{4-2}$$

式中　K_{zh}——制动安全系数（表4-1），吊运熔化金属、酸类、有毒以及易燃易爆品等危险品时，起升机构应装设两个制动器，这时每个制动器的制动安全系数为 $K_{zh}=1.25$；

　　　M_j——制动轮的制动静力矩（对高速轴而言）；

　　　Q——起重量，N；

　　　m——滑车组倍率；

　　　D——卷筒直径，mm；

　　　η——机构传动效率（$\eta=0.85\sim0.9$）；

　　　i——机构速比，$i=n_1/n_2$；

　　　n_1——电动机转速；

　　　n_2——卷筒转速。

表 4-1　制动安全系数 K_{zh}

工作类型	K_{zh}	工作类型	K_{zh}
轻型 $JC=15\%$	1.5	重型 $JC=40\%$	2
中型 $JC=25\%$	1.75	特重型 $JC=50\%\sim80\%$	2.5

根据所需的制动力矩，得到额定制动转矩为：

$$M_{zh} \leqslant [T] \tag{4-3}$$

式中　$[T]$——额定制动转矩，N·m。

常用制动器的主要性能及尺寸见表4-2和表4-3，可从中选取所需类型的标准制动器的规格。

(2) 制动器型号标记

1）电磁块式制动器

电磁块式制动器标记形式为：产品代号（MW）电源类型（交流代号省略，直流代号为Z），制动轮直径（mm）-制动力矩（N·m），环境条件代号（普通型省略，冶金型为Y），标准（JB/T 7685—2006）。

标记示例如下。

① 制动轮直径为 400mm，额定制动力矩为 1250N·m，供电电源为交流电的普通型制动器应标记为：

制动器 MW400-1250 JB/T 7685—2006

M—电磁；W—瓦块；400—制动轮直径；1250—制动力矩；JB/T 7685—2006—采用的部颁标准代号。

② 制动轮直径为 400mm，额定制动力矩为 1250N·m，供电电源为直流电的冶金型制动器应标记为：

制动器 MWZ400-1250Y JB/T 7685—2006

M—电磁；W—瓦块；Z—直流电；400—制动轮直径；1250—制动力矩；Y—冶金；JB/T 7685—2006—采用的部颁标准代号。

表 4-2   电磁块式制动器的规格和技术参数（JB/T 7685—2006）

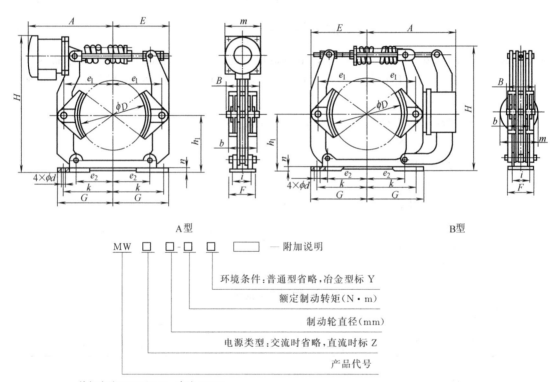

MW、NWZ 系列制动器技术参数

制动器规格	制动轮直径/mm	每侧瓦块额定退距/mm	制动转矩/N·m		动作时间≤		电磁铁规格	整机质量/kg	备注
			额定	最大	释放	闭合			
MW/MWZ 160-80	160		80	100			MW/MWZ 160-100	16	主要用于新设计的主机配套
MW/MWZ 200-160	200	0.87	160	200	0.25	0.15	MW/MWZ 250-160	26	
MW/MWZ 250-315	250		315	400			MW/MWZ 250-250	35	

续表

制动器 规格	制动轮 直径/mm	每侧瓦块 额定退距 /mm	制动转矩/N·m		动作时间≤		电磁铁规格	整机质 量/kg	备注
			额定	最大	释放	闭合			
MW MWZ315-630	315		630	800		0.2	MW MWZ315-400	58	
MW MWZ400-1250	400	1.0	1250	1600	0.30		MW MWZ400-630	89	
MW MWZ500-2500	500		2500	3150		0.25	MW MWZ500-1000	163	主要用于 新设计的主 机配套
MW MWZ630-5000	630		5000	6300			MW MWZ630-1600	250	
MW MWZ710-8000	710	1.25	8000	9000	0.35	0.3	MW MWZ710-2000	480	
MW MWZ800-10000	800		10000	12500			MW MWZ800-2000	720	

表 4-3　电力液压块式制动器的规格和技术参数（JB/T 6406—2006）

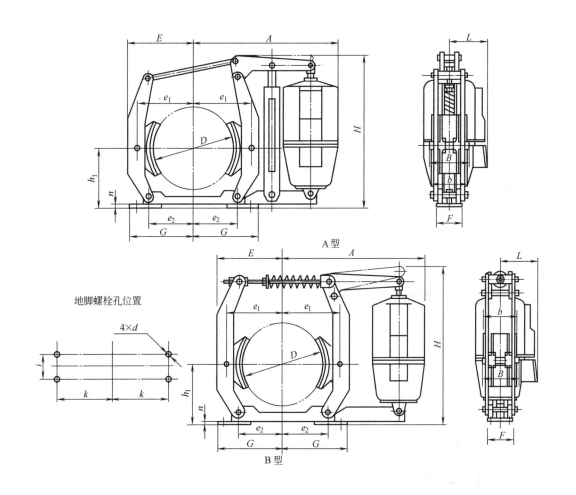

驱动器型号	制动轮径 D/mm	每侧瓦块退距 ε/mm	额定制动转矩①/N·m			配用推动器型号	整机质量/kg	备注
			1	2	3			
YW160-220	160		63	80	100	YTD220-50	23	
YW200-220	200	1.0	90	112	140		36	
YW200-300			140	180	224	YTD300-50	38	
YW250-220	250		125	160	200	YTD220-50	45	
YW250-300			160	200	250	YTD300-50	46	
YW250-500			280	355	450	YTD500-60	54	
YW315-300	315		200	250	315	YTD300-50	68	符合最新行业标准 JB/T 6406—2006 及德国标准 DIN 15435—80；主要用来与新设计的各类主机配套,还可与德国同类产品互换
YW315-500		1.25	355	450	560	YTD500-60	70	
YW315-800			560	710	900	YTD800-60	73	
YW400-500	400		450	560	710	YTD500-60	90	
YW400-800			710	900	1120	YTD800-60	93	
YW400-1250			1120	1400	1800	YTD1250-60	98	
YW500-800	500		900	1120	1400	YTD800-60	158	
YW500-1250			1400	1800	2240	YTD1250-60	160	
YW500-2000			2240	2800	3550	YTD2000-60	168	
YW630-1250	630	1.6	1800	2240	2800	YTD1250-60	260	
YW630-2000			2800	3550	4500	YTD2000-60	263	
YW630-3000			4000	5000	6300	YTD3000-60	266	
YW710-2000	710		3150	4000	5000	YTD2000-60	420	
YW710-3000			4500	5600	7100	YTD3000-60	425	
YW800-3000	800		5000	6300	8000	YTD3000-60	580	

① 1、2、3 为制动转矩代号。

2）电力液压块式制动器

电力液压块式制动器标记示例如下。

① 制动器 YW160-220-80 JB/T 6406—2006：Y—液压；W—瓦块；160—制动轮直径；220—推杆推力；80—制动力矩；JB/T 6406—2006—采用的部颁标准代号。

② 制动器 YW630-2000-4500 JB/T 6406—2006：Y—液压；W—瓦块；630—制动轮直径；2000—推杆推力；4500—制动力矩；JB/T 6406—2006—采用的部颁标准代号。

块式制动器的规格型号很多，可参阅有关手册和资料。

4.3 带式制动器

带式制动器构造简单、尺寸紧凑、包角大，它是依靠张紧的制动带与制动轮间的摩擦力来实现制动的。带式制动器与块式制动器相比，外形尺寸相同时，带式制动器制动力矩大。它的缺点是：对制动轮轴有较大的弯曲力；制动带的比压力分布不均匀，因而使材料磨损不均；一般简单带式制动器及差动带式制动器的制动力矩随制动轮转向不同而变化，散热性不好。带式制动器常用于尺寸要求紧凑的地方，如汽车起重机。它还常用来装在低速轴或卷筒上，作为安全制动器，如高炉升降机。带式制动器有简单式、综合式、差动式等类型。

4.3.1 简单带式制动器

图 4-17 所示为简单带式制动器，它是由围绕在制动轮 1 外面，并相对于制动轮不动的

挠性钢带制动带 2 张紧时的摩擦力来制动的。为了增加摩擦力，在钢带的工作面上铆有摩擦材料 3，如石棉编织带或辊压带。钢带围绕着制动轮，其一端铰接在机架上，另一端装在制动杠杆上，压下踏板 6，制动带张紧即可制动。当松开踏板时，依靠弹簧 7 的作用，使制动杠杆抬起，即松闸。为了保证制动带能迅速离开制动轮装设弹簧 9，弹簧 9 固定在托架 8 上。调整螺栓 11 用来调整制动带和制动轮间的间隙。

简单带式制动器的计算主要包括：制动轮上最大单位压力的计算，制动力矩的计算，制动轮、制动带尺寸的确定，上闸力的计算，松闸间隙与松闸行程的确定。

(1) 最大单位压力计算（比压力）

制动带对制动轮的压力，随着带的拉力而变化，在绕入端处为最大，而在绕出端处为最小（图 4-18）。设在带的绕入端处取一极小角度 $d\alpha$ 时，可得：

$$\frac{D}{2}d\alpha B p_{max}=2S_{max}\sin\frac{d\alpha}{2}$$

式中　B——制动带宽度，mm；

p_{max}——制动带的最大单位压力，MPa。

当 $d\alpha$ 很小时，有：

$$\sin\frac{d\alpha}{2}\approx d\alpha$$

因此可得：

$$p_{max}=\frac{2S_{max}}{DB} \tag{4-4}$$

式中　S_{max}——制动带最大拉力，即紧边拉力，N；

D——制动轮直径，mm。

按上式算出的最大压力，不应超过表 4-4 所列出的许用单位压力数值。

(2) 制动力矩的计算

$$M_{zh}=(S_{max}-S_{min})\frac{D}{2} \tag{4-5}$$

式中　M_{zh}——制动力矩，N·mm；

S_{min}——制动带最小拉力，即松边拉力，N。

由欧拉公式可知：

$$S_{max}=S_{min}e^{\mu\alpha}$$

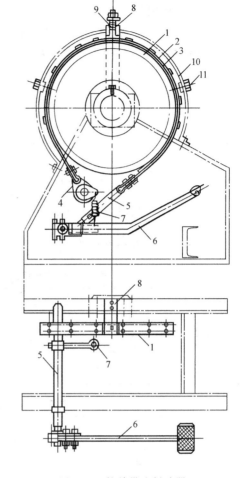

图 4-17　简单带式制动器

1—制动轮；2—制动带；3—摩擦材料；4—凸轮；5—拉杆；6—踏板；7,9—弹簧；8—托架；10—盖板；11—调整螺栓

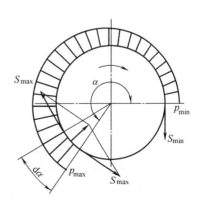

图 4-18　制动轮单位压力计算简图

式中　e——自然对数的底数；

　　　μ——摩擦因数（表 4-5）；

　　　α——制动带在制动轮上的包角，rad。

在各种摩擦因数 μ 下的 $e^{\mu\alpha}$ 值见表 4-6。

将上两式合并可得：

$$M_{zh} = \frac{S_{\max}D}{2}\left(1 - \frac{1}{e^{\mu\alpha}}\right)$$

但

$$S_{\max} = \frac{1}{2}DB[p]$$

所以

$$M_{zh} = \frac{1}{4}D^2B[p]\left(1 - \frac{1}{e^{\mu\alpha}}\right) = \frac{1}{4}\Psi D^2[p]\left(1 - \frac{1}{e^{\mu\alpha}}\right) \tag{4-6}$$

式中　$[p]$——许用单位最大压力，MPa（表 4-4）；

　　　Ψ——带宽系数，$\Psi = \dfrac{B}{D}$，一般取 $\Psi = 0.2 \sim 0.3$，D 大时取小值。

表 4-4　块式与带式制动器的 $[p]$ 及 $[pv]$ 值

摩擦面材料	带式[p]/MPa		$[pv]$/MPa·m/s			
	支持用	下降用	支持用		下降用	
铸铁对钢	0.15	0.10	块式	带式	块式	带式
钢对钢	0.04	0.02	0.5	0.25	0.25	0.15
石棉对钢	0.06	0.03				
辊压带对钢	0.08	0.04				

表 4-5　摩擦因数 μ 及容许温度

摩擦材料	制动轮材料	摩擦因数			容许温度 T/℃
		无润滑	偶然润滑	良好润滑	
铸铁	钢	0.17~0.20	0.12~0.15	0.06~0.08	260
钢	钢	0.15~0.18	0.1~0.12	0.06~0.08	260
青铜	钢	0.15~0.20	0.12	0.08~0.11	150
沥青浸石棉带	钢	0.35~0.40	0.30~0.35	0.1~0.12	200
油浸石棉带	钢	0.30~0.35	0.30~0.32	0.09~0.12	175
石棉橡胶辊压带	钢	0.42~0.48	0.35~0.4	0.12~0.16	220
石棉钢丝制动带	钢	0.35			

表 4-6　在各种摩擦因数 μ 下的 $e^{\mu\alpha}$ 值

包角 α	弧度值	在各种摩擦因数 μ 下的 $e^{\mu\alpha}$ 值							
		0.1	0.15	0.18	0.20	0.25	0.3	0.4	0.5
45°	$\pi/4$	1.08	1.13	1.15	1.17	1.22	1.26	1.37	1.48
90°	$\pi/2$	1.17	1.27	1.30	1.37	1.48	1.60	1.90	2.20
180°	π	1.37	1.60	1.76	1.87	2.20	2.60	3.50	4.80
210°	$7\pi/6$	1.44	1.73	1.98	2.08	2.52	3.00	4.33	6.25
240°	$4\pi/3$	1.52	1.87	2.13	2.31	2.89	3.51	5.43	8.22
270°	$3\pi/2$	1.60	2.03	2.34	2.57	3.25	4.10	6.60	10.50
300°	$5\pi/3$	1.69	2.19	2.55	2.85	3.72	4.81	8.12	13.80
330°	$11\pi/6$	1.78	2.37	2.81	3.16	4.25	5.63	10.01	17.80
360°	2π	1.87	2.57	3.10	3.50	4.80	6.60	12.30	23.10

　　为了使制动带能很好地密贴制动轮，制动带不宜太宽。如果制动力矩很大，为了不使制动轮过大，可以采用并列的两条制动带。

(3) 主要尺寸

根据需要的制动力矩 M_{zh}，可按下列各式计算出制动器的主要的尺寸。

① 制动轮直径 D 为：

$$D = \sqrt[3]{\frac{4M_{zh}e^{\mu\alpha}}{\Psi[p](e^{\mu\alpha}-1)}} \tag{4-7}$$

② 制动带宽度 B 为：

$$B = \Psi D$$

③ 制动轮宽度 B_1。制动轮宽度 B_1 一般比制动带宽度大 $5\sim20\text{mm}$，所以制动轮宽度为：

$$B_1 = B + (5\sim20) \tag{4-8}$$

(4) 制动带的厚度

制动带的厚度 δ 可根据制动轮直径或制动带宽度选定，然后验算强度。表 4-7 中列出了制动带厚度 δ 及衬料厚度 δ_c 的参考值。

制动带的拉应力按下式验算，即：

$$\sigma = \frac{S_{max}}{\delta(B-id)} \leqslant [\sigma] \tag{4-9}$$

式中　i——一排中铆钉的数目；

d——铆钉直径，mm；

$[\sigma]$——许用应力，$[\sigma]=60\text{MPa}$（Q235），$[\sigma]=100\text{MPa}$（45 钢）。

故制动带的厚度为：

$$\delta \geqslant \frac{S_{max}}{[\sigma](B-id)} \tag{4-10}$$

表 4-7　制动带厚度 δ 及衬料厚度 δ_c 的参考值　　　　mm

制动齿轮直径 D	160	200	250	315	400	500	630	710	800
制动轮宽度 B_1	50	65	80	100	120	140	160	180	200
制动轮宽度 B	45	60	70	80	100	120	140	160	180
制动带厚度 δ	2	2	2	2、3	3	3	3	3	3
制动带衬料厚度 δ_c	4	4	5	6	7	8	8	10	10
松闸间隙 ε	0.6~0.8	0.6~0.8	0.6~0.8	1.0~1.25	1.0~1.25	1.0~1.25	1.25~1.60	1.25~1.60	1.25~1.60

(5) 上闸力

上闸力 P 的大小为：

$$P = \frac{S_{min}\alpha}{l\eta} = \frac{S_{max}\alpha}{l\eta e^{\mu\alpha}} = \frac{2M_{zh}\alpha}{Dl\eta(e^{\mu\alpha}-1)} \tag{4-11}$$

式中　η——杠杆效率，$\eta=0.95$。

(6) 松闸间隙与松闸行程

带式制动器的最小松闸间隙可取为：

$$\varepsilon_{min} = 0.03D \tag{4-12}$$

磨损后的最大松闸间隙可取为：

$$\varepsilon_{max} = 1.5\varepsilon_{min}$$

由图 4-19 所示的带式制动器的松闸行程可知：

$$\frac{\Delta l}{a} = \frac{h}{l}$$

因

$$\Delta l = \left(\frac{D}{2} + \varepsilon\right)\alpha - \frac{D}{2}\alpha = \varepsilon\alpha$$

所以，上闸力 P 的着力点的最大行程为：

$$h = \frac{\varepsilon_{max}\alpha l}{a} \tag{4-13}$$

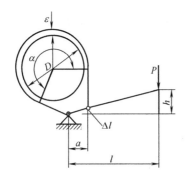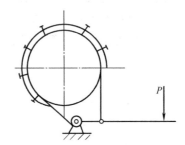

图 4-19　带式制动器的松闸行程　　　　　图 4-20　退程限制螺钉

为了保证各处松闸间隙均匀，可在圆圈上分布若干个限制退程的调整螺钉（图 4-20）。

4.3.2　差动带式制动器及综合带式制动器

差动带式制动器的制动带系固定在制动杠杆支点的两边，如图 4-21 所示。

差动带式制动器的制动力矩较大，但是，由于它的松闸行程小，制动时有突然的冲击作用，并有发生自锁的可能，故应用较少。

综合带式制动器制动带的两端为固接在制动杠杠支点的同一边，如图 4-22 所示。

综合带式制动器的制动力矩与制动轮回转方向无关，因此可应用在可逆转的机构中，但制动力矩较小。

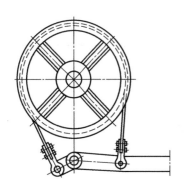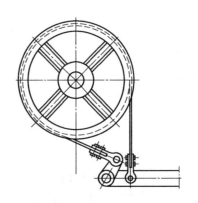

图 4-21　差动带式制动器　　　　　　　　图 4-22　综合带式制动器

　　上述两种制动器的计算方法，只是由于制动带固定在杠杆上的位置不同，推导出来的计算公式有所区别。其计算步骤与简单带式制动器相同，带式制动器的类型及特点见表4-8。

表 4-8　带式制动器的类型及特点

类型	简单式	综合式	差动式	双节式
结构形式				
制动力矩　正转	$T_{ah}=\dfrac{PDl}{2a}(e^{\mu\alpha}-1)$	$T_{ah}=T_{ah}=\dfrac{PDl}{2a}\times\dfrac{e^{\mu\alpha}-1}{e^{\mu\alpha}+1}$	$T_{ah}=\dfrac{PDl}{2}\times\dfrac{e^{\mu\alpha}-1}{a-be^{\mu\alpha}}$	$T_{ah}=T_{ah}=\dfrac{PDl}{2a}\left(e^{\mu\alpha}-\dfrac{1}{e^{\mu\alpha}}\right)$
制动力矩　反转	$T_{ah}=\dfrac{PDl}{2a}\left(1-\dfrac{1}{e^{\mu\alpha}}\right)$		$T_{ah}=\dfrac{PDl}{2}\times\dfrac{e^{\mu\alpha}-1}{ae^{\mu\alpha}-b}$	
特点	正反转制动转矩不同，操纵力 P 相差 $e^{\mu\alpha}$ 倍，如 P 相同，则 T_{ah} 相差 $e^{\mu\alpha}$ 倍	正反转制动转矩相同	正反转制动转矩不同，上闸力 P 小，当 $b>\dfrac{a}{e^{\mu\alpha}}$ 时自锁	相当于两个对称的简单式的组合；正反转制动转矩相同
用途	起升机构	运行、回转机构	起升机构	运行、回转机构

4.4　起重机械安全装置

　　要使一台起重机工作安全可靠，除了要使各个机构和金属结构满足要求外，还要装设安全与指示装置。例如，为了防止起重机行至终点或两台吊车相碰发生剧烈撞击，要装设缓冲器；露天工作的起重机必须装有防止滑行的防风装置；为了防止起重机过载破坏，装有起重量限制器或载重力矩限制器；对于大跨度的龙门起重机与装卸桥，装有偏斜指示器及偏斜限制器，以防过度偏斜；在臂架式起重机上常常装有幅度指示器或臂架倾角指示器等。

　　下面分别介绍上述几种安全指示装置。

4.4.1　缓冲器

　　起重机一般必须装设缓冲器。缓冲器的作用是减缓起重机运行到终点挡止器时或两台起重机相互碰撞时的冲击。运行速度 $v<40\mathrm{m/min}$ 时，如果装有终点开关，则可以不设缓冲器，只装挡止器。

　　常用的缓冲器有木材缓冲器、橡胶缓冲器、弹簧缓冲器、液压缓冲器等。

　　木材缓冲器的缓冲能力很小，实际上只起阻挡作用，用于碰撞速度很小的情况下。

　　橡胶缓冲器的构造非常简单，但缓冲能力小，吸能的能力仅为 $0.9\mathrm{N\cdot m/cm^3}$，用于运行速度不大于 $50\mathrm{m/min}$ 的情况下。此外，橡胶缓冲器不宜用于环境温度过高或过低的场所，适用的温度范围约为 $-30\sim50^\circ\mathrm{C}$。表4-9给出了橡胶缓冲器的性能和主要尺寸。

　　弹簧缓冲器应用最广，因为它的构造与维修比较简单，对一般工作温度没有什么影响，吸收能量较大，为 $100\sim250\mathrm{N\cdot m/kg}$（弹簧）。表4-10与表4-11给出了典型的弹簧缓冲器的性能与主要尺寸。小车用的弹簧缓冲器是双向作用的，这里实际上是两个缓冲器共用一个弹簧。

表 4-9 橡胶缓冲器的性能和主要尺寸   mm

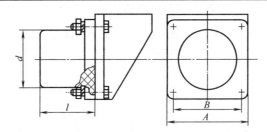

尺寸				缓冲行程	缓冲容量 [A]/N·m	质量/kg
d	l	A	B			
60	60	80	60	36	150	1.4
100	100	150	110	60	700	5.3
120	120	170	130	72	1200	6.2
145	145	260	210	87	2150	9.2

表 4-10 小车用弹簧缓冲器的性能与主要尺寸   mm

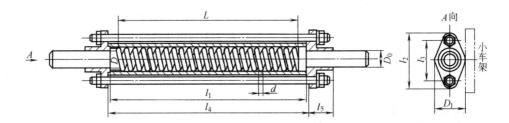

序号	弹簧		缓冲容量[A]/N·m	质量/kg
	自由长度	D/d		
1	502	47/13	570	28
2	570	55/15	670	37

序号	尺寸							
	L	l_1	l_2	l_3	l_4	l_5	D_0	D_1
1	900	500	150	110	570	65	50	76
2	960	560	160	160	630	65	50	89

表 4-11 起重机用弹簧缓冲器的性能与主要尺寸   mm

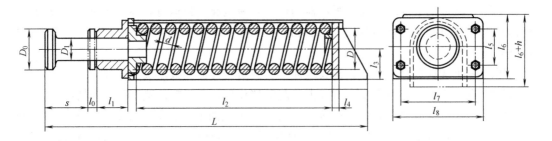

序号	弹簧		缓冲行程 s	缓冲容量[A]/N·m	质量/kg
	自由长度	D/d			
1	545	100/25	140	2850	62
2	612	120/30	140	3750	82
3	685	140/35	150	5250	113

序号	尺寸											
	L	l_0	l_1	l_2	l_3	l_4	l_5	l_6	l_7	l_8	D_0	D_1
1	962	30	80	540	950	12		190	230	290	140	75
2	977	30	80	605	950	18		200	230	290	140	75
3	1125	30	115	680	100	20	120	210	250	300	140	75

普通弹簧缓冲器的缺点是有反弹作用。当缓冲过程完毕后，碰撞能量大部分储在弹簧内部，在反弹时将能量送回碰撞体，使其向相反方向运动。弹簧缓冲器用于运行速度 $v=50\sim120\mathrm{m/min}$ 的情况下。

图 4-23 所示为弹簧摩擦式缓冲器。由于弹簧互相接触部分的摩擦，很大部分动能转变为热能，因而反弹作用大大减小。弹簧摩擦式缓冲器的缓冲能力也较普通式弹簧缓冲器大，为 $150\sim400\mathrm{N\cdot m/kg}$（弹簧），一方面因为这里是利用拉压变形吸收能量，能够充分利用全部金属体积的变形，另一方面通过摩擦又可吸收一部分能量。它的缺点是构造复杂，需要润滑，使用性能对弹簧间的摩擦因数的变化敏感，目前尚未广泛应用。

上述几种缓冲器的共同缺点是缓冲力是线性变化的，在一定最大减速度的限制下，需要较长的缓冲行程。液压缓冲器能维持恒定的缓冲力，可使缓冲行程减为原行程的 1/2（图 4-24）。

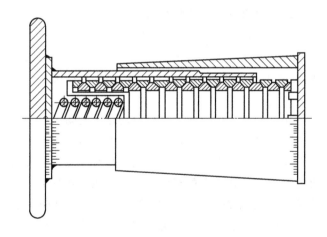

图 4-23　弹簧摩擦式缓冲器

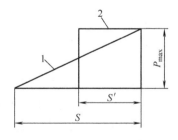

图 4-24　缓冲行程

1—弹簧缓冲器；2—液压缓冲器

如图 4-25 所示，液压缓冲器中的油液经过心棒 5 与活塞 6 间的环形间隙流到存油空间去。适当设计心棒形状，可以保证油缸里的压力在缓冲过程中是恒定的，达到匀减速的缓冲，使运动部件柔和地在最短距离内停住。其他形式的液压缓冲器采用种种不同的节流面形状，例如在油缸壁上设置一系列的小孔，在缓冲运动过程中，运动质量的动能几乎全部通过节流变为热能，因而不再有反弹作用。这里需要装设复原弹簧 4，使活塞在完成缓冲作用后回复到原位，等待下一次的冲击，加速弹簧 2 用来使活塞以有限的加速度加速到碰撞速度，它实际上是一个小型的缓冲器，吸收活塞与运动质量间的碰撞能量。也有许多形式的液压缓冲器不装设这个加速弹簧。油缸的工作压力很高，可达 10MPa 以上。液压缓冲器的工作液体在常温环境下用锭子油或变压器油，在低温环境下应当采用防冻的液体，如甘油溶液等。液压缓冲器的缺点是构造复杂，维修麻烦，对于密封有较高的要求，否则会有渗漏。环境温度对它的工作性能也有影响。液压缓冲器用于碰撞速度大于 2m/s 或碰撞动能较大的情况下。当有两个以上液压缓冲器时，应把它们的压力油腔连通起来，使压力均衡。

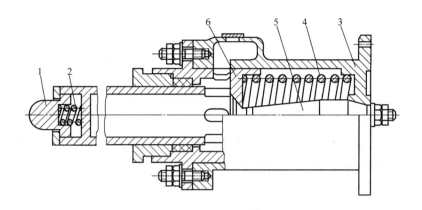

图 4-25　液压缓冲器

1—撞头；2—加速弹簧；3—油缸；4—复原弹簧；5—心棒；6—活塞

4.4.2　防风装置

龙门起重机、装卸桥、门座起重机和塔式起重机等，一般都在露天环境中工作，并且迎风面积很大，为了防止被大风吹走，必须装设可靠的防风装置（也称为防滑装置）。在国内外，由于没有装设防风装置，或防风装置失灵，使起重机被大风吹走，以致在轨道尽头受阻翻倒的事故为数不少。这样的事故，不仅使起重机严重损坏，并且常常造成人身伤亡，因而，对这种安全装置应当给予足够的重视。

根据防风装置的工作方式，分为自动作用与非自动作用两大类。自动作用的防风装置在起重机停止运行或断电时自动地将起重机止动。这样的防风装置能在突然的暴风情况下起到保护作用，安全可靠，但它们一般都有构造复杂、自重大、体积大、成本高等缺点。这类防风装置通常用于大型起重机。现代起重机的自动防风装置多配有风速计。当风压达到某一规定值时发出声响警报，在达到另一规定值时，自动系统将运行机构断电，同时开动防风装置，将起重机止动。自动防风装置应有一定的延时功能，当起重机经制动停住后，防风装置才起作用，以免突然止动，引起过大的惯性力。

非自动防风装置（一般多为手动的），构造简单、质量小、结构紧凑、价廉、维修容易，但操作麻烦，费力费时，不能应付突然间出现的暴风，并且手动夹轨器之类的防风装置夹持力较小，只宜用于中、小型起重机。

根据工作原理不同，防风装置又可分为防风固定装置、防风压轨器和防风夹轨器三种类型。

防风固定装置如图 4-26 所示。图 4-26（a）所示为插销装置（大型起重机常用插板代替插销，并且用杠杆来插入与抽出）。插销装置应沿轨道每隔一定距离装设一个，以便在大风来到时能及时将起重机锁住。图 4-26（b）所示为链条式锚定装置，图 4-26（c）所示为顶杆式锚定装置。链条用带有左右螺纹的张紧装置张紧；顶杆端部带有可以伸缩的螺旋千斤顶。如前所述，这类装置不能及时地起到防风作用，通常作为自动防风装置的补充设备，防止有预报的特大暴风。

防风压轨器是利用起重机的一部分重力压在轨顶上，通过其间的摩擦力来达到止动作用的。最简单的手动压轨器如图 4-27 所示。它就是一个千斤顶。这种压轨器的防风止动力很小，通常只用在露天工作的桥式起重机上。

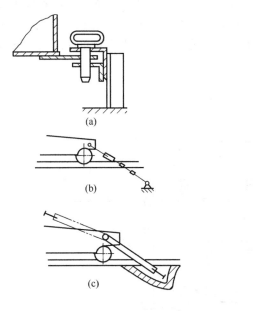

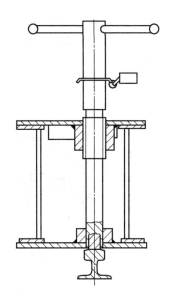

图 4-26　防风固定装置　　　　　　　　　　图 4-27　手动压轨器

图 4-28 与图 4-29 所示为两种自动作用的防风压轨器。它们利用起重机的自重通过斜面作用，将带有摩擦衬料的防滑靴压在轨顶上，从而防止起重机滑走。当关掉运行机构电源，

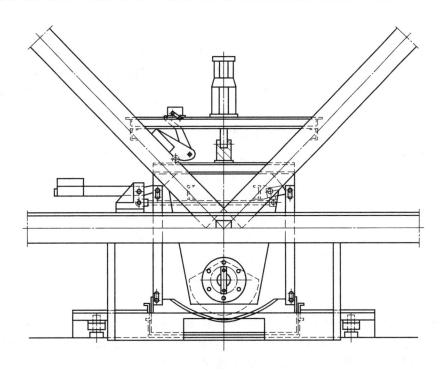

图 4-28　自动防风压轨器（一）

或外界电源中断时，防滑靴缓缓落于轨顶。当起重机被风吹走一小段距离后，防滑靴即被压紧在轨道上，阻止起重机继续移动。在开动起重机运行机构前，先将起重机后退一小段距离，随后接通电动液压推杆将防滑靴提起，然后开动起重机运行机构进行工作。为了提高防滑靴与轨道间的摩擦因数，在防滑靴上衬以摩擦衬料。过去采用的石棉衬料，容许压力仅为1MPa，使防滑靴尺寸过大。目前出现了抗压强度高的石棉塑料制品与粉末冶金摩擦衬料，可使这种防风装置结构较为紧凑。防风压轨器的防风能力受到起重机自重的限制，不适于高大的起重机。

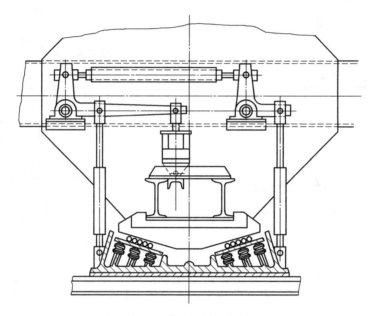

图 4-29　自动防风压轨器（二）

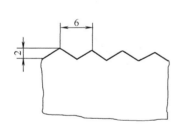

图 4-30　钳口齿纹形状

防风夹轨器是应用最广泛的防风装置。它用夹钳夹住轨道头部的两个侧面。钳口采用中碳钢和高碳钢（如 45、50、65Mn、60Si2Mn、T8 等），热处理硬度超过 350HBS。为了增加摩擦因数，钳口制出齿纹，钳口齿纹形状如图 4-30 所示。

图 4-31 所示为手动防风夹轨器，它们都是利用丝杠产生夹紧力的。图 4-31（a）所示结构夹紧力最小，但夹紧时所需转数最小。图 4-31（b）所示结构可以产生较大的夹紧力。图 4-31（c）所示结构利用肘杆原理可以产生很大的夹紧力。肘杆机构的另一优点是钳口闭合的速度是变化的，以快速使钳口空载闭合，以低速进行夹紧，从而产生较大的夹紧压力。低速进行夹紧最理想的是图 4-31（d）所示的滑槽机构。滑槽曲线由两段组成，一段斜角较大，用于快速闭合；一段斜角较小，$\beta=4°\sim8°$，用于夹紧。

为了保证夹紧时两个钳口夹紧力相同，夹钳在水平横向应是浮动的，即可以左右摆动来调节起重机械与吊装适应轨道的位置。由于钳口的开度一般不能很大，每边间隙通常小于10mm，小于车轮轮缘与轨道的间隙，因而不能保证夹钳口在起重机运行时不与轨道接触。为了克服这个缺点，在钳口张开后将夹钳提高，使之离开轨面。在放下时，首先利用横挡上的突出部分与轨顶接触进行高度定位，然后进行夹紧。

图 4-32 所示为电动手动两用防风夹轨器。采用电动机驱动，既可以省力，又可以使动作迅速。并装有弹簧，有利于保持夹紧力，以免夹钳松弛。退夹钳时，当螺母退到一定路程时，触动终点开关，运行机构方可通电运行。必须指出，这里虽然采用了电动机，但此夹轨器仍然属于非自动类型的，在电源发生故障时，它并不能自动夹紧，还要用手轮进行夹紧，因而，这种电动夹轨器必须是电动手动两用的。

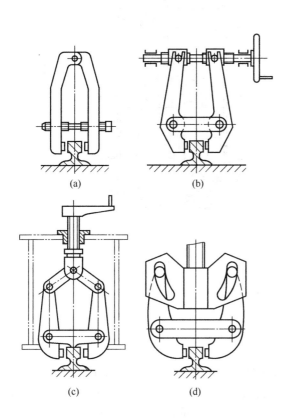

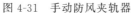

图 4-31　手动防风夹轨器

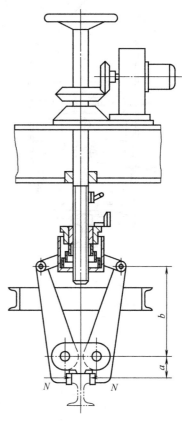

图 4-32　电动手动两用防风夹轨器

图 4-33 所示为自锁式夹轨器，夹钳的夹紧力是由风力自动产生的，风力越大，夹紧力越大（图 4-34），有：

$$F = R(\sin\theta + \mu\cos\theta) \tag{4-14}$$

自锁条件为：

$$\tan\theta < \mu = \tan\rho \tag{4-15}$$

式中　μ——摩擦因数；

ρ——摩擦角。

图 4-35 所示为自动式夹轨器，是另一种自锁夹轨器，图中 $2\times2F$ 为防风摩擦力，有：

$$2F = N\frac{e}{l}$$

自锁条件为 $F < \mu N$，则：

$$\frac{e}{2l} < \mu \tag{4-16}$$

式中　μ——摩擦因数。

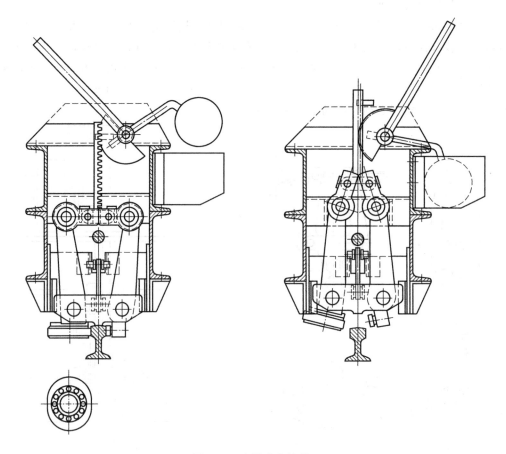

图 4-33　自锁式夹轨器

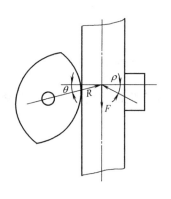

图 4-34　夹紧力计算简图

自动作用的防风夹轨器需要有不依赖外界电源的夹紧力来源，通常利用重锤或弹簧。图 4-36 所示为自动防风夹轨器。图 4-36（a）所示为重锤式自动夹轨器，重锤做成楔形，楔形轮廓由两段不同楔角的直线组成，一段用于闭合（头部楔角大的部分），一段用于夹紧。断电后，夹轨器绞车的常开制动器的上闸电磁铁断电松闸，使楔形重块下落，它的重力通过斜面作用迫使夹钳闭合。在开动运行机构之前，首先开动夹轨器的电动绞车将楔块提起，夹钳在弹簧作用下张开。张开后，由终点开关将绞车关停，并接通上闸电磁铁将绞车制动，然后方可开动运行机构。重锤式防风夹轨器的缺点是质量大，可达 12～20t，为起重机总质量的 2%～3%。

图 4-36（b）所示为弹簧式自动防风夹轨器，它是利用弹簧压迫肘杆闭合的。松闸时，利用绞车通过滑轮组松开夹钳。

4.4.3　起重量限制器与载重力矩限制器

在正常工作情况下，起重机不允许吊运重量超过起重量的货物。要求运转指挥人员对于

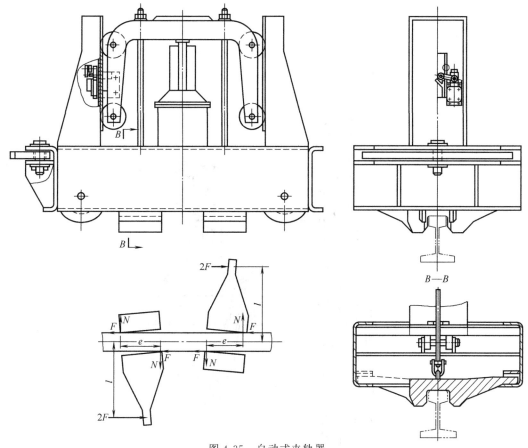

图 4-35　自动式夹轨器

吊运的货物能确保其重量不超过规定值。近年来在一些起重机上装设了起重量限制器，当吊运货物超过规定值时，限制器发出信号，并关断起升机构。

有些起重机，其起重量依幅度的不同有两个或更多的不同限制，如 M20 型门座起重机，当幅度在 25m 以内时，起重量限制为 200kN；当幅度超过 25m 时，起重量限制为 120kN。这种起重机的起重量限制器，分别在相应的幅度内起不同起重量的限制作用。

近年来汽车起重机急剧发展，对于这一类型起重机的起重量，受倾覆力矩的限制，随着幅度的增大而减小，起重量限制器的作用也应随着幅度变化而变化，大体上依载重力矩为常量而变化，这种起重量限制器称为载重力矩限制器。起重量限制器通常利用重块、弹簧、液压或电气压力传感器。重块式起重量限制器限制容量有限。对于近代的汽车起重机，多采用电气压力传感器，便于通过计算机处理，实现各种信号发送与控制。

起重量限制器绝大多数限制起重钢丝绳的张力，可以直接将限制器置于绳尾或均衡滑轮处（图 4-37），当张力较大时，通过杠杆、偏心轮等省力装置以减小限制器元件的尺寸与重力（图 4-38），或采用三心偏斜轮原理（图 4-39）进一步减小起升绳张力的合力，但包角最小不宜小于 20°，以免误差太大。有些臂架起重机采用限制变幅绳张力来限制起重量，因为起重量大时变幅绳张力也大。图 4-40 为偏心式起重量限制器。

为了避免突然起升时动力载荷使起重量限制器动作，常装设阻尼装置，使限制器在短暂时间内不起作用。起重量限制器应在起重量达规定值时切断起升机构的起升动作，该规定值通常为起重量的 110%。

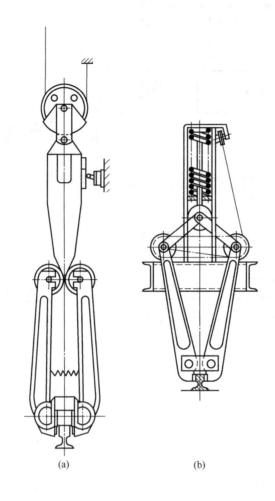

(a)　　　　　　　　　(b)

图 4-36　自动防风夹轨器

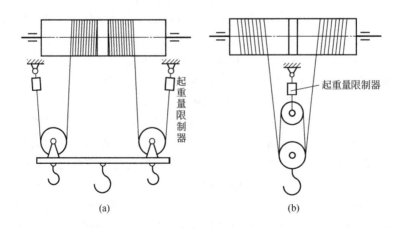

(a)　　　　　　　　　(b)

图 4-37　直接悬挂的起重量限制器

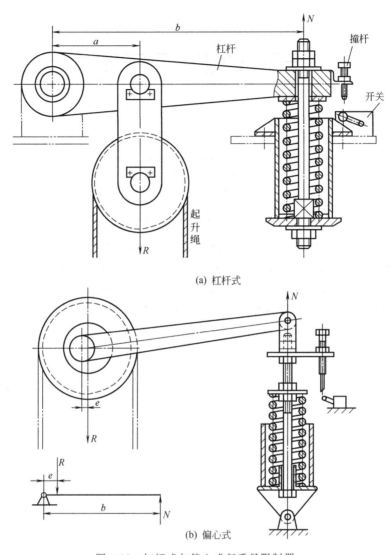

(a) 杠杆式

(b) 偏心式

图 4-38 杠杆式与偏心式起重量限制器

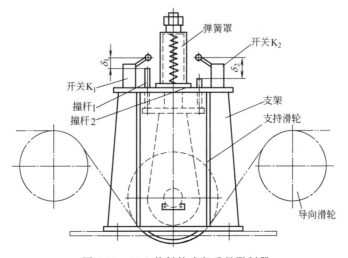

图 4-39 三心偏斜轮式起重量限制器

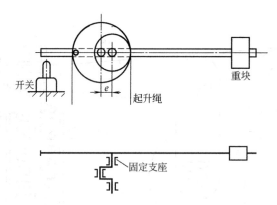

图 4-40 偏心式起重量限制器

近代汽车起重机的力矩限制器，具有较多的显示装置，如彩色灯光及声音装置等。起重量小于限额的 80％（或其他数值）时，绿灯点亮；当起重量达到限额的 80％后，黄灯点亮，并且蜂鸣器响；当起重量达到限额的 100％时，红灯点亮，同时起升动作被切断。

许多起重机在安装限制器的同时，还安装了不同形式的显示装置，如显示起重量、伸臂倾角及长度的装置，也有直接显示幅度大小的。

第5章

起重机械常用吊索与吊具

5.1 钢丝绳

5.1.1 钢丝绳的用途和制造方法

(1) 钢丝绳的用途

钢丝绳由于它具有强度高、质量小、运行平稳无噪声、卷绕性好、适于高速运转、弹性较好、极少出现骤然断折等优点，广泛用于机械、造船、采矿、冶金、林业、建筑、水产及农业等各个方面。

钢丝绳是起重机的重要零件之一，用于起升机构、变幅机构、牵引机构，有时也用于旋转机构，起重机系扎物品也采用钢丝绳；此外钢丝绳也还用作桅杆起重量的桅杆张紧绳、缆索起重机与架空索道的支承绳，如图 5-1～图 5-3 所示。

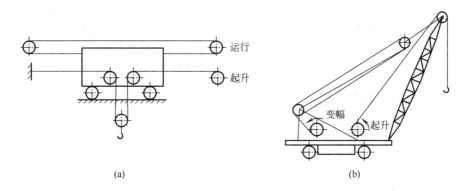

图 5-1　钢丝绳的应用

(2) 钢丝绳的挠性

挠性，就是易于弯曲的特性。钢丝绳之所以易于弯曲，主要是采用了直径小的细钢丝，这可由将直径 d 的钢丝弯曲为半径 R 的圆环时所需要的弯曲力矩看出，钢丝绳直径 d 越小，弯曲所需力矩 M 越小，也更易于弯成曲率半径 R 较小的圆环。弯曲力矩为：

$$M = \frac{EIa}{R} = \frac{E}{R} \times \frac{\pi d^4}{64}$$

(5-1)

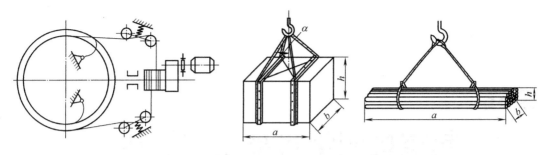

图 5-2　牵引式旋转驱动机构　　　　　　　　　　图 5-3　系物绳

式中，E 为弹性模量；I 为惯性矩；a 为面积。

由许多细钢丝组成的钢丝绳之所以容易弯曲，还由于它是拧成螺旋形的，这样使每一根钢丝绳在弯曲时，在外的一段伸长，在里的一段缩短，总合起来不伸不缩，对于弯曲就不起很大的阻碍作用。在弯曲时各钢丝之间可以滑动，通过这种滑动使钢丝绳的伸长与缩短互相补偿抵消。

（3）钢丝绳的制造方法

钢丝绳的钢丝要求有很高的强度与韧性，通常由含碳量为 $0.5\%\sim0.8\%$ 的优质碳素钢制成。

优质钢锭通过热轧制成直径为 6mm 的圆钢，通常称为盘圆，然后经过多次的冷拔工艺将直径减到所需要的尺寸（通常为 $0.4\sim3mm$）。在拔丝过程中还经过多次的冷热处理。热处理及冷拔过程中的变形强化使钢丝达到了很高的强度，通常为 $1400\sim2000MPa$（普通碳素结构钢 Q235 的强度只有 $375\sim460MPa$）。钢丝的质量根据韧性的高低，即耐弯折次数的多少，分为三级：特级、Ⅰ级、Ⅱ级。起重机采用Ⅰ级，特级用于载客电梯，Ⅱ级用于系物等次要用途。用于潮湿、有腐蚀环境的钢丝，为了防止腐蚀，钢丝表面还要镀锌。光面钢丝标记为"光"或不加标记，镀锌钢丝以"甲""乙""丙"进行标记。"甲"用于严重腐蚀条件，"乙"用于一般腐蚀条件，"丙"用于较轻腐蚀条件。钢丝表面也有镀铅的，用于有耐酸要求的场合。

钢丝首先捻成股，然后将若干股（通常为 6 股）围绕着绳芯捻制成绳。

5.1.2　钢丝绳的构造和种类

（1）捻绕次数

根据钢丝绳的捻绕次数分为以下几种。

1）单绕绳

图 5-4 所示的密封式面接触钢丝绳就是一种单绕绳，它只有一股，为了抵消扭曲趋势，外层钢丝的捻绕方向与内层相反。这种单绕封闭绳有封闭光滑的外表面，耐磨，雨水也不易侵入内部，用于缆索起重机与架空索道，作为支承绳，运行小车的带槽车轮在它上面行走。单绕绳挠性不好，不宜用作起重绳。

2）双绕绳

先由丝捻成股，再由股捻成绳，挠性较好，起重机主要用这种绳。

3）三绕绳

把双绕绳作为股，再由股捻成绳。挠性特别好，但由于制造复杂，并且钢丝相对较细，

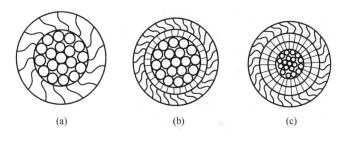

图 5-4　密封式面接触钢丝绳

容易磨损折断，故在起重机中不采用。

（2）股的形状

根据钢丝绳股的形状分为以下几种。

1）圆股钢丝绳

制造方便，常用。

2）异形股钢丝绳

有三角股、椭圆股及扁股等（图 5-5）。这种绳与滑轮槽或卷筒槽接触良好，寿命长，但制造复杂。

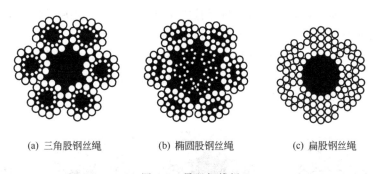

(a) 三角股钢丝绳　　　　(b) 椭圆股钢丝绳　　　　(c) 扁股钢丝绳

图 5-5　异股钢线绳

（3）股的构造

钢丝绳根据股的构造分为以下几种。

1）点接触钢丝绳

绳股中各层钢丝直径相同 ［图 5-6（a）］。为了使各层钢丝有稳定的位置，内外各层的钢丝捻距不同，互相交叉，接触在交叉点上，就使得钢丝绳的钢丝在反复弯曲时易于磨损折断。为了使各层钢丝受力均匀，各层的螺旋角大致相同。图 5-7 示出了常用的两种点接触钢丝绳的股，19 丝的股钢丝较粗，比较耐磨抗蚀，应用最多；37 丝的股挠性较好，常用于电葫芦。

点接触钢丝绳过去曾广泛用于起重机，现在多被线接触钢丝绳所代替。

2）线接触钢丝绳

绳股中各层钢丝的捻距相同，外层钢丝位于里层各钢丝之间的沟槽里，内外层钢丝互相接触在一条螺旋线上，使接触情况改善，延长了钢丝绳的使用寿命 ［图 5-6（b）］。

同时，线接触也有利于钢丝之间相互滑动，改善了挠性。相同直径的钢丝绳，线接触型比点接触型的金属总横断面积大，因而破断力大。采用线接触型钢丝绳时，可以选用较小的

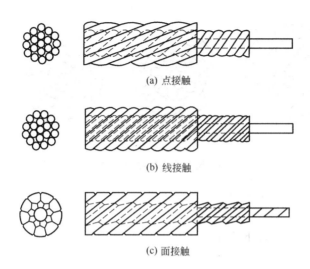

图 5-6 点、线、面接触的钢丝绳

直径，从而可以选用较小的卷筒与滑轮。卷筒小使减速器的输出轴的力矩小，因而可用较小的减速器，从而减小起升机构的尺寸与质量。由于它有这一系列的优点，现在起重机已多用线接触钢丝绳代替普通的点接触钢丝绳。

点接触钢丝绳的绳股在制造时由于各层捻距不同，需经多次逐层捻绕方能制成一股；而线接触钢丝绳的绳股则可一次成股，但制绳机较复杂。

线接触钢丝绳的绳股，各层钢丝直径不同。各层钢丝直径，根据几何构造决定，线接触钢丝绳的绳股根据构成的原理不同，有瓦林吞型（又称粗细式），代号为 W；西尔型（又称外粗式），代号为 X；填充型，代号为 T（图 5-8）。

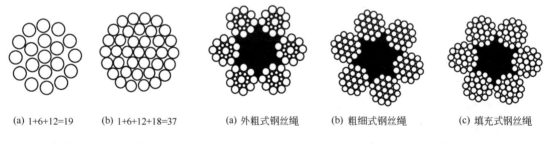

| (a) 1+6+12=19 | (b) 1+6+12+18=37 | (a) 外粗式钢丝绳 | (b) 粗细式钢丝绳 | (c) 填充式钢丝绳 |

图 5-7 点接触钢丝绳的股 　　　　　　图 5-8 线接触钢丝绳

现以 19 丝的瓦林吞型钢丝绳 W（19）为例说明它的构造原理。以一个 7 丝的股为基础，在它的 6 个槽中可以布置 6 根钢丝，这时又出现了 6 个沟槽，在每个沟槽里可以布置一根钢丝，它的直径应当能使它同时与三根相邻钢丝接触，以保持稳定的位置。这样外层的 12 根钢丝有两种不同的直径，因而又称为粗细式。这两种钢丝的直径还应当满足一个条件，就是这 12 根钢丝应共切于同一个外接圆。这种瓦林吞型钢丝绳股可以记为股 "$\left(1+6+\dfrac{6}{6}\right)$"。瓦林吞型钢丝绳股的钢丝直径比较均匀，具有较好的挠性，是起重机常用的类型。

以 X（19）为例说明西尔型钢丝绳股的构造原理。它以一根粗钢丝为中心，在其四周布置 9 根钢丝，然后再在 9 个沟槽中布置 9 根粗钢丝，粗钢丝的直径应保证同时与相邻的四根钢丝接触，以保持稳定的位置。这种股记为"股（1＋9＋9）"。这种股中的钢丝直径相差较大，挠性较差，需要较大的卷筒与滑轮直径。两层钢丝的数目之所以定为 9，是由于只有在这种情况下三种钢丝直径的差才比较小。西尔型钢丝绳股的优点是外层钢丝较粗，适用于磨损严重的地方。

以 T（25）为例说明填充型钢丝绳股的构造原理。它以一个 7 丝的股为基础，在外层布置 12 根相同直径的钢丝，这时它的构造与 19 丝点接触钢丝绳股似乎有些相似，但在实质上是不同的。如前所述，它的内外两层钢丝具有相同的捻距，并且保持一定的相对位置，为此在每组依正方形排列的 4 根钢丝所形成的孔隙中，填充一根细钢丝，称为填充丝。填充丝一方面起着稳定几何位置的作用，另一方面也提高了钢丝绳的金属充满率，增加了破断拉力。

3）面接触钢丝绳

面接触钢丝绳过去只用于单绕密封绳［图 5-6（c）］，现在已开始制造多股的双绕面接触钢丝绳，它的优点与线接触钢丝绳相同，但更显著。缺点是工艺较复杂。密封绳是用异形钢丝制成的。面接触钢丝绳双绕绳股可用圆钢丝先制成线接触钢丝绳的股，然后用挤压的方法制成面接触钢丝绳。

（4）股的数目

根据股的数目，有 6 股绳、8 股绳（图 5-9）、18 股绳［图 5-10（a）］等。外层股的数目越多，钢丝绳与滑轮槽接触的情况越好，寿命越长。同样直径的 8 股钢丝绳，由于金属充满率低，它的破断拉力比 6 股绳约低 10%，但实践证明，8 股绳比 6 股绳寿命更长。电梯一般多用驱绳轮驱动，对于钢丝绳耐磨要求较高，宜采用 8 股钢丝绳。

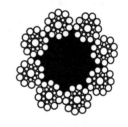

图 5-9　8 股钢丝绳

图 5-10（a）所示的 18×7 钢丝绳及 18×19 钢丝绳，外层有 12 股，内层有 6 股，内外层的捻向相反，在受力后两层股产生的扭转趋势相反，互相抵消，因而称为不旋转钢丝绳。这种钢丝绳适用于货物吊在单支钢丝绳的情况，如某些港口装卸起重机及建筑塔式起重机。

上述钢丝绳虽然内外层绳股的捻向相反，但实际上由于两层股的扭转趋势并不完全相等，存在着残余的扭转因素，并不是完全不旋转。为了满足完全不旋转的要求，目前在大起升高度的起重机中使用了编结的不旋转钢丝绳［图 5-10（b）］。其绳股都是对称安排的，完全排除了扭转的因素。但是，这种钢丝绳由于编结时使各股反复交叉，接触情况恶劣，因而使用寿命较短。

(a) 18 股不旋转钢丝绳　　　　　　(b) 编结的不旋转钢丝绳

图 5-10　不旋转的钢丝绳

(5) 钢丝绳的捻向

交互捻钢丝绳 [图 5-11（a）] 的绳与股的捻向相反；同向捻钢丝绳 [图 5-11（b）] 的绳与股的捻向相同。绳的捻向就是由股捻成绳时的捻制螺旋方向，而股的捻向则是由丝捻成股时的捻制螺旋方向。根据绳的捻向不同，钢丝绳可分为右捻绳（标记为"右"或不记标记）与左捻绳（标记为"左"）。如果没有特殊要求，规定用右捻绳。

交互捻钢丝绳是常用的类型，由于这里绳与股的扭转趋势相反，互相抵消，没有扭转打结的趋势，因而使用方便。

同向捻钢丝绳的挠性与寿命较好，但由于有强烈的扭转趋势，容易打结，故只能用于经常保持张紧的地方，通常用作牵引绳，不宜用作起升绳。

近来在制绳工艺中采用了预变形的方法，在成形前，用几个导轮使绳股得到弯曲的形状。成绳之后残余内应力很小，这就消除了扭转松散打结的趋势，因而又称为不松散钢丝绳，标记为"b"。这种预变形的不松散同向捻钢丝绳，既能发挥同向捻的优点，又免除了扭转打结的缺点，是值得推广的一种类型。

预变形的不松散钢丝绳由于消除了内应力，因而挠性好，寿命也长（延长约 50%），国内已有很多制造厂采用了这项新工艺。

此外还有半数股为右旋、半数股为左旋的钢丝绳，称为混合捻钢丝绳 [图 5-11（c）]，性质介于交互捻钢丝绳与同向捻钢丝绳之间，应用极少。

交互捻钢丝绳的标记为"交"或不记标记，同向捻钢丝绳的标记为"同"，混合捻钢丝绳的标记为"混"。

(6) 绳芯

1）绳芯的作用

① 增加挠性和弹性　一般在钢丝绳的中心布置一股麻芯。有时为了更多地增加钢丝的挠性与弹性，在钢丝绳的每一股中央也布置麻芯。

② 润滑　在制绳时绳芯浸泡在润滑油中，工作时润滑油流到各钢丝间，起润滑作用。

2）绳芯的分类

① 有机芯　通常用剑麻制成，小直径钢丝绳采用棉芯。有机芯钢丝绳不能用于高温环境。

② 石棉芯　用于高温环境，如铸造起重机中。

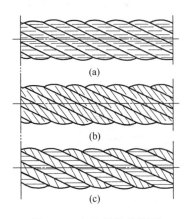

图 5-11　钢丝绳的卷绕图

图 5-12　钢芯钢丝绳

③ 金属芯　用软钢的钢丝绳或绳股作为绳芯（图 5-12）。用于高温或多层卷绕的地方。近来有采用螺旋金属作为绳芯的，管中储有润滑油。

（7）钢丝绳的标记方法

圆股钢丝绳的国家标准为 GB/T 5972—2006。钢丝绳的标记方法举例如下。

以公称抗拉强度为 1700MPa 的特号甲组镀锌钢丝制成的直径为 15mm、右同向捻 6 股 37 丝点接触钢丝绳的标记为：

钢丝绳 6×37-15.0-1700-特-甲-镀-右同　　GB/T 5972—2006

以公称抗拉强度为 1550MPa 的工号光面钢丝制成的直径为 35mm、右向交互捻不松散瓦林吞型 6W（19）钢丝绳的标记为：

钢丝绳 6W（19）-35.0-1550-工-光-右交-b　　GB/T 5972—2006

如前所述，标记中的"光""右""交"也可省略不记。此外"右"与"左"也有记为"Z"与"S"的，"同"也有记为"T"的。

5.1.3　钢丝绳的破坏形式和报废标准

由使用经验得到，新钢丝绳在正常情况下使用不会发生突然破断，除非错误操作或者安全保护装置失灵，因为这时钢丝承受的载荷可能超过它的极限破断力。

起重机用钢丝绳的损坏主要是在长期使用中逐渐形成的。钢丝绳通过卷绕系统时，在强大的拉应力作用下，反复弯曲和伸直，反复挤压，并与滑轮槽摩擦。工作条件越恶劣，工作越频繁，这些现象就越严重。经过一段时间，当反复弯曲、挤压与摩擦达到一定次数时，就会引起钢丝绳表面的钢丝发生弯曲疲劳与磨损，因此表面层的钢丝就会逐渐折断。折断的钢丝数量越多，其他未断钢丝所受的拉力越大，疲劳与磨损便越加剧，使断丝的速度加快。当断丝的数量发展到一定程度时，就保证不了钢丝绳的安全系数，这时钢丝绳应该更换，不能继续使用，否则就会发生事故。

根据使用规范，钢丝绳的报废标准主要由在一个捻距范围内的断丝数决定。一根钢丝绳只要在任何部位的一个捻距内的断丝数达到标准值，就应报废。

断丝数的报废标准（一个捻距内）如下。

① 交互捻：断丝数＜钢丝绳总丝数的 10%。

② 同向捻：断丝数＜钢丝绳总丝数的 5%。

表 5-1　钢丝绳报废断丝数标准的折减　　　　　　　　　　　　　　　　　　　%

钢丝绳直径磨损	10	15	20	25	30	40
报废钢丝绳数标准折断	85	75	70	60	50	报废

表 5-2　绳卡尺寸　　　　　　　　　　　mm

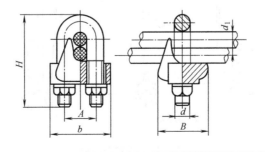

续表

型号	钢丝绳最大尺寸 d_1	A	d	B	H
Y1-6	6	14	M6	28	35
Y2-8	8	18	M8	36	
Y3-10	10	22	M10	43	55
Y4-12	12	28	M12	53	69
Y5-15	15	33	M14	61	83
Y6-20	20	39	M16	71	96
Y7-22	22	44	M18	80	108
Y8-25	25	49	M20	87	122
Y9-28	28	55	M22	97	137
Y10-32	32	60	M24	105	149
Y11-40	40	67	M24	112	164
Y12-45	45	78	M27	128	188
Y13-50	50	88	M30	143	210

对于运送人和危险物品（如吊运酸、碱、盐类、易燃易爆和剧毒物质）的钢丝绳，报废断丝数减半。

此外，当有一股折断或外层钢丝绳磨损达钢丝直径的40%时，不论断丝多少都应立即报废。如果外层钢丝有严重磨损，但尚低于钢丝直径的40%时，应当根据磨损程度适当降低报废的断丝标准（表5-1）。绳卡尺寸见表5-2。

5.2 滑轮

5.2.1 滑轮的构造

滑轮是用来改变钢丝绳的受力方向的，可以作为导向滑轮，更多的用来组成滑轮组（滑车组），它是起重机起升机构的重要组成部分。滑轮也常用作平衡轮以均衡两支钢丝绳的张

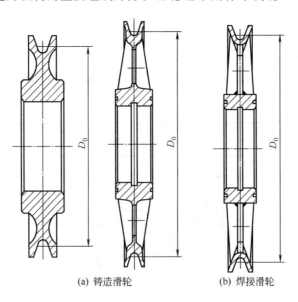

(a) 铸造滑轮　　　　(b) 焊接滑轮

图 5-13　滑轮的构造

力。图 5-13 所示为滑轮的构造。

(1) 滑轮的槽型

滑轮的槽型如表 5-3 所示，它由一个圆弧形的槽底与两倾斜的侧壁组成。对于槽型的要求如下。

表 5-3　常用铸造滑轮绳槽断面尺寸　　　　　　　　　　　　　　　mm

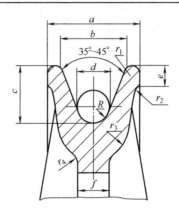

钢丝绳直径 d	a	b	c	e	f	R	r_1	r_2	r_3	r_4
7.7~9.0	25	17	11	5	8	5	2.5	1.5	10	5
11~14	40	28	25	8	10	8	4	2.5	16	8
15~18	50	35	32.5	10	12	10	5	3	20	10
18~23.6	65	45	40	13	16	13	6.5	4	26	13
25~28.5	80	55	50	16	18	16	8	5	32	16
31~34.5	95	65	60	19	20	19	10	6	38	19
36.5~39.5	110	78	70	22	22	22	11	7	44	22
43~47.5	130	95	85	26	24	26	13	8	50	26

① 应保证钢丝绳与绳槽有足够的接触面积，为此绳槽应有适当的半径，通常 $R = (0.53\sim0.6)\ d$。

② 容许钢丝绳有一定量的偏斜（通常约为 1/10）而不致使钢丝绳与绳槽边缘摩擦，为此绳槽侧面应有适当的夹角，通常 $\alpha = 35°\sim45°$。α 过小，容许偏角减小；α 过大，钢丝绳的接触角（$180°-\alpha$）减小，并使滑轮宽度增大。绳槽应具有足够的深度 c 以防止钢丝绳脱槽，同时，增大 c 也可使容许偏角增大。常用铸造滑轮绳槽断面尺寸见表 5-3。

当需要允许钢丝绳的接头通过时，滑轮应制成增大的绳槽（图 5-14）。

(2) 滑轮的材料

最常用的滑轮材料是灰铸铁，如 HT200，它价廉，易于切削加工，并且由于它的弹性模量较低，使挤压应力减小，因而对延长钢丝绳寿命有利。灰铸铁滑轮的缺点是容易碰碎轮缘，寿命较短，因而在粗暴工作及不易

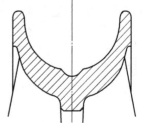

图 5-14　过接头的滑轮绳槽

检修的条件下多改用钢质滑轮，目前多用铸钢，如 ZG230-450。铸钢滑轮自重较大，近年来为了减轻自重，越来越多地用焊接代替铸造，特别是大尺寸的滑轮（图 5-15），钢材采用焊接性能好的 Q235。轮缘可用扁钢或角钢压成，由两块或几块拼接。轮辐可用扁钢、角钢或圆钢制成。

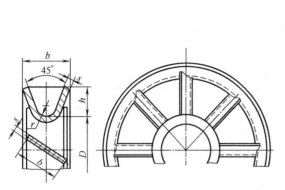

图 5-15　焊接滑轮

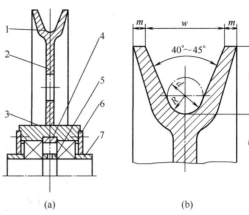

图 5-16　热轧滑轮构造及绳槽尺寸
1—轮缘；2—辐板；3—轮毂；4—胀圈；
5—隔离环；6—防尘盖；7—隔套

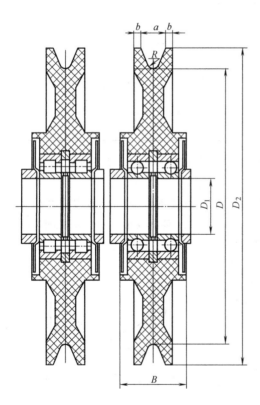

图 5-17　尼龙滑轮

　　焊接滑轮的重量很轻，有的仅为铸钢滑轮的 1/4。减轻滑轮自重对于伸缩臂式起重机的臂端滑轮有特别重要的意义，因为这样可以减小起重机的倾覆力矩。在这种情况下，有时采用铝合金的滑轮也是经济的，铝合金的滑轮对于延长钢丝绳的寿命也有利。20 世纪 80 年代出现的热轧滑轮在国内外已有使用（图 5-16）。近年来开始采用尼龙制造滑轮（图 5-17），在流动式起重机上，质量小的尼龙滑轮（自重为铸铁滑轮的 1/5，为热轧滑轮的 1/4）已获得广泛应用，因为它对延长钢丝绳寿命特别有利，并且随着化学工业的发展，它的价格会越来越低。此外，用球墨铸铁（如 QT400-15）代替铸钢，工艺性较好，并且有一定的强度与韧性，对延长钢丝绳寿命也较有利，使用时不易破碎。

　　铸铁滑轮适用于轻级和中级工作类型的起重机，铸钢滑轮适用于重级和特重级工作类型的起重机。

（3）滑轮的轮辐

　　小滑轮的轮辐可以制成整的辐板，较大的滑轮一般加 4～6 个加强筋，在各加强筋之间有适当尺寸的圆孔。更大的滑轮也可以制成若干椭圆断面或工字断面的轮辐。焊接滑轮的轮辐可用扁钢、角钢、圆钢或钢管制成。扁钢轮辐通常倾斜 45°，左右相同。

（4）滑轮的支承

　　滑轮通常支承在固定的心轴上。近代起重机的滑轮绝大多数都是采用滚动轴承，如图

5-18 所示。简单的滑轮也可以采用滑动轴承（图 5-19），如平衡轮。轴承的尺寸根据钢丝绳张力的合力 N 计算（图 5-20），即：

$$N = 2S\sin\frac{\theta}{2} \tag{5-2}$$

式中　S——钢丝绳的拉力，N；

　　　　θ——钢丝绳在滑轮上的包角。

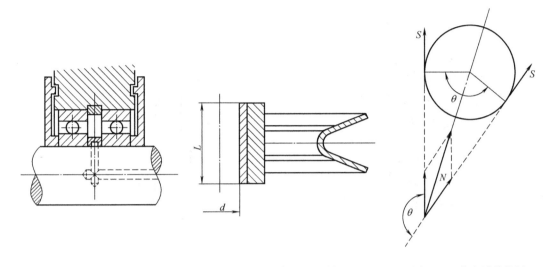

图 5-18　滑轮的滚动轴承　　　　图 5-19　滑轮的滑动轴承　　　　图 5-20　合力计算简图

滚动轴承根据 N 用所要求的寿命选定，滑动轴承的尺寸可根据比压力决定，即：

$$p = \frac{N}{dL} \leqslant [p] \tag{5-3}$$

式中　d——滑轮轴直径，mm；

　　　　p——滑动轴承衬套的单位比压，MPa；

　　　　L——滑轮轴承宽度，mm；

　　　　[p]——许用单位比压，MPa，由表 5-4 查得。

滑轮的支承座应当有适当的润滑防尘装置。若钢丝绳有脱槽可能时，应当装设防护挡罩。

5.2.2　滑轮组的构造及其应用

(1) 分类

1) 按功能分

滑轮组由若干动滑轮与定滑轮组成。根据滑轮组的功用分为省力滑轮组与增速滑轮组。

省力滑轮组如图 5-21 所示，它是最常用的滑轮组。电动与手动起重机的起升机构都是用省力滑轮组，通过它可以用较小的绳索拉力吊起质量较大的货物。

增速滑轮组如图 5-22 所示，它的构造与省力滑轮组完全一样，不过是反过来应用而已。主动部分施力大，从动部分得到的力量小，但是主动部分只需移动较小的距离，就可以使从动部分得到相当大的位移。增速滑轮组用于液压和气压驱动的起升机构中，可使油缸或气缸的行程缩短。在门座起重机和装卸桥的供电电缆卷筒上，如果采用重锤张紧，就要用增速滑轮组缩短重锤的运动距离。

表 5-4　许用单位比压［*p*］　　　　　　　　　　　MPa

机械类别与工作情况		［*p*］	
		钢对青铜	钢对铸铁
手动		18	7
机械传动	轻级、中级	15	6
	重级、特重级	10	4

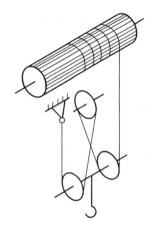

图 5-21　省力滑轮组

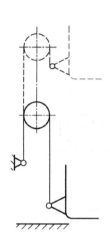

图 5-22　增速滑轮组

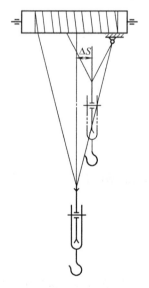

图 5-23　单联滑轮组起升时水平位移

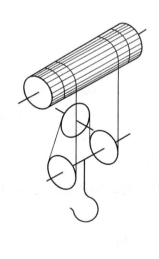

图 5-24　双联滑轮组

2）按构造特点分

按照构造特点滑轮组又有单联滑轮组与双联滑轮组之分。单联滑轮组用于门座起重机、汽车起重机、塔式起重机等臂架类型的起重机。由于有端部滑轮导向，当卷筒收入、放出钢丝绳时，虽然钢丝绳沿卷筒移动，吊钩并不随着做水平位移。但是，对于桥式起重机，如果采用单联滑轮组，在吊钩升降时就会引起水平方向的位移（图 5-23）；这不仅引起操作不便，同时使吊物重力在两根主梁上的分配不等。采用如图 5-24 所示的双联滑轮组就可以免除这种缺点。

（2）滑轮组的倍率

如图 5-25 所示，将单联滑轮组展开，如果忽略滑轮阻力，则滑轮组的倍率是相同的，钢丝绳每一分支所受的拉力，都等于 S，根据平衡条件可知：

$$S = \frac{Q}{m} \tag{5-4}$$

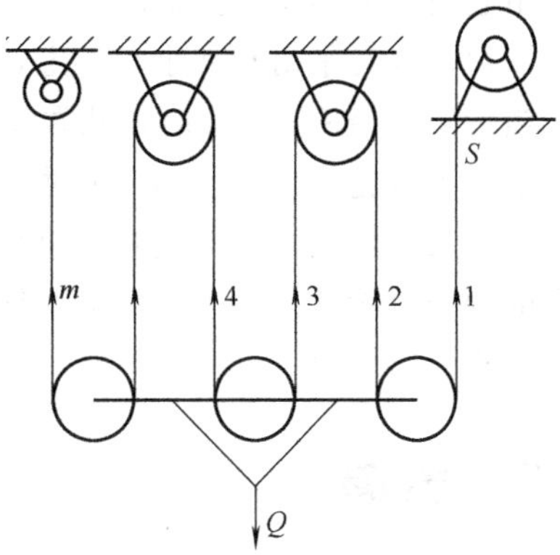

式中 m——滑轮组的倍率，这是省力的倍数，也是减速的倍数。

m 可以用式（5-5）计算，即：

$$m = \frac{\text{重物的重力 } Q}{\text{理论提升力 } S} = \frac{\text{绳索端移动的距离 } L}{\text{重物的移动距离 } H} = \frac{\text{绳索速度 } v_{sh}}{\text{重物速度 } v}$$

$$= \frac{\text{悬挂物品的钢丝绳分支数}}{\text{引入套筒的钢丝绳分支数}} \tag{5-5}$$

图 5-25 滑轮组的倍率

对于双联滑轮组，钢丝绳每一分支的拉力为：

$$S = \frac{Q}{2m} \tag{5-6}$$

在起升机构中，恰当地确定滑轮组倍率是很重要的。选用较大的倍率，可使钢丝绳的直径、卷筒和滑轮的直径减小。减小卷筒直径使卷筒转矩减小，也就是使减速器输出轴的转矩减小，使其速比减小，这就可以选用较小的减速器，从而使整个起升机构达到尺寸紧凑、质量小的效果。但是，滑轮组的倍率过大又会使滑轮组本身笨重复杂，同时使效率降低，钢丝绳磨损严重。一般的原则是：大起重量选用较大的倍率，以免采用过粗的钢丝绳；双联滑轮组采用较小的倍率，因为这时分支数与滑轮的数目较多；起升高度很高时，宜选用较小的倍率，以免卷筒过长，避免采用多层卷绕。表 5-5 列出了滑轮组倍率的参考数值。对于单联滑轮组，倍率就等于钢丝绳的分支数；对于双联滑轮组，倍率等于分支数的 1/2。

表 5-5 滑轮组倍率的参考数值

	起重量/10kN	≤5	8～32	50～100	125～250
m	单联滑轮组	1～4	3～6	6～8	8～12
	双联滑轮组	1～2	2～4	4～6	6～8

（3）滑轮组滑轮的布置

图 5-26 所示为桥式起重机滑轮的布置。当滑轮组的倍率为单数时，平衡轮在吊钩挂架

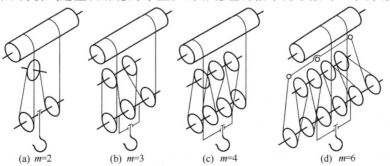

(a) $m=2$ (b) $m=3$ (c) $m=4$ (d) $m=6$

图 5-26 桥式起重机滑轮的布置

上，由它引出的两支钢丝绳的张力有使吊钩挂架产生扭转的趋势。因此，最好将滑轮组倍率取为双数，这时平衡轮在小车架上，吊钩挂架是完全对称的。

当滑轮组倍率 $m \leqslant 4$ 时，从卷筒引出的钢丝绳两个分支一般引到吊钩挂架最外边的两个滑轮上。当滑轮组的倍率 $m > 4$ 时，由于吊钩挂架最外面两个滑轮相距太远，使卷筒中间光滑部分的长度增加，从而使卷筒总长增大，这时宜将从卷筒引出的两支钢丝绳引至吊钩挂架中央的两个滑轮上。为了避免从卷筒引出的钢丝绳在工作过程中与其他分支相碰，中央两个滑轮的直径应做得大一些。

5.3 卷筒

5.3.1 卷筒的构造与材料

卷筒在起升机构或牵引机构中用来卷绕钢丝绳，它将原动机的回转运动转换为重物升降或水平运移的直线运动。

卷筒通常为圆柱形的，有特殊要求的卷筒也有制成圆锥形或曲线形的。

卷筒有单层卷绕与多层卷绕之分。卷扬机采用多层卷绕卷筒，一般起重机大多采用单层卷绕的卷筒。单层卷绕卷筒表面通常切出螺旋槽，以增加钢丝绳的接触面积，并防止相邻钢丝绳互相摩擦，从而延长钢丝绳的使用寿命。绳槽分标准槽与深槽两种形式，其尺寸如下：

$$R \approx 0.55d$$

标准槽：$c_1 \approx (0.3 \sim 0.4)d$，$t_1 = d + (2 \sim 4)$

深槽：$c_2 \approx 0.6d$，$t_2 = d + (6 \sim 8)$

卷筒绳槽尺寸见表 5-6。

表 5-6　卷筒绳槽尺寸　　　　　　　　　　　　　　　mm

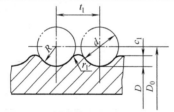
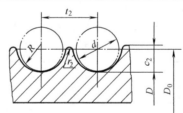

标准槽　　　　　　　　深槽

钢丝绳直径 d	R	标准槽			深槽		
		t_1	r_1	c_1	t_2	r_2	c_2
8~9.3	5	11	1.5	3			
9.7~12	6.7	14	1.5	4	17	1.5	8.5
13~14.5	8	16	1.5	4.5	19	1.5	9.5
15~17	10	20	1.5	6	24	2	10.5
17.5~20	11	22	1.5	6.5	25	1.5	11
20.5~22.5	12.5	25	2.5	7	28	2	13
23~24.5	13	27	3	8	32	3	15
25~27.5	15	30	1.5	9	35	2.5	16.5
28~29.5	16	32	1.5	10	36	2	17
30~32	18	34	1.5	10	40	2	19
32.5~33.5	18.5	37	2.5	11	40	2	19
34~36.5	19	38	2.5	11.5	42	2	20
37~38	21	40	1.5	12			

续表

钢丝绳直径 d	R	标准槽			深槽		
		t_1	r_1	c_1	t_2	r_2	c_2
39～40	22	42	1.5	12.5			
41	24	45	2	13			
41.5～43.5	26	47	1.5	15			
44～46	26	50	3	15			

一般采用标准槽，由于节距小，可使机构紧凑。深槽的优点是不易脱槽，但其节距较大，使卷筒长度增大，通常只在钢丝绳脱槽可能性较大时才采用深槽，如抓斗起升机械或钢丝绳向上引出的卷筒。如果要求机构紧凑，则仍以采用标准槽为宜，而用其他措施防止脱槽，如装设压绳器。

螺旋槽的旋向根据机械的布置情况决定。螺旋槽的旋向对于钢丝绳卷绕时影响极微，可以不必考虑。对于无槽的光卷筒有人建议右旋绳按左旋卷绕，左旋绳按右旋卷绕，理由是可以缠绕得更均匀紧密，但实际上因为光卷筒多用于多层卷绕，这时左、右旋的卷绕同时存在（但对于奇数层的卷绕有一定的积极意义）。多层卷绕卷筒用于起升高度较大，或特别要求机构紧凑的情况下，如汽车起重机。多层卷绕通常采用不带螺纹槽的光卷筒，钢丝绳紧密排列，各层钢丝绳绕向不同，互相交叉，

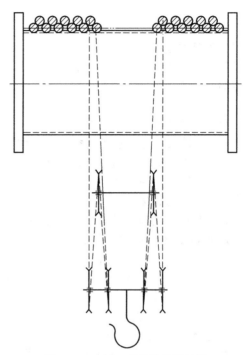

图 5-27　双层双联卷绕的卷筒图

接触情况恶劣，在卷绕过程中钢丝绳互相摩擦、挤压，因而钢丝绳寿命不长。

图 5-27 所示为双层双联卷绕的卷筒。第一层钢丝绳卷绕在卷筒上的螺旋槽中，第二层钢丝绳以相同的螺旋方向卷绕在下层钢丝绳形成的螺旋沟中，钢丝绳的接触情况大大改善。

如没有掉绳危险，单层卷绕卷筒的两端可以没有侧边。多层卷绕卷筒两端则必须有侧边，以防止钢丝绳滑出，侧边高度比最外层钢丝绳高 $(1～1.5)d$。

卷筒的材料一般采用强度不低于 HT200 的灰铸铁。如前所述，采用灰铸铁对延长钢丝绳的寿命是有利的。铸钢卷筒由于成本高，并且限于铸造工艺，壁厚不能减少很多，因而很少采用。重要卷筒可以采用高强度铸铁或球墨铸铁。大型卷筒多用 Q235 钢板弯卷成筒形焊接而成，质量可大大减小。焊接卷筒特别适宜于单件生产。

卷筒除两端以辐板支承外，中间不宜布置任何纵向或横向的加强筋。因为在这些加强筋的附近会产生很大的局部弯曲应力，使卷筒在该处碎裂（图 5-28）。

辐板可以与卷筒铸成一体 [图 5-29 （a）]，也可以分别铸造，加工后用螺钉连接 [图 5-29 （b）、（c）]。图 5-29 （c）所示的构造形状最简单，便于铸造，尤其是可以采用离心铸造或连续铸造等先进工艺。

5.3.2　卷筒的主要尺寸

卷筒的主要尺寸是直径 D、长度 L 和厚度 δ。

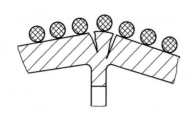

图 5-28　卷筒横筋处的碎裂

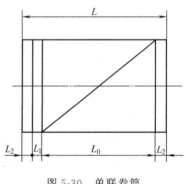

图 5-29　卷筒端部构造

(1) 卷筒的直径

卷筒的名义直径是绳槽底的直径。

卷筒直径不能低于规定的下限，即

$$D \geqslant e_1 e_2 d$$

式中　D——卷筒的最小许用直径，mm；

　　　e_1——取决于起重设备的类型和工作类型的系数；

　　　e_2——钢丝绳的结构系数，交互捻 $e_2=1$，同向捻 $e_2=0.9$；

　　　d——钢丝绳的直径，mm。

从传动机构方面来看，卷筒直径越小越有利，因为卷筒直径小，可以降低减速机构的速比，可以选用较小的减速器，使机构紧凑。

在起升高度很大时，常常为了不使卷筒太长，而选用较大的卷筒直径。

按照 JB/T 9006—2013，铸造卷筒的标准直径依次为 315mm、400mm、500mm、630mm、710mm、800mm、900mm、1000mm、1120mm、1250mm、1400mm、1600mm、1800mm。

(2) 卷筒的长度

1) 单层卷绕卷筒的长度

单层卷绕卷筒又分为单联卷筒与双联卷筒。单联卷筒只引出一支钢丝绳，用于单联滑轮组及悬于单支钢丝绳上的吊钩；双联卷筒具有对称的螺旋槽，引出两支钢丝绳，用于双联滑轮组。

① 单联卷筒的长度（图 5-30）。单联卷筒长度为：

$$L=L_0+L_1+2L_2 \tag{5-7}$$

$$L_0=\left(\frac{Hm}{\pi D_0}+n\right)t \tag{5-8}$$

$$D_0=D+d$$

图 5-30　单联卷筒

式中　H——起升高度；

　　　m——滑轮组倍率；

　　　D——卷筒名义直径（槽底直径），mm；

　　　D_0——卷筒卷绕直径（钢丝绳中心直径），mm；

　　　d——钢丝绳直径，mm；

　　　n——附加安全圈数，使钢丝绳尾受力减小便于固定，通常 $n=3\sim4$；

　　　t——螺旋槽节距，$t=d+(2\sim4)$，mm。

长度 L_1 为固定绳尾所需长度，依固定方式而定，一般 $L_1 \approx 3t$；L_2 为卷筒两端空余部分的长度，根据卷筒结构加工需要决定，一般 $L_2 \approx 2t$。

② 双联卷筒的长度（图 5-31）。双联卷筒长度为：

$$L=2(L_0+L_1+L_2)+L_3 \tag{5-9}$$

L_3 由钢丝绳允许的偏斜角决定，允许偏斜度通常约为 1：10，故：

$$B-0.2h_{\min}\leqslant L_3\leqslant B+0.2h_{\min} \tag{5-10}$$

式中　B——由卷筒引入吊钩挂架两个滑轮的间距;

　　　$h_{\min}$——吊钩在最高位置时动滑轮轴线与卷筒轴线间的距离。

2) 多层卷绕卷筒的长度

设各层的卷绕直径分别为 D_1、D_2、D_n,共绕 n 层,每层有 Z 圈,则总的绕绳量为:

$$mH=\pi Z(D_1+D_2+\cdots+D_n)$$
$$D_1=D+d$$
$$D_2=D+3d$$
$$D_3=D+5d$$
$$D_n=D+(2n-1)d \tag{5-11}$$

代入上式得:

$$mH=\pi Z\{nD+d[1+3+5+\cdots+(2n-1)]\}=\pi Zn(D+nd)$$

所以:

$$Z=\frac{mH}{\pi n(D+nd)} \tag{5-12}$$
$$L=1.1Z$$

$t\approx d$,故:

$$L=1.1\frac{mH}{\pi n(D+nd)} \tag{5-13}$$

系数 1.1 是考虑钢丝绳在卷筒上可能排列不均匀。由图 5-32 可以看到两侧壁略向内倾斜,这有助于钢丝绳各层之间的卷绕过度,以免绳圈叠高。

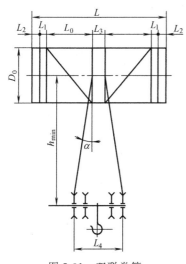

图 5-31　双联卷筒

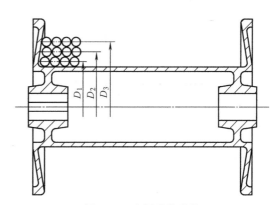

图 5-32　多层卷绕卷筒

一般,钢丝绳的卷绕长度,在 50m 以内取一层;在 125m 以内取两层;在 200m 以内取三层;在 350m 以内取四层;超过 350m 均取五层。

(3) 卷筒壁厚

卷筒壁厚可先按经验公式确定。

对于铸铁卷筒:　　　　　　　　　　　$\delta=0.02D+(6\sim10)$ 　　　　　　　　　(5-14)

对于钢卷筒:　　　　　　　　　　　　$\delta=d$ 　　　　　　　　　　　　　　　(5-15)

然后进行强度校核。由于铸造工艺要求，铸铁卷筒壁厚不宜小于 12mm。

表 5-7 列出了钢板焊接卷筒的各部分尺寸。

表 5-7   钢板焊接卷筒的各部分尺寸   mm

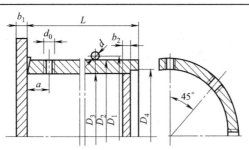

卷筒直径 D_1	钢丝绳直径 d	b_1	b_2	D_2	D_3	D_4	d_0	a
200	6	8	7	199	186	188	M12	45
250				249	236	238		
200	7			199	185	238		
250				249	235	237		
200	8	9		199	185	187		
250				249	235	237		
300	9			249	230	232		
315				313	295	297		
250	10	10	8	248	228	230	M12	53
351				313	293	295		
315	11			312	290	292		
355				352	330	332		
315	12			312	288	289		
355				352	328	300		
355	13	12	9	350	325	327		
400				395	370	372		
355	14			350	325	327		
400				395	370	372		
355	15	13	10	355	325	327		63
400				395	370	372		
400	16			395	368	370		
500				495	468	470		
400	18	15	12	395	362	366	M20	71
500				495	462	466		
500	20			494	458	462		
560				554	518	522		
560	22	16		554	515	519		
630				624	585	589		

续表

卷筒直径 D_1	钢丝绳直径 d	b_1	b_2	D_2	D_3	D_4	d_0	a
560	24	18	13	554	508	512	M24	85
630				624	578	582		
630	27	20	14	623	574	578		
710				703	654	658		
630	29			622	570	574		100
710				702	650	654		
710	31			702	654	649		
800				792	735	739		
800	33	22	15	791	730	734	M30	120
900				891	830	834		
800	35			791	723	727		
900				891	813	827		
800	37		16	791	718	722		
900				891	818	822		
1000	40			991	912	916		140
1150				1141	1062	1066		

　　钢丝绳在滑轮或卷筒上绕进或绕出时，其偏角有一定的限制，偏角超过一定限度时会使钢丝绳与滑轮或卷筒剧烈磨损，甚至发生跳槽现象。通常粗略地将钢丝绳偏斜度限制于 1∶(10～15) 以内。在光卷筒上卷绕时，允许偏斜度限于 1∶40 以内。

5.3.3　卷筒的强度

　　卷筒壁主要受如下几种应力。

(1) 钢丝绳缠绕箍紧所产生的压应力

　　可根据图 5-33 所示的卷筒压应力分析中的平衡条件求出。宽度为一个绕绳节距 t 的圆环，其卷筒壁中压应力的分布是不均匀的，内表面应力较高。当卷筒壁厚不大时，应力差别不大，可以近似认为是均匀分布的。由平衡条件得：

$$S_{max} = \sigma_y \delta t \qquad (5\text{-}16)$$

$$\sigma_y = \frac{S_{max}}{\delta t} \qquad (5\text{-}17)$$

式中　S_{max}——钢丝绳最大拉力；

　　　　t——钢丝绳卷绕节距；

　　　　δ——卷筒壁厚。

　　多层卷绕卷筒中的压应力按下式计算，即：

$$\sigma_y = A \frac{S_{max}}{\delta t} \qquad (5\text{-}18)$$

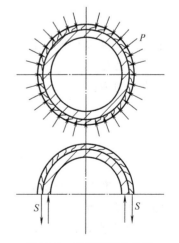

图 5-33　卷筒压应力分析

式中 A——考虑卷绕层数的系数（表 5-8）。

表 5-8 卷绕层数系数

卷绕层数	2	3	4	≥5
A	1.75	2	2.25	2.5

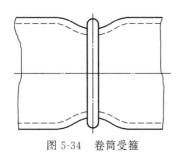

图 5-34 卷筒受箍

（2）钢丝绳缠绕所产生的局部弯曲应力

钢丝绳缠绕所产生的局部弯曲应力可由图 5-34 看出，该图示出单圈箍紧时卷筒壁的弯曲情况。实际卷筒工作时，这种局部弯曲应力主要产生在卷筒壁靠近支承辐板处，以及卷绕末圈附近。这项应力很难计算，在安全系数中予以考虑。

（3）扭转应力

扭转应力计算如下：

$$\tau = \frac{M_t}{W_p} \tag{5-19}$$

$$M_t = \frac{S_{max} D_0}{2}（单联卷筒）$$

$$M_t = \frac{2 S_{max} D_0}{2} = S_{max} D_0（双联卷筒）$$

$$W_p = \frac{\pi}{16} \times \frac{D^4 - (D-2\delta)^4}{D}$$

要想更简单一些，可用下式近似计算，即：

$$\tau = \frac{S_{max}}{\pi D \delta}（单联卷筒）$$

$$\tau = \frac{2 S_{max}}{\pi D \delta}（双联卷筒） \tag{5-20}$$

通常这项应力很小，可以忽略不计。

（4）弯曲应力

弯曲应力为：

$$\sigma_w = \frac{M_w}{W} \tag{5-21}$$

$$W = \frac{\pi}{32} \times \frac{D^4 - (D-2\delta)^4}{D} \tag{5-22}$$

当卷筒长度 $L \leqslant 3D$ 时，σ_w 可以忽略不计。

（5）合成应力

卷筒的强度验算可按式（5-23）所示的合成应力计算，即：

$$\sigma = \sigma_w + \frac{[\sigma_l]}{[\sigma_y]}\sigma_y \leqslant [\sigma_l] \tag{5-23}$$

式中 $[\sigma_l]$——许用拉应力，$[\sigma_l] = \frac{\sigma_s}{2}$（对于钢，$\sigma_s$ 为屈服极限），$[\sigma_l] = \frac{\sigma_b}{5}$（对于铸铁，$\sigma_b$ 为抗拉强度）；

$[\sigma_y]$——许用压应力，$[\sigma_y]=\dfrac{\sigma_s}{1.5}$（对于钢，$\sigma_s$ 为屈服极限），$[\sigma_y]=\dfrac{\sigma_{By}}{4.25}$（对于铸

铁，σ_{By} 为抗压强度）。

当卷筒长度 $L\leqslant 3D$ 时，卷筒可按式（5-24）验算强度，即：

$$\sigma_y = A\frac{S_{max}}{\delta t} \leqslant [\sigma_y] \tag{5-24}$$

5.3.4　卷筒的抗压稳定性

与受外力的压力容器相似，卷筒如果尺寸过大，壁厚较薄，也容易在钢丝绳的缠绕压力下失稳，向内压瘪。当卷筒直径 $D\geqslant 1200\text{mm}$、长度 $L>2D$ 时，须对卷筒进行抗压稳定性验算，稳定性系数为：

$$K = p_K/p \geqslant 1.3 \sim 1.5 \tag{5-25}$$

p_K 为受压失稳的临界压力：

$$p_K = 2E\left(\frac{\delta}{D}\right)^3 \tag{5-26}$$

式中　E——材料的弹性模量；

p——卷筒单位面积上所受的外压力。

$$p = 2S_{max}/Dt \tag{5-27}$$

5.4　吊钩与吊环

5.4.1　取物装置的要求

起重机必须通过取物装置将起吊物品与起升机构联系起来，从而进行这些物品的装卸、吊运、安装等作业。

对于取物装置的要求，主要有以下几方面。

① 提高生产率　减轻自重，缩短装卸时间。

② 减轻体力劳动　尽量减少辅助人员数量，减轻装卸劳动强度。采用自动装卸的取物装置，如抓斗、起重电磁铁、真空吸盘等，不仅完全免除装卸辅助人员，在装卸的时间方面也是大大缩短。

③ 安全作业　这有两方面意义：一方面，对于吊运的物品应当防止坠落或其他损伤；另一方面，对于作业人员应防止发生人身伤亡事故。

吊运成件物品、散粒物品以及液体物品，分别采用不同的取物装置。由于物品的几何形状、物理性质以及装卸效率的要求不同，取物装置种类繁多，如吊钩、吊环、吊索、夹钳、托爪、吊梁、起重电磁铁、真空吸盘、抓斗、料斗、盛桶、卸扣、吊耳、集装箱吊具等（图5-35~图5-39）。

吊钩和吊环是起重机中应用最广泛的取物装置，通常与滑轮组的动滑轮组合成吊钩组，与起升机构的挠性构件连接在一起。

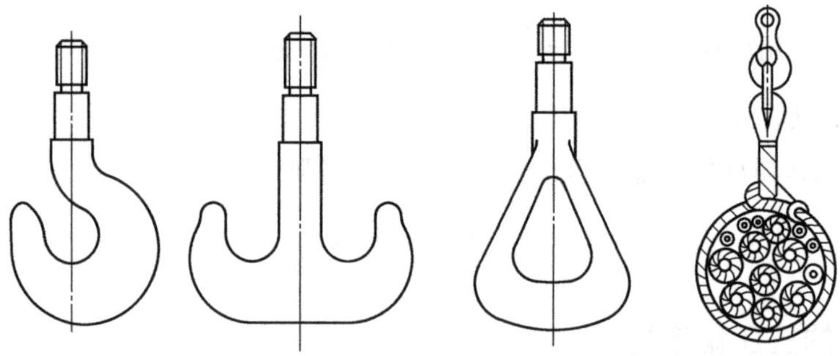

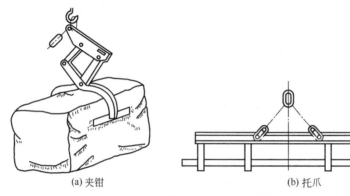

(a) 吊钩　　　　　　(b) 吊环　　　　(c) 吊索

图 5-35　吊钩、吊环、吊索

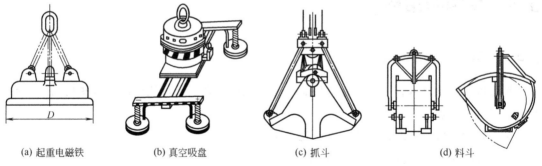

(a) 夹钳　　　　　　　　　　　　　(b) 托爪

图 5-36　夹钳、托爪

(a) 起重电磁铁　　(b) 真空吸盘　　(c) 抓斗　　　(d) 料斗

图 5-37　起重电磁铁、真空吸盘、抓斗、料斗

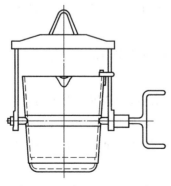

图 5-38　盛桶

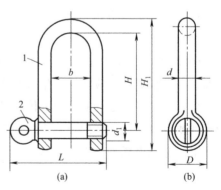

图 5-39　螺旋式卸扣

1—卸扣本体；2—卸扣横销

5.4.2　吊钩的构造、种类、计算

(1) 吊钩的材料

吊钩断裂可能导致重大的人身及设备事故，因此，吊钩的材料要求没有突然断裂的危险。从减轻吊钩自重的角度出发，要求吊钩的材料具有高的强度，但强度高的材料通常对裂纹与缺陷很敏感，材料的强度越高，突然断裂的可能性越大，因此，目前吊钩广泛采用低碳钢。

中小起重量起重机的吊钩是锻造的，大起重量起重机的吊钩采用钢板铆合，称为片式吊钩。随着锻压能力的提高，目前大起重量起重机的吊钩也有采用锻造的。锻造吊钩通常采用吊钩专用材料，DG20 或 DG20Mn 优质低碳钢，要求晶粒细度小于或等于 5 国际单位，加入少量铝（≥0.02%）以防止老化。片式吊钩由若干块厚度不小于 20mm 的 Q235、20 优质碳素钢或 Q345 钢板制造。片式吊钩不会因突然断裂而破坏，因为缺陷引起的断裂只局限于个别钢板，剩余的钢板仍然能支持钩重。因此，片式吊钩比锻造吊钩有更高的安全性。损坏的钢板可以更换，它不像锻造吊钩那样一旦破坏就整体报废，这也是片式吊钩的一大优点。但片式吊钩自重较大，因为它的断面开头不如锻造吊钩合理。

用铸造方法制造吊钩，断面形状可能更加合理，但由于工艺上尚不能排除铸造缺陷，不符合安全要求，因此目前不允许使用。

由于钢材在焊接时难免产生裂纹，因此也不允许使用焊接制造和修复的吊钩。

使用的吊钩需经过检查，打上合格印记，在使用中应进行定期检查。

(2) 吊钩的种类

前面讲过，根据制造方法的不同，吊钩可分为锻造吊钩和片式吊钩；另外根据形状的不同又可分为单钩和双钩两种（图 5-40）。单钩的优点是制造和使用比较方便；双钩的优点是质量小，受力好。单钩用于较小的起重量。当起重量较大时，为了不使吊钩过重，多采用双钩。

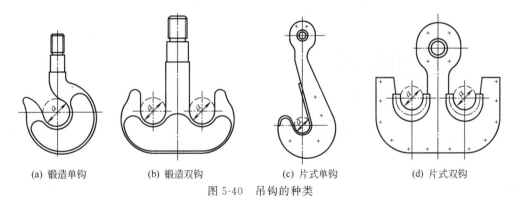

(a) 锻造单钩　　　(b) 锻造双钩　　　(c) 片式单钩　　　(d) 片式双钩

图 5-40　吊钩的种类

(3) 吊钩的构造

图 5-40 把吊钩的外形已表示清楚。下面将各部分的形状做一简单介绍。

单钩钩孔的尺寸根据系物绳或专用吊具的尺寸决定。标准吊钩的钩孔尺寸是根据容纳系物绳的尺寸决定的：

$$单钩\ D = (30 \sim 40)\sqrt{Q}$$

$$双钩\ D = (20 \sim 25)\sqrt{Q}$$

式中，Q 为额定起重量，大起重量取较小值。钩口 S 较钩孔 D 小，$A \approx \dfrac{3}{4}D$（表 5-9～表 5-12）。

表 5-9 单钩（梯形截面）尺寸

mm

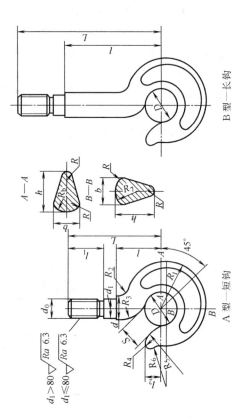

A 型—短钩 B 型—长钩

起重量/10kN	D	S	b	h	d	d_1	d_0	L A型	L B型	l	l_1	l_2	R	R_1	R_2	R_3	R_4	R_5	R_6	R_7	质量/kg A型	质量/kg B型
3.2	65	50	40	55	45	40	M36	245	375	95	55	34	9	90	22	70	10	80	45	35	6	8
5	85	65	54	82	56	50	M48	275	435	130	70	42	12	110	28	85	12	95	60	45	12	14
8	110	85	65	100	68	60	M56	360	500	150	80	55	13	140	34	110	18	120	75	55	25	29
10	120	90	75	115	80	70	M64	400	600	180	90	60	14	155	36	120	20	125	84	62	32	39
12.5	130	100	80	130	85	75	T90×12	415	640	190	95	65	16	170	40	130	21	140	90	70	42	50
16	150	120	90	150	95	85	T100×12	440		210	100	75	18	200	45	150	22	170	105	75	56	
20	170	130	102	164	110	100	T110×12	505		250	115	80	20	220	50	170	20	190	120	100	86	
25	190	145	115	184	125	110	T120×12	525		285	130	95	23	245	60	190	32	210	135	110	115	
32	210	160	130	205	135	120	T140×12	630		310	140	100	25	272	60	210	35	230	150	120	157	
40	240	180	150	240	160	140	T170×12	660		340	150	120	30	320	65	240	40	280	170	130	230	
50	270	205	165	260	170	150	T70×12	795		400	170	135	35	350	65	270	44	300	190	140	326	
80	320	250	200	320	200	180	T80×12	1010		480	205	160	40	420	100	340	48	360	230	165	588	

表 5-10　单钩（T 形截面）尺寸　　　　　　　　　　　　mm

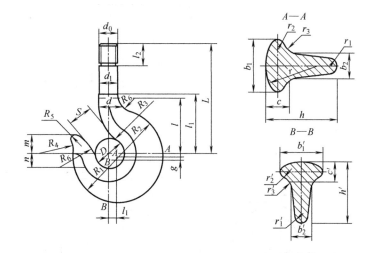

尺寸	起重量/10kN							
	5	8	10	12.5	16	20	32	50
D	55	30	85	110	120	140	170	220
S	44	55	70	88	100	112	140	176
L	230	455	485	566	651	702	899	1076
l	95	120	150	190	210	240	300	380
l_1	105	290	330	205	225	250	345	395
l_2	60	80	85	100	100	100	120	140
d	45	50	60	75	90	95	115	135
d_1	40	45	55	70	85	85	105	125
g	4	5	6	8	8	10	12	16
m	35	40	50	65	70	80	100	130
n	23	30	40	45	55	60	80	90
R_1	73	93	119	149	168	190	238	298
R_2	77	100	125	157	176	200	250	314
R_3	87	116	148	186	202.5	234	302	385
R_4	30	34	40	53	57	67	78	105
R_5	8	10	12	16	16	20	24	32
R_6	42	80	100	125	140	160	200	250
质量/kg	5.4	10	16	26	35	48	94	226

注：1. 表列尺寸适用于重量级、特重级工作类型。

　　2. 材料：16Mn。

表 5-11　双钩（梯形截面）尺寸

mm

起重量/10kN	D	b	b_1	b_2	t	h	d	d_1	d_0	L A型	L B型	l	l_2	R	R_1	R_2	R_3	质量/kg A型	质量/kg B型
5	60	35	18	246	116	50	56	50	M48	230	475	70	22	65	100	10	10	8	12
8	80	45	22	328	148	75	68	60	M56	280	580	80	28	90	125	12	10	14	21
10	90	50	25	340	170	85	80	70	M64	325	640	90	30	100	135	15	15	20	30
12.5	100	60	30	415	185	95	85	75	T70×10	360	700	95	35	115	145	16	15	28	39
16	115	65	32	460	210	110	95	85	T80×10	420	760	100	40	125	165	20	15	40	55
20	125	75	38	505	235	120	110	100	T90×12	470	820	115	45	135	180	22	18	60	78
25	145	85	42	590	270	140	150	100	T100×12	525	875	130	50	160	200	25	20	90	112
32	160	95	48	645	295	150	135	120	T110×12	590	940	140	55	175	230	26	22	125	155
40	180	105	52	740	340	170	160	140	T120×16	660	1000	150	65	200	260	30	22	159	200
50	200	115	58	810	370	180	170	150	T140×16	725	1050	175	70	220	280	30	25	228	255
80	250	150	75	980	450	235	200	180	T170×16	860	1175	205	95	265	330	35	30	400	470
100	280	165	85	1100	500	270	220	200	T180×20	900	1200	230	100	300	360	40	35	530	620
125	300	180	180	1390	620	350	220	200	T200×20	1260		270		385				1216	
160	350	210	210	1490	690	375	240	220	T220×20	1357		280		400				1600	
200	350	240	240	1510	710	425	260	240	T240×24	1460		610		400				2240	
250	400	270	270	1680	780	500	280	260	T260×24	1730		330		450				2960	

A 型—短钩　　B 型—长钩

表 5-12　叠片式双钩尺寸

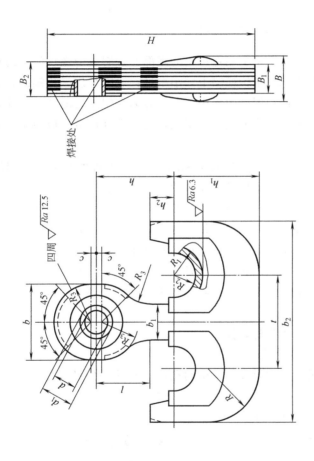

mm

起重量/10kN	H	d	d_1	t	c	R	R_1	R_2	R_3	h	h_1	h_2	b	b_1	b_2	B	B_1	B_2	质量/kg
100	1330	160	185	550	20	375	175	125	230	500	500	200	460	200	1300	270	150	170	1200
125	1410	180	210	630	20	385	200	150	250	600	600	200	500	230	1400	300	180	200	1600
150	1525	200	235	700	30	400	225	175	270	650	650	200	540	250	1500	330	210	230	2200
200	1710	220	255	700	30	400	250	175	315	700	700	200	630	250	1500	360	240	260	3078
250	1985	250	290	800	30	450	275	200	355	800	800	270	710	300	1700	390	270	290	4055
300	2315	300	350	950	50	650	275	225	400	1000	1000	350	830	400	2250	360	240	260	5900
350	2585	320	370	1100	50	750	300	250	485	1050	1050	400	970	500	2600	360	240	260	6900

吊钩钩身（弯曲部分）的断面形状有圆形、矩形、梯形与 T 形等（图 5-41）。从受力情况来看，T 形断面最合理，可以得到较轻的吊钩，它的缺点是锻造工艺复杂；目前最常用的吊钩断面是梯形，它的受力情况比较合理，锻造也较容易；矩形断面只用于片式吊钩，断面的承载能力未能充分利用，因而比较笨重；圆形断面只用于简单的小型吊钩。

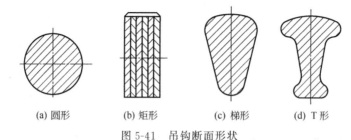

| (a) 圆形 | (b) 矩形 | (c) 梯形 | (d) T 形 |

图 5-41　吊钩断面形状

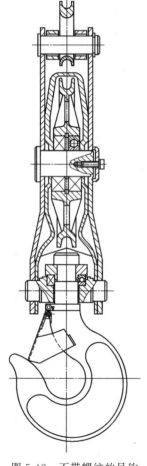

图 5-42　不带螺纹的吊钩

装在吊钩组上锻造吊钩的尾部通常制成带螺纹的，通过螺母将吊钩支承在吊钩横梁上。小型吊钩通常采用三角螺纹，这种螺纹制造方便，但应力集中严重，容易在螺纹处断裂。因此，大型吊钩多采用梯形或锯齿形螺纹，为了更好地减轻应力集中，还可以采用圆螺纹。

小型起重机的吊钩有采用如图 5-42 所示不带螺纹的吊钩的结构，它省去了尾部螺纹，减小了应力集中。

为了防止系物脱钩，有的吊钩装有闭锁装置 [图 5-43 (a)]。轮船装卸用的吊钩通常制成如图 5-43 (b) 所示的形状，突出的鼻状部分是为了防止吊钩在起升时挂住舱口。

片式吊钩的钩口通常有软钢垫块，垫块上方为圆弧形，以免损伤系物绳，下方与钩口紧密配合，使载荷均匀分配到各片上去。

(4) 吊钩的计算

1）吊钩主要尺寸

吊钩的主要尺寸是由钩孔直径 D 来决定的。如图 5-44 所示为吊钩的主要尺寸。

① 孔直径计算如下：

单钩　　　　　　$D \approx (30 \sim 35)\sqrt{Q}\,(\text{mm})$

双钩　　　　　　$D \approx (25 \sim 30)\sqrt{Q}\,(\text{mm})$

式中　Q——额定起重量，t。

② 其他尺寸各部分比例如下：

$$h/D \approx 1.0 \sim 1.2$$
$$S \approx 0.75D$$
$$l_1 \approx (2 \sim 2.5)h$$
$$l_2 \approx 0.5h$$

2）锻造单钩的强度计算

① 钩体的强度计算　如图 5-45 所示，吊钩在额定起升载荷 F_Q 作用下，钩身 1—2 截

面、3—4 截面及钩柱螺纹根部均为危险截面。计算时，吊钩载荷为额定起重量。

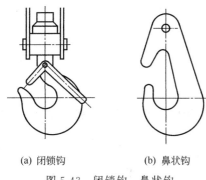

(a) 闭锁钩   (b) 鼻状钩

图 5-43 闭锁钩、鼻状钩

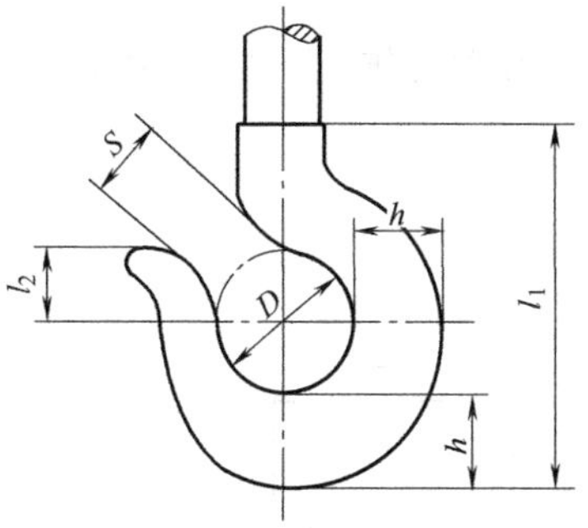

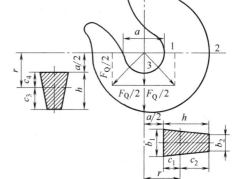

图 5-44 吊钩钩身主要尺寸

a. 1—2 截面。载荷 F_Q 使 1—2 截面处于偏心受拉状态，应用曲梁公式计算 1—2 截面上某点的应力为：

$$\sigma_x = \frac{\phi_2 F_Q}{A} + \frac{M}{Ar} + \frac{M}{Ark} \times \frac{x}{r+x}$$

式中 σ_x——距离截面重心为 x 处的计算应力；

ϕ_2——起升载荷动载系数；

F_Q——吊钩额定起升载荷，N；

A——截面面积，mm^2；

M——截面所受弯矩，N·mm，$M = -\phi_2 F_Q r$，使曲梁曲率减小的弯矩取负值；

r——截面重心的曲率半径，mm，$r = \frac{a}{2} + e_1$；

k——与曲梁截面形状有关的系数，对于梯形截面的标准吊钩 $k \approx 0.1$；

x——截面重心至计算应力处距离，mm。

图 5-45 锻造吊钩计算简图

当 $x = -e_1$ 时，可得截面内缘（点 1）处的应力为：

$$\sigma_1 = \frac{\phi_2 F_Q}{Ak} \times \frac{2e_1}{a} \leqslant [\sigma] \text{（MPa）} \tag{5-28}$$

当 $x = -e_2$ 时，可得截面外缘（点 2）处的应力为：

$$\sigma_2 = \frac{\phi_2 F_Q}{Ak} \times \frac{2e_2}{a+2h} \leqslant [\sigma] \text{（MPa）} \tag{5-29}$$

b. 3—4 截面。对于 3—4 截面。当载荷 F_Q 通过两根倾斜角 α 为 45° 的钢丝绳作用于吊钩时，是危险工况。这时钢丝绳所受的拉力为 $F_Q' = \frac{\phi_2 F_Q}{2\cos\alpha}$。$F_Q$ 的水平分量与垂直分量使 3—4 断面同时受偏心拉力和剪力的作用。偏心拉力为 $F_Q'\sin\alpha = \frac{\phi_2 F_Q}{2}\tan\alpha = \frac{\phi_2 F_Q}{2}$；剪力为 $F_Q'\cos\alpha = \frac{\phi_2 F_Q}{2}$。

在偏心拉力作用下，按曲梁公式计算出其截面上的应力为：

$$\sigma_3 = \frac{\phi_2 F_Q}{Ak} \times \frac{2e_3}{a} \leqslant [\sigma] \text{（MPa）} \tag{5-30}$$

$$\sigma_4 = \frac{\phi_2 F_Q}{Ak} \times \frac{2e_4}{a + 2h_1} \leq [\sigma] \text{(MPa)} \tag{5-31}$$

在剪力作用下 3—4 截面的平均剪应力为：

$$\tau = \frac{\phi_2 F_Q}{2A} \text{(MPa)} \tag{5-32}$$

$$\sigma = \sqrt{\sigma_3^2 + 3\tau^2} \text{(MPa)} \tag{5-33}$$

对于一般用途的钩身弯曲部分许用应力为：工作级别为 M_1 时，取 $[\sigma] = \dfrac{\sigma_s}{1.05}$；为 $M_2 \sim M_4$ 时，取 $[\sigma] = \dfrac{\sigma_s}{1.3}$；为 $M_5 \sim M_6$ 时，取 $[\sigma] = \dfrac{\sigma_s}{1.65}$。

从等强度考虑，3—4 截面应取得比 1—2 截面面积小一些，但是因为 3—4 截面在工作时磨损较大，所以两截面一般取相同尺寸。

② 钩柱的计算

a. 螺纹根部强度校核。吊钩与吊钩装置用螺纹连接时，危险断面是在螺纹的根部（图 5-46）。此处除受 F_Q 的拉力作用外，还受到由于重物摆动而引起的附加弯曲应力。由于附加应力难以精确计算，一般都直接用 F_Q 来确定危险断面的直径，而对于附加弯曲应力和螺纹凹槽的局部应力，则用降低许用应力值的方法进行调整。这时截面的应力为：

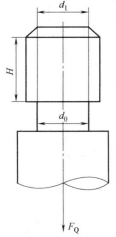

图 5-46 钩柱螺纹根部

$$\sigma = \frac{\phi_2 F_Q}{\frac{\pi}{4} d_0^2} \leq [\sigma_a] \text{(MPa)} \tag{5-34}$$

式中 F_Q——吊钩额定起升载荷，N；

     ϕ_2——起升载荷动载系数；

     d_0——螺纹根部直径，mm；

     $[\sigma_a]$——许用拉应力，MPa，取 $[\sigma_a] = \dfrac{\sigma_s}{5}$（$\sigma_s$ 为钢材屈服极限）。

b. 螺纹（即螺母）高度的确定。螺纹部分应有足够的高度，其高度可按螺纹表面的挤压应力决定。其挤压应力为：

$$\sigma_j = \frac{4\phi_2 F_Q t}{\pi(d^2 - d_0^2)H} \leq [\sigma_a] \tag{5-35}$$

式中 F_Q——吊钩额定起升载荷，N；

     t——螺纹节距，mm；

     H——螺纹部分和螺母配合的总高度，mm；

     d——螺纹外径，mm；

     d_0——螺纹内径，mm；

     $[\sigma_a]$——许用挤压应力，MPa，对于 Q235 螺母和 20 钢吊钩取 $[\sigma_a] = \dfrac{\sigma_s}{5}$。

(5) 吊钩夹套的构造

将起升滑轮组中的动滑轮与吊钩联系在一起的装置称为吊钩夹套，通常分为长型和短型两种。

长型吊钩夹套［图 5-47（a）］的滑轮和吊钩分别装在上下两根轴上，吊钩采用普通型短钩。吊钩横梁和滑轮轴支承在两边的拉板上，两端由定位挡板固定，使吊钩梁不能轴向移动。这种形式整体高度较大，应用时将占去部分有效的起升高度，但横向尺寸小。

短型吊钩夹套［图 5-47（b）］与前者不同，其滑轮轴也是吊钩横梁，省去了拉板，但滑轮数目必须是偶数才能对称。为了使吊钩转动时不碰到两边滑轮，必须使用长钩。虽然其外形高度比较小，可增大有效起升高度，但其横梁的重量大，外形尺寸大。因此，只用于小起重量的起重机，而在大起重量时多采用长型夹套。

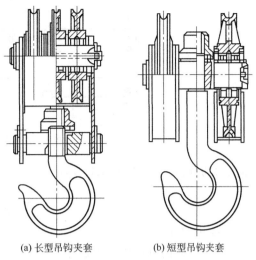

(a) 长型吊钩夹套　　(b) 短型吊钩夹套

图 5-47　吊钩夹套

为了挂钩时吊钩能绕垂直轴线灵活地转动，在吊钩尾部上的螺母与横梁之间设有推力滚动轴承。当吊钩自重较大时，最好采用带球面垫的自位推力轴承，这样不仅使转动吊钩轻便，而且使轴承受力均匀。

(6) 吊钩横梁、滑轮轴与拉板的计算

1) 吊钩横梁的计算

吊钩横梁工作时的危险截面位于横梁中部 $A—A$ 截面（图 5-48），其最大弯曲应力为：

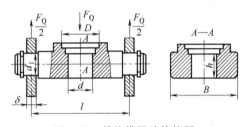

图 5-48　吊钩横梁计算简图

$$\sigma=\frac{M}{W}=\frac{3}{2}\times\frac{\phi_2 F_Q l}{2(B-d)h^2}\leqslant\frac{\sigma_s}{2.5} \tag{5-36}$$

式中　F_Q——起升载荷，N；

　　　ϕ_2——动载系数；

　　　l——拉板的间距，mm；

　　　B——横梁宽度，mm；

　　　d——吊钩孔径，mm；

　　　h——吊钩与横梁连接部分长度，mm。

轴孔 d_1 的平均应力为：

$$\sigma_j=\frac{\phi_2 F_Q}{2d_1\delta}\leqslant[\sigma_a] \tag{5-37}$$

式中　δ——拉板厚度，mm；

　　　d_1——轴孔直径，mm；

　　　$[\sigma_a]$——许用挤压应力，MPa，$[\sigma_a]=\sigma_s/6\sim\sigma_s/5$（工作时有相对转动，对中小起重量取小值，对大起重量取大值），$[\sigma_a]=\sigma_s/4\sim\sigma_s/3$（工作时无相对转动，对中小起重量取小值，大起重量取大值）。

2) 滑轮轴的计算

根据拉板在滑轮轴上的不同位置，作出滑轮轴上不同的弯矩图（图 5-49 中 s 为滑轮钢

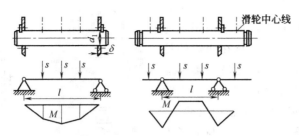

图 5-49 滑轮轴计算简图

丝绳拉力的合力），最大弯曲应力为：

$$\sigma = \frac{M}{W} \leqslant \frac{\sigma_s}{2.5} \tag{5-38}$$

3）拉板的计算

吊钩组两侧的拉板危险截面为 $A—A$ 和 $B—B$ 两个截面（图 5-50）。

水平 $A—A$ 截面的内侧孔边最大拉应力为：

$$\sigma = \frac{\phi_2 F_Q a_j}{2(b-d)(\delta+\delta')} \leqslant \frac{\sigma_s}{1.7} \tag{5-39}$$

式中　b——拉板宽度，mm；

　　　δ——拉板厚度，mm；

　　　δ'——加强板厚度，mm；

　　　a_j——应力集中系数（图 5-51）。

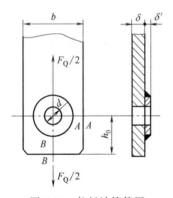

图 5-50 拉板计算简图

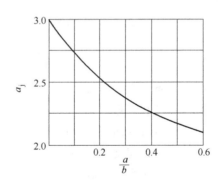

图 5-51 系数 a_j 值

垂直 $B—B$ 截面的内侧孔边最大拉应力（切向）为：

$$\sigma = \frac{\phi_2 F_Q (h_0^2 + 0.25d^2)}{2d(\delta+\delta')(h_0^2 + 0.25d^2)} \leqslant \frac{\sigma_s}{3} \tag{5-40}$$

轴孔处的平均挤压应力为：

$$\sigma = \frac{\phi_2 Q}{2d(\delta+\delta')} \leqslant [\sigma_a] \tag{5-41}$$

5.4.3　吊环的构造、应用

重量极大的货物采用吊环起吊。它比吊钩的质量小、受力好；但起吊设备时系挂索具困难，因此较少应用。

根据构造形式的不同，吊环可分为铰接吊环（图 5-52）、圆环（图 5-53）、整体吊环（图 5-54）三种。具体计算较为繁杂，这里就不叙述了。

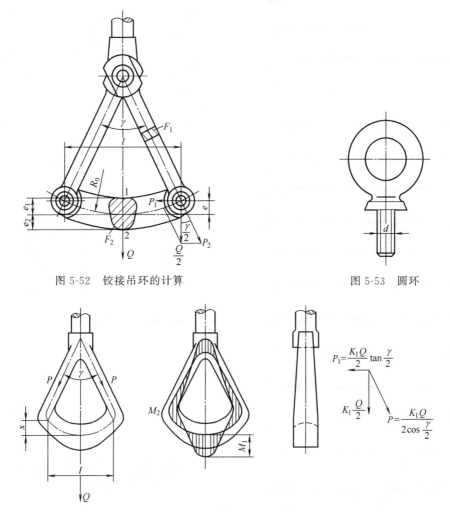

图 5-52　铰接吊环的计算　　　　　　　　图 5-53　圆环

图 5-54　整体吊环的计算

5.5　吊物缆与卸扣

5.5.1　吊物缆的构造与应用

吊物缆是用挠性件、绳索、链制成的，是用来捆系物品的吊具，分为吊索、吊链、吊带。

(1) 吊索

吊索也称千斤绳、对子绳或绳扣，在吊装工程中使用较多，如捆系物品、拴挂滑车、稳固卷扬机等。它具有质量小、弹性大的优点，但刚性较大，不易弯曲，一旦弯曲不易复原。用麻芯的钢丝绳制作的吊索，不易在高温下工作。

吊索（图 5-55）制作形式较多，工程上常用的有插接端环和插接无极的（万能）吊索，在起重吊装作业中还常常把钢丝绳与吊钩、卸扣连接起来，制成各种样式的吊索，以便做起吊、捆绑或其他之用，图 5-55 所示为起重作业中较常见的几种吊索的形式。

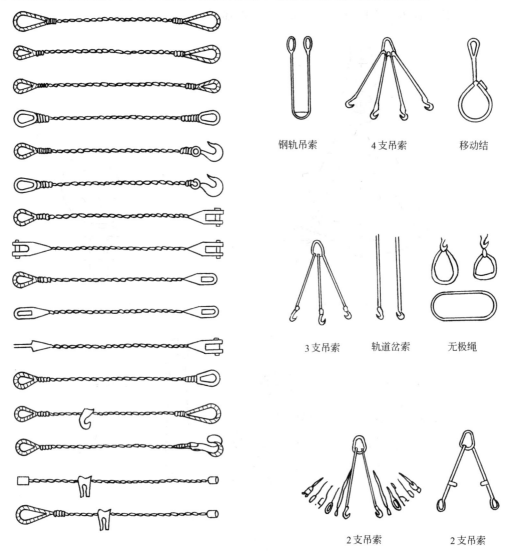

钢轨吊索　　　4 支吊索　　　移动结

3 支吊索　　　轨道岔索　　　无极绳

2 支吊索　　　2 支吊索

图 5-55　吊索

(2) 吊链

吊链，又称链条吊具，多用于高温条件下捆系、拴挂物品的工作，它挠性好，破断拉力大，但其缺点是：自重大，在受力情况下有突然断裂的危险，链环接触处磨损大。图 5-56所示为常用链条吊具。

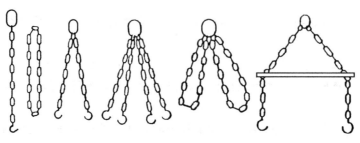

图 5-56　常用链条吊具

5.5.2 卸扣的构造与应用

卸扣又称卸甲、卡环等，是起重吊装作业中广泛使用的连接工具，它常常用来连接起重滑车、吊梁、吊环或吊索等。目前国内已生产有起重量为 0.25～500t 的卸扣。

(1) 卸扣的构造与种类

卸扣的构造很简单，根据横销固定方式的不同，卸扣可以分为销子式和螺旋式两种。螺旋式又分直接旋入式（小吨位）和螺母连接式（大吨位）两种，螺旋式卸扣在工程中最为常用。卸扣一般都是锻造的，不能使用铸造方法来制造，在锻制后必须经过退火处理，以消除卸扣在锻造过程中产生的内应力，增加卸扣的韧性。制造卸扣的材料：其本体一般为 Q235 或 20 钢；横销用 Q255 或 40 钢。对于大吨位卸扣（200～500t），为减轻自重，采用 35CrMoV。各种卸扣的规格和许用负荷见表 5-13～表 5-17。

表 5-13　锁具卸扣　　　　　　　　　　　　mm

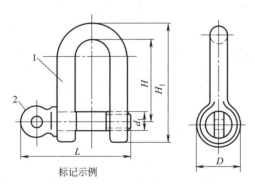

标记示例

许用负载荷为 16000kgf（1kgf＝9.80665N）的钢索螺纹销直形卸扣

1—卸扣本体；2—横销

卸扣号码	钢索直径（最大的）	许用负荷/10N	D	H_1	H	L	理论质量/kg
0.2	4.7	200	15	49	35	35	0.039
0.3	6.5	330	19	63	45	44	0.089
0.5	8.5	500	23	72	50	55	0.163
0.9	9.5	930	29	87	60	65	0.304
1.4	13	1450	38	115	80	86	0.661
2.1	15	2100	46	133	90	101	1.145
2.7	17.5	2700	48	146	100	111	1.560
3.3	19.5	3300	58	163	110	123	2.210
4.1	22	4100	66	180	120	137	3.115
4.9	26	4900	72	196	130	153	4.050
6.8	28	6800	77	225	150	176	6.270
9.0	31	9000	87	256	170	197	9.280
10.7	34	10700	97	284	190	218	12.400
16.0	43.5	16000	117	346	235	262	20.900

表 5-14　GD 型船用钢索螺纹销直形卸扣　　　　　　　　　　　　mm

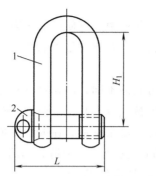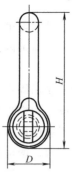

1—卸扣本体;2—横销

型号	许用负荷 /10N	钢索直径 ≤	D	H	H₁	L	理论质量 /kg
GD0.2	250	4.8	16	49	35	34	0.04
GD0.4	400	6.6	20	63	45	44	0.09
GD0.6	600	8.5	24	72	50	53	0.16
GD0.9	900	9.5	30	87	60	64	0.30
GD1.2	1250	11.0	35	102	70	74	0.46
GD1.7	1750	13.0	40	116	80	84	0.69
GD2.1	2100	15.5	45	132	90	99	1.10
GD2.7	2750	17.5	50	147	100	111	1.54
GD3.5	3500	19.5	60	164	110	123	2.20
GD4.5	4500	22.5	68	182	120	138	3.21
GD6.0	6000	26.0	75	200	130	159	4.57
GD7.5	7500	28.5	80	226	150	177	6.20
GD9.5	9500	31.0	90	255	170	195	8.63
GD11.0	11000	35.0	100	285	190	218	12.03
GD14.0	14000	39.0	110	318	215	239	15.58
GD17.0	17500	43.5	120	345	235	257	19.35
GD21.0	21000	48.5	130	375	250	291	27.83

表 5-15　GE 型船用钢索光直销直形卸扣　　　　　　　　　　　　mm

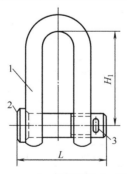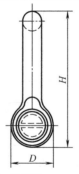

1—卸扣本体;2—横销;3—开口销

型号	许用负荷 /10N	钢索直径 ≤	H	H₁	L	D	开口销	理论质量 /kg
GE0.2	250	4.8	49	35	33	16	2×15	0.05
GE0.4	400	6.6	63	45	44	20	2.5×15	0.10
GE0.6	600	8.5	72	50	55	24	3×20	0.17

续表

型号	许用负荷 /10N	钢索直径 ≤	H	H₁	L	D	开口销	理论质量 /kg
GE0.9	900	9.5	87	60	65	30	4×25	0.31
GE1.2	1250	11.0	102	70	71	35	4×25	0.48
GE1.7	1750	13.0	116	80	81	40	5×30	0.71
GE2.1	2100	15.5	132	90	96	45	6×35	1.16
GE2.7	2750	17.5	147	100	107	50	6×40	1.58
GE3.5	3500	19.5	164	110	118	60	8×45	2.30
GE4.5	4500	22.5	182	120	138	68	8×45	3.37
GE6.0	6000	26.0	200	130	149	75	8×50	4.71
GE7.5	7500	28.5	226	150	169	80	10×60	6.41
GE9.5	9500	31.0	255	170	180	90	10×60	8.88
GE11.0	11000	35.0	285	190	200	100	10×70	12.33
GE14.0	14000	39.0	318	215	221	110	10×80	16.00
GE17.5	17500	43.5	345	235	231	120	12×80	19.55
GE21.0	21000	48.5	375	250	262	130	12×90	28.08

表 5-16　100～200kN 索具卸扣　　　　mm

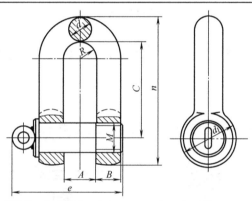

型号	承载/10kN	实验载荷/10kN	A	B	C	d	d₁	M	R	n	e
10T	10	15	50	38	148	38	84	42×3	25	228	174
15T	15	22.5	60	46	178	46	100	52×3	30	274	214
20T	20	30	70	52	205	52	114	60×4	35	314	246

表 5-17　250～500kN 索具卸扣　　　　mm

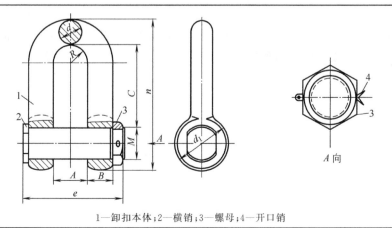

1—卸扣本体;2—横销;3—螺母;4—开口销

续表

型号	承载/10^3kgf	试验载荷/10^3kgf	A	B	C	d	d_1	M	R	n	e	开口销
5t	25	37.5	80	60	230	60	130	68×4	40	355	245	
30t	30	45	90	65	268	65	144	76×4	45	395	270	8×120
35t	35	52.5	100	70	280	70	156	80×4	50	428	295	10×120
40t	40	60	110	76	300	76	166	85×4	55	459	320	10×140
45t	45	67.5	120	82	320	82	178	95×4	60	491	346	10×140
50t	50	75	130	88	343	88	192	100×4	65	527	371	10×160

(2）卸扣使用荷重的估算

在起重和运输中卸扣已获得广泛使用。由于对卸扣各部分强度及刚度进行计算比较复杂，故在现场使用中采用近似估算法。卸扣的承载能力和它本体部分直径 d 的平方成正比。

对于碳钢卸扣有：

$$Q = 60d^2 \tag{5-42}$$

式中　Q——容许使用的负荷重量，N；

　　　d——卸扣本体的直径，mm。

对于合金钢（35CrMoV）卸扣（大吨位）有：

$$Q = 150d^2 \tag{5-43}$$

(3）卸扣的使用

卸扣在使用时，必须注意作用在卸扣上力的方向，如果不符合受力要求，就会使卸扣允许承受的荷重大为降低。

图 5-57 所示为卸扣使用示意图。

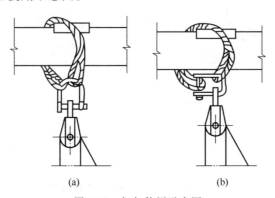

(a)　　　　　　　(b)

图 5-57　卸扣使用示意图

在组件吊装完毕后，不允许在高空中将拆除的卸扣往下抛摔，以防止卸扣落地时碰撞而变形和内部产生不易发觉的损伤和裂纹。

第6章

常用起重机具

6.1 卷扬机

卷扬机分为手动和电动两种,手动卷扬机是一种比较简单的牵引工具,操作容易,便于搬运,一般用于设施条件较差和偏僻无电源的地区。电动卷扬机广泛地应用于建筑、安装和运输等工作中,是起重工常用的机具之一。

6.1.1 手摇卷扬机

(1) 手摇卷扬机(绞磨)的构造和原理

绞磨是以人力作为动力,通过驱动装置使卷筒回转的卷扬机,其构造如图 6-1 所示,由可转动的磨芯 2、推杆 5 和防止反转的制动器 4 等组成。在起吊或牵引重物时,先将绳索在磨芯上绕 3~7 圈,增加绳索与磨芯间的摩擦力,以防止工作时绳索在磨芯上打滑。由 2 人或 4 人用推杆旋转磨轴 1,绳尾用人力拉紧,磨轴转动时,绳索被拉紧,就可以起吊或牵引重物。

(2) 手摇卷扬机的结构

手摇卷扬机又称绞车,它由机架、摇柄、齿轮及卷筒等部件组成(图 6-2)。

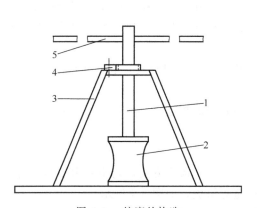

图 6-1 绞磨的构造

1—磨轴;2—磨芯;3—磨架;
4—制动器;5—推杆

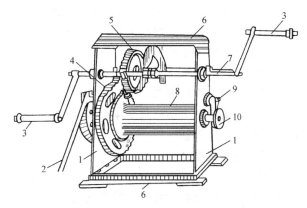

图 6-2 手摇卷扬机

1—机架夹板;2—闸把;3—摇柄;4—大齿轮;5—传动齿轮;
6—机架横撑;7—传动轴;8—卷筒;9—止动爪;10—棘轮

手摇卷扬机是齿轮式卷扬机的一种，用人力驱动，通过变速齿轮来带动卷筒转动。为安全起见，手摇卷扬机上部装有制动装置，使重物能停在一定的位置，防止由于重物的下滑，使卷筒倒转。当要下降重物时，反向转动摇柄，并把制动器脱开，重物就徐徐下落。

6.1.2 电动卷扬机

电动卷扬机的类型很多。按卷筒形式分，有单卷筒、双卷筒和多卷筒几种；按传动形式分有可逆齿轮箱式、行星式和摩擦式三种；按牵引能力分有 5～320kN 等许多种。一般可逆齿轮箱式卷扬机速度慢，牵引力大，荷重下降时安全可靠，适用于构建设备的吊装、运输和机械的安装等工作；摩擦式卷扬机牵引速度快，牵引力小，一般适用于建筑工程中。

(1) 可逆式单筒电动卷扬机

该卷扬机是一种采用电磁制动的卷扬机，如图 6-3（a）所示，主要由机架 1、卷筒 2、变速箱 3、电磁式双瓦块制动器 4 和电动机 5 组成。它的传动系统如图 6-3（b）所示。

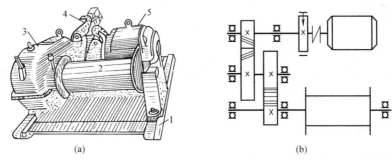

(a)   (b)

图 6-3 可逆式单筒电控卷扬机

1—机架；2—卷筒；3—变速箱；4—电磁式双瓦块制动器；5—电动机

机架 1 是用槽钢焊制的，在其上面装有电动机 5、电磁式双瓦块制动器 4、变速箱 3 和卷筒 2。变速箱为二级变速，其传动比一般在 10～50 之间，因各机型的不同也各有差异。

卷筒一端用十字联轴器与变速箱输出轴相连，另一端支承在双列向心球面轴承上。轴承架则固定在机架上。绕在卷筒上的钢丝绳的固定端穿过卷筒上的绳孔，并用压板压紧在卷筒的一侧。

提升重物时，卷扬机接通电源，电磁铁吸合，制动器松开，电动机通过变速箱带动卷筒旋转，则卷起钢丝绳；切断电源后，电动机停转，电磁铁松开，制动瓦块在弹簧力的作用下上闸，卷筒立即停止旋转。

下降重物时，按动下降电钮，接通电源，制动器松开，电动机反转，卷筒也随之反转，即放出钢丝绳，重物下降。

电控卷扬机的电动机与变速箱输入轴之间利用弹性联轴器相连，与弹性联轴器装在一起的是电磁式双瓦块制动器。

(2) 行星式电动卷扬机

该卷扬机采用行星齿轮传动，因而使卷扬机的结构紧凑、操作方便，它主要由卷筒、行星传动装置、启动制动装置、轴承支架、电动机与底座等组成，如图 6-4 所示。

行星式电动卷扬机的卷筒是由铸钢制成的。卷筒上面绕钢丝绳，它的一端装有启动手柄 4 和带式离合器 9，另一端装有制动手柄 2 和制动带 8，操纵两个手柄就可使卷扬机运行或停止。在卷筒内部装设变速齿轮系统。这种卷扬机采用两组齿轮传动和一组行星齿轮传动。

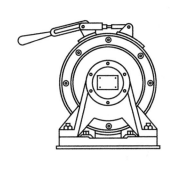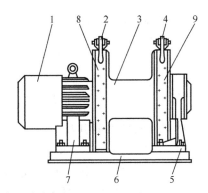

图 6-4　行星式卷扬机

1—电动机；2—制动手柄；3—卷筒；4—启动手柄；5—轴承支架；

6—底座；7—电动机托架；8—制动带；9—带式离合器

按下启动手柄 4，使带式离合器 9 抱合大内齿轮，同时放松制动手柄 2，使制动带 8 放松。由于大内齿轮不能传动，而行星齿轮轴与卷筒相连，即带动卷筒旋转。

按下制动手柄同时放松启动手柄，由于放松了启动手柄，则带式离合器松开大内齿轮，行星齿轮带动大内齿轮转动。因为这时行星齿轮只有自转，所以不能带动卷筒旋转，与此同时制动带刹住卷筒，所以卷筒立即停止转动。

操作时启动手柄和制动手柄动作相反。

(3) 摩擦式电动卷扬机

该卷扬机的电动机与卷筒之间没有固定的联系，而是通过摩擦离合器带动卷筒转动，它的传动特点是，只有在起吊设备（或重物）时才使离合器结合上，以传递动力，重物下降时完全靠重物自身的重力，下降速度的快慢由制动器来控制。

目前起重机工作中，常用电动卷扬机的技术规格见表 6-1。

表 6-1　常用电动卷扬机的规格

类型	起重能力 /10kN	卷筒直径 /mm	卷筒长度 /mm	平均绳速 /(m/min)	容绳量/m 钢丝绳直径/mm	外形尺寸 （长×宽×高） /mm	电动机 功率 /kW	总质量 /t
单卷筒	1	200	350	36	$\dfrac{200}{\phi 12.5}$	1390×1375×800	7	1
单卷筒	3	340	500	7	$\dfrac{110}{\phi 12.5}$	1570×1460×1020	7.5	1.1
单卷筒	5	400	840	8.7	$\dfrac{190}{\phi 24}$	2038×1800×1037	11	1.9
双卷筒	3	350	500	27.5	$\dfrac{300}{\phi 16}$	1880×2795×1258	28	4.5
双卷筒	5	220	600	32	$\dfrac{500}{\phi 22}$	2497×3096×1389.5	40	5.4
单卷筒	7	800	1050	6	$\dfrac{600}{\phi 31}$	3190×2553×1690	20	6.0
单卷筒	10	750	1312	6.5	$\dfrac{1000}{\phi 31}$	3839×2305×1798	22	9.0
单卷筒	20	850	1324	10	$\dfrac{600}{\phi 42}$	3820×3360×2085	55	

(4) 电动卷扬机牵引力的计算

① 作用于卷扬机卷筒上的钢丝绳牵引力的大小：卷扬机牵引力 P_j 大小是由电动机功

率、绳速及卷扬机的效率来决定的，其计算公式为：

$$P_j = 1020 \frac{N_H \eta}{\nu_平} \tag{6-1}$$

$$P_j = 750 \frac{N_P \eta}{\nu_平} \tag{6-2}$$

式中　　　　　P_j——卷扬机牵引力，N；

N_H——电动机功率，kW；

N_P——电动机功率，hp（1hp=745.7W）；

$\nu_平$——钢丝绳平均速度，m/s；

η——总效率，即各传动效率系数和卷筒效率系数之乘积，即 $\eta = \eta_0 \eta_1 \eta_2 \cdots \eta_i$；

η_0——卷筒传动效率系数，当卷筒与轴之间采用滑动轴承时 $\eta_0 = 0.94$，采用滚动轴承时 $\eta_0 = 0.96$；

η_1，η_2，η_3，$\cdots$，η_i——各对齿轮之间的传动效率系数，可由表6-2中选取。

表 6-2　各种传动方式的效率系数

传动零件名称与方式			效率系数 η_i
卷筒、绳轮	滑动轴承		0.94~0.96
	滚动轴承		0.96~0.98
一对圆柱齿轮传动	开式传动	滑动轴承	0.93~0.95
		滚动轴承	0.95~0.96
	闭式稀油润滑传动	滑动轴承	0.95~0.97
		滚动轴承	0.96~0.98

② 钢丝绳平均速度。钢丝绳平均速度按式（6-3）计算，即：

$$\nu_平 = \pi D_平 \, n_卷 \tag{6-3}$$

$$D_平 = D + nd \tag{6-4}$$

$$n_卷 = \frac{n_H}{60i} \tag{6-5}$$

$$i = \frac{Z_{从1}}{Z_{主1}} \times \frac{Z_{从2}}{Z_{主2}} \times \cdots \times \frac{Z_{从i}}{Z_{主i}} \tag{6-6}$$

式中　　　　　$\nu_平$——钢丝绳平均速度，m/s；

$D_平$——卷绕钢丝绳后卷筒的平均直径，mm；

$n_卷$——卷筒速度，r/s；

D——卷筒名义直径（槽底直径），mm；

n——卷筒上允许卷绕的钢丝绳层数；

d——钢丝绳直径，mm；

n_H——电动机转速，r/min；

i——总的传动比；

$Z_{主1}$，$Z_{主2}$，$\cdots$，$Z_{主i}$——各对传动齿轮主动齿轮的齿数；

$Z_{从1}$，$Z_{从2}$，$\cdots$，$Z_{从i}$——各对传动齿轮从动齿轮的齿数。

(5) 电动卷扬机安装及注意事项

① 电动卷扬机应安装在较高的地方，使操作人员在工作时能看到吊装物件，卷扬机的

安装位置不能离吊装物体太远，但又要比较安全。

② 在卷扬机前面安装的第一个迎面导向滑轮，其中心线在卷筒的垂直平分线上，并与卷筒相隔不小于卷筒长度的20～25倍。这样才能保证钢丝绳绕到卷筒两侧时偏斜角不超过1°30′，使钢丝绳在卷筒上能顺序排列，不致斜绕和互相错叠挤压。

③ 为了减轻钢丝绳在卷筒上固定处的负荷，除压板固定钢丝绳的圈数外，至少还要留3～4圈。

④ 安装卷扬机时要在其底下垫枕木，枕木不能伸出脚踏制动器一段的底座，以免妨碍操作。

⑤ 卷扬机的固定应尽量利用附近建筑物或地锚。尾部采用钢丝绳封锁固定，固定后卷扬机不应有滑动或倾覆等现象产生。

⑥ 卷扬机的电器控制要放在操作人员身边。卷扬机电器设备要有接地线，以防触电。所有电气开关及转动部分必须有保护罩保护。

6.2 千斤顶

6.2.1 千斤顶的使用

千斤顶是一种用比较小的力就能把重物升高、降低或移动的简单机具，结构简单，使用方便。它的承载能力，可达1～300t。顶升高度一般为300mm，顶升速度可达10～35mm/min。

6.2.2 千斤顶的构造、种类、技术规格

千斤顶按其构造形式，可分为三种类型：即螺旋千斤顶、液压千斤顶和齿条千斤顶，前两种千斤顶应用比较广泛。

(1) 螺旋千斤顶

1) 固定式螺旋千斤顶

这种千斤顶在作业时，未卸载前不能作平面移动。它的结构见图6-5，主要技术参数见表6-3。

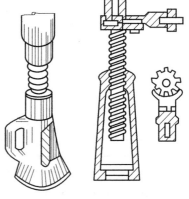

(a) 普通式　　(b) 棘轮式

图6-5 固定式螺旋千斤顶

表6-3 固定螺旋千斤顶技术规格

起重量/t	起升高度/mm	螺杆落下最小高度/mm	底座直径/mm	自重/kg	
				普通式	棘轮式
5	240	410	148	21	21
8	240	410	—	24	28
10	290	560	180	27	32
12	310	560	—	31	36
15	330	610	226	35	40
18	355	610	—	39	52
20	370	660	—	44	60

2）LQ 型固定式螺旋千斤顶

它的结构紧凑、轻巧，使用比较方便。其构造见图 6-6。当往复摆动手柄时，撑牙推动棘轮间歇回转，小伞齿轮带动大伞齿轮，使锯齿形螺杆旋转，从而使升降套筒（螺旋顶杆）顶升或下落。由于特制推动轴承转动灵活，摩擦小，因而操作敏感，工作效率高。其技术规格见表 6-4。

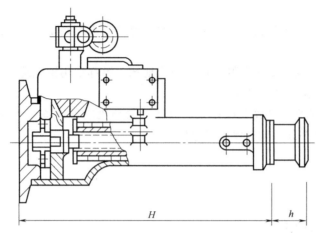

图 6-6　LQ 型固定式螺旋千斤顶

表 6-4　LQ 型螺旋千斤顶的技术规格

起重量/t	起升高度 H/mm	起重高度 h/mm	手柄长 /mm	操作人数 /人	操作力 /N	自重/kg
5	250	130	600	1	260	7.5
10	280	150	600	1	270	11
15	320	180	700	1	320	15
30	395	200	1000	1	600	27
30	326	180	1000	1	600	20
50	700	400	1385	3	1260	109
50	765	350	1900	3	920	184

3）移动式螺旋千斤顶

它是一种在顶升过程中可以移动的千斤顶。移动主要是靠千斤顶底部的水平螺杆转动，使顶起的重物连同千斤顶一同作水平移动。因此，在设备安装工作中，用它移动就位很合适。其结构见图 6-7，技术规格见表 6-5。

（2）液压千斤顶

液压千斤顶的工作部分为活塞和顶杆。工作时，用千斤顶的手柄驱动液压泵，将工作液体压入液压缸内，进而推动活塞上升和下降，顶起或降下重物。

安装工程中常用的 YQ_1 型液压千斤顶，是一种手动液压千斤顶，它重量较轻、工作效率高，使用和搬运也比较方便，因而应用较广泛。它的外形见图 6-8，技术规格见表 6-6。

（3）齿条千斤顶

齿条千斤顶由齿条和齿轮组成，用 1～2 人转动千斤顶上的手柄，以顶起重物。在千斤顶的手柄上备有制动时需要的齿轮。

利用齿条的顶端可顶起高处的重物，同时也可以用齿条的下脚顶起低处的重物。齿条千斤顶的结构见图 6-9，技术规格见表 6-7。

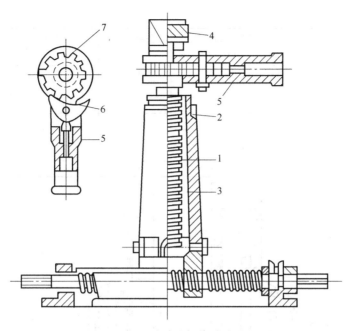

图 6-7　移动式螺旋千斤顶

1—螺杆；2—轴套；3—壳体；4—千斤顶头；5—棘轮手柄；6—制动爪；7—棘轮

表 6-5　移动螺旋式千斤顶技术规格

起重量/t	起升高度/mm	螺杆落下最小高度/mm	水平移动距离/mm	自重/kg
8	250	510	175	40
10	280	540	300	80
12.5	300	660	300	85
15	345	660	300	100
17.5	350	660	360	120
20	360	680	360	145
25	360	690	370	165
30	360	730	370	225

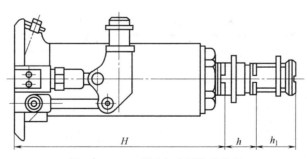

图 6-8　YQ_1 型固定式螺旋千斤顶

表 6-6　国产 YQ_1 型液压千斤顶技术规格

型号	起重量/t	起升高度 h_1/mm	最低高度 $(H+h)$/mm	公称压力 /kPa	手柄长度 /mm	手柄作用力 /N	自重/kg
YQ1.5	1.5	90	164	33	450	270	2.5
YQ3	3	130	200	42.5	550	290	3.5
YQ5	5	160	235	52	620	320	5.1

型号	起重量/t	起升高度 h_1/mm	最低高度 $(H+h)$/mm	公称压力 /kPa	手柄长度 /mm	手柄作用力 /N	自重/kg
YQ10	10	160	245	60.2	700	320	8.6
YQ20	20	180	285	70.7	1000	280	18
YQ32	32	180	290	72.4	1000	310	26
YQ50	50	180	305	78.6	1000	310	40
YQ100	100	180	350	75.4	1000	310×2	97
YQ200	200	200	400	70.6	1000	400×2	243
YQ320	320	200	450	70.7	1000	400×2	416

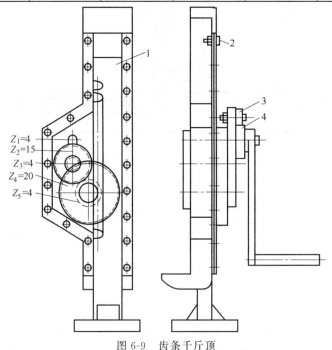

图 6-9 齿条千斤顶

1—齿条；2—连接螺钉；3—棘爪；4—棘轮

表 6-7 齿条千斤顶的技术规格

型号		01 型	02 型
起重量/t	静负荷	15	15
	动负荷	10	10
最大起重高度/mm		280	330
钩面最低高度/mm		55	55
机座尺寸/mm		166×260	166×260
外形尺寸/mm		370×166×525	414×166×550
自重/kg		26	25

6.2.3 使用千斤顶的注意事项

① 无论哪种千斤顶都不准超负荷使用，以免发生人身或设备事故。

② 千斤顶使用前，应检查各零件是否灵活可靠，有无损坏，油液是否干净，油阀、活塞皮碗是否完好。

③ 千斤顶工作时，要放在平整坚实的地面上，并要在其下面垫枕木、木板或钢板来扩

大受压面积，防止塌陷。

④ 千斤顶安放位置要摆正，顶升时，用力要均匀；卸载时，要检查重物是否支承牢固。

⑤ 几台千斤顶同时作业时，要动作一致，保证同步顶升和降落。

⑥ 螺旋千斤顶和齿条千斤顶，在任何环境下都可使用。而液压千斤顶在高温和低温条件下不准使用。

⑦ 螺旋千斤顶和齿条千斤顶，应在工作面上涂上防锈油，以减少磨损避免锈蚀。液压千斤顶应按说明书要求，定时清洗和加油。

⑧ 螺旋千斤顶和齿条千斤顶的内部要保持清洁，防止泥沙、杂物混入，增加阻力，造成过度磨损，降低使用寿命。同时转动部分要添加润滑油进行润滑。

⑨ 液压千斤顶的储液器（或邮箱）要保持洁净，如产生渣滓或液体混浊，都会使活塞顶升受到阻碍，致使顶杆伸出速度缓慢，甚至发生事故。

⑩ 液压千斤顶不准做永久支承。如必需长时间支承时，应在重物下面增加支承部件，以保证液压千斤顶不受损坏。

⑪ 齿条千斤顶放松时，不得突然下降，以防止其内部机构受到冲击而损伤，或使摇把跳动伤人。

⑫ 各种千斤顶要定期进行维修保养。存放时，要将机体表面涂防锈油，把顶升部分回落至最低位置。并放在库房干燥处，妥善保管。

6.3 起重桅杆

6.3.1 起重桅杆的特点和作用

起重桅杆也称抱杆，是一种常用的起吊机具。它配合卷扬机、滑轮组和绳索等进行起吊作业。这种机具由于结构比较简单，安装和拆除方便，对安装地点要求不高，适应性强等特点，在设备和大型构件安装中，广泛应用。起重桅杆必须与滑车、卷扬机配合。其缺点是灵活性较差，移动较困难，而且要设立缆风绳。

起重桅杆为立柱式，用绳索（缆风绳）绷紧立于地面。绷紧一端固定在其中桅杆的顶部，另一端固定在地面锚柱上。拉索一般不少于3根，通常用4～6根。每根拉索初拉力约为10～12kN，拉索与地面成30°～45°夹角，各拉索在水平投影面夹角不得大于120°。

起重桅杆可直立于地面，也可倾斜于地面（一般不大于10°）起重桅杆底部垫以枕木垛。起重桅杆上部装有起吊用的滑轮组，用来起吊重物。绳索从滑轮组引出，通过桅杆下部导向滑轮引至卷扬机。

6.3.2 起重桅杆的种类

起重桅杆按其材质不同，可分为木桅杆和金属桅杆。木桅杆起重高度一般在15m以内，起重量在20t以下。木桅杆又可分为独脚、人字和三脚式三种。金属桅杆可分为钢管式和格构式。钢管式桅杆高度在25m以内，起重量在20t以下。格构式桅杆起重高度可达70m，起重高度达100t以上。

(1) 木桅杆

① 木桅杆常用一整根坚韧木料做成，木料直径由起重量来决定。这种木料多采用杉木

或红松。

　② 木桅杆由桅杆、支座、缆风绳、地锚、起重索具、滑轮组和卷扬机等组成（图 6-10）。

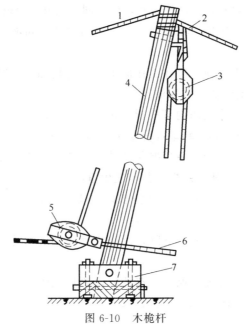

图 6-10　木桅杆

1—齿条；2—连接螺钉；3—棘爪；4—棘轮；5—滑轮；6—牵索；7—支座

　③ 为了保证木桅杆具有必需的强度和刚度，有时可采用型钢或钢管进行加固。

　④ 木桅杆的技术参数见表 6-8。

表 6-8　圆木单柱桅杆的技术参数

起重量/t	桅杆高度/m	桅杆顶的直径/cm	缆风绳的位置②/m 倾角 45°	缆风绳的位置②/m 倾角 30°	缆风绳根数	上面的 方木数	上面的 断面尺寸/cm	上面的 长度/m	下面的 方木数	下面的 断面尺寸/cm	下面的 长度/m	缆风绳尺寸 钢丝绳直径/mm	缆风绳尺寸 长度① 倾角 45°	缆风绳尺寸 长度① 倾角 30°	滑轮组 钢丝绳直径/mm	滑轮组 滑轮数 上端	滑轮组 滑轮数 下端	卷扬机起重量/t
3	8.5	20	8.5	14.8	4	2	20×24	0.7	3	16×20	0.8	15.5	70	80	11.5	2	1	1
3	11.0	22	11.0	19.1	4	2	20×24	0.7	3	16×20	0.8	15.5	86	100	11.5	2	1	1
3	13.0	22	13.0	22.5	4	2	20×24	0.7	3	16×20	0.8	15.5	96	112	11.5	2	1	1
3	15.0	24	15.0	26.1	4	2	20×24	0.7	3	16×20	0.8	15.5	100	120	11.5	2	1	1
5	8.5	24	8.5	14.8	4	2	20×24	0.9	4	16×20	1.0	20	70	80	15.5	2	1	
5	11.0	26	11.0	19.1	4	2	20×24	0.9	4	16×20	1.0	20	86	100	15.5	2	1	3
5	13.0	26	13.5	22.5	4	2	20×24	0.9	4	16×20	1.0	20	96	112	15.5	2	1	3
5	15.0	27	15.0	26.1	4	2	20×24	0.9	4	16×20	1.0	20	100	120	15.5	2	1	3
10	8.5	30	8.5	14.8	4	2	20×24	1.1	5	16×20	1.4	21.5	70	80	17.0	3	2	3
10	11.0	30	11.0	19.1	4	2	20×24	1.1	5	16×20	1.4	21.5	86	100	17.0	3	2	3
10	13.0	31	13.0	22.5	4	2	20×24	1.1	5	16×20	1.4	21.5	96	112	17.0	3	2	3

　① 缆风绳长度不包括系固的长度。

　② 缆风绳的位置指自桅杆底部至锚桩的水平距离，以 m 计。

　⑤ 木桅杆高度不够时，可采取接长的方法，一般有切口对接式（图 6-11）、两杆并联搭接式 [图 6-12（a）]、三杆并联搭接式 [图 6-12（b）]。

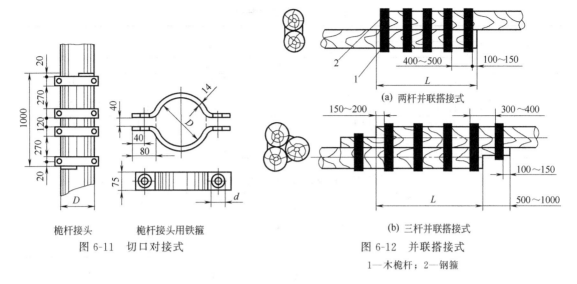

桅杆接头　　桅杆接头用铁箍
图 6-11　切口对接式

(a) 两杆并联搭接式

(b) 三杆并联搭接式
图 6-12　并联搭接式
1—木桅杆；2—钢箍

结合处以钢箍用螺栓旋紧，也可用 8 号镀锌铁丝扎结牢固（不少于 10 圈），再用铁爪钉锁死。

结合段长度要根据木桅杆的起重量和尺寸大小来选择，一般接口长度为 1～1.5m。起重量较大的桅杆，可适当加长结合段。表 6-9 所示为圆木单柱桅杆并联搭接的尺寸。

表 6-9　圆木单柱桅杆并联搭接尺寸

桅杆起重量/t	桅杆高度/m	圆木上部系绳处的直径/cm	起重用钢丝绳的直径/mm	桅杆并联搭接处的长度 L/m
3	8.5	20	15.5	2.5～3.0
3	13.0	22	15.5	3.0～3.5
3	15.0	24	15.5	3.0～3.5
5	8.5	24	19.5	3.0～3.5
5	15.0	27	19.5	3.5～4.0
10	8.5	30	21.5	3.5～4.0
10	13.0	32	21.5	4.0～5.0

注：1. 圆木系指新圆木，旧圆木不适用。

2. 并联搭接长度，原则上一般采用 1.5m 长的接口，而粗圆木可以放长一些，最大不得超过表列接口长度。

（2）金属桅杆

金属桅杆又分为管式桅杆和格构式桅杆两种。

1）管式桅杆

① 它一般是用无缝钢管制成的。如用有缝钢管制造时，需经过严格的强度核算，并在管外壁做必要的加固处理。管式桅杆的机构见图 6-13。桅杆顶部捆扎有拉索，并焊有管状支承，用来固定滑轮。桅杆底部做成活动铰链支承形式，以使桅杆在起吊时能有较小的倾斜。底部可用钢板作底座。

② 为了拆装方便和起重高度的需要，管式桅杆一般可做成几段，连接时，有用法兰的，也有焊接的。法兰连接时，管内部加插管，对口焊接的管外壁用角钢进行加固。

③ 管式桅杆的技术性能见表 6-10。

④ 用角钢加固的管式桅杆技术性能见表 6-11。

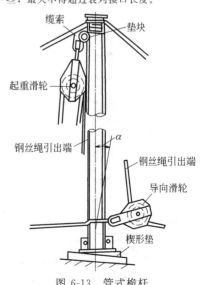

图 6-13　管式桅杆

表 6-10　金属管式桅杆性能

起重量/t	高度/m					
	8	10	15	20	25	30
	管子截面尺寸(外径×壁厚)/mm					
3	152×6	152×6	219×8	299×9	351×10	152×10
5	152×8	168×10	245×8	299×11	351×11	152×10
10	149×8	194×10	245×10	299×13	351×12	152×12
15	219×8	219×10	273×8	325×9	351×13	152×12
20	245×8	245×10	299×10	325×10	377×12	152×14
30	325×9	325×9	325×9	325×12	377×14	152×14

表 6-11　用角钢加强的钢管桅杆性能

规格/mm	高度/m	双面吊重/t	单面吊重/t	规格/mm	高度/m	双面吊重/t	单面吊重/t
$\phi 377 \times 8$ L75×8	10	50	30	$\phi 273 \times 8$ L75×8	10	38	21
	13	50	26		13	29	17.5
	15	48	25		15	26	16
	17	34	22		17	19	14
	20	30	21		20	16	11.5
	25	20	15		25	10	8
$\phi 273 \times 8$ L63×8	10	38	20	$\phi 159 \times 4.5$ L50×4	6	14	5.2
	13	29	17		8	9	4.5
	15	25	13		10	6.5	3.6
	17	20	11		12	4.5	3

2) 格构式桅杆

① 这是一种起重量较大的金属桅杆，它的起吊高度可达 70m，起重量为 100~350t。其结构主要采用角钢焊接成正方形截面(图 6-14)。

② 为保证起重量大小的需要及便于搬运，桅杆做成多节的连接件。同时考虑到桅杆的强度和稳定性，桅杆的中间断面做得较大些，两端截面逐渐缩小。起重桅杆顶部焊有横梁，用来固定滑轮组，其底部制成可转动的铰链支座，底板做成撬板形式。桅杆的顶部和底部结构分别见图 6-15 和图 6-16。

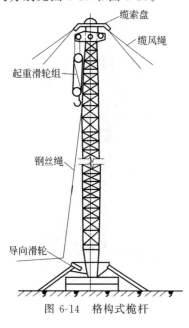

图 6-14　格构式桅杆

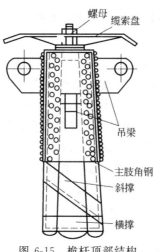

图 6-15　桅杆顶部结构

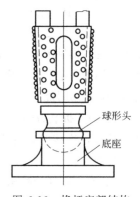

图 6-16　桅杆底部结构

③ 格构式桅杆选用参数见表 6-12。

表 6-12　格构式桅杆选用参数表

种类	柱截面/m	两端截面/m	主肢角钢/mm	斜级条角钢/mm		Q:起重量/t H:桅杆高度/m G:桅杆自重/t			
1	1.2×1.2	0.8×0.8	200×200×16	100×100×8	Q	100			
					H	40			
					G	21			
2	1.2×1.2	0.8×0.8	150×150×12	65×65×6	G	50	50		
					Q	45	40		
					H	15	13		
3	1.2×1.2	0.8×0.8	130×130×12	65×65×6	Q	45	50	55	60
					H	40	35	30	25
					G	14	13	11	11
4	1.0×1.0	0.7×0.7	100×100×12	50×50×5	Q	25	30	35	40
					H	40	35	30	25
					G	11	10	9	8
5	0.9×0.9	0.6×0.6	90×90×12	50×50×5	Q	20	25	27	29
					H	40	32	30	25
					G	10	9	8	7
6	0.75×0.75	0.45×0.45	100×100×12	50×50×5	Q	30	36	38	
					H	30	22	15	
					G	5.4	4.4	3.3	
7	0.65×0.65	0.45×0.45	75×75×12	50×50×5	Q	15	20	25	30
					H	30	25	20	15
					G	4.4	3.7	3.0	2.3

6.4　塔式起重机

6.4.1　塔式起重机的用途和构造

(1) 塔式起重机的用途

塔式起重机（tower crane）简称塔机，也称塔吊，起源于西欧。大型塔式起重机主要用于水利、电站、高炉、煤气、石油化工、建筑等构件和设备的安装。

塔式起重机属于一种非连续性搬运机械，是工业与民用建筑施工中，完成预制构件及其他建筑材料与工具等吊装工作的主要设备。在高层建筑施工中，其幅度利用率比其他类型起重机高。如图 6-17 所示，由于塔式起重机能靠近建筑物，其幅度利用率可达全幅度的 80%，普通履带式、轮胎式起重机幅度利用率不超过 50%，而且随着建筑物高度的增加还会急剧地减少。因此，塔式起重机在高层工业及民用建筑施工的使用中一直处于领先地位。应用塔式起重机对于加快施工进度、缩短工期、降低工程造价起着重要的作用。

(2) 塔式起重机的构造

任何一台塔式起重机，不论其技术性能还是构造上有什么差异，总可以将其分解为金属结构、工作机构和驱动控制系统三个部分。

塔式起重机金属结构部分由塔身、塔头或塔帽、起重臂架、平衡臂架、回转支承架、底架、台车架等主要部件所组成。对于特殊的塔式起重机，由于构造上的差异，个别部件也会有所增减。图 6-17 为 QT60/80 型塔式起重机外形尺寸及特性曲线图。

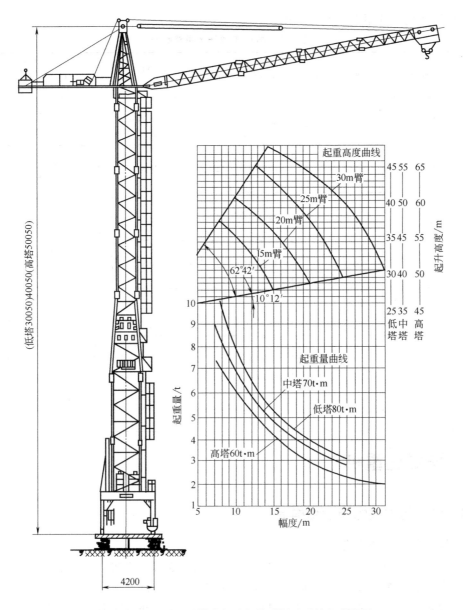

图 6-17　QT60/80 型塔式起重机外形尺寸及特性曲线图

6.4.2　塔式起重机的技术规格和特点

(1) QT60/80 型塔式起重机规格

QT60/80 型塔式起重机规格见表 6-13。

(2) 塔式起重机的特点

① 塔式起重机不需要设置缆风绳，占地范围较小，不影响其他施工作业的进行。

② 它的回转半径较大，起吊高度也比较高，可将吊重放置在回转半径的任何一个地方，同时转臂动作灵活可靠。

③ 操作人员在中部或上部驾驶室内，视野比较开阔，便于起吊作业的顺利进行。

表 6-13 QT60/80 型塔式起重机规格

塔 级	起重臂长度 /m	幅 度 /m	起重量 /t	起重绳数 （最少）	起升速度 /(m/min)	起重高度 /m
高塔 60t·m	30	30	2	2	21.5	50
		14.6	4.1			68
	25	25	2.4			49
		12.5	4.9			65
	20	20	3			48
		10	6			60
	15	15	4	3	14.3	47
		7.7	7.8			56
中塔 70t·m	30	30	2	2	21.5	40
		14.6	4.1			58
	25	25	2.8			39
		12.3	5.7			55
	20	20	3.5			38
		10	7	3	14.3	50
	15	15	4.7			37
		7.7	9			46
低塔 80t·m	30	30	2	2	21.5	30
		14.6	4.1			48
	25	25	3.2			29
		12.3	6.5			45
	20	20	4	3	14.3	28
		10	8			40
	15	15	5.3			27
		7.7	10.4			36

为了适应建筑物结构件的预制装配化、工厂化等新工艺、新技术应用范围的不断扩大，现在的塔式起重机还必须具备下列特点：

① 起升高度和工作幅度较大，起重力矩大。

② 工作速度高，具有安装微动性能及良好的调速性能。

③ 要求装拆、运输方便迅速，以适应频繁转移工地的需要。

6.5　自行式起重机

6.5.1　自行式起重机的用途和特点

(1) 自行式起重机适用的工作条件

① 载荷的就位地点附近有障碍物，起重机只能停在较远的地方进行吊装作业。

② 从各种货车和火车上卸载。

③ 吊装形状不规则的载荷。

④ 抓取或处理松散的物料。

⑤ 大型工艺设备的维修作业。

(2) 自行式起重机的优点

① 机动灵活性大，使用调动方便，在它的起重能力及外形尺寸容许条件下，能够在整

个施工场地或车间内承担大部分的起重工作。

② 除了作起重机使用之外，还可以在臂架上配装各种拉铲抓斗、挖沟器和挖铲，进行其他作业。

③ 能就地回转 360°，达到多数起重机不能达到的吊装范围。

④ 由于具有独立的动力装置，不需要装设一般起重机要求的馈电拖动电缆或带危险性的裸露接触导电装置。

⑤ 不需要铺设轨道，可节约基建投资和维修费用。

⑥ 可以消除列车卸载时间的延误；由于它们行动自由，因而不必把每节列车移近起重机，它可以自由地移近整个列车的各个车厢。

⑦ 它可以把载荷放在地面上、地面下或比起重机更高的地方，其他类型起重机无法做到这点。

但是，自行式起重机也有一个主要的缺点，那就是稳定性小，而且需要有适当的工作地面，对路面的要求也比较高。

在起重作业中，应该充分考虑自行式起重机的上述优点，同时还应从起重能力、搬运距离、载荷类型及其他各方面进行分析以后，再决定选用，因为自行式起重机并不是在任何情况下都适用的。

6.5.2 自行式起重机的种类

起重作业中常用的自行式起重机有：汽车式起重机、履带式起重机、轮胎式起重机等。

(1) 汽车式起重机

汽车式起重机是装在标准的或特制的汽车底盘上的起重设备，常用于露天装卸各种设备和物料以及建筑工程安装中的小型构件。

汽车式起重机运行速度高，机动性好，便于单机快速转移与汽车编队行驶。一般行驶速度可达 60km/h。常用汽车式起重机的技术规格见表 6-14。

表 6-14 汽车式起重机的技术规格

型号	Q51	Q82	Q2-5H	Q2-6-5	Q2-7	Q2-8	Q2-12	Q2-16	Q2-16	Q2-32
最大起重量(副钩)/t	5	8	5	6.5	7		12	16	16	32(3)
起重臂长/m		12		10.98	10.98	11.7	13.2	20	21	30
起升高度/m	6.5	11.4	65	11.3	11.3	12	12.8	20	20.3	29.5
车身长度/mm	8740	10500	7748	8740	8700	8600	10350	8700	11640	12920
车身宽度/mm	2420	2520	2299	2300	2300	2450	2400	2300	2560	2600
车身高度/mm	3400	3500	2400	3070	3280	3200	3300	3280	3250	3500
总重量(质量)/t	7.5	14	9	8.45	10.5	15	17.3			32

注：车身长度中包括吊臂长。

(2) 轮胎式起重机

轮胎式起重机是装在特制的轮胎底盘上的起重装备。车身的行驶依靠同一动力装置来驱动。主要用于港口和建筑工地。

轮胎式起重机运行速度较低，一般在 30km/h 以下。司机室也只有一个。

常用的轮胎式起重机的技术规格见表 6-15。

表 6-15 常用的轮胎式起重机的技术规格

型号		QLD-3/5	QL2-8	HG-10	Q-161	QL3-16	QL3-253	QL3-40
最大起重量/t		6	8	10	15	16	25（主钩）/3.5（副钩）	40（主钩）/4（副钩）
起重臂长/m		13	7	16	15	20	32	42
最大起升高度/m		12		15.7	13.5	18.4		37.5
起重幅度范围/m		4～10		2.3～14.8	3.4～15.5	3.4～20	4～21	4.5～25
外形尺寸（行驶状态）/mm	16500	8552	1450	14650	17600	21600		
		5285	5025		5386	6820	9600	
	3500		2500	3000	3200	3176	3200	3500
	4000		2865	3875	3500	348	3430	3900
重量（质量）/t		16	12	20	23	22	29（臂长 12m）	53.7

（3）履带式起重机

履带式起重机操作灵活，使用方便，车身能回转 360°，可以载荷行驶，在一般平整坚实的道路上即可行驶和工作，也是目前安装工程中的主要起重机械。但它的稳定性小，操作时应严格遵守安全规程，不能超负荷吊装。其臂架的变幅机构采用蜗轮蜗杆减速器（有自锁制动作用）。但履带式起重机行走时，履带对路面的破坏性比较大，行走速度慢，故在市内和比较长距离的转移时，都需要平板拖车或铁路平车进行运输。

目前吊装工程中常用的履带式起重机的技术规格见表 6-16～表 6-20。

表 6-16 W-100 1/2 型起重机技术规格

起重臂长/m			13					23		
幅度/m	4.5	6	7.5	10	12.5	6.5	9.5	12.5	15	17
起重量/t	15	10	7.2	4.8	3.5	8.0	4.6	3.0	2.2	1.7
起升高度/m	11	11	10.6	8.8	5.8	19	19	18	17	16
工作时机器质量/t			39.7					40.74		
行走部分宽度/m					3.2					
双足支架距地面高度/m					4.17					

表 6-17 W-200 1/2 型起重机技术规格

起重臂长/m			15				30				40		
幅度/m	4.5	6.5	9.0	12	15.5	8.0	11.0	16.5	22.5	10.0	15.5	21.5	30.5
起重量/t	50	28	17.5	11.7	8.2	20	12.7	7	4.3	8	5	3	1.5
起升高度/m	12	11.4	10	8	3	26.5	25.6	23.2	19	36	34.5	32	22.5
工作时机器质量/t			75.74				77.54				79.14		
双足支架距地面高度/m						6.3							

表 6-18 东风 W1-06 型起重机技术规格

起重臂长/m			10			15			18		
幅度/m	3.7	5	8	10	4	6	12	14	5	7	11	15
起重量/t	10	6.7	3.7	2.6	7.5	4.8	2	1.5	5	3.5	5	1.3
起升高度/m	9.6	9.165	7.14	4.35	14.7	14.2	10.2	7.5	17.29	17	15	11.3
机器质量/t			22.2				22.5				22.7	
行走部分宽度/m						2.7						
双足支架距地面高度/m						3.31						

注：外带平衡重 3.2t。

表 6-19　W-50 1/2 型起重机技术规格

起重臂长/m	10				18			
幅度/m	3.7	4.0	5.0	6.0	4.5	5	7	9
	7.0	8.0	9.0	10.0	11	13	15	17
起重量/t	10.0	8.7	6.2	5.0	7.5	6.2	4.1	3
	4.1	3.5	3.0	2.6	2.3	1.8	1.4	1
最大起升高度/m	9.2	9.0	8.6	8.1	17.2	17	16.4	15.5
	7.45	6.5	5.4	3.7	14.4	12.8	10.7	7.6
机器质量/t	23.11							
行走部分宽度/m	2.85							
双足支架距地面高度/m	3.48							

表 6-20　W1-100 1/2A 型起重机技术规格

起重臂长/m	12.5				25			
幅度/m	3.9	7.5	10.2	12.1	6.5	13.8	19	23
起重量/t	16	7.2	5.1	4.1	6	2.2	1.2	0.9
最大起升高度/m	11.8	10.4	8.4	5.8	24.2	21.2	17.2	12
机器质量/t	31.5							
行走部分宽度/m	3.1							
双足支架距地面高度/m	3.662							

第7章

起升机构

7.1 起升机构的构造

7.1.1 起升机构的组成

起升机构是用来实现货物的提升或者下降的机构,起升机构是起重机不可缺少的部分,也是最基本的机构。起升机构工作的好坏将直接影响到整台起重机的工作性能。

起升机构主要由驱动装置、传动装置、卷绕系统、取物装置与制动装置组成。起升机构的总体布置方式与驱动装置的形式有很大的关系。起重机的驱动形式分为:集中驱动(一台驱动机带动多个机构)和分别驱动(每个机构有各自的原动机)。目前集中驱动只用于以内燃机为原动机的流动式起重机,其构造特点是传动装置与操纵系统复杂。分别驱动一般用在供电方便的起重机,由于各机构采用单独电动机驱动,其优点是布置方便、安装和检修容易,因此现代各类起重机主要采用分别驱动的形式。下面着重讨论电动机驱动的分别驱动形式的起升机构。

7.1.2 起升机构的传动

如图 7-1 所示,该起升机构是由电动机驱动的。电动机 1 通过联轴器 2 和减速器 4 的高速轴相连,机构工作时,减速器 4 的低速轴带动卷筒 7,将钢丝绳 5 卷上或放出,经过滑轮组系统,使吊钩组 6 实现上升或下降;机构停止工作时,制动器 3 使吊钩组 6 连同货物悬吊在空中,吊钩组 6 的升降靠电动机 1 改变转向来实现。

为了安装方便以及小车架受载变形时为了避免高速轴弯曲,联轴器 2 应是带有补偿性能的,一般采用弹性柱销联轴器或齿轮联轴器。弹性柱销联轴器具有构造简单和能起到缓冲作用的优点,但弹性橡胶圈的寿命短;而齿轮联轴器具有坚固耐用的优点,因而应用较广。齿轮联轴器的寿命与安装质量有关,并且需要经常润滑。为了安装方便并增加补偿能力,常将齿轮联轴器制成两个半齿轮联轴器,中间有一段轴

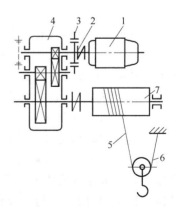

图 7-1 起升机构简图

1—电动机;2—联轴器;3—制动器;4—减速器;5—钢丝绳
6—吊钩组;7—卷筒

连接起来，这段轴称为浮动轴或补偿轴（图7-2）。

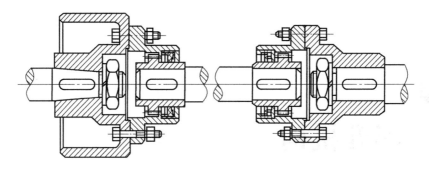

图7-2 浮动轴

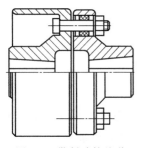

图7-3 带制动轮的弹
性柱销联轴器

制动器一般安装在高速轴上，以减小其尺寸（图7-1）。通常利用联轴器的半个连接盘兼做制动（图7-2、图7-3），而带制动轮的联轴器半盘应安装在减速器轴上。这样，即使联轴器损坏，制动器仍能使用，使安全得到保障。通常制动器采用常闭式的块式制动器，装有电磁铁或电动液压推动器或液压电磁铁作为松闸器，并与电动机联锁。制动器的制动力矩保证有足够的制动安全系数。在要求紧凑的情况下，也可采用带式制动器。

起升机构所采用的减速器通常有以下几种：圆柱齿轮减速器、蜗杆减速器、行星齿轮减速器等（图7-4）。

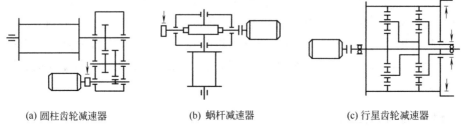

(a) 圆柱齿轮减速器　　　　(b) 蜗杆减速器　　　　(c) 行星齿轮减速器

图7-4 起升机构减速器形式

圆柱齿轮减速器具有效率高、功率范围大和标准化的特点，所以使用比较普遍，但体积、重量较大。蜗轮减速器尺寸小、传动比大、重量轻，但效率低、寿命较短。行星齿轮减速器包括摆线针轮行星减速器及少齿差行星减速器等，具有结构紧凑、传动比大和重量轻等特点，但价格较贵。行星齿轮减速器可直接安装在起升卷筒内，使结构更紧凑。

为了使轴承的检查与更换都较方便，卷筒通常装在转轴上。卷筒与减速器低速轴可通过特种联轴器相连接（图7-5）。卷筒轴用轴承支承于减速轴的内腔和轴承座中，转矩由齿形连接来传递。这种方法紧凑、可靠、分组性好，能补偿减速器轴与卷筒轴间的角度偏差，但减速器低速轴需带特殊齿形轴端，加工时较为复杂。国外有采用鼓形滚子联轴器（图7-6）的，其利用鼓形滚子与两个半圆凹槽的配合实现补偿。它不仅能传递转矩，同时还能承受很大的径向力，可省去了一个径向支承装置，这种布置还省去了卷筒长轴，使机构质量减小。

另外，卷筒与减速器还可采用刚性连接的结构（图7-7），将卷筒直接刚性地装在减速

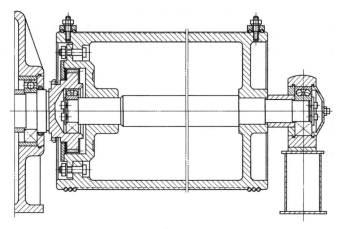

图 7-5 卷筒与减速器的连接

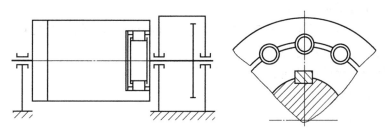

图 7-6 鼓形滚子联轴器

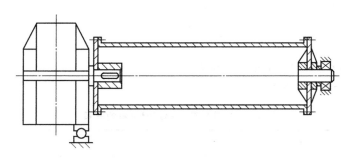

图 7-7 卷筒与减速器的刚性连接

器轴上，这样省去了一套复杂的连接，简化了结构。为了消除小车架变形的影响，减速器被支承在铰轴上，卷筒轴承采用自位轴承，允许轴向游动，整个系统在垂直平面中就成为静定的了。

由于起升机构是起重机械中最主要的机构，所以在设计起升机构时，在满足起升机构的使用性能要求的情况下，要合理选用零部件，尽可能使机构布置得紧凑可靠、自重轻和维修保养方便等。

7.2 起升机构的计算

起升机构的计算是按照给定了的设计参数，在确定机构的整体布置方案之后进行的，通过计算选用机构中所需的标准零部件，如电动机、制动器、减速器、联轴器和钢丝绳等；对非标准的零部件还需进一步进行强度与刚度等的计算。

给出的设计参数有：起重机的额定起重量 Q 或起升质量、起升速度 v、起升高度 H、工作类型（或 JC 值）。此外还需知道起重机的使用场合、工作条件及有无特殊要求（如是否高空作业、防爆）等。

一般的计算步骤如下。

7.2.1 卷绕系统和驱动装置的计算

(1) 钢丝绳直径

起升机构钢丝绳直径按最大静拉力来确定，即在吊取额定起重量的货物时，绕上卷筒的钢丝绳分支的静拉力 $S_{\max}$，即：

$$S_{\max} = \frac{Q + Q_0}{Xm\eta_z\eta_d} \tag{7-1}$$

式中　Q——额定起重量；

Q_0——吊具自重，可参照表 7-1 选取，当起升高度较大，钢丝绳的自重不能忽略时，还需考虑钢丝绳的重量；

X——绕上卷筒的钢丝绳分支数；

m——滑轮组倍率；

η_z——滑轮组效率；

η_d——导向滑轮效率。

所选用的钢丝绳的破断拉力 S_P 必须满足：

$$K = \frac{S_P}{S_{\max}} \geqslant [K] \tag{7-2}$$

式中　$[K]$——钢丝绳许用安全系数，见表 7-2。

再根据 S_P 选择起升钢丝绳。

表 7-1　吊具自重与额定起重量的关系

额定起重量 Q/kN	吊具自重 Q_0/kN
32～80	2%Q
100～200	2.5%Q
320～500	3%Q
630～1250	3.5%Q
1600～2500	4%Q

表 7-2　许用安全系数 $[K]$ 和直径比 e 值

起重机械的类型	驱动方式	使用条件	许用安全系数$[K]$	固定式 e 值	流动式 e 值
起升和变幅用	手动的	轻载	4	18	16
	机动的	轻载	5	20	16
		中载	5.5	20	18
		重载、特重载	6	30～35	20～25
卷扬机	手动的	轻载	4	18	16
	机动的	轻载	5	20	16
电动葫芦		轻载	5.5,6	—	20
载人缆车			6	40	—

续表

起重机械的类型	驱动方式	使用条件	许用安全系数[K]	固定式 e 值	流动式 e 值
抱杆拖拉绳			3.5		
捆绑吊索		两弯四股	5		
		三弯六股	6		
		四弯八股	7		
		五弯十股	8		

（2）卷筒的尺寸及转速计算

卷筒的直径与长度按前面章节所述方法计算，其转速为：

$$n_t = \frac{60mv}{\pi D_0} \tag{7-3}$$

式中　v——起升速度，m/s；

D_0——卷筒的卷绕直径，m，$D_0 = D + d$。

（3）起升静功率

起升静功率为：

$$P_j = \frac{(Q + Q_0)v}{1000\eta} \tag{7-4}$$

$$\eta = \eta_z \eta_d \eta_t \eta_{ch} \tag{7-5}$$

式中　Q——起重量，N；

Q_0——吊具自重，N；

η——起升时的总机械效率，一般 $\eta = 0.8 \sim 0.85$；

η_t——卷筒的机械效率，采用滚动轴承时 $\eta_t = 0.99$；

η_{ch}——传动机构的机械效率，与传动的形式有关。

（4）电动机和减速器的选择

① 电动机的选择。根据机构工作级别、作业特点以及电动机的工作特性，同时为了满足电动机启动和不过热的要求，所选电动机的额定功率应满足式（7-6），即：

$$P_{jc} = K_d P_j \tag{7-6}$$

式中　K_d——考虑空钩升降（有利的影响）和启动期过流（不利的影响）对于电动机发热的影响系数，又称稳态负载平均系数，见表 7-3。

表 7-3　起升机构初选电动机的 K_d 值

电动机型号	起重机级别	K_d
YZR	轻级起重机	0.72～0.75
	中级起重机	0.72～0.75
YZR	重级起重机	0.75～0.80
	特重级起重机	0.80～1.0
YZ		0.9

② 初选电动机后应对电动机的过载能力进行校验。起升机构电动机的过载能力按式（7-7）进行校验，即：

$$P_n \geqslant \frac{H}{m\lambda_M} \times \frac{(Q + Q_0)v}{1000\eta} \tag{7-7}$$

式中　P_n——电动机额定功率，kW；

H——考虑电压降、转矩允差及静载试验超载（试验负荷为额定负荷的 1.25 倍）的系数，绕线异步电动机取 2.1，笼型异步电动机取 2.2，直流电动机取 1.4；

m——电动机台数；

λ_M——电动机转矩的允许过载倍数，见表 7-4。

表 7-4　电动机转矩的允许过载倍数

额定功率/kW	λ_M＝最大转矩/额定转矩（YZ）	λ_M＝最大转矩/额定转矩（YZR）
≤5.5	2.0	2.3
＞5.5～11	2.3	2.5
＞11	2.5	2.8

起重机及冶金用电动机一般选用 YZ、YZR 基本系列电动机。该电动机用于各种类型的起重机械及其他类似设备的电力传动，具有较高的过载能力和机械强度，适用于短时或断续周期性工作。可按表 7-5～表 7-7 选取（均摘自《起重机设计手册》）。

表 7-5　YZ 电动机技术数据（S3-40％）

座机号	功率/kW	转速/(r/min)	定子电流/A	转子电流/A	最大转矩倍数	功率因数 cosφ	效率/%	转子转动惯量/kg·m²	质量/kg
				1000r/min					
YZ112M-6	1.5	902	4.1	155	2.7	0.774	71.7	0.022	56
132M1-6	2.2	935	6	161	2.8	0.724	76.87	0.056	80
132M2-6	3.7	930	9.8	185	2.6	0.733	78.4	0.062	91.5
160M1-6	5.5	955	12.4	220	2.6	0.835	73	0.114	118.5
160M2-6	7.5	930	16.5	222	2.9	0.853	80.6	0.143	131.5
160L-6	11	930	24.4	253	2.9	0.836	82	0.192	152
				750r/min					
YZ160L-8	7.5	705	19	210	2.7	0.743	81.9	0.192	152
180L-8	11	710	25.6	329	2.9	0.814	80	0.352	205
200L-8	15	700	33.2	362	2.8	0.805	85	0.622	276
225M-8	22	695	47	405	2.9	0.836	87	0.820	347
250M1-8	30	690	63.6	432	2.6	0.842	84.96	1.432	462

表 7-6　YZR 电动机技术数据（S3-40％）

座机号	功率/kW	转速/(r/min)	定子电流/A	转子电流/A	最大转矩倍数	功率因素 cosφ	效率/%	转子转动惯量/kg·m²	质量/kg
				1000r/min					
YZ112M-6	1.5	866	4.8	11.2	2.2	0.76	62.1	0.03	73.5
132M1-6	2.2	908	6	11.5	2.9	0.76	73.7	0.06	96.5
132M2-6	3.7	908	9.12	12.8	2.5	0.78	79	0.07	107.5
160M1-6	5.5	930	14.9	27.5	2.6	0.77	78	0.12	153.5
160M2-6	7.5	940	18	26.5	2.8	0.79	79.6	0.15	159.5
160L-6	11	945	25.5	28.6	2.5	0.82	80	0.2	174
180L-6	15	962	32.8	44.4	3.2	0.834	83.4	0.39	230
200L-6	22	964	48	68.8	2.63	0.787	86	0.67	390
225M-6	30	962	63	74.7	2.97	0.83	87.3	0.84	398
250M1-6	37	960	70.4	93	3.1	0.89	89.4	1.52	512
250M2-6	45	965	77.5	95.4	3.5	0.839	86.6	1.78	559
280S-6	55	969	101	119.8	3	0.91	90.2	2.35	746.5
280M-6	75	970	138.6	122.8	3.2	0.905	90.9	2.86	840

续表

座机号	功率/kW	转速/(r/min)	定子电流/A	转子电流/A	最大转矩倍数	功率因素 $\cos\varphi$	效率/%	转子转动惯量/kg·m²	质量/kg
				750r/min					
YZR160L-8	7.5	705	20.2	24.4	2.5	0.72	76	0.2	172
180L-8	11	700	26	42	2.7	0.794	81	0.39	230
200L-8	15	712	33.5	52.4	2.9	0.793	85.9	0.67	317
225L-8	22	715	48.7	59.2	2.9	0.8	86	0.82	390
250M1-8	30	720	67.4	67	2.6	0.78	87	1.52	515
250M2-8	37	720	77.5	70	2.7	0.837	86.6	1.79	563
280S-8	45	723	93.6	94	3.3	0.819	88.9	2.35	745
280M-8	55	725	111.8	95.7	2.8	0.835	89.5	2.86	847.5
315S-8	75	727	150.6	155.2	2.7	0.84	88.4	7.22	1050
315M-8	90	720	175.8	147.7	3.1	0.865	90	8.68	1170
				600r/min					
YZR280S-10	37	572	83.7	144.3	2.8	0.77	87	3.58	766
280M-10	45	560	99.3	158.8	3.2	0.778	89.1	3.98	840
315S-10	55	580	118.2	139.2	3.1	0.796	89.1	7.22	1026
315M-10	75	579	164	148.2	3.4	0.776	89.5	8.68	1156
355M-10	90	589	184.2	167	3.3	0.822	90.3	14.32	1520
355L1-10	110	582	223.2	173.4	3.1	0.82	91.2	17.08	1764
355L2-10	132	588	264	165.5	3.5	0.831	91.3	19.18	1810
400L1-10	160	587	333.5	250	3	0.798	91.4	24.52	2400
400L2-10	200	586	426.8	263.3	3.7	0.781	91.1	28.1	2950

表 7-7 YZR 电动机技术数据（S3-15％、S3-25％、S3-60％、S3-100％）

座机号	S3-15％		S3-25％		S3-60％		S3-100％	
	功率/kW	转速/(r/min)	功率/kW	转速/(r/min)	功率/kW	转速/(r/min)	功率/kW	转速/(r/min)
			1000r/min					
YZR112M-6	2.2	725	1.8	815	1.01	912	0.8	940
132M1-6	3	855	2.5	892	1.08	924	1.5	940
132M2-6	5	875	4	900	3	937	2.5	950
160M1-6	7.5	910	6.3	921	5	935	4	944
160N2-6	11	908	8.5	930	6.3	949	5.5	956
160L-6	15	920	13	942	9	952	7.5	970
180L-6	20	946	17	955	13	968	11	975
200L-6	33	942	26	956	19	969	17	973
225M-6	40	947	34	957	26	968	22	975
250M1-6	50	950	42	960	32	970	28	975
250M2-6	63	947	52	958	39	969	33	974
280S-6	75	960	63	966	48	972	40	976
280M-6	100	960	85	966	63	975	50	980
			750r/min					
YZR160L-8	11	676	9	694	6	717	5	724
180L-8	15	690	13	700	9	720	7.5	726
200L-8	22	690	18.5	701	13	718	11	723
225L-8	33	696	26	708	18.5	721	17	723
250M1-8	42	710	35	715	26	725	22	729
250M2-8	52	706	42	716	32	725	27	729

续表

座机号	S3-15％		S3-25％		S3-60％		S3-100％	
	功率/kW	转速/(r/min)	功率/kW	转速/(r/min)	功率/kW	转速/(r/min)	功率/kW	转速/(r/min)
280S-8	60	713	51	718	38	728	34	729
280M-8	75	715	63	722	48	730	40	732
315S-8	100	719	85	724	63	731	55	734
315M-8	125	717	100	715	75	725	63	728
600r/min								
YZR280S-10	55	564	42	571	32	578	27	582
280M-10	63	548	55	566	37	569	33	587
315S-10	75	574	63	580	48	585	40	588
315M-10	100	570	85	576	63	584	50	587
355M-10	132	576	110	581	75	588	63	589
355L1-10	160	571	132	578	90	585	75	588
355L2-10	185	585	150	588	110	591	90	572
400L1-10	236	582	190	585	135	590	110	592
400L2-10	270	582	240	586	177	591	145	592

(5) 减速器的选择

1）标准减速器的选用

一般情况下可根据传动比、输入轴的转速、工作级别和电动机的额定功率来选择减速器的具体型号（表 7-8、表 7-9）。QJ 型起升机构的起重机减速器的许用功率应满足式（7-8），即：

$$[P] \geqslant \frac{1}{2}(1+K_1) \times 1.12^{(\text{I} \sim \text{V})} P_n \tag{7-8}$$

式中　$[P]$——起重机减速器的许用功率；

K_1——动载系数；

I～V——工作级别，I～V 相当于中级工作类型。

传动比为：

$$i = \frac{n}{n_t}$$

式中　n——在额定起重量作用下的电动机的额定转速；

n_t——卷筒的转速。

$$i = i_j \qquad i = i_j i_k \qquad i_k = \frac{Z_2}{Z_1}$$

式中　i_j——减速器的速比；

i_k——开式齿轮速比；

Z_2——从动齿轮数；

Z_1——主动齿轮数。

2）减速器的验算

减速器输出轴通过齿轮连接盘与卷筒相连时，输出轴及其轴端承受较大的短暂作用的转矩和径向力，一般情况还需对此进行验算。

轴端最大径向力按式（7-9）进行校核，即：

$$F_{\max} = K_1 S + \frac{G_t}{2} \leqslant [F] \tag{7-9}$$

式中 S——钢丝绳最大静拉力，N；

   G_t——卷筒重力，N；

   $[F]$——减速器输出轴端的允许最大径向载荷，N，见表 7-10。

基于起升机构的特点，减速器输出轴承受的短暂最大转矩应满足式（7-10）所示的条件，即：

$$T_{max}=K_1T\leqslant[T] \tag{7-10}$$

式中 T——钢丝绳最大静拉力在卷筒上产生的转矩，N·m；

   $[T]$——减速器输出轴允许的短暂最大转矩，N·m，由表 7-8、表 7-9 查得。

3）减速器的型号标记

代号（QJ—起重机减速器）；结构形式（R—二级减速器；S—三级减速器）；名义中心距；公称传动比；装配形式（Ⅰ～Ⅸ共九种）；输出轴端形式（P—平键圆柱轴端；H—花键轴段；C—齿轮轴端）；安装形式（W—卧式，L—立式）。

表 7-8　QJR 型和 QJR-D 型减速器技术参数及承载能力

输入轴转速 /(r/min)	名义中心距 /mm	许用输出转矩 $[T]$/N·m	公称传动比					
			10	12.5	16	20	25	31.6
			高速轴许用功率/kW					
600	140	820	5.3	4.3	3.4	2.7	2.1	1.6
	170	1360	9.0	7.2	5.7	4.5	3.5	2.8
	200	2650	15.5	12.4	9.7	7.8	6.2	4.9
	236	4500	26.0	21.0	16.5	13.2	10.5	8.4
	280	7500	44.0	35.0	27.0	22.0	17.6	13.9
	335	12500	73.0	59.0	46.0	37.0	29.0	23.0
	400	21200	124.0	99.0	78.0	62.0	50.0	39.0
	450	30000	176.0	141.0	110.0	88.0	70.0	56.0
	500	42500	249.0	199.0	155.0	124.0	100.0	79.0
	560	60000	351.0	281.0	220.0	176.0	141.0	112.0
	630	85000	497.0	398.0	311.0	249.0	199.0	158.0
	710	118000	691.0	552.0	432.0	345.0	276.0	219.0
	800	170000	995.0	796.0	622.0	497.0	398.0	316.0
	900	236000	1381.0	1105.0	863.0	691.0	552.0	438.0
	1000	335000	1961.0	1568.0	1225.0	980.0	784.0	622.0
750	140	820	6.4	5.2	4.1	3.0	2.6	2.0
	170	1360	10.7	8.8	7.0	5.7	4.5	3.4
	200	2650	19.3	15.5	12.1	9.7	7.0	6.4
	236	4500	33.0	26.0	21.0	16.4	13.1	10.4
	280	7500	55.0	44.0	34.0	27.4	22.0	17.4
	335	12500	91.0	73.0	57.0	46.4	36.0	29.0
	400	21200	155.0	124.0	97.0	77.0	62.0	49.0
	450	30000	219.0	175.0	137.0	109.0	88.0	69.0
	500	42500	310.0	248.0	194.0	155.0	124.0	93.0
	560	60000	437.0	350.0	274.0	219.0	175.0	139.0
	630	85000	620.0	496.0	387.0	310.0	248.0	197.0
	710	118000	860.0	683.0	538.0	430.0	344.0	273.0
	800	170000	1239.0	911.0	775.0	620.0	496.0	393.0
	900	236000	1720.0	1376.0	1075.0	860.0	688.0	546.0
	1000	335000	2442.0	1954.0	1526.0	1221.0	977.0	775.0

输入轴转速 /(r/min)	名义中心距 /mm	许用输出转矩 [T]/N·m	公称传动比					
			10	12.5	16	20	25	31.6
			高速轴许用功率/kW					
1000	140	820	7.0	6.5	5.2	4.2	3.3	2.6
	170	1360	13.2	10.9	8.7	7.1	5.7	4.4
	200	2650	26.0	21.0	16.2	12.9	10.3	8.7
	236	4500	44.0	35.0	27.0	22.0	17.6	13.9
	280	7500	73.0	59.0	46.0	37.0	29.0	23.0
	335	12500	122.0	98.0	76.0	61.0	49.0	39.0
	400	21200	207.0	165.0	129.0	103.0	83.0	66.0
	450	30000	293.0	234.0	183.0	146.0	117.0	93.0
	500	42500	415.0	332.0	259.0	207.0	166.0	132.0

表 7-9 QJS 型、QJRS 型、QJS-D 型减速器技术参数及承载能力

输入轴转速 /(r/min)	名义中心距 /mm	许用输出转矩 [T]/N·m	公称传动比							
			40	50	63	80	100	125	160	200
			高速轴许用功率/kW							
600	140	820	1.5	1.4	1.0	0.8	0.5	0.5	0.4	0.3
	170	1360	2.5	2.0	1.6	1.3	1.0	0.8	0.6	0.5
	200	2650	3.9	3.1	2.5	1.9	1.6	1.2	1.0	0.8
	236	4500	6.6	5.3	4.2	3.3	2.6	2.1	1.7	1.3
	280	7500	11.0	8.8	7.0	5.5	4.4	3.5	2.7	2.2
	335	12500	18.3	14.6	11.6	9.1	7.3	5.9	4.6	3.7
	400	21200	31.0	25.0	19.7	15.5	12.4	9.9	7.8	6.7
	450	30000	44.0	35.0	28.0	22.0	17.6	14.1	11.0	8.8
	500	42500	62.0	50.0	40.0	31.0	25.0	19.9	15.6	12.4
	560	60000	88.0	70.0	56.0	44.0	35.0	28.0	22.0	17.6
	630	85000	124.0	100.0	79.0	62.0	50.0	40.0	31.0	25.0
	710	118000	173.0	138.0	110.0	80.0	69.0	55.0	43.0	35.0
	800	170000	249.0	199.0	158.0	124.0	100.0	80.0	62.0	50.0
	900	236000	345.0	296.0	219.0	173.0	138.0	111.0	86.0	69.0
	1000	335000	490.0	392.0	311.0	245.0	196.0	157.0	123.0	98.0
750	140	820	1.8	1.5	1.2	1.0	0.8	0.6	0.5	0.4
	170	1360	3.1	2.6	2.0	1.6	1.3	1.0	0.8	0.6
	200	2650	4.8	3.9	3.1	2.4	1.9	1.6	1.2	1.0
	236	4500	8.2	6.6	5.2	4.1	3.3	2.6	2.1	1.0
	280	7500	13.7	10.9	8.7	6.8	5.5	4.4	3.4	2.7
	335	12500	23.0	18.2	14.5	11.4	9.1	7.3	5.7	4.6
	400	21200	39.0	31.0	25.0	19.3	15.5	12.4	9.7	7.7
	450	30000	55.0	44.0	35.0	27.0	22.0	17.5	13.7	10.9
	500	42500	78.0	62.0	49.0	39.0	31.0	25.0	19.4	15.5
	560	60000	109.0	88.0	69.0	55.0	44.0	35.0	27.0	22.0
	630	85000	155.0	124.0	98.0	78.0	62.0	50.0	39.0	31.0
	710	118000	215.0	172.0	137.0	108.0	86.0	69.0	54.0	43.0
	800	170000	310.0	248.0	197.0	155.0	124.0	99.0	78.0	62.0
	900	236000	430.0	344.0	273.0	215.0	172.0	138.0	108.0	86.0
	1000	335000	611.0	488.0	388.0	305.0	244.0	195.0	153.0	122.0

输入轴转速 /(r/min)	名义 中心距 /mm	许用输 出转矩 [T]/N·m	公称传动比							
			40	50	63	80	100	125	160	200
			高速轴许用功率/kW							
1000	140	820	2.3	1.0	1.5	1.2	1.0	0.8	0.6	0.5
	170	1360	3.9	3.2	2.6	2.1	1.7	1.3	1.0	0.8
	200	2650	6.5	5.2	4.1	3.2	2.6	2.1	1.6	1.3
	236	4500	11.0	8.8	7.0	5.5	4.4	3.5	2.7	2.2
	280	7500	13.3	14.6	11.6	9.1	7.3	5.9	4.6	3.7
	335	12500	31.0	24.0	19.4	16.2	12.0	9.8	7.6	6.1
	400	21200	52.0	41.0	33.0	26.2	21.0	16.5	12.9	10.3
	450	30000	73.0	59.0	47.0	37.0	29.0	23.0	18.3	14.6
	500	42500	104.0	83.0	66.0	52.0	42.0	33.0	26.0	21.0
	560	60000	146.0	117.0	93.0	73.0	59.0	47.0	37.0	29.0
	630	85000	207.0	166.0	132.0	104.0	83.0	66.0	52.0	42.0
	710	118000	288.0	230.0	183.0	144.0	115.0	92.0	72.0	58.0
	800	170000	415.0	332.0	263.0	207.0	166.0	133.0	104.0	83.0
	900	236000	576.0	460.0	365.0	288.0	230.0	184.0	144.0	115.0
	1000	335000	817.0	654.0	519.0	408.0	327.0	261.0	204.0	163.0

表 7-10　减速器输出轴端最大允许径向载荷　　　　　　　　　kN

名义中心距 a_1/mm		140	170	200	236	280	335	400	450
最大允许 径向载荷	QJR 型	5	7	9	15	21	28	35	55
	QJS 型 QJRS 型	5	8	10	18	30	37	55	64
名义中心距 a_1/mm		500	560	630	710	800	900	1000	
最大允许 径向载荷	QJR 型	60	75	100	107	120	150	200	
	QJS 型 QJRS 型	93	120	150	170	200	240	270	

7.2.2　制动器的选用

　　根据制动器的安装位置和机构的传动方式来选择制动器的形式和确定制动器的制动力矩。

　　起吊额定起重量作用在卷筒上的静力矩为：

$$M_{jt} = \frac{(Q+Q_0)D_0}{2m\eta_z\eta_d\eta_t} \tag{7-11}$$

式中　m——滑轮组倍率。

　　起升时作用在电动机轴上的静力矩为：

$$M_j = \frac{M_{jt}}{i\eta_{ch}} = \frac{(Q+Q_0)D_0}{2mi\eta} \tag{7-12}$$

　　下降时作用在电动机上的静力矩为：

$$M'_{jt} = \frac{(Q+Q_0)D_0}{2mi}\eta' \tag{7-13}$$

式中 D_0——卷筒的卷绕直径，$D_0 = D + d$；

η'——下降时的总机械效率。

$$\eta' = \eta'_z \eta'_d \eta'_t \eta'_{ch}$$

式中 η'_z——卷筒的机械效率；

η'_d——导向滑轮的效率；

η'_t——下降时滑轮组的效率；

η'_{ch}——下降时减速装置的效率。

通常 $\eta'_z \approx \eta_z$，如果没有采用蜗轮传动，可以认为 $\eta'_{ch} = \eta_{ch}$，$\eta' \approx \eta$。

起升机构的制动力矩必须大于由起升载荷产生的力矩，即：

$$M_{zh} \geqslant K_{zh} M_j \tag{7-14}$$

式中 K_{zh}——制动器的安全系数，见表 7-11。

表 7-11 制动器安全系数

工作类型	K_{zh}	工作类型	K_{zh}	工作类型	K_{zh}
L_1(轻级)	1.5	L_2(中级)	1.75	L_3(重级)	2.0

7.2.3 启动、制动时间的验算

起升机构的工作为周期性的，工作时分启动、稳定运动和制动三个阶段。由于机构在启动和制动时会产生加速度和惯性力，若启动和制动时间过长，加速度小，将影响起重机的生产率。反之，加速度太大，又会给金属结构和传动部件施加很大的动载荷，并使零部件的受力增大。因此，必须把启动与制动时间控制在一定的范围内。

(1) 启动时间验算

机构启动时电动机必须输出较大的力矩，即启动力矩，使原来静止的质量开始运动，这时启动力矩除了克服静阻力矩外，还有一部分力矩使运动部件加速，这部分力矩越大，加速时间就越短，电动机轴上的力矩平衡方程式为：

$$M_{qp} = M_j + M_g = M_j + \frac{1}{t_q} \left[0.975 \frac{(Q + Q_0) v^2}{n_d \eta} + \frac{n_d}{375} K (GD_1^2 + GD_2^2) \right] \tag{7-15}$$

由式 (7-15) 得到启动时间为：

$$t_q = \frac{1}{(M_{qp} - M_j)} \left[0.975 \frac{(Q + Q_0) v^2}{n \eta} + \frac{n}{375} K (GD_1^2 + GD_2^2) \right] \tag{7-16}$$

式中 GD_1^2——电动机转子的飞轮矩，N·m²；

GD_2^2——电动机轴上带制动轮的联轴器的飞轮矩，N·m²；

K——计算及其他传动件飞轮矩影响的系数，换算到电动机轴上可取 $K = 1.1 \sim 1.2$，一般取 $K = 1.15$；

M_{qp}——电动机平均启动力矩，N·m，当电动机驱动采用电阻器启动时，启动力矩是在电动机的最大力矩和最小力矩之间变换着的，计算是取其平均值，对各种电动机推荐的平均启动力矩见表 7-12。

适合的启动时间 t_q，依据起升速度和起重量而定，对于中小起重量的起重机，启动时间应短些；对于大起重量起重机，启动时间可稍长；速度高时也可长些；但启动时间也不能太长，可参考表 7-13。

表 7-12　电动机的平均启动力矩

电动机类型	M_{qp}	电动机类型	M_{qp}
起重用三相交流绕线式(YZR)	$(1.5\sim1.8)M_e$	串励直流电动机	$(1.8\sim2.0)M_e$
起重用三相交流笼型(YZ)	$(0.7\sim0.8)M_{d\,max}$	复励直流电动机	$(1.8\sim1.9)M_e$
并励直流电动机	$(1.7\sim1.8)M_e$		

注：1. M_e——电动机额定力矩，$M_e=9550\dfrac{N}{n}$，N·m；N——电动机额定功率，kW；n——电动机额定转速，r/min。轻级、中级工作类型的起升机构电动机（常采用 JZR2 型），常配用 $JC=25\%$ 的标准电阻器，故 M_e 为 $JC=25\%$ 时的电动机额定力矩；重级、特重级工作类型的机构电动机（采用 JZR 型或 YZR 型）常配用 $JC=40\%$ 的标准电阻器，故 M_e 为 $JC=40\%$ 时的电动机额定力矩，电动机按实际的 JC（%）值配用电阻器，则 M_e 为与该 JC（%）值相应的电动机额定力矩。

2. 电动机实际最大力矩 M_{dmax} 为：

$$M_{dmax}=(0.7\sim0.8)\lambda_M M_e$$

式中　λ_M——电动机的最大力矩允许过载倍数。

表 7-13　起升机构的启动时间

起重机起升机构工作特性	t_q/s	起重机起升机构工作特性	t_q/s
安装用起重机($v<5m/min$)	1	大起重量桥式与龙门起重机($v<6\sim8m/min$)	$4\sim6$
中小起重机 $30\sim800kN$ 通用	$1\sim1.5$	装卸桥($v=30\sim60m/min$)	$1\sim1.5$
起重机($v=10\sim30m/min$)		港口用门座起重机($v=30\sim80m/min$)	$2\sim2.5$

启动时间亦不宜太短，以免造成过大冲击，通常用启动平均加速度来核算，即：

$$a_q=\frac{v}{t_q}\leqslant[a] \tag{7-17}$$

式中　a_q——启动平均加速度，m/s^2；

　　　v——启动速度，m/s；

　　　$[a]$——起升机构平均升降加（减）速度，m/s^2，见表 7-14。

起重机供安装用或吊运液态物料时，要求运动平稳，其加速度要小些；起重机用在高生产率场合并对稳定性无严格要求时，其加速度可大些。起升机构平均加（减）速度值见表 7-14。

表 7-14　起升机构的平均加（减）速度

起重机用途及种类	$[a]/(m/s^2)$	起重机用途及种类	$[a]/(m/s^2)$
作精密安装用的起重机	0.1	港口用抓斗门座起重机	$0.5\sim0.7$
吊运液态金属和危险品的起重机	0.1	冶金工厂中生产率高的起重机	$0.6\sim0.8$
一般加工车间、仓库及堆场用的起重机	0.2	港口用吊钩门座起重机	$0.6\sim0.8$
吊钩、电磁及抓斗起重机	0.2	港口用装卸桥	$0.8\sim1.2$
港口用吊钩门座起重机	$0.4\sim0.6$		

如将起升机构的平均加速度控制在表列数值内，则启动时间一般是可以满足要求的。

（2）制动时间验算

制动时，制动器的制动力矩促使机构减速，下降制动时间较长，故通常计算下降时的制动时间，即：

$$t_{zh}=\frac{1}{M_{zh}-M_j'}\left[0.957\frac{(Q+Q_0)v^2}{n}\eta+\frac{n}{375}K(GD_1^2+GD_2^2)\right] \tag{7-18}$$

式中，M_j' 为满载下降时制动轴的静力矩，N·m。

制动时间的长短与起重机工作条件有关。作精密安装用的起重机若制动过猛（即制动时间过短），会引起物件上下跳动，难于准确就位；制动时间过长，会产生"溜钩"现象，影响吊装工作。供港口装卸货物用的门座起重机，因速度高，若制动过猛，就会引起整台起重机晃动，影响起重机连续、高生产率的作业。通常可在一定的范围内对制动器进行调整，确定合适的制动力矩。按式（7-18）核算制动时间时，应使其小于表 7-15 或表 7-16 所列的数值。

制动平均减速度为：

$$a_j = \frac{v}{t_{zh}} \leqslant [a] \tag{7-19}$$

式中 $[a]$——起升机构的平均加（减）速度，见表 7-14。

表 7-15 与工作类型有关的 t_{zh} 值

工作类型	t_{zh}/s
轻级	1.0
中级	1.25
重级	1.5
特重级	2.0

表 7-16 与起升速度有关的 t_{zh} 值

起升速度/(m/min)	t_{zh}/s
≤12	1.0～1.25
>12	1.5～2.0

7.2.4 电动机发热验算

电动机在工作时由于电流通过绕组而引起发热，启动时因电流过大，发热也较大，尤其是当启动时间长或频繁启动时甚。电动机温升过高，会使绕组的绝缘性能下降，严重时使电动机烧坏，故应对初选的电动机进行发热验算，以控制电动机的温升，使之在允许的范围内。

对于起升机构绕线式电动机的发热验算，按稳态平均功率 P_S 校核。

$$P_S = G \times \frac{(Q + Q_0)}{1000 m \eta} \leqslant P_n \tag{7-20}$$

式中 P_S——稳态平均功率，kW；

G——稳态负载平均系数，见表 7-17；

P_n——电动机额定功率，kW。

表 7-17 稳态负载平均系数 G

G_1(轻级)	0.7	G_3(重级)	0.9
G_2(中级)	0.8	G_4(特重级)	1.0

第8章

运行机构

8.1 运行机构的概述

8.1.1 运行机构的任务

运行机构的任务是使起重机或载重小车做水平运动，工作性的运行机构用来搬运货物，非工作性的运行机构只是用来调整起重机的工作位置，如门座起重机及装卸桥的大车运行机构等。

8.1.2 运行机构的分类

运行机构有无轨运行及有轨运行之分。前者采用轮胎或履带，可以在普通道路上行走。用于汽车起重机、轮胎起重机等，它们的调度性好，可以随时调到需要工作的地点。后者在专门铺设的轨道上运行，负荷能力大，运行阻力小，是一般起重机常用的运行装置。本章只讲述有轨运行机构。

运行机构主要由运行支承装置与运行驱动装置两大部分组成。运行支承装置的机构部分主要是车轮与轨道，运行驱动装置为电动机或内燃机、减速器、制动器等。

运行机构又有自行式和牵引式之分，自行式运行机构的全部机械都装设在运行部分上。运行机构的驱动力依靠主动车轮与轨道间的摩擦力，通常称为附着力或黏着力。这个力的最大值为摩擦因数与轮压的乘积，因此必须验算最小主动轮的轮压是否能够保证驱动。牵引式驱动由装在运行部分以外的驱动装置驱动，通常用钢丝绳牵引，运行部分质量较小，常用于大跨度的悬臂起重机，由于不受附着力的限制可以用较大的运行速度以及较大的坡度。

运行机构的工作速度随起重机的用途而定。工作时的运行速度较高，尤其是那些运送大量物品的装卸起重机，例如装卸桥的小车等。运行速度还与运行距离有关，运行距离长则取较高的运行速度，距离短则取较低的运行速度，例如桥式起重机的大车运行速度一般比小车运行速度大 1 倍以上。表 8-1 列出几种常用起重机运行机构工作速度。

8.1.3 运行支承装置

(1) 概述

起重机最常用的运行支承装置是有轨式运行支承装置。这种装置采用钢制车轮，在钢制轨道上运行。它的优点是承载能力大，运行阻力小，制造与维修费用小。

表 8-1 常用起重机运行机构工作速度 m/min

起重机名称	起重量/10kg	类别	小车运行速度	大车运行速度	起重机名称	起重量/10kg	类别	小车运行速度	大车运行速度
梁式起重机	1~5	中速	—	40~80	通用吊钩门式起重机	≤50	高速	40~63	50~60
		低速	—	25~50			中速	32~50	32~50
通用吊钩桥式起重机	≤50	高速	40~63	80~125			低速	10~25	10~25
		中速	32~50	63~100		63~125	高速	32~40	32~50
		低速	10~25	20~50			中速	25~32	16~25
	63~125	高速	32~40	63~100			低速	10~16	10~16
		中速	25~32	50~80		160~250	中速	20~25	10~20
		低速	10~20	20~40			低速	10~16	6~12.5
	160	高速	32~40	50~80	抓斗装卸桥	≤50	高速	100~320	16~40
	160~250	中速	20~25	40~63	塔式起重机	16~1000	中速	16~40	10~20
		低速	10~16	20~32	门座起重机	5~160	中速	—	16~32
抓斗桥式起重机	≤50	高速	40~50	80~125	抓斗门式起重机	≤50	高速	40~50	32~50
防爆桥式起重机	≤50	低速	≤10	≤16	岸边集装箱起重机	30.5	高速	132~160	40~50

许用轮压受基础构造的限制，故常采用增加车轮数目的方法来降低轮压。这时采用均衡梁的方法，使各车轮的轮压相等，这种装置称为均衡装置。实际上就是一个杠杆系统。图 8-1 所示为双轮、三轮、四轮和五轮的均衡装置。图 8-2 所示为双轮及四轮均衡装置。

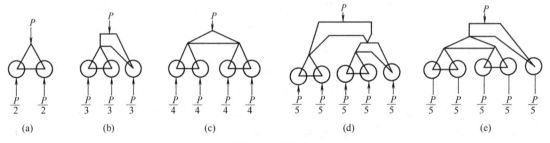

图 8-1 均衡装置

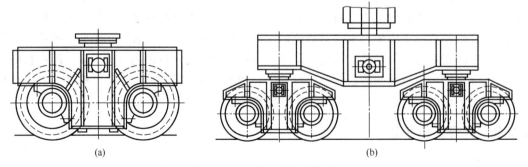

图 8-2 双轮及四轮均衡装置

有时为了能使起重机沿曲线轨道运行，或者需要将起重机移到另一条直角相交的轨道，支腿与台车架之间采用可以绕竖直轴线旋转的结构（图 8-3）。

对于车轮数目特多的巨型起重机，为了缩短车轮的排列长度，往往采用双轨轨道，这时均衡台车有四个车轮，上部铰点改用球铰（图 8-4）。

如果操纵人员工作室悬挂在小车上，当大车运行速度很高，例如大于 120m/min 时，应装设减振装置（图 8-5）。

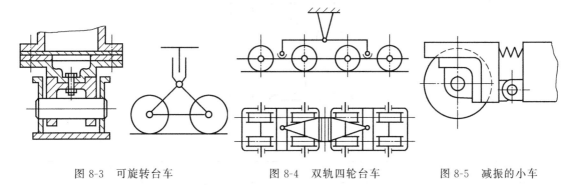

图 8-3　可旋转台车　　　　图 8-4　双轨四轮台车　　　　图 8-5　减振的小车

（2）轨道

1）概述

对于轨道的要求如下。

① 顶面——能承受车轮的挤压应力。

② 底面——具有足够的宽度以减轻基础的挤压应力。

③ 截面——应有良好的抗弯强度。

轨道顶面有平顶、凹顶、凸顶三种。圆柱踏面的车轮与平顶轨道可以接触在一条直线上，称为线接触。圆柱或圆锥踏面的车轮与凹顶轨道接触到一点上，称为点接触。理论上，线接触可以有较大的承载能力。但实际上由于制造安装及工作承载后车轮的偏斜，使挤压应力分布不均匀，有时甚至只接触在轨道边缘上的一点，产生很大的挤压应力（图 8-6）。凸顶轨道可以适应车轮的倾斜，这种倾斜由于起重机机身的变形是不可避免的，例如桥式起重机的大车车轮。当载荷变化时倾斜度变化，宜于采用凸顶轨道。经验证明，采用凸顶轨道的车轮比采用平顶轨道的车轮寿命长。因此，轨道大多制成凸顶的。

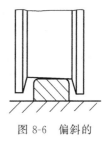

图 8-6　偏斜的
线接触车轮

起重机的钢轨常铺设在金属结构上。这时对钢轨的底面面积与截面模量要求很低，采用方钢或扁钢即可。多数情况下，起重机钢轨要求铺设在混凝土上，这就是要求足够的底面面积，以降低挤压应力，而这项应力的降低也要求截面具有足够的抗弯模量。

2）材料及型号

钢轨通常用碳、锰含量较高的钢材制成，碳元素含量为 0.5%～0.8%，锰元素含量为 0.6%～1.5%，起重机钢轨的典型材料为 U71Mn，使它的断面具有足够的强度与韧性，同时顶面具有足够的硬度。

起重机大量采用铁路钢轨，轨顶是凸的，其断面形状如表 8-2 中图所示，基本尺寸列于表 8-2。

当轮压较大时，采用起重机专用钢轨。轨顶也是凸的，曲率半径比铁路钢轨大，其断面形状如表 8-3 中图所示，基本尺寸列于表 8-3。

表 8-2　铁路轨道基本尺寸　　　　　　　　　　　　　　　mm

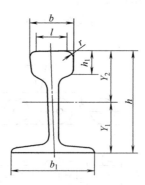

轨道型号	h	h_1	b	b_1	l	Y_1	Y_2	r
P11	80.5	17.25	32	32	19.4	39.6	40.9	7
P15	91	19.5	37	76	24.2	43.5	47.5	7
P18	90	20.9	40	80	28.2	42.9	47.1	7
P24	107	23.28	51	92	26.13	53.05	53.95	13
P38	134	27.7	68	114	43.9	66.7	67.3	13
P43	140	32.4	70	114	46	68.5	71.5	13
P50	152	33.3	70	132	46	71	81	13

计　算　数　据

轨道型号	截面面积 /cm²	惯性矩/cm⁴		截面模量/cm³			质量 /(kg/m)
		I_x	I_y	$W_1=\dfrac{I_x}{Y_1}$	$W_2=\dfrac{I_x}{Y_2}$	$W_3=2\dfrac{I_y}{b_1}$	
P11	14.31	125	15.1	31.7	30.5	4.5	11.20
P15	18.80	222	30.2	51.0	46.6	7.9	14.72
P18	23.07	240	41.1	56.1	51.0	10.3	18.06
P24	31.24	486	80.46	91.64	90.12	17.49	24.46
P38	49.50	1204.4	209.3	180.6	178.9	36.7	38.733
P43	57.00	1489.0	260.0	217.3	208.3	45.0	44.653
P50	65.80	2037.0	377.2	287.2	251.3	57.1	51.514

表 8-3　起重机用轨道基本尺寸　　　　　　　　　　　　　　mm

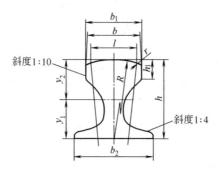

续表

轨道型号	b	b_1	b_2	h	h_1	l	y_1	y_2	R	r
QU70	70	76.5	120	120	32.5	60.26	59.3	60.7	400	6
QU80	80	87	130	130	35	67.12	64.3	65.7	400	8
QU100	100	108	150	150	40	87.46	76.0	74.0	450	8
QU120	120	129	170	170	45	107.82	84.3	85.7	500	8

计 算 数 据

轨道型号	截面面积 /cm²	惯性矩/cm⁴		截面系数/cm³			理论质量 /(kg/m)
		J_x	J_y	$W_1 = \dfrac{J_x}{y_1}$	$W_2 = \dfrac{J_x}{y_2}$	$W_3 = 2\dfrac{J_y}{b_2}$	
QU70	67.30	1081.99	327.16	182.46	178.12	54.53	52.80
QU80	81.13	1547.40	482.39	240.65	235.52	74.21	63.69
QU100	113.32	2864.73	940.98	376.94	387.12	125.45	88.96
QU120	150.44	4923.79	1694.83	584.08	574.54	199.39	118.10

对于用方钢或扁钢制成起重机的轨道，钢材常用 Q235，轨顶通常是平的，如前所述，由于底面较窄，抗弯能力也较低，只宜支承在钢结构上。

钢轨的选用见表 8-4。

表 8-4　钢轨的选用

车轮直径/mm	200	300	400	500	600	700	800	900
起重机轨道型号						QU70	QU70	QU80
铁路轨道型号	P15	P18	P24	P38	P38	P43	P43	P50
方钢/mm	40	50	60	80	80	90	90	100

3）钢轨的固定

图 8-7 所示为钢轨的固定。图 8-7 (a) 所示为不可拆卸的固定方法，利用连续焊缝，轨道面积可以计入钢梁，这种固定方法适用于轻级及中级工作类型下轨道磨损不大严重的情况。图 8-7 (b) 所示为中国常用的方法，间距约 700mm，装配省工，但拆卸比较麻烦；拆卸时应当用铲除的方法去掉压板，不宜用气割，以免钢梁发生下挠度等永久变形。图 8-7 (c) 所示方法适用于重级、特重级工作类型，为了减小尺寸可采用图 8-7 (d) 所示的形式。对于无法紧固螺钉的地方可采用图 8-7 (e)、(f) 所示的形式，为了减小冲击与噪声可采用图 8-7 (g) 所示的方法，轨道下方垫以橡胶，厚度 3～6mm，用螺钉压住弹簧压板。回转装置的圆轨道的固定方法如图 8-7 (h) 所示。图 8-7 (i) 所示为大车轨道固定于起重机轨道梁上的方法。

(3) 车轮

1）车轮的材料与构造

起重机车轮多用铸钢制造，一般采用 ZG310-570 以上的铸钢；小尺寸的车轮可用锻钢制造，一般不低于 45 优质钢；特大车轮用 60 以上优质钢进行轮箍轧制；负荷大的车轮用合金铸钢，如 ZG55CrMn 或 ZG50MnMo 等制成；轮压小于 50kN，运行速度小于 30m/min 的车轮，也可采用铸铁制造。为了提高车轮的承载能力与使用寿命，车轮踏面要进行热处理，过去常采用火焰淬火的方法，由于硬层厚度不大（仅约 5mm），效果不好，在运行中硬层会脱落；现在采用工频局部加热，这种热处理方法为索氏体淬火，车轮轮缘硬度达 300～500HBS 以上，深度达 20mm，并有缓和的过渡硬度。

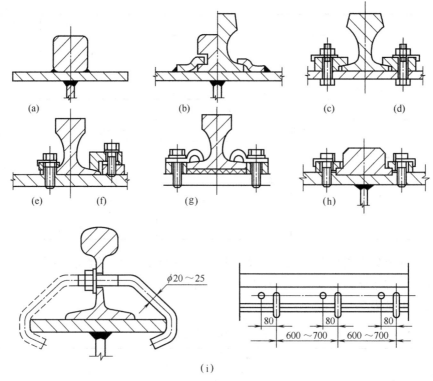

(a)　　　　　　(b)　　　　　　(c)　(d)

(e)　(f)　　　　(g)　　　　　　(h)

$\phi 20\sim 25$

80　　80　　80

600~700　600~700

(i)

图 8-7　钢轨的固定

此外，随着塑料工业的发展已经开始采用耐磨塑料车轮。

车轮踏面一般制成圆柱形的，集中驱动桥式起重机的大车车轮采用圆锥踏面，锥度为1:10，大端在内侧，以便自动消除因两边主动车轮直径不同产生的"啃道"现象，其自动调整过程如下（图8-8）。

当一端车轮的直径大于另一端时，它就会超前，使起重机按圆弧轨迹运动，如果继续滚动就会使它的滚动轨迹逐渐减小，同时另一端车轮的滚动直径逐渐增大，从而使这一端的超前量越来越小。运动一段距离后两端的车轮滚动直径达到相等。但这时桥梁位置是倾斜的。继续滚动时，变为另一端车轮滚动直径比这一端大，此后桥架又按与上述相似但方向相反的运行过程运行，如此循环不止，使起重机左右摇摆着前进。只要车与轨道之间有足够的间隙，就不会产生"啃道"现象。实际上，非驱动车轮要有横向移动。这会使这种摇摆现象逐渐减

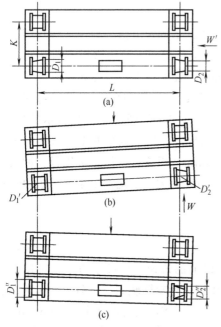

图 8-8　锥形车轮自动调整过程

小，最后自动调整为两端主动车轮的滚动直径差不多相等的状态时，起重机近似按直线运动。

圆锥踏面车轮还用于在工字梁下翼缘上运行的小车。例如电葫芦的运行小车 [图 8-9 (a)]。这时车轮的大端与小端的圆周速度不同产生附加摩擦阻力与磨损。因此，常常制成带圆弧状踏面的车轮 [图 8-9 (b)]，图 8-9 (c) 所示的方法理论上很好，但由于侧板弯折，中国尚未采用。

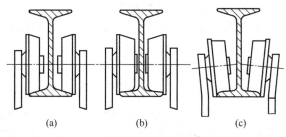

(a)　　　　　　(b)　　　　　　(c)

图 8-9　工字钢下翼缘上运行的车轮

在圆轨道上运行的车轮也应采用圆锥踏面车轮才能保证纯滚动地运行，这时轨道的顶面加工成相应的锥面 [图 8-10 (a)]。圆柱踏面的车轮在平顶圆轨道上运行时，也会产生附加摩擦力与磨损 [图 8-10 (b)]，因而只用于轨道直径较大、车轮较窄的情况。采用圆弧踏面的鼓形车轮可以避免附加摩擦与磨损 [图 8-10 (c)]。也可以采用圆柱车轮在凸顶轨道上运行，与直线运行时的车轮一样 [图 8-10 (d)]。

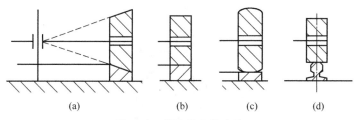

(a)　　　　　　(b)　　　　　(c)　　　　　(d)

图 8-10　圆轨道上的车轮

为了防止车轮脱轨，车轮备有轮缘 1∶5 的斜度（图 8-11）。轮缘与踏面间的过渡，根据使用经验，以 $r_1 < r$ 为好 [图 8-12 (b)]，近年来欧洲产品将过渡段制成如图 8-12 所示形状，效果比较令人满意。

车轮轮缘受起重机的侧向力，当起重机的车轮安装不正确时，这种力量可能很大，轮缘应有足够的厚度，通常为 20～25mm。

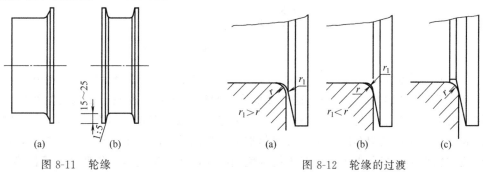

图 8-11　轮缘　　　　　　　　　　　图 8-12　轮缘的过渡

除轨距较小的起重机设备（如起重机小车）可以采用单轮缘车轮外，一般采用双轮缘车轮。如果装有导向装置例如水平导向轮（图 8-13）时，可以采用无轮缘车轮。为了补偿在铺轨与安装车轮时造成的轨距误差，车轮踏面宽度 B 应该比轨顶宽度 b 稍大，对双轮缘车轮 $B=b+(20\sim30)$mm；对集中驱动的圆锥车轮，$B=b+40$mm；单轮缘车轮的踏面应当更宽些。近代起重机的车轮大都支承在滚动轴承上，运行阻力小，特别是在启动期间阻力仍然很小，不像滑动轴承那样，运动阻力随滑动速度变化很大。滚动轴承的装配、维护和检修都很方便，主轮轴承应优先选用自动调心的球面滚子轴承。这种轴承可以容许安装误差与车架变形，并能忍受冲击载荷。其次也有的采用圆锥滚子轴承，采用这种轴承时，必须保证合适的间隙。

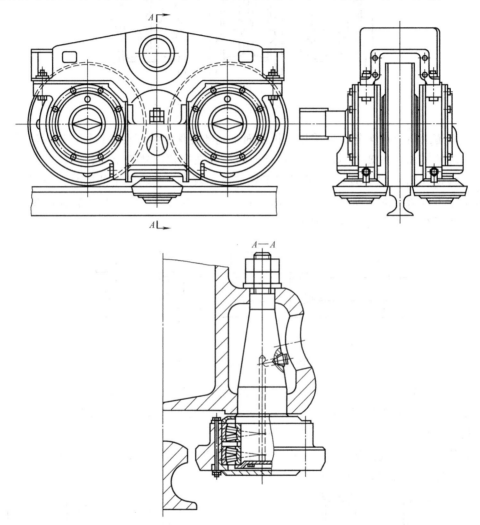

图 8-13　水平导向轮

桥式起重机大车与小车的车轮一般装在角型轴承箱中（图 8-14），箱体用 ZG350 或球墨铸铁 QT10～QT40 制造，采用这种轴承箱，制造、安装很方便，在大型的车架上没有机械加工的地方，装配时将车轮调整好，然后将定位焊板焊牢即可（图 8-15）。在钢铁车间使用的起重机，如均热炉车间采用的夹钳起重机、半成品车间采用的料耙起重机等，如果采用这种角型轴承箱，则会由于各种起重机难免相碰撞，使车架变形，角型轴承箱位移，产生不正常运行的情况。这类起重机以采用图 8-16 所示的部分的轴承箱为宜，这种轴承箱的缺点是在车架上需要机械加工，工艺比较麻烦。在龙门起重机、门座起重机的大车运行台车上，车轮也可以支承在定轴上，如图 8-17 所示。

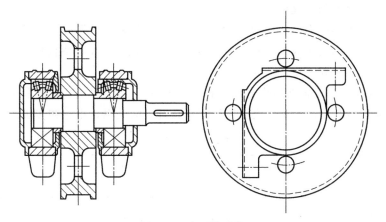

图 8-14　角型轴承箱

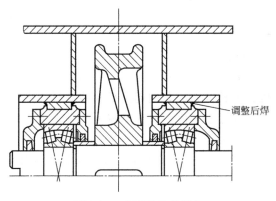

图 8-15　角型轴承的定位

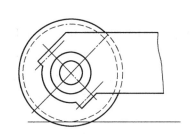

图 8-16　部分的轴承箱

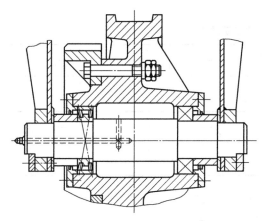

图 8-17　支承在定轴上的车轮

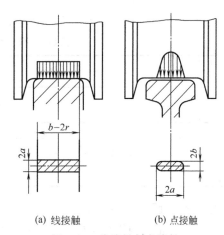

(a) 线接触　　　　　(b) 点接触

图 8-18　线接触与点接触

2）车轮的计算

根据车轮踏面与轨顶形状不同，车轮与轨顶的接触可能在一条直线上（实际是狭长的矩形面积）或者一点上（实际上是小椭圆面积），前者称为线接触［图 8-18（a）］，后者称为点接触［图 8-18（b）］，从理论上来看，线接触的受力情况较优。实际上，常常由于机架变形的原因，使线接触的应力分布极为不均匀甚至变为极不利的点接触（图 8-6），因此，在起重机的车轮中，点接触的情况应用较多。

车轮的接触应力实际上由法向接触力 σ_{ch} 与切向接触应力 τ 组成。对于从动轮来说，切向接触应力主要由侧向力组成。对驱动轮来说，还有驱动力产生的纵向的切应力。为了计算简便，在计算车轮时主要考虑法向接触应力 σ_{ch}。

① 车轮的选择　车轮根据最大轮压（作用在车轮上的最大载荷）选取车轮直径，然后再进行车轮的强度校核，表 8-5 列出了轮压与车轮直径的关系，由它初步决定车轮直径。

表 8-5　轮压与车轮直径的关系

车轮直径/mm	250	315	400	500	600	700	800	900
最大轮压/kN	33	88	160	260	320	290	440	500

② 车轮的验算　初选车轮直径后，应验算其接触应力（挤压应力）。

作用于车轮的计算轮压，考虑轮压的变化，由式（8-1）计算，即：

$$P_j = rK_{chI}P_X \tag{8-1}$$

$$r = \sqrt[3]{\frac{1}{2}\left[1 + \frac{1}{\left(1 + \dfrac{Q}{G}\right)^3}\right]}$$

式中　P_X——车轮的等效轮压，对于桥式起重机、无悬臂梁的龙门起重机及装卸桥，小车位置一般在离支点 1/4 跨度处，有悬臂时小车位置取在支腿上，对于带旋转臂的起重机取支腿上最大轮压的 75% 作为等效轮压；

　　　K_{chI}——第 I 类载荷的冲击系数，起重机运行时，由于轨道不平整而引起动力作用，其值见表 8-6；

　　　r——载荷变化系数（空钩折减系数），见表 8-7；

　　　Q——额定起重量；

　　　G——起重机或小车自重，其中计入取物装置重量。

表 8-6　第 I 类载荷的冲击系数 K_{chI}

运动速度 v/(m/s)	≤1	1~1.5	1.5~3	>3
K_{chI}	1.0	1.05	1.1	1.15

表 8-7　r 值

Q/G	0.05	0.1	0.15	0.2	0.25	0.3	0.35	0.4
r	0.98	0.96	0.94	0.92	0.91	0.90	0.89	0.88
Q/G	0.45	0.5	0.6	0.7	0.9	1.1	1.5	>1.6
r	0.87	0.86	0.85	0.84	0.83	0.82	0.81	0.8

③ 车轮的强度校核　车轮与轨道的接触情况分为线接触、点接触两种情况。

圆柱形车轮或圆锥形车轮与凸顶钢轨的接触呈现点接触。

钢制车轮与钢轮呈线接触时的局部接触应力为：

$$\sigma_X = 188\sqrt{\frac{P_j}{r_L L}} \leqslant [\sigma]_X \tag{8-2}$$

式中　r_L——车轮半径 $D/2$，mm；

　　　L——轨顶有效宽度，mm，$L = h - 2r$。

钢制车轮与钢轨呈点接触时为局部接触应力，即：

$$\sigma_{\mathrm{d}} = 850 \sqrt[3]{P_{\mathrm{j}}\left(\frac{1}{r_{\mathrm{L}}} + \frac{1}{R}\right)^2} \leqslant [\sigma]_{\mathrm{d}} \tag{8-3}$$

式中 R——钢轨头部的曲率半径，mm。

几种常用的车轮材料的许用接触应力见表 8-8。

表 8-8　几种常用车轮材料的许用接触应力　　　　　　　　　　MPa

材料	硬度（HBS）	$[\sigma]_{\mathrm{x}}$	$[\sigma]_{\mathrm{d}}$	材料	硬度（HBS）	$[\sigma]_{\mathrm{x}}$	$[\sigma]_{\mathrm{d}}$
ZG55 II	200～600	650～750	1700～1900	65Mn,35CrMnSi	≥300	850～900	2100～2200
ZG55SiMn	≥300	700～800	1800～2000	75,40CrNi	≥300	850～900	2100～2200
ZG50MnMo	≥300	800～850	2000～2100	HT350	≥200	300～400	750～850

【例】　请选择双梁门式起重机小车的车轮和轨道（图 8-19）。

已知：起重机的起重量 $Q = 150\mathrm{kN}$，小车自重 $G_{\mathrm{X}} = 80\mathrm{kN}$，中级工作类型，小车运行速度 $V_{\mathrm{X}} = 45\mathrm{m/min}$。

【解】　（1）小车的车轮选择

小车的轮压为：

$$t_{\mathrm{q}} = \frac{1}{mM_{\mathrm{P}} - M_{\mathrm{j}}}\left[0.975\frac{(Q+G)v^2}{n\eta} + \frac{mkn}{375}(GD_1^2 + GD_2^2)\right]$$

$$P_{\mathrm{X}} = \frac{1}{4}(Q + G_{\mathrm{X}}) = \frac{1}{4}(150000 + 80000) = 57500\mathrm{N}$$

查表 8-5 得，选用车轮直径 $D = 315\mathrm{mm}$，其中 $[P] = 88000\mathrm{N} > 57500\mathrm{N}$。

（2）轨道选用

根据车轮直径 $D = 315\mathrm{mm}$，由表 8-4 选用 P24 钢轨，主要尺寸见表 8-2。

（3）车轮强度计算

车轮计算轮压的公式为：

$$P_{\mathrm{j}} = rK_{\mathrm{ch\,I}}P_{\mathrm{X}}$$

由：

$$\frac{Q}{G_{\mathrm{X}}} = \frac{150000}{80000} = 1.88 > 1.6$$

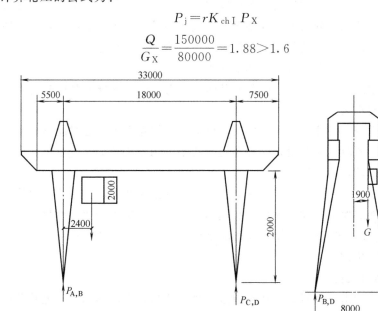

图 8-19　双梁门式起重机小车

查表 8-7 得 $r=0.8$，由小车运行速度查表 8-6 得 $K_{chⅠ}=1$，则：

$$P_j=0.8×1×57500=46000N$$

查表 8-2 得 P24 型钢轨头部的曲率半径 $R=300mm$，钢制车轮与轨道的点接触应力为：

$$\sigma_d=850\sqrt[3]{P_j\left(\frac{1}{r_L}+\frac{1}{R}\right)^2}=850\sqrt[3]{46000×\left(\frac{1}{157.5}+\frac{1}{300}\right)^2}=1383.6N/mm^2≤[\sigma_d]$$

查表 8-8 得车轮的点接触许用应力为 $[\sigma_d]=1700MPa$，所以所选车轮钢轨合适。

8.2 运行驱动机构的构造

有轨运行的驱动方式有两种：自行式、牵引式。

自行式运行驱动机构设在运行部分上，靠主动轮与轨道间的附着力驱动，构造简单、布置方便，是最常用的驱动方式。自行式机构的缺点是：自重较大，驱动力有限，不产生较大的加速度，并且也不能用于自重较大的场合。

牵引式运行驱动机构装在运行部分以外，具有自重小及驱动力没有限制等特点。它的缺点是：牵引钢丝绳寿命短，维修麻烦，运行阻力较大。牵引式运行驱动机构用于要求自重轻或运行坡度较大的起重机上，如缆索式起重机、塔式起重机以及具有较长悬臂的港口用装卸桥的小车运行机构。

8.2.1 自行式运行驱动机构

(1) 主动轮的布置方式

为了保证足够的驱动力，起重机应当有足够数目的驱动轮（主动轮），通常约为总轮数的 1/2。速度小的起重机，若加速度小，也可采用 1/4 驱动轮；速度大的起重机，例如装卸桥的小车（$v≈200m/min$）需要全部车轮驱动。

在部分驱动的车轮中，主动轮的布置应能保证主动轮在任何情况下都具有足够的总驱动轮压，从而保证足够的驱动附着力。如果布置不当，在轮压不足的情况下，就会使主动轮打滑，使车轮寿命降低。更严重的是使起重机长期不能启动，使车轮强烈磨损。

半数驱动的主动轮，其布置方案有如下几种：

① 单边布置 [图 8-20 (a)]。驱动力不对称，只用于轮压本身不对称的起重机，如半龙门起重机、半门式起重机。

② 对面布置 [图 8-20 (b)]。用于桥式起重机、龙门起重机，这时能够保证主动轮的轮压之和不依小车的位置改变而改变，这种布置方式不宜用于旋转类型起重机，因为臂架回转到从动轮一边时，主动轮的轮压很小。

③ 对角布置 [图 8-20 (c)]。用于中小型旋转类型起重机，如起重量不大的门座式起重机，这种布置方式能够保证主动轮轮压之和基本上不随臂架位置变化而变化。

④ 四角布置 [图 8-20 (d)]。用于大型起重机，可以保证主动轮总轮压不变。

(2) 小车的运行机构

1) 电葫芦的运行机构

电葫芦的运行机构由电动机、减速器通过一级开式齿轮带动驱动轮。电葫芦的运行电动机采用鼠笼型异步电动机，用按钮开关操作一般取车轮的半数为主动轮，驱动方式有单边驱动 [图 8-21 (c)] 与双边驱动 [图 8-21 (b)]，单边驱动运行中有驱动力偶，但力偶的力臂

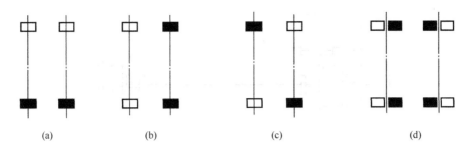

图 8-20 1/2 驱动轮的布置方式

很小，影响不大。单边驱动的结构，制造与安装方便，国产电葫芦系列产品采用这种形式。当电葫芦运行于弯道与斜坡时，采用全轮驱动方式，用两台电动机驱动［图 8-21（c）、（d）］。根据这一原则，国产电葫芦采用图 8-21（c）所示方式为宜，这种形式的弯道阻力是较小的。

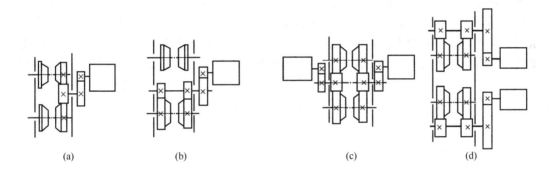

图 8-21 电动葫芦的小车驱动方式

2）双梁桥式起重机及龙门起重机小车运行机构

图 8-22 所示为典型的双梁桥式起重机及双梁龙门起重机的小车运行机构。电动机、减速器分别装在小车架上，为了补偿小车架的变形及因装配原因造成的误差，电动机与减速器之间用一个全齿联轴器连接，车轮与联轴器之间用两个半齿联轴器与一根轴连接（图 8-23）。

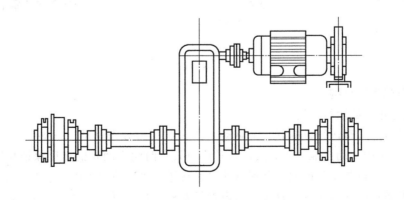

图 8-22 典型双梁桥式起重机及双梁龙门起重机的小车运行方式

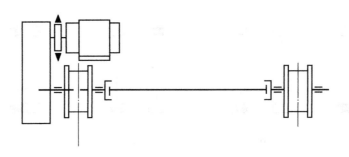

图 8-23 减速器布置在外侧的小车运行机构

3）单梁起重机的小车运行机构

单梁桥式起重机的自重较轻，曾经引起广泛的关注，但由于小车构造复杂，没有得到推广。而龙门起重机却制造了这种形式的系列规格，因为它可以很方便地制造成带悬臂的起重机，而这正是龙门起重机的特点。单梁龙门起重机的小车如图 8-24 所示，由于主梁受一定量的偏心转矩，主梁一律采用封闭的箱形梁。图 8-24 所示的三种形式的区别主要表现在承受转矩的不同。图 8-24（a）所示为带垂直反滚轮的结构形式，这种结构主轨道的轮压较大，一般用于起重量较小的起重机，$Q \leqslant 200 \mathrm{kN}$；图 8-24（b）所示为带水平反滚轮的结构形式，反滚轮的轨道间距离较大，轮压较小，并且主轨道不承受该轮压；图 8-24（c）所示是力求运行阻力最小的一种方式，但主轨道倾斜，制造较麻烦，为了防止单主梁小车倾翻产生重大事故，必须装有安全钩。图 8-25 为装卸桥小车的运行机构。

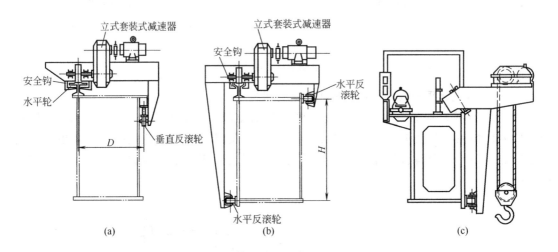

(a)　　　　　　　　　　(b)　　　　　　　　　　(c)

图 8-24 单梁龙门起重机的小车

（3）大车的运行机构

1）桥式起重机的运行机构

桥式起重机的大车运行机构有集中驱动（图 8-26）与分别驱动（图 8-27）两种，20 世纪 50 年代以前集中驱动是唯一的方法，当时认为只有两侧主动轮的速度保证相同才能使起重机直线运动。理论与实践证明：分别驱动并不破坏直线运动的规律。集中驱动只有当两侧主动轮直径差较小时才能保证走直线，而当直径差较大时，两侧车轮之一打滑，会引起很大的力矩，产生很大的车轮侧向力，造成严重"啃道"，只有将车轮制成圆锥踏面才能解决问题。集中驱动的桥式起重机只用于小跨度的起重机，绝大多数都采用低速轴传动［图 8-26（a）］，在跨度中央有电动机与减速器，减速器的输出轴分两侧经低速传动带动车轮。图 8-26（b）所示为带有开式齿轮的中速轴传动，传动轴转速较高，转矩较小，直径较细，因而减小了传动机件的质量，比较经济，而开式齿轮驱动的维修麻烦，寿命较低，目前这种方式仅用于部分起重机。图

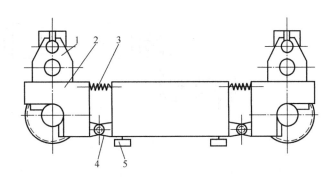

图 8-25　装卸桥小车的运行机构

1—驱动机构；2—支架；3—弹簧；4—转动铰；5—水平轮

8-26（c）所示的形式比较耐用，但需采用三个减速器，只有大功率时才有价值。20 世纪 60 年代曾试用图 8-26（d）所示的高速轴方式，因传动轴转速太高，振动严重，未能推广。

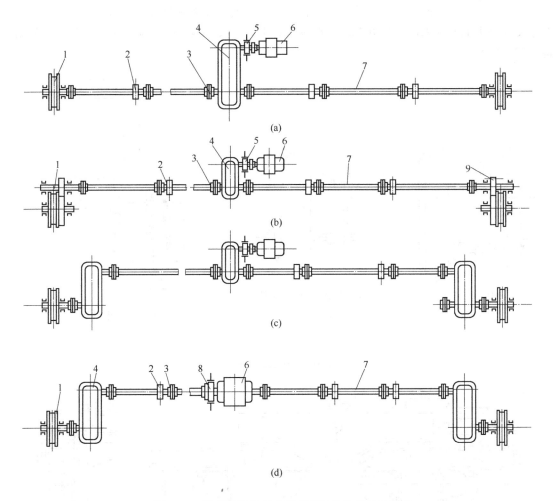

(a)

(b)

(c)

(d)

图 8-26　桥式起重机集中驱动运行机构的几种形式

1—车轮；2—支承；3—联轴器；4,5,8—减速器；6—电动机；7—浮动轴；9—开式齿轮

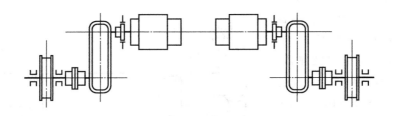

图 8-27 分别驱动的桥式起重机

目前桥式起重机当跨度超过 16.5m 时，一律采用分别驱动，如图 8-27 所示，省去中间传动轴，质量小，维护、保养等方面都较优越。

2）龙门起重机、装卸桥及门座起重机的大车运行机构

图 8-28～图 8-30 所示为龙门起重机、装卸桥及门座起重机大车运行机构的几种形式。图 8-28 所示为采用标准式和套装式的三级圆柱齿轮立式减速器的形式，电动机的位置是横向的，因而横向尺寸较大，改用带制动轮的凸缘电动机可能改善一些。对于门座起重机来说，为了尽量缩小横向尺寸，通常采用蜗轮减速器，使电动机纵向布置（图 8-30）。近年来在这类起重机上开始采用立式电动机，在减速器中带一级圆锥齿轮传动，达到非常紧凑的结构（图 8-29）。

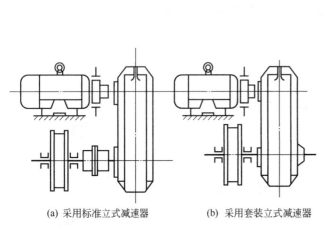

(a) 采用标准立式减速器　　(b) 采用套装立式减速器

图 8-28 龙门起重机大车运行机构

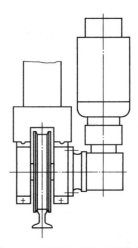

图 8-29 采用立式电动机的门座起重机的运行机构

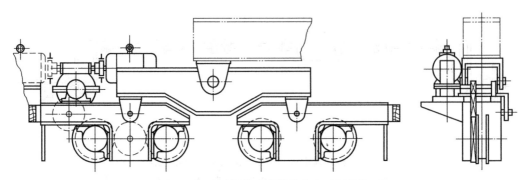

图 8-30 采用蜗轮减速器的大车运行机构

8.2.2 牵引式运行驱动机构

(1) 塔式起重机的牵引式运行机构

图 8-31 所示为塔式起重机的牵引式运行机构。绳索牵引小车的运行机构如图 8-32 所示，绕入分支与绕出分支共同放于卷筒的绳槽，一支绕入，一支绕出，起升卷筒卷取起升绳的一端，另一端固定于臂端。小车运行时，起升绳绕过滑轮，但吊钩并不升降。

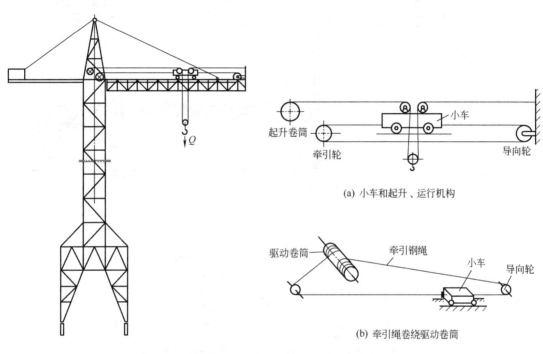

(a) 小车和起升、运行机构

(b) 牵引绳卷绕驱动卷筒

图 8-31 塔式起重机牵引式运行机构   图 8-32 绳索牵引小车的运行机构

(2) 岸臂装卸桥的牵引小车运行机构

图 8-33 所示为岸臂（海港专用）装卸桥，装卸桥的悬臂是起伏式的，不工作时可以升起，让出船舶的自由活动空间。为了减轻小车的质量，采用牵引小车运行机构。运行机构和起升机构装设在机房里，由于起升吊具为双绳抓斗，故不能采用如图 8-31 所示的方案。这里采用附加小车的方案，补偿小车的运行速度为 $v/2$，与主小车协同动作，由运行卷筒的一股钢丝绳牵引，另一股由前方伸出牵引主小车（图 8-34）。

小车运行时，开动运行卷筒，如向前运行时前方的钢丝绳收入卷筒，而后方的钢丝绳放出卷筒，倍率为 2 的滑轮组使补偿小车以 $v/2$ 的速度运动，起升绳与闭合绳也绕过补偿小车上的滑轮，补偿小车的运动恰好又以 2 倍率放出起升绳与闭合绳，使抓斗随着运行机构的运动而升降。

为了使牵引绳构成封闭系统，在主小车与补偿小车之间装有张紧绳。绕过补偿小车的滑轮后，固定于起重机架上的一个弹簧装置上。弹簧装置的抓斗在满斗时，保持最小张力，在抓斗落于地面时，伸长到最大张力位置。

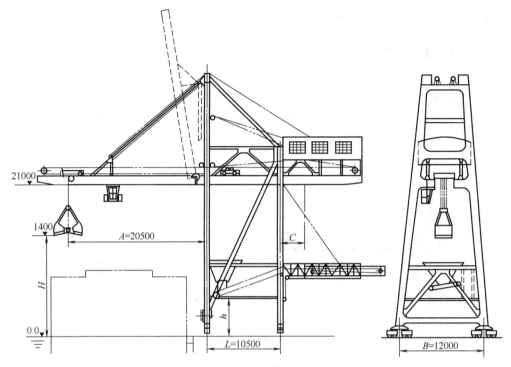

图 8-33　岸臂装卸桥

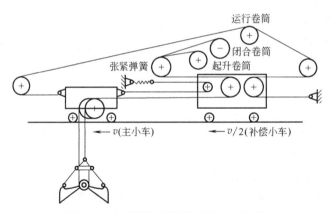

图 8-34　卸船装卸桥补偿小车运行机构

8.3　运行阻力

有轨运行摩擦阻力包括：车轮轴承中的摩擦，车轮的滚动摩擦，车轮轮缘与轨道间的附加摩擦。由于车轮轮缘的摩擦力随起重机的结构形式、制造质量有不同的数值，是一个随机变量，因此在一般计算里用一个附加摩擦因数来考虑。

（1）车轮轴承中的摩擦

图 8-35 所示为车轮的轴承摩擦，表明车轮运行时轴承摩擦力阻碍前进的情况，轴承摩擦圆半径为 $d/2$，故运行阻力为：

$$W_1 = \frac{P\mu d/2}{D_L/2} = P\frac{\mu d}{D_L} \tag{8-4}$$

式中　P——车轮的轮压；

　　　D_L——车轮直径；

　　　d——车轮轴枢直径；

　　　μ——车轮轴承摩擦因数，查表8-9。

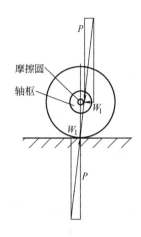

图 8-35　车轮的轴承摩擦

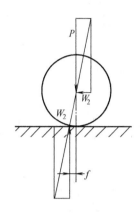

图 8-36　车轮的滚动摩擦

(2) 车轮的滚动摩擦

图 8-36 所示为车轮的滚动摩擦，表明车轮运行时滚动摩擦力阻碍车轮前进的情况。车轮前进时，由于车轮与轨道之间的挤压应力的合力偏向运行前方，其值为 1，则运行阻力为：

$$W_2 = P\frac{2f}{D_L} \tag{8-5}$$

式中　f——滚动摩擦因数，见表8-10。

表 8-9　车轮轴承摩擦因数 μ

轴　承　形　式	μ	轴　承　形　式		μ
滚珠与滚柱轴承	0.015	滑动轴承	稀油	0.08
圆锥滚子轴承	0.02		开式	0.10

表 8-10　滚动摩擦因数 f

钢　轨	车轮直径/mm					
	100　160	200　320	400　500	630　710	800	900　1000
平顶钢轨	0.25	0.30	0.50	0.60	0.70	0.70
凸顶钢轨	0.30	0.40	0.60	0.80	1.0	1.20

(3) 总摩擦阻力

1）叠加计算法

总摩擦阻力为车轮轴承摩擦力 W_1、车轮的滚动摩擦阻力 W_2 以及车轮轮缘与轨道间的

摩擦力 W_3 之和，车轮载荷为运行部分的自重及额定起重量，并且用附加阻力系数 β 来表示附加摩擦力 W_3，则总摩擦阻力为：

$$W_m = W_1 + W_2 + W_3 = \beta(Q+G)\frac{\mu D + 2f}{D_L} = (Q+G)\omega \qquad (8-6)$$

式中　G——运行部分重力；

　　　Q——额定起重量；

　　　β——考虑轮缘摩擦的附加阻力系数，见表 8-11；

　　　ω——摩擦阻力系数，初步计算时可按表 8-12 选取。

表 8-11　附加阻力系数（滚动轴承）β

车 轮 形 状		机 构	驱动形式		β
圆锥车轮		桥式起重机大车运行机构	集中		1.2
圆柱车轮	有轮缘	桥式、龙门和门座起重机大车运行机构	分别		1.5
	无轮缘有水平轮		分别		1.1
	有轮缘	具有柔性支腿装卸桥龙门起重机的大运行机构	分别		1.3
	有轮缘	双桥梁式、龙门起重机小车	滑线	集中	2.0
	有轮缘		电缆	集中	1.5
	有轮缘	偏心载荷单梁小车运行机构	滑线		1.6
	无轮缘				1.5
	有轮缘		电缆		1.3
	无轮缘				1.2
圆锥车轮（单轮缘）		悬挂在工字梁上的小车运行机构	单边驱动		1.5
			双边驱动		2.0

表 8-12　摩擦阻力系数 ω

车轮直径 /mm	车轴直径 /mm	滑动轴承	滚动轴承	车轮直径 /mm	车轴直径 /mm	滑动轴承	滚动轴承
200 以下	50 以下	0.028	0.02	400～600	65～90	0.016	0.01
200～400	50～65	0.018	0.015	600～800	90～100	0.013	0.006

2）偏心载荷的单主梁小车满载运行时的最大摩擦阻力

① 垂直反滚轮小车［图 8-37（a）］的最大摩擦阻力为：

$$W_m = \beta(G+Q+V)\frac{\mu d + 2f}{D_L} + V\frac{\mu' d' + 2f'}{D'_L} \qquad (8-7)$$

式中　　　　V——垂直反滚轮压，$V = (G+Q)e/b$；

μ', d', f', D'_L——反滚轮摩擦因数及直径。

② 水平反滚轮小车［图 8-37（b）］的最大摩擦阻力为：

$$W_m = \beta(G+Q)\frac{\mu d + 2f}{D_L} + 2H\frac{\mu' d' + 2f'}{D'_L} \qquad (8-8)$$

式中　H——水平反滚轮压，$H = (G+Q)e/h$。

③ 倾斜主车轮的小车 [图 8-37 (c)] 的最大摩擦阻力为:

$$W_m = \beta \sqrt{(G+Q)^2 + H^2} \frac{\mu d + 2f}{D_L} + H \frac{\mu' d' + 2f'}{D_L'} \qquad (8-9)$$

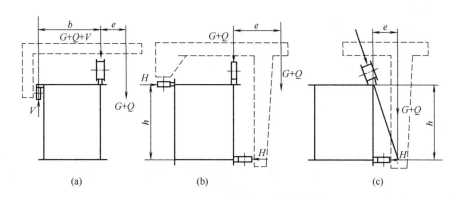

图 8-37 偏心载荷单主梁小车的轮压

(4) 牵引小车钢丝绳的牵引力 F_j

图 8-38 所示为牵引式小车。在牵引式小车中除前述摩擦力 W_m 外,还有风阻力 W_f、坡度阻力 W_P、钢丝绳绕过滑轮的阻力 W_Z(包括牵引绳绕过导向滑轮的阻力与起升绳绕过起升滑轮组及导向滑轮的阻力)和牵引钢丝绳的预紧力 H,即:

$$F_j = W_m + W_f + W_P + W_Z + H \qquad (8-10)$$

$$W_Z = W_d + W_q \qquad (8-11)$$

$$W_d \approx n_d S e \qquad (8-12)$$

$$W_q \approx \frac{n_x}{n_{zh}} Q e \qquad (8-13)$$

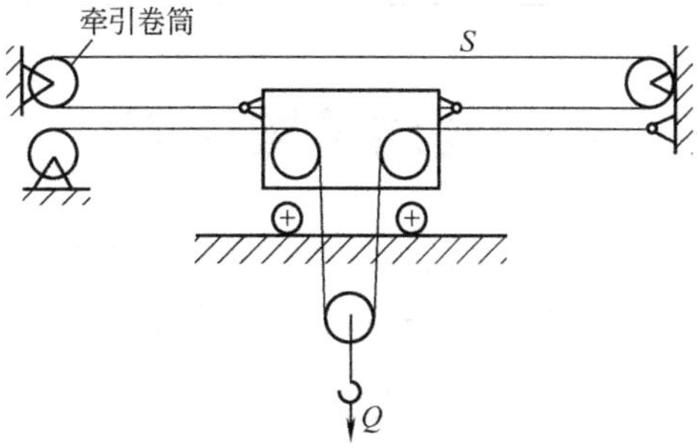

图 8-38 牵引式小车

式中 W_Z——牵引式小车的钢丝绳阻力;

W_d——牵引绳绕过导向滑阻力;

W_q——起升绳绕过滑轮的阻力;

S——牵引绳的平均张力;

n_d——牵引绳通过的导向滑轮数;

n_x——起升绳绕过的滑轮总数;

n_{zh}——悬挂吊重的起升绳分支数;

e——滑轮阻力系数,$e = 0.02$(滚动轴承),$e = 0.05$(滑动轴承)。

牵引绳需要有预紧初张力 H,最小初张力应能保持钢丝绳的悬垂度不太大,一般限制为 $\dfrac{f}{L} \leqslant \dfrac{1}{30} \sim \dfrac{1}{50}$,其中 $f \leqslant (0.1 \sim 0.15)m$,预紧初张力为:

$$H = \frac{qL^2}{8f} \qquad (8-14)$$

式中 q——钢丝绳单位长度的重力载荷，N/m；

　　L——钢丝绳自由悬挂部分的长度，m；

　　f——下挠度，m。

(5) 风阻力

风阻力按式 (8-15) 计算，即：

$$W_f = \sum CK_h qA \tag{8-15}$$

式中 C——风载体型系数，依迎风面积的形状而定；

　　A——迎风面积，m^2；

　　K_h——风力高度变化系数。

(6) 斜坡阻力

斜坡阻力按式 (8-16) 计算，即：

$$W_P = (G+Q)\sin\alpha \approx (G+Q)\alpha \tag{8-16}$$

因为坡度角 α 很小，所以 $\sin\alpha \approx \alpha$，$\alpha$ 的值见表 8-13。

表 8-13　起重机的坡度系数 α

在钢筋混凝土基础和金属梁上的轨道	桥式、龙门起重机的小车轨道	龙门、门座船台上的起重机的轨道	铁路起重机的轨道	建筑塔式起重机的轨道
0.001	0.002	0.003	0.004	0.005

8.4　运行驱动机构计算

运行驱动机构的计算包括原动机的选择、减速装置与制动装置的确定及车轮与轨道之间的附着力的验算，有轨运行与无轨运行的驱动机构在形式上有些不同，但计算原理基本相似。下面以有轨运行为例说明运行驱动机构的计算。

8.4.1　电动机容量的初选

(1) 满载运行时电动机的静功率

根据运行的静功率初选电动机，每组运行驱动机构的静功率为：

$$P_j = \frac{1}{m} \times \frac{F_j v_0}{1000\eta} \tag{8-17}$$

式中 m——驱动电动机总数；

　　v_0——初选运行速度；

　　η——运行机构传动的总机械效率，$\eta = 0.85 \sim 0.95$，大车采用卧式齿轮减速器时取 $\eta = 0.95$，小车采用立式齿轮减速器时取 $\eta = 0.90$；

　　F_j——起重机（小车）满载运行时的静阻力，N。

一般按式 (8-18) 计算运行阻力：

$$F_j = W_m + W_f + W_P \tag{8-18}$$

实际上，由于风有顶风和顺风，斜坡有上坡和下坡，所以按式 (8-19) 计算比较合理，即：

$$F_j = \sqrt{W_m{}^2 + W_{f(I)}{}^2 + W_P^2} \tag{8-19}$$

式中 W_m——摩擦阻力，N；

$W_{f(I)}$——风阻力，N，室内 $W_{f(I)}$ 为零；

W_P——斜坡阻力，N。

（2）大、小车运行机构的电动机选择

对于桥式、龙门起重机和装卸桥大、小车运行机构，可按式（8-20）初选电动机，即：

$$P = K_d P_j \tag{8-20}$$

式中　K_d——考虑到电动机启动时惯性影响的功率增大系数，对室外工作的龙门起重机的大小车和装卸桥的小车运行机构，当电动机为 JZRz 型或 YZR 型时取 $K_d = 1.1 \sim 1.3$，速度高者取大值；在室内工作的起重机和装卸桥小车（挡风面积不大，高速运行）的按表 8-14 选取。

表 8-14　K_d 值

运行速度/（m/s）		0.5	1	1.5	2	2.5	3
启动时间/s		5	5	5.5	7.5	8	9
K_d	滚动轴承	1.2	1.5	2.0	2.2	2.4	2.6
	滑动轴承	1.0	1.15	1.3	1.5	1.8	2.2

（3）电动机的过载校验

运行机构的电动机必须进行过载校验，即：

$$P_n \geqslant \frac{1}{m\lambda_{as}}\left[\frac{F_{j(II)}v}{1000\eta} + \frac{n^2 \sum J}{91280 t_q}\right] \tag{8-21}$$

$$v = \frac{\pi D n}{6000 i} \tag{8-22}$$

$$\sum J = k(GD_1^2 + GD_2^2)m + \frac{9.3(Q+G)v^2}{n^2 \eta} \tag{8-23}$$

式中　P_n——基准接电持续率时电动机的额定功率，kW；

　　　m——电动机个数；

　　　λ_{as}——平均启动转矩标准值（相对于基准接电持续率时的额定转矩），对绕线型异步电动机取 1.7，采用频敏变阻器时取 1，笼型异步电动机取转矩允许过载倍数的 90%，串励直流电动机取 1.9，复励直流电动机取 1.8，他励直流电动机取 1.7，采用电流自动调整的系统，允许适当提高 λ_{as}；

　　　$F_{j(II)}$——运行静阻力，N，按式（8-19）计算，风阻力按工作状态下最大计算风压 q_{II} 计算，室内工作的起重机风阻力为零；

　　　v——运行速度，m/s，根据 v_0 与初选的电动机转速 n 确定传动比（见 8.4.2 减速器的选择）；

　　　η——机构传动效率；

　　　$\sum J$——机构总转动惯量，即折算到电动机轴上的机构旋转运动质量的转动惯量与直线运动质量的转动惯量之和，kg·m²；

　　　GD_1^2——电动机转子的转动惯量，kg·m²；

　　　GD_2^2——电动机轴上制动轮和联轴器的转动惯量，kg·m²；

　　　k——计入其他传动件飞轮矩影响的系数，折算到电动机轴上可取 $k = 1.1 \sim 1.2$；

　　　n——电动机额定转速，r/min；

t_q——机构初选启动时间，可根据运行速度确定，一般情况下桥架类型起重机大车运行机构 $t_q=8\sim10s$，小车运行机构 $t_q=4\sim6s$；

Q——起升载荷，N；

G——起重机或运行小车的自重载荷，N。

(4) 电动机的发热验算

对于运行机构绕线式电动机的发热验算，按稳态平均功率 P_S 校核，即：

$$P_S=GF_j\frac{V}{1000m\eta}\leqslant P_n \tag{8-24}$$

式中　G——稳态负载平均系数，见表 8-15。

表 8-15　运行机构稳态负载平均系数

运行机构	室内起重机		室外起重机	运行机构	室内起重机		室外起重机
	小车	大车			小车	大车	
G_1(轻级)	0.7	0.85	0.75	G_3(重级)	0.9	0.95	0.85
G_2(中级)	0.8	0.9	0.8	G_4(特重级)	1.0	1.0	0.90

(5) 启动时间与平均加速度验算

1) 满载、上坡、迎风时的启动时间

启动时间为：

$$t_q=\frac{1}{mM_P-M_j}\left[0.975\frac{(Q+G)V^2}{n\eta}+\frac{mkn}{375}(GD_1^2+GD_2^2)\right] \tag{8-25}$$

$$M_j=\frac{F_jD_L}{2i\eta} \tag{8-26}$$

$$F_j=W_m+W_{f(I)}+W_P$$

满载运行时最小摩擦阻力为：

$$W_{min}=(Q+G)\frac{\mu d+2f}{D_L} \tag{8-27}$$

空载运行时最小摩擦阻力为：

$$W_{kmin}=G\frac{\mu d+2f}{D_L} \tag{8-28}$$

其他符号同前。起重机 $t_q\leqslant8\sim10s$，对小车 $t_q\leqslant4\sim6s$。

2) 启动平均加速度

为了避免过大的冲击以及物品摆动，应验算启动平均加速度，即：

$$a_q=\frac{V}{t_q} \tag{8-29}$$

运行机构的平均加速度值见表 8-16。

表 8-16　运行机构的平均加速度 a_q

运行机构名称或用途		$a_q/(m/s^2)$
装卸桥		0.05~0.1
门座式起重机,运送融化金属或危险品的起重机		0.1~0.2
起重机大车或小车运行机构	主动轮为 1/4 总轮数	0.2~0.4
	主动轮为 1/2 总轮数	0.4~0.7
	全部车轮驱动	0.8~1.4
装卸桥抓斗小车(全部车轮驱动)		1.0~1.4

如将平均加速度控制在表 8-16 所列的数值内，则启动时间一般是可以满足要求的。

3）对室外工作的起重机（小车）

由于最大工作风阻力只是偶然地出现，可以放弃在最大风压下能及时启动的要求，但电动机的最大力矩应能克服这项阻力，即：

$$mM_{max} > F_{II} \frac{D_L}{2i\eta} \tag{8-30}$$

$$F_{II} = W_m + W_{f(II)} + W_P \tag{8-31}$$

式中　m——电动机个数；

$W_{f(II)}$——由第 II 类风载荷（q_{II}）引起的风阻力；

M_{max}——电动机受线路保护的最大力矩，对于以 $JC = 25\%$ 的功率为额定值的电动机 $M_{max} = 2.25M_{25}$，对以 $JC = 40\%$ 的功率为额定值的电动机，$M_{max} = 2.25M_{40}$。

8.4.2　减速器的选择

(1) 减速器的传动比（速比）

减速器的传动力为：

$$i = \frac{n}{n_L} \tag{8-32}$$

式中　n——电动机的额定转速，r/min；

n_L——主动轮的转速，r/min。

$$n_L = \frac{60000v_0}{\pi D_L} \tag{8-33}$$

式中　v_0——初选运行的速度，m/s；

D_L——车轮踏面直径，mm。

根据速比的大小确定减速器机构的组成，采用一个减速器或两个减速器或增加一级开式齿轮传动，将总速比适当分配后即可选定减速器及计算减速器机构，即：

$$i = i_1 i_2 i_3 \cdots i_n \tag{8-34}$$

(2) 标准减速器的选用

选用标准型号的减速器时，其总设计寿命一般应与机构的利用等级相符合。在不稳定运转过程中，减速器承受动载荷不大的机构，可按额定载荷或电动机额定功率选择减速器；对于承受动载荷过大的机构，应按实际载荷（考虑动载荷影响）来选择减速器。

由于运行机构启动、制动时的惯性载荷大，惯性质量主要分布在低速部分，因此启动、制动时的惯性载荷几乎全部传递给传动零件，所以在选用或设计减速器时，输入功率应按启动工况确定。减速器的计算输入功率为：

$$P_j = \frac{1}{m} \times \frac{(F_j + F_g)v}{1000\eta} \tag{8-35}$$

$$F_g = \lambda \frac{(Q + G)v}{gt} \tag{8-36}$$

式中　m——运行机构减速器的个数；

v——运行速度，m/s；

η——运行机构的传动功率；

F_j——运行静阻力，N；

F_g——运行启动时的惯性力，N；

λ——考虑机构中旋转质量的惯性力增大系数，$\lambda = 1.1 \sim 1.3$。

根据计算输入功率，可从标准减速器的承载能力表中选择适用的减速器。对工作级别大于 M5 的运行机构，考虑到工作条件比较恶劣，根据实践经验，减速器的输入功率以取 1.8～2.2 倍的计算输入功率为宜。

8.4.3 制动器的选择

(1) 对于室外工作的起重机

其制动器的制动力矩应满足在满载、顺风及下坡的情况下，使起重机停住，即：

$$M_{zh} = M_j + \frac{1}{t_{zh}}\left[0.975\frac{(G+Q)v^2\eta}{n} + \frac{mnK(GD_1^2 + GD_2^2)}{375}\right] \tag{8-37}$$

$$M_j = \frac{W_{f(\mathrm{II})} + W_P - W_{min}D_L\eta}{2i} \tag{8-38}$$

$$W_{min} = \frac{W_m}{\beta} = (Q+G)\frac{2f+\mu d}{D_L} \tag{8-39}$$

式中 M_j——电动机的静力矩；

其他符号同前。

分别驱动时，每个制动器的制动力矩为：

$$M_{zh}^i = \frac{M_{zh}}{m}$$

式中 m——制动器的个数。

也可由预选制动器的制动力矩来校核制动时间，即：

$$t_{zh} = \frac{K(GD_1^2 + GD_2^2)nm}{375(M_{zh} - M_j)} + \frac{0.975(Q+G)v^2\eta}{n(M_{zh} - M_j)} \tag{8-40}$$

制动时间不能过短，否则会引起制动轮与轨道间的打滑，要求 $t_{zhmin} \geqslant 1 \sim 1.5s$。起重机 $t_{zhmin} \geqslant 6 \sim 8s$，小车 $t_{zhmin} \geqslant 3 \sim 4s$，起重量大时，可取大值。

(2) 对于工作在露天的小车或无夹轨器的起重机

在驱动轮与轨道间有足够大的黏着力的情况下，应使制动器满足下面的条件，即：

$$M_{zh} \geqslant 1.25\frac{D_L\eta}{2mi}(W_{fmax} + W_P + W_{kmin}) \tag{8-41}$$

$$W_{kmin} = G\frac{2f+\mu d}{D_L} \tag{8-42}$$

$$W_{fmax} = \sum CK_h q_{\mathrm{II}} F \tag{8-43}$$

式中 W_{fmax}——非工作状态下的最大风阻力，N。

(3) 对于室内工作的桥式起重机

按空载时不产生制动打滑的条件选择制动器（最大制动减速度可取为 $0.55\mathrm{m/s^2}$）。

8.4.4 验算主动轮的打滑

门式、桥式起重机运行机构是靠主动轮与轨道之间的黏着力使起重机运行的。如果主动车轮与轨道间黏着力不够，则将产生打滑现象。这时驱动轮在轨道上不是纯滚动，而是连滚带滑，甚至只滑不滚，这样势必引起车轮很快磨损，影响工作的可靠性，因此要尽量避免。为使起重机运行时可靠地启动或制动，使主动轮不产生打滑现象，必须使启动或制动时，通过主动车轮与轨道之间的摩擦所传递的力小于它们之间的黏着力，这就是打滑验算。

小车空载时起重机容易发生打滑，对于有悬臂的龙门起重机，当小车满载运行到起重机一侧悬臂端时，其悬臂端的另一侧的驱动轮较易打滑。

① 启动时按式（8-44）验算，即：

$$\left(\frac{\varphi}{K}+\frac{\mu d}{D_L}\right)P_{Xmin}\geqslant\frac{2i\eta}{D_L}\left[M_{qm}-\frac{K'(GD_1^2+GD_2^2)i}{2gD_L}a_q\right] \tag{8-44}$$

② 制动时按式（8-45）验算，即：

$$\left(\frac{\varphi}{K}-\frac{\mu d}{D_L}\right)P_{Xmin}\geqslant\frac{2i}{D_L\eta'}\left[M_{zh}-\frac{K'(GD_1^2+GD_2^2)i}{2gD_L}a_{zh}\right] \tag{8-45}$$

式中　φ——黏着系数，对室外工作的起重机取 0.12（下雨时取 0.08），室内工作的起重机取 0.15，钢轨上撒砂时取 0.2 ～ 0.25；

K——黏着安全系数，可取 $K=1.05\sim1.2$，如采用最大启动力矩，可取 $K\geqslant1$；

η——机构在启动时的效率；

η'——机构在制动时的效率，$\eta'\approx\eta$；

P_{Xmin}——驱动轮的最小轮压（集中驱动时为全部驱动轮压），N；

K'——其他传动件飞轮矩影响的系数，换算到电动轴上可取 $K'=1.1\sim1.2$，一般取 $K'=1.15$；

a_{zh}——起重机小车制动时的减速度，m/s²，$a_{zh}=\dfrac{v}{t_{zh}}$，t_{zh} 按式（8-40）计算。

第9章

变幅机构

9.1 变幅机构的类型

用来改变起重机幅度的机构，称为起重机的变幅机构。在回转类型起重机中，从取物装置中心线到起重机旋转中心线的水平距离称为起重机的幅度。变幅机构按工作性质分为非工作性变幅机构和工作性变幅机构两种；按臂架的变幅性能可分为非平衡变幅机构和平衡变幅机构；按变幅方法分为运行小车式和摆动臂架式两种。本书对按变幅方法分类的变幅机构进行介绍。

（1）运行小车式

运行小车式变幅机构是靠小车沿着水平的臂架弦杆运行来实现变幅的（图9-1）。运行小车式有自行式和绳索牵引式两种。运行小车式变幅机构在变幅时重物做水平移动，易于安装就位给安装工作带来了方便；缺点是臂架承受较大的弯矩，结构自重较大，机动性较差，在大起重量起重机上的应用将受到限制，常用于带电动葫芦的小型固定式旋转起重机或一部分塔式起重机中。

（2）摆动臂架式

臂架式变幅机构是靠动臂在垂直平面内绕其铰轴摆动来达到变幅的目的（图9-2），分为臂架摆动式和臂架伸缩式两种。臂架摆动式变幅机构是依靠臂架绕水平铰轴转动，使臂架摆动角度来改变幅度的［图9-3（a）］。臂架伸缩式变幅机构中有多节可伸缩式臂架，当臂架伸缩时，就改变臂架长度，从而改变起重机的幅度［图9-3（b）］。

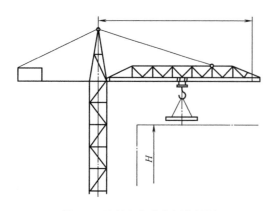

图 9-1　运行小车式变幅装置图

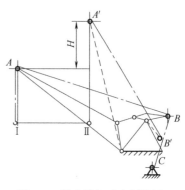

图 9-2　摆动臂架式变幅装置

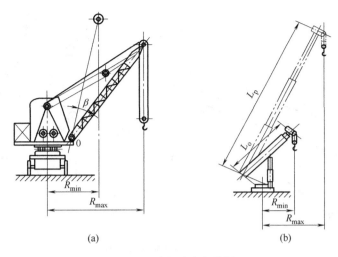

图 9-3 臂架式变幅简图

臂架式变幅机构具有起升高度大、拆装方便等优点，但其幅度有效利用率低，变幅速度不均匀，易引起物品摆动。小车式变幅和臂架式变幅各有特点，均得到广泛应用。一般在汽车式、轮胎式等流动式起重机上采用臂架式变幅机构。塔式起重机常采用小车式变幅机构。

9.2 臂架摆动式变幅机构

9.2.1 载重的水平位移

利用臂架摆动进行变幅的起重机中，使物品在变幅过程中沿水平线或近似水平线的轨迹运动，可以采用多种方法来达到，但基本上可以归纳为两种，即绳索补偿法和组合臂架法。

(1) 绳索补偿法

绳索补偿法的特点是物品在变幅过程中引起的升降现象依靠起升绳缠绕系统及时放出或收入一定长度起升绳的办法来补偿。绳索补偿法有多种方案，常用的有补偿滑轮组法和补偿导向滑轮法两种。

1) 补偿滑轮组法

补偿滑轮组法的工作原理见图 9-4，它是在起升绳绕绳系统中增设一个补偿滑轮组。当臂架从位置Ⅰ转到位置Ⅱ时，物品和取物装置一方面将随着臂架端点的升高而上升，另一方面又将由于补偿滑轮组长度缩短，放出钢丝绳，增加悬挂长度而下降。设计时使起重机在变幅过程中由于臂架端点上升而引起的物品升高值大致等于因补偿滑轮组缩短而引起的物品下降值，则物品将沿近似水平线移动。

所以，当采用滑轮组补偿时，实现水平变幅的条件式为：

$$Hm = (l_1 - l_2)m_F \tag{9-1}$$

式中　m——起升滑轮组的倍率；

　　　m_F——补偿滑轮组的倍率。

这类补偿法的主要优点是构造简单，臂架受力情况比较好（承受较小的弯矩），容易获得较小的最小幅度；缺点是起升绳的长度大，绕过滑轮数目多，钢丝磨损快，小幅度时物品

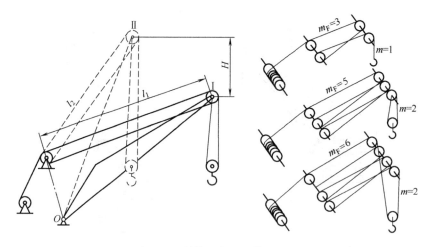

图 9-4　补偿滑轮组工作原理

摆动幅度大，不能保证物品沿着严格的水平线移动等。这种形式主要用于小起重量的起重机中。

2）补偿导向滑轮法

补偿导向滑轮法的工作原理见图 9-5。在起升绳缠绕系统中，增加一个导向滑轮补偿装置，从而使变幅过程中，由于补偿导向滑轮位置的变化，使得从卷筒到臂架头部的钢丝绳连接长度发生变化并与吊钩随臂架头部的升降相补偿，即：

$$(AB+BC)-A'B'-B'C \approx H \tag{9-2}$$

则吊钩就可以近似位于同一水平线上。

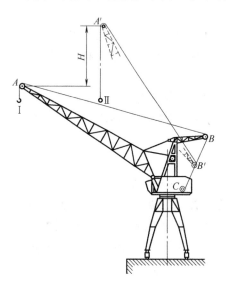

图 9-5　补偿导向滑轮式变幅装置简图

与补偿滑轮组法比较起来，这种形式的主要优点是使起升绳的长度和磨损均得以减小；缺点是臂架承受弯矩较大，难于获得较小的最小幅度，不能获得严格的水平变幅。这种形式主要应用于大、中起重量的门座起重机上。

（2）组合臂架法

组合臂架法的特点是物品在变幅过程中的水平移动是依靠臂架端点在变幅过程中沿水平线或接近水平线的轨迹移动来保证的。组合臂架有四连杆式组合臂架、平行四边形组合臂架和曲线"象鼻"梁式组合臂架三种形式。

1）四连杆式组合臂架

四连杆式组合臂架见图 9-6，臂架系统是由臂架、"象鼻"梁和刚性拉杆三部分组成的。其工作原理是"象鼻"梁的端点将描绘出一条双叶曲线，当臂架系统的尺寸选择合适时，则在有效幅度范围内，双叶曲线可以接近于一条水平线。

四连杆式组合臂架的优点是起升绳的长度和磨损减小，起升滑轮组的倍率对补偿系统没有影响。其主要缺点是臂架系统复杂，自重大，近乎水平。四连杆式组合臂架在港口，造船厂广泛使用。

2）平行四边形组合臂架

平行四边形组合臂架（图9-7）是通过由拉杆、"象鼻"梁、可移动臂架与连杆组成的平行四边形四连杆机构，可保证吊重在变幅过程中严格地走水平线。

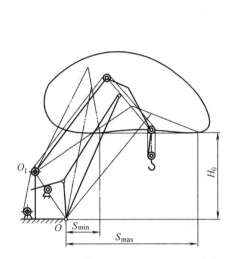

图9-6　四连杆式组合臂架

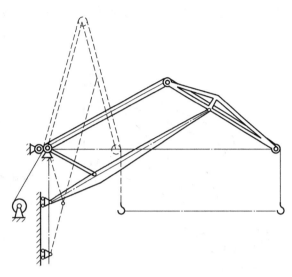

图9-7　平行四边形组合臂架

3）曲线"象鼻"梁式组合臂架

曲线"象鼻"梁式组合臂架（图9-8）是特殊形式的铰接组合臂架（图9-9）。象鼻梁2与臂架1铰接，拉绳3固接于象鼻梁上，另一端连接到起重机旋转平台的构架上。变幅时，由于象鼻梁转动，拉绳与其接触的点的位置要发生变化，相当于示意图中铰接四边形的一个边长在变化。适当选择四边形各边长的比值即能使变幅时载荷沿近似的水平线移动。

曲线"象鼻"梁式组合臂架的优点是自重较轻；缺点是当起重机横向受力时（如旋转急剧启动与制动、横向风力等），主臂架将受强烈的转矩作用。此外，变幅时要想使吊重走绝对水平位移，实际上是达不到的，免不了有拉索安装误差、结构弹性变形等，使吊重水平位移仍为近似直线。

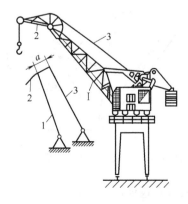

图9-8　曲线"象鼻"梁式组合臂架

1—臂架；2—象鼻梁；3—钢丝绳

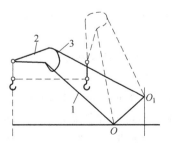

图9-9　铰接组合臂架

1—臂架；2—象鼻梁；3—拉绳

9.2.2 臂架的自重平衡

为了使摆动臂架式变幅装置在变幅过程中臂架系统的重心尽可能不发生升降现象，以免由于重心升降时需要做功而引起变幅机构驱动功率的增大，可以采用多种构造形式来达到。归纳起来，这些方案可以归属为下列三种基本类型。

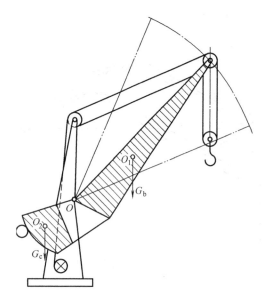

图 9-10 尾重式臂架平衡系统

（1）不变重心式

尾重式臂架平衡系统见图 9-10。其利用活对重使臂架系统的合成重心始终位于臂架俯仰平面的某一固定点上，从而消除了臂架系统合成重心在变幅过程中发生升降的现象。

这种平衡方法的主要优点是构造简单，工作可靠，回转部分的尾部半径小；但对重对起重机整体稳定性和回转部分局部稳定性所起的稳定作用不能充分发挥，因此仅用于船舶甲板起重机。

（2）移动重心式

利用活对重使臂架系统的合成重心保持在接近水平线的轨迹上游动，从而避免或大大减小臂架系统合成重心在变幅过程中发生升降的现象。

1）杠杆-活动对重式平衡系统

杠杆-活动对重式臂架平衡系统见图9-11。它是根据作用在对重臂铰点 O' 上的臂架系统自重力矩尽量等于对重自重力矩这一基本原理设计的。由于对重与臂架分离，采用杠杆联系，组成非平行四边形四杆机构，因而可以在臂架摆动角度仍然不变的条件下使对重臂的摆角得以显著增大，从而增大对重的升降高度，减小对重的质量，并可充分发挥对重对起重机稳定性的作用。它在总体布置上要比前种形式方便得多。

这种方案的缺点是在变幅过程中合成重心不能严格保持在水平线上，但通过合理设计，可使误差缩减到很小程度，满足实际要求。

2）挠性件-活动对重式平衡系统

挠性件-活动对重式平衡系统见图9-12。如果平衡重块的滑轨是直线的，则该系统也不可能在任意位置上都达到完全平衡。这种形式构造简单，容易达到较小的尾部半径，缺点是挠性件容易磨损。

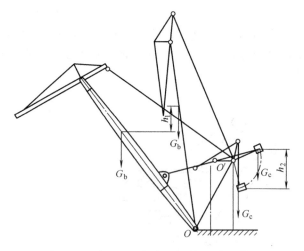

图 9-11 杠杆-活动对重式臂架平衡系统

（3）平衡重式

依靠臂架系统的构造特点（机构特点），保证臂架重心在变幅过程中沿接近于水平线的

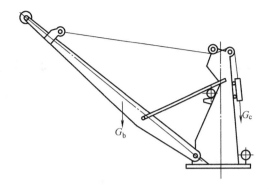

图 9-12 挠性件-活动对重式平衡系统

轨迹移动（图 9-13）。

例如图 9-13（a）中所示的 G_b 和图 9-13（b）中所示的 G_1 与 G_2 的合成重心设计在水平线 $A—A$ 上，它们将永远在 $A—A$ 上移动。这类方案构造较复杂，受力情况亦较不利，稳定性较差，除少数特殊情况下采用外，一般很少采用。

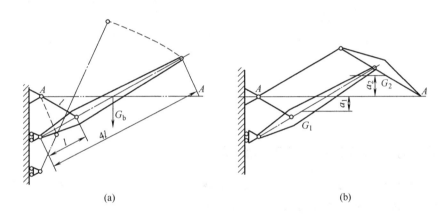

(a)   (b)

图 9-13 自重平衡的臂架系统

上述三类臂架平衡形式中，目前以杠杆-活动对重式臂架平衡系统在生产上应用较为广泛。

9.3 运行小车式变幅机构

根据小车沿吊臂弦杆行走的方式分为自行式和绳索牵引式两种。

前者的驱动装置直接装在小车上，依靠车轮与吊臂轨道间的附着力，驱动车轮使小车运行。电动滑车沿吊臂弦杆行走就是这类变幅机构的典型例子。由于牵引力受附着力的限制，而且小车自重也比较大，故这种自行式小车变幅机构只适用于小型塔式起重机。

绳索牵引式变幅机构的小车依靠变幅钢丝绳牵引沿吊臂轨道运行，其驱动力不受附着力的限制，故能在略呈倾斜的轨道上行走。同时由于驱动装置在小车外部，从而使小车自重大为减少，所以适用于大幅度、起重量比较大的起重机。本书以绳索牵引式为例详细说明如下。

9.3.1 小车的构造

绳索牵引小车典型构造见图 9-14。其结构包括车架、行走滚轮起升绳导向轮以及起升绳倍率可变的机构。

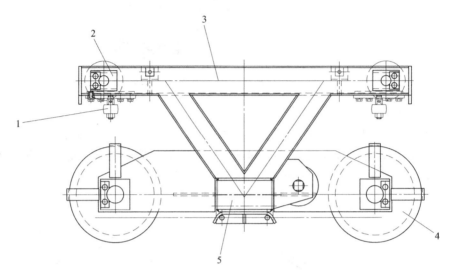

图 9-14 牵引小车构造

1—导向轮；2—滚轮；3—小车架；4—起升绳导向滑轮；5—横梁

9.3.2 运行小车式变幅机构的工作原理

小车式变幅机构是通过移动牵引起重小车实现变幅的。工作时吊臂安装在水平位置，小车由变幅牵引机构驱动，沿着吊臂的轨道（弦杆）移动。

变幅钢丝绳穿绕方式见图 9-15。运行小车由设置在起重臂架上的牵引卷筒驱动。驱动卷筒通常分为普通牵引卷筒 [图 9-16 (a)] 和摩擦卷筒 [图 9-16 (b)] 两种。相比较而言，普通牵引卷筒工作可靠，但卷筒较长，而且要有两根钢丝绳；摩擦卷筒的卷筒长和钢丝绳长可减少一半，但必须设置张紧轮。

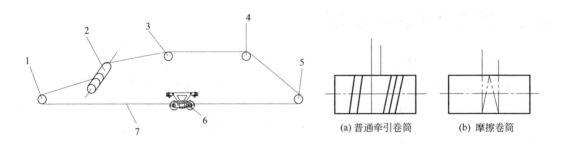

图 9-15 变幅钢丝绳穿绕方式

1,3～5—导向滑轮；2—卷筒；
6—运行小车；7—变幅钢丝绳

图 9-16 驱动卷筒

卷筒的传动机构可采用普通标准卷扬机。为了使尺寸更加紧凑，目前已广泛采用行星摆线针轮和渐开线齿轮的少齿差减速器传动，而且在卷筒轴端部装有用蜗杆或链轮带动的幅度指示器及限位器，以确保工作安全。

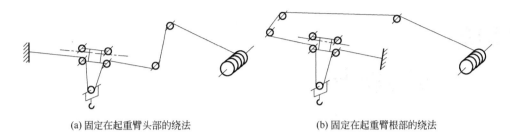

(a) 固定在起重臂头部的绕法　　　　　　　(b) 固定在起重臂根部的绕法

图 9-17　起升绳穿绕方式

为了变幅时能保证重物作水平移动，起升绳的终端不能固定在运行小车上，而必须固定在起重臂架的端部（图 9-17）。起升绳固定在起重臂头部的绕法见图 9-17（a），起升绳固定在起重臂根部的绕法见图 9-16（b）。相比而言，后者起重绳需要较长，但由于在起重臂端部引出的起升绳起了支承起重臂的作用，使水平臂架受力性能得到改善。

第10章 回转机构

10.1 回转机构的组成和常用形式

10.1.1 回转机构的组成

起重机的回转部分相对于非回转部分实现回转运动的装置叫做回转机构。回转机构是回转起重机的主要工作机构之一，它的作用是使已被升在空中的货物绕起重机的垂直轴线做圆弧运动，以达到运输货物的目的。它主要由两部分组成：回转支承装置和回转驱动装置。前者将起重机的回转部分支承在固定部分上，后者驱动回转部分相对于固定部分回转。

10.1.2 回转机构的形式

不同的吊车往往采取不同的回转机构布置形式，常见布置形式有两种：

第一种布置形式是将吊车回转机构布置在回转平台上，并随回转平台一起绕回转支承装置回转；回转支承装置有内圈和外圈，外圈固定在底盘车架上；小型吊车回转小齿轮既做自转运动，又做公转运动，推动内圈回转。这种布置对回转机构的维修比较方便，但有时使得回转平台比较拥挤。

第二种布置形式是将吊车回转机构固定在底盘车架上，回转小齿轮带动内圈回转，而外圈与回转平台连在一起。这种布置对吊车回转机构的维修不方便，但回转平台上显得比较整洁。

起重机回转运动范围分为全回转（回转 360°以上）和部分回转（可回转 270°左右）。一般轮胎式起重机、履带式起重机和塔式起重机多是全回转的。

10.2 回转支承装置受力计算

10.2.1 回转支承装置的形式与构造

回转支承装置的任务是保证起重机回转部分有确定的回转运动，从运动学的观点来看，它应提供所要求的回转运动的约束；从受力方面来看，它应能承受起重机各种载荷所引起的垂直力、水平力与倾覆力矩。

随着生产力的发展，为了适应不同生产条件的要求，创造了多种形式的回转支承装置，概括起来可以分为两大类：柱式回转支承装置与转盘式回转支承装置，前者的主要优点是承受倾覆力矩的能力较好，后者的主要优点是所占的空间高度较小。

（1）柱式回转支承装置

柱式回转支承装置主要由一个柱、两个水平支承和一个垂直支承组成，有时用一个向心推力支承来代替一个水平支承和一个垂直推力支承。根据柱是固定的还是回转的分为定柱式和转柱式两类。

1）定柱式回转支承装置

图 10-1 所示为定柱式回转支承装置。采用这种支承装置的主要有固定式定柱起重机、塔式起重机及浮式起重机。

图 10-2 所示为定柱式回转支承装置的上支承构造。图 10-2（a）所示结构由一个推力轴承与一个自位向心轴承组成，推力轴承支承在一个球面垫上，使它具有自位的性能，球面垫的球面应与自位径向轴承的球面同心。图 10-2（b）所示为采用 69000 型轴承的上支承，采用这种结构形式时应注意，它承受水平载荷的能力是受限制的，即水平载荷与垂直载荷的比值必须小于 $\tan\beta$。

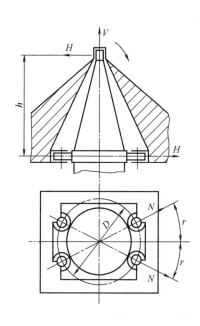

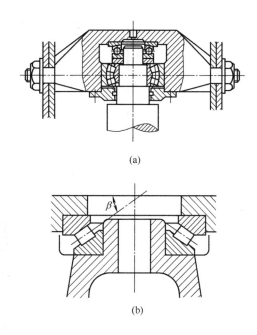

图 10-1　定柱式回转支承装置　　　　　图 10-2　定柱式回转支承装置的上支承构造

由于定柱的下部直径较大，下水平支承通常制成滚轮的形式（图 10-3）。滚轮一般装在转动部分上，可以使滚轮的布置适应倾覆力矩的方向。当向前、向后的倾覆力矩不相等时，采用如图 10-3（b）所示的布置方式。图中每个支点有两个滚轮，装在平衡梁上，用于支承力较大的情况。

2）转柱式回转支承装置

图 10-4 所示为转柱式回转支承装置的两种形式：简支梁式和悬臂梁式。

简支梁式回转支承装置所需轴承都是小型的，桅杆式起重机（图 10-5）采用这种形式，所需的两个向心轴承和一个推力轴承尺寸都很小，但上支承需要许多拉索。悬臂梁式回转支承装置的柱体中部承受很大弯曲力矩，尺寸很大，构造上多采用滚轮形式。第二次世界大战

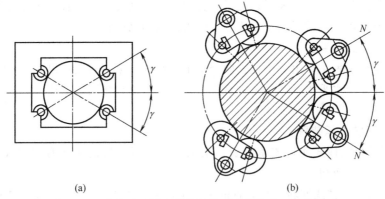

(a)   (b)

图 10-3 定柱式回转支承装置的下支承构造（滚轮式）

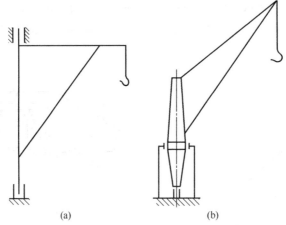

(a)   (b)

图 10-4 转柱式回转支承装置的两种形式

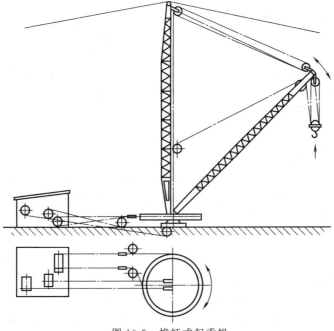

图 10-5 桅杆式起重机

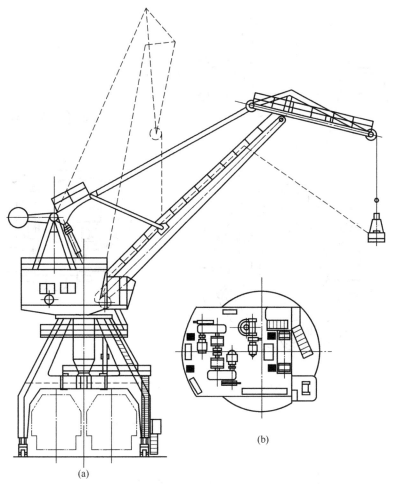

图 10-6　M10-25 型门座起重机

之后，港口用门座起重机纷纷采用这种回转
支承装置，图 10-6 所示为 M10-25 型门座起
重机，起重量为 100kN，最大幅度为 25m。
图 10-7 所示为转柱式回转支承装置的构造，
由转柱 1、下支承 2、上支承 3 组成。

　　图 10-8 所示为转柱式回转支承装置的
上支承。这里也是将滚轮装在回转部分上
的，使它们能适应倾覆力矩的作用方向。由
于滚轮是在圆轨道的里面滚动，接触点的曲
率比较有利，使滚轮能承受较大的支承力。

　　为了调整因安装误差和导轨、滚轮磨损
所出现的间隙，通常将水平滚轮的滚动轴承
装在偏心轴套上，只要转动与偏心轴套固定
为一体的心轴，就可以调整水平滚轮与轨道
之间的间隙。

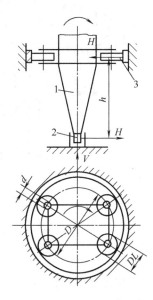

图 10-7　转柱式回转支承装置的构造
1—转柱；2—下支承；3—上支承

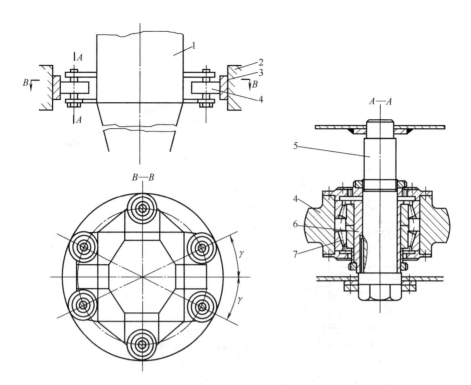

图 10-8　转柱式回转支承装置的上支承

1—转柱；2—上支承座；3—滚轮轨道；4—水平滚轮；

5—心轴；6—偏心轴套；7—滚动轴承

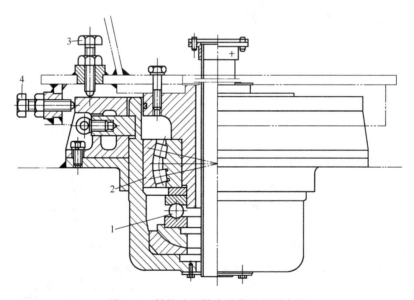

图 10-9　转柱式回转支承装置的下支承

1—推力轴承；2—球面径向滚动轴承；3,4—调整螺栓

　　下支承的作用是承受回转部分重力和水平力，所以一般采用一个有自动调位作用的推力轴承和一个球面径向滚动轴承（图 10-9）。如前所述，为了保证自动调位作用，应使两个轴承的球面中心重合于一点。

可以看出，这里的下支承与定柱式上支承完全相同，不过是倒转了180°。下支承也常用69000型的向心推力轴承。

上、下支承都是承受大载荷的部件，必须有可靠的密封润滑装置以保证良好的工作条件。另外，构造上应保证能在不拆去起重机转动部分的条件下，对上、下支承进行装拆维修，如图10-9中将调整螺栓3与4旋紧即可拆卸下支承。

(2) 转盘式回转支承装置

这种回转支承装置的特点是没有很长的柱子结构，起重机的回转部分装在一个大转盘上，转盘通过滚动体（滚轮、滚子、滚珠等）支承于固定部分上。

转盘回转支承装置有轮式、滚子式及滚动轴承式三种。

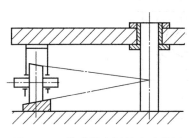

图 10-10　轮式转盘回转支承装置

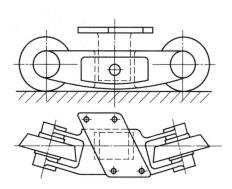

图 10-11　装在横梁上的滚轮

1) 轮式回转支承装置

图 10-10 所示为轮式转盘回转支承装置。回转部分支承在三个或四个由车轮装置构成的支点上。载荷不大时，每个支点可用一个车轮；载荷较大时，每个支点可用两个车轮装在均衡梁上（图 10-11）。三支点抗倾覆的作用较小，通常用于冶金起重机上的回转部分（图 10-12），它的优点是结构稳定，轮压可由平衡条件完全确定，对于车轮安装要求较低。四支点多用于门座起重机，因为这里倾覆力矩较大，如果采用三支点会使轨道直径很大。

理论上，线接触的车轮应当制成圆锥踏面的［图 10-13（a）、（b）］；当轨道直径较大时，可以制成圆柱踏面的［图 10-13（c）］或鼓形踏面的［图 10-13（d）］。

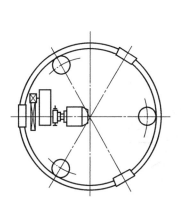

图 10-12　采用滚轮驱动的回转机构

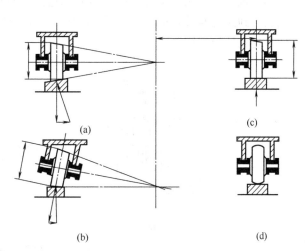

(a)

(b)

(c)

(d)

图 10-13　几种踏面的滚轮

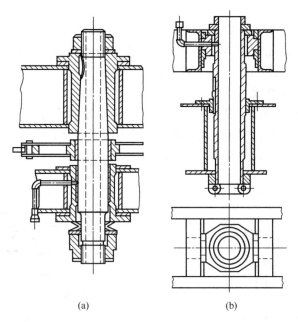

(a)   (b)

图 10-14   回转机构中的中心轴枢

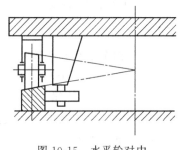

图 10-15   水平轮对中

回转运动的对中与承受水平载荷通常是利用中心轴枢完成的（图 10-10 和图 10-14）。图 10-14（a）所示的中心轴枢固定于上方，是转动的，下方为滑动轴承；图 10-14（b）所示的中心轴枢固定于下方，是不动的，上方为滑动轴承。图 10-15 为水平轮对中。

通常轮式回转支承装置设计成本身的回转直径足以保持稳定，但非工作时由于暴风吹袭，仍有倾覆危险。上述中心轴枢加上螺母可以承受拉力，作为抗倾覆的装置，这时它应该按受拉力和弯曲计算。如果回转直径较小，工作时抗倾覆采用反滚轮［图 10-16（a）］。小型起重机也将车轮装在槽形轨道两翼缘之间，使它起到正轮与反轮的作用［图 10-16（b）］。其缺点是车轮与轨道磨损后形成较大间隙，使车轮在轨道之间产生冲击。

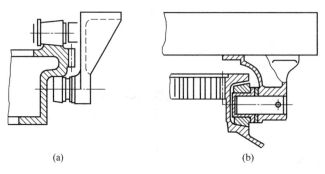

(a)   (b)

图 10-16   反滚轮与正反滚轮

2）滚子式回转支承装置

图 10-17 所示为滚子式回转支承装置构造，图 10-18 所示为滚子构造，它是将圆锥或圆柱滚子装在上下两个环形轨道之间。转动部分的环形轨道常常只制成前后两段圆弧，目的是提高支承抗倾覆的能力。

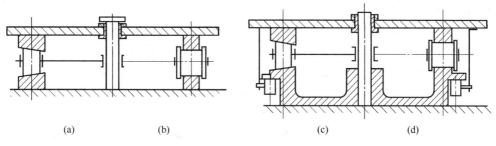

(a)　　　　(b)　　　　　　(c)　　　　(d)

图 10-17　滚子式回转支承装置构造

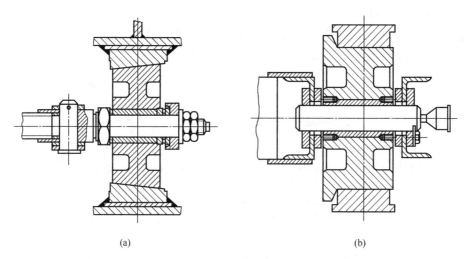

(a)　　　　　　　　　　　　(b)

图 10-18　滚子构造

滚子式回转支承装置的滚动体数目很多，它的承载能力比轮式大，对于相同的倾覆力矩，所需轨道直径较小（图 10-19），可使结构比较紧凑。

圆锥滚子多用于轨道直径较小的情况，避免了附加摩擦与磨损。由于有轴向力，滚子装在由许多拉杆构成的保持架上〔图 10-18（a）〕。

圆柱滚子制成带单轮缘或双轮缘的形式，装在由槽钢制成的保持架上〔图 10-18（b）〕。这种保持架应具有足够的强度与刚度，因为滚子难免有位置偏差，可能产生很大的侧向推力。

滚子式回转支承装置的对中、承受水平载荷以及防止倾覆的方式与轮式回转支承装置相同。如图 10-14（a）所示是圆锥滚子式回转支承装置的中心轴枢，中央的圆环是有许多拉杆的保持架的滑动轴承，它以 $n/2$ 的回转速度运转。下方螺母处有两个

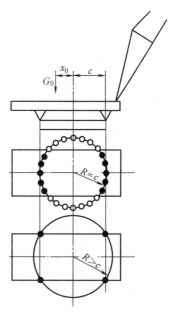

图 10-19　滚子式与轮式的滚道直径比较

碟形弹簧，起缓冲作用。

与下面将要介绍的滚动轴承式回转支承装置相比较起来，滚子式的工艺要求较低，但尺寸较大，且零件敞露，磨损厉害，工作时不平稳，冲击大，随着工艺水平的提高，这种形式逐渐被滚动轴承代替。

3）滚动轴承式回转支承装置

滚动轴承式回转支承装置是目前国内外广泛采用的一种转盘式回转支承装置，它用于汽车式、轮胎式和履带式起重机，也用于门座起重机、塔式起重机和浮式起重机。

滚动轴承式旋转支承装置的优点是：结构紧凑，装配与维护简单，密封及润滑条件良好，轴向间隙小，工作平稳，消除了较大的冲击，旋转阻力小，磨损也小，寿命长，轴承中央可以作为通道，给起重机的总体布置带来某些方便。

它的缺点是：对材料与加工工艺要求高，成本较高，损坏后修理不便；此外，对于与它连接的金属结构的刚度有较高的要求，以免由于结构变形使滚动体与滚道卡紧或使载荷分布极度不均，使轴承过早损坏。

根据滚动体的形状不同，该支承装置可分为滚珠式（图 10-20）与滚子式（图 10-21）两种。根据滚动体的列数又分为单列、双列与三列三种。

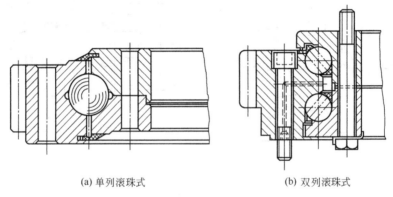

(a) 单列滚珠式   (b) 双列滚珠式

图 10-20 滚珠式回转支承装置

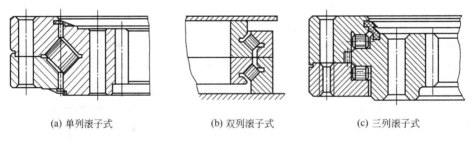

(a) 单列滚子式   (b) 双列滚子式   (c) 三列滚子式

图 10-21 滚子式回转支承装置

回转驱动装置的大齿圈通常与滚动轴承式支承装置的座圈制成一体，采用内啮合或外啮合形式。座圈中的一个或两个由上下两部分组成，其间可装设垫片，改变它的厚度可调整轴承的间隙。轴承的轴向间隙，高精度轴承为 0.06～0.2mm，较差时为 0.3～0.5mm，尺寸较大的轴承取较大值。高精度轴承的滚道需要最后磨削，滚动体的最大载荷稍低，寿命较长，但对于基座刚度要求较高，对于大型轴承通常采用较低精度。

两座圈用螺栓（20～50 个）分别于回转部分和静止部分连接。圆周上的少数螺栓用来将座圈上下两部分连成整体，使之成为部件，以便运到现场与起重机固定部分和回转部分进行组装。

滚动体的形式和尺寸应根据工作要求和载荷大小合理选用。滚珠在工作时与滚道没有相对滑动，但承载能力低于滚柱，滚柱则与滚珠相反。大载荷的起重机，为了使轴承尺寸不致太大，一般多采用滚柱。小尺寸的滚珠和滚柱可选用轴承厂的标准产品，但滚动体尺寸过大时，无法利用标准产品，必须自行设计和制造。为了减少滚动表面的磨损，延长寿命，应合理地选用滚动体和座圈的材料。这种材料应具有较好的淬硬性，而心部又要有足够的强度和韧性。例如，滚动体可以用滚动轴承钢（如 GCr15 等），座圈可以用高强度耐磨优质钢（如 5CrMnMo、50Mn2、45Cr、45 钢等）。滚动表面必须经表面火焰淬火、高频或中频表面淬火、表面渗碳处理，达到硬度 61～65HRC（这是理论上对提高寿命的最佳硬度，但目前生产上一般采用的是 55～60HRC），然后经磨削加工达到精度要求。如果热处理后的变形不大，也可以不进行磨削加工。

钢丝滚道（图 10-22）是在普通材料（如铸钢或铸铁）制成的座圈上车槽，将弹簧钢丝嵌入槽中作为与滚动体接触的滚道，这样可以节约优质钢材，钢丝磨损后只需要更换钢丝而座圈可以继续使用。钢丝滚道的缺点是：由于钢丝的曲率半径小因而加大了接触应力，易发生变形和磨损，如果钢丝的质量不高或加工精度不高，将需经常更换钢丝，这给维修带来很大的麻烦。因此，钢丝滚道目前应用很少。

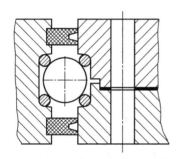

图 10-22　钢丝滚道轴承

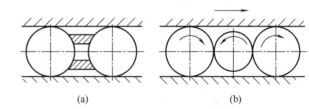

(a)　　　　　　　　(b)

图 10-23　滚珠隔离体

目前中国常用的滚动轴承回转支承装置是单列滚珠式［图 10-20（a）］与双列滚子式［图 10-21（a）］。双列滚子式滚动轴承的一列滚子中，轴线交叉布置分别承受向上与向下的轴向力，一般各为一半，也可以根据受力情况使两个方向的滚子数不同。

滚子之间通过空心短圆柱形的隔离体或直径略小一些的隔离球将它们分开（图 10-23），以免滚珠相互摩擦而加速磨损。滚柱式采用隔离圈保持滚动体之间的距离，交叉滚子也可以不用隔离物。隔离物的材料为铜、尼龙、酚醛夹布塑料、粉末冶金或软钢。

对于这种贵重的旋转支承装置，在润滑与密封方面给予特殊的注意是值得的。密封可以防止外部杂质和腐蚀性气体进入轴承，采用迷宫式或耐油橡胶密封圈时，应注意要能够方便地更换损坏的密封圈。润滑剂采用优质润滑脂或二硫化钼与润滑脂的混合剂，工作50～100h 加一次。

10.2.2　回转支承装置受力计算

(1) 柱式回转支承装置

柱式回转支承装置是由一个止推轴承承受垂直力，由上、下支座的水平支承承受水平力和力矩，其受力计算如图 10-24 所示。

止推轴承的反力为：

$$F_t = V \tag{10-1}$$

式中　V——回转部分的总轴向力，N，$V = \sum V_i$。

下支座径向轴承反力为：

$$F_r = \frac{M}{h} = \frac{\sqrt{M_x^2 + M_y^2}}{h} \tag{10-2}$$

式中　M——总力矩，N·m；

　　　M_x——在垂直于臂架摆动平面内垂直力及水平力对回转支承装置中心的倾覆力矩之和，N·m；

　　　M_y——在臂架摆动平面内垂直力及水平力对回转支承装置中心的倾覆力矩之和，N·m；

　　　h——两个水平支承之间的距离，m。

水平滚轮支座反力为：

$$F_h = F_r + F_H = \frac{M}{h} + F_H \tag{10-3}$$

$$F_H = \sqrt{F_x^2 + F_y^2} \tag{10-4}$$

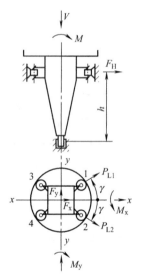

图 10-24　柱式回转支承装置受力计算简图

式中　F_H——总径向力，N；

　　　F_x——x 轴方向（臂架摆动平面的方向）上所有水平力的总和，N，$F_x = \sum F_{xi}$；

　　　F_y——y 轴方向（垂直于臂架摆动平面的方向）上所有水平力的总和，N，$F_y = \sum F_{yi}$。

当水平力 F_h 由两个滚轮或两个滚轮组承受（图 10-24）时，每个水平滚轮或滚轮组所受的力为：

$$P_{L1} = P_{L2} = \frac{F_h}{2\cos\lambda} \tag{10-5}$$

式中　λ——两个滚轮或滚轮组与 x 轴之间的夹角。

支座反力求出后，可选用标准轴承或自行设计轴承零件。

柱式回转支承的柱体，可根据求得的支座反力按金属结构设计计算方法进行设计。

（2）滚动轴承式回转支承装置

1）滚动轴承回转支承受力计算

作用在回转支承装置上的载荷主要包括：起重机臂架、平衡臂架、平衡重、塔顶部分的自重，最大额定起升载荷，风载荷，惯性载荷，以及驱动小齿轮与大齿圈的啮合力（若回转机构有两个回转齿轮并成对布置，则此力互相抵消）等（图 10-25）。这些力均可向回转中心简化成回转支承的计算载荷垂直力 V、水平力 H 和力矩 M 三部分。其大小分别为：

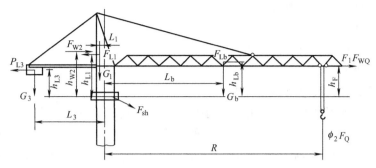

图 10-25　滚动轴承回转支承受力简图

$$V = \phi_2 F_Q + G_b + G_1 + G_3 \qquad (10\text{-}6)$$

$$H = F_{WQ} + F_1 + F_{Lb} + F_{W2} + F_{sh}\cos\gamma - F_{L1} - F_{L3} \qquad (10\text{-}7)$$

$$M = \phi_2 F_Q R + G_b L_b + (F_1 + F_{WQ})h_F + F_{W2} + F_{Lb}h_{Lb}$$
$$- G_1 L_1 - F_{L1}h_{L1} - G_3 L_3 - F_{L3}h_{L3} \qquad (10\text{-}8)$$

$$F_{sh} = \frac{T_{sh}}{D\cos\alpha} \qquad (10\text{-}9)$$

式中　F_Q——最大额定载荷，N；

ϕ_2——起升动载系数；

F_1——作用在重物上的离心力，N；

F_{WQ}——作用在重物上的风力，N；

G_b——起重臂架的重力，N；

G_1——除去起重臂架和配重之外，其他回转部分的重力，N；

G_3——平衡重的重力，N；

F_{L1}——G_1质量引起的回转离心力，N；

F_{L3}——G_3质量引起的回转离心力，N；

F_{Lb}——起重臂架回转离心力，N；

F_{W2}——作用在塔机回转部分上的风载荷，N；

γ——齿轮螺旋角，（°）；

F_{sh}——驱动小齿轮与大齿圈的啮合力，N；

T_{sh}——齿轮传递转矩，N·m；

D——大齿圈的分度圆直径，m；

α——齿轮的压力角，$\alpha = 20°$。

必须指出，在确定回转支承装置动态容量计算载荷时，要选取最不利的工况。

回转支承装置的静态容量通常按起重机静载试验工况进行计算，此时不计风力，仅考虑125％试验载荷时的最大工作载荷，水平载荷较小忽略不计。故其大小为：

$$V = 1.25 F_Q + G_b + G_1 + G_3 \qquad (10\text{-}10)$$

$$M = 1.25 F_Q R + G_b L_b - G_1 L_1 - G_3 L_3 \qquad (10\text{-}11)$$

2）确定滚动轴承式回转支承的型号

常用的滚动轴承式回转支承系列和结构性能参数，参见有关手册和资料。设计时按下列步骤选取合适型号：

① 回转支承选型所需的技术参数

a. 作用在回转支承上的载荷。

b. 主要工作条件。

c. 传动齿轮工作转矩及齿轮参数。

d. 滚道中心圆直径。

e. 连接螺栓直径、数量及强度等级。

② 确定回转支承结构形式　根据工作条件和连接方式确定回转支承结构形式。

③ 计算回转支承当量载荷　回转支承一般承受复合载荷 V、H 和 M 的共同作用，为了便于根据制造厂家提供的承载能力曲线（F_a-M 曲线）选择回转支承型号，应将各个载荷分量换算为当量载荷。当量载荷按式（10-12）计算：

$$F'_a = f(k_a V + k_r H) \tag{10-12}$$
$$M' = f k_a M \tag{10-13}$$

式中　f——工况系数，静容量计算时用 f_s，动容量（寿命）计算时用 f_d，其值按表 10-1 选取；

　　k_a，k_r——载荷换算系数，随回转支承结构不同选取不同值，见表 10-2。

④ 按承载能力曲线选取合适的回转支承　每一型号的回转支承都有相应的承载能力曲线。图 10-26 所示为某型号回转支承的承载能力曲线。可根据当量载荷 F'_a 和 M' 的值在回转支承承载能力曲线图中找点，当该点位于某一型号承载能力曲线以下时，说明该型号回转支承满足要求。

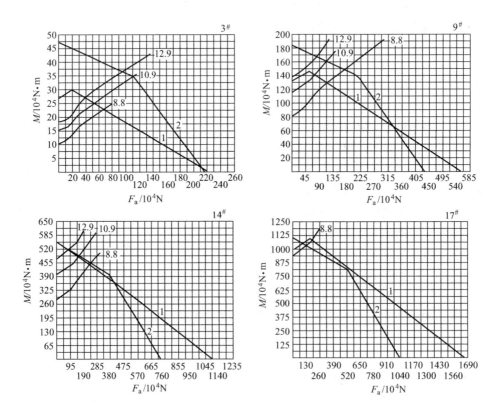

图 10-26　承载能力曲线-01 系列

1—静态能力承载曲线；2—动态承载能力曲线；8.8, 10.9, 12.9—螺栓承载能力曲线

表 10-1　回转支承工况系数

工况系数支承类型 应用对象		f_s				f_d			
		01	02	11	13	01	02	11	13
上回转	$M_f \leqslant 0.5M$	1.25	1.25	1.25	1.25	1.36	1.00	1.07	1.00
	$0.5M < M_f \leqslant 0.8M$					1.55	1.15	1.20	1.13
	$M' = fk_a M$					1.71	1.26	1.32	1.23
下回转		1.25	1.25	1.25	1.25	1.36	1.00	1.07	1.00

注：M_f 为空载时的反向倾翻力矩。

表 10-2　回转支承载荷换算系数

回转支承类型		k_a	k_r	回转支承类型		k_a	k_r
01	滚道接触角 $\alpha < 45°$	1.225	2.676	02	$H > 10\%V$	考虑滚道接触角变化，进行接触强度校核计算	
	滚道接触角 $\alpha \geqslant 45°$	1.0	8.046	11		1.0	2.25
02	$H \leqslant 10\%V$	1.0	0	13		1.0	0

10.3　回转驱动装置计算

10.3.1　回转驱动装置的形式与构造

回转机构的形式和构造，主要是根据起重机的用途、工作特点、起重量的大小来确定的。在实际起重机中采用了多种回转机构驱动方案，现就其主要形式加以简要介绍。

(1) 机械驱动

这是应用最广的一种方案。大部分的回转起重机采用了各种形式的机械驱动装置，它由下列各部分组成：原动机、联轴器、制动器、减速器和最后一级大齿轮（或针轮）传动。为了保证回转机构可靠工作和防止过载，在传动系统中一般还装设极限力矩联轴器。原动机大多采用电动机，但移动式回转起重机则多数采用内燃机。回转驱动元件大多采用齿轮（或针轮），个别起重机有采用滚轮驱动（图 10-12）或采用绳索牵引（图 10-27）的。

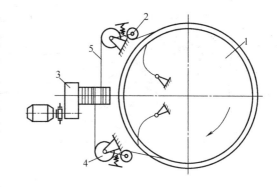

图 10-27　绳索牵引式回转驱动机构简图
1—特种转盘；2—张紧装置；3—卷筒绞车；
4—导向滑轮；5—曳引绳

根据起重机的用途和构造，旋转驱动机构可按两种方案布置。

① 驱动部分装在起重机的旋转部分上，最后一级大齿圈（或针轮）则固定在非旋转部分上。

② 驱动部分装在起重机的非旋转部分上，而最后一级大齿圈（或针轮）则固装在起重机的旋转部分上。

根据所用发动机、减速器及旋转驱动元件的不同，机械驱动的旋转机构出现了多种驱动形式，可归纳为下列几种。

① 卧式电动机，带制动轮的联轴器，制动器，带极限力矩联轴器的蜗轮减速器，最后一级大齿轮或针轮（图 10-28）。

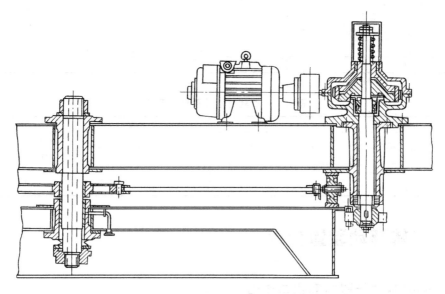

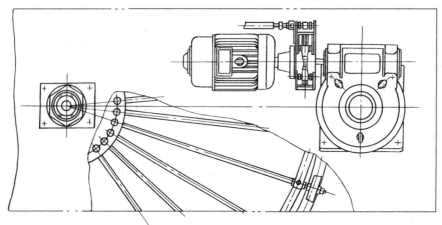

图 10-28　采用蜗轮减速器的回转机构

这种方案的优点是结构紧凑、传动比大，缺点是效率低。一般只用于要求机构紧凑的中小型旋转起重机。

② 卧式电动机，极限力矩联轴器，制动器，圆柱圆锥齿轮减速器（或部分采用开式齿轮传动），最后一级大齿轮或针轮（图 10-29）。

这种方案的优点是传动效率较高。采用闭式减速箱时，常把圆锥齿轮布置在高速部分，便于制造（图 10-30）。采用开式齿轮传动时，平面布置的尺寸较大，对机械安装的要求高，否则会造成齿轮啮合不良。

③ 立式电动机，联轴器，水平安置的制动器，轴线垂直布置的立式齿轮减速器（有时带极限力矩联轴器），最后一级大齿轮或针轮（图 10-31）。

这种方案的优点是平面布置紧凑，更好地利用了空间，避免了圆锥齿轮或蜗轮传动，传

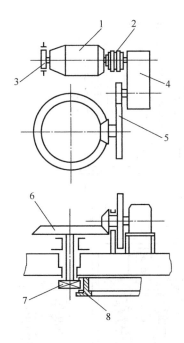

图 10-29　采用圆柱圆锥齿轮传动的旋转机构

1—卧式电动机；2—极限力矩联轴器；3—制动器；4—圆柱齿轮减速器；

5—开式圆柱齿轮；6—圆锥齿轮；7—行星齿轮；8—大齿轮或针轮

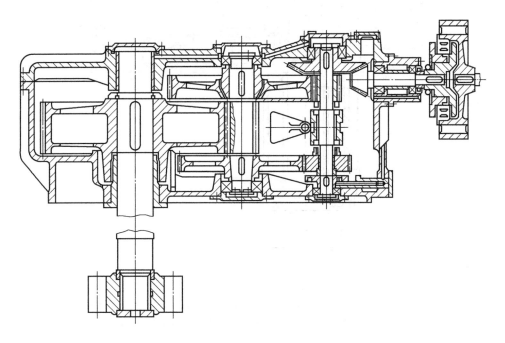

图 10-30　圆锥齿轮在高速部分的旋转机构变速箱

动效率高。立式齿轮减速器可采用二级或三级圆柱齿轮传动、圆柱行星齿轮传动、摆线针轮行星传动、少齿差行星齿轮传动或谐波齿轮传动等新型传动装置。这种方案是较理想的起重机回转机构驱动方案，已得到了日益广泛的应用。

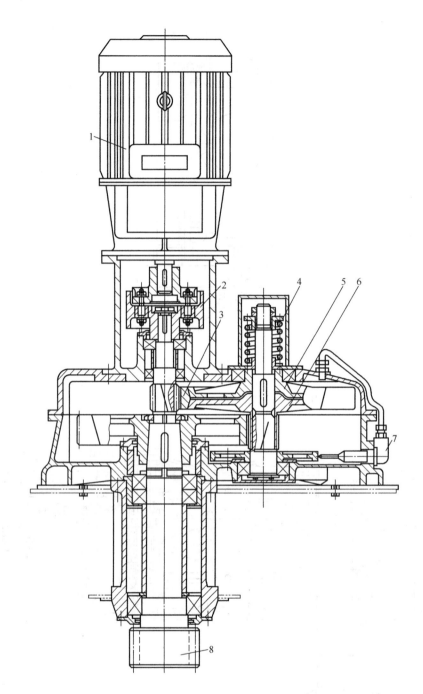

图 10-31　采用立式电动机的旋转驱动机构
1—立式电动机；2—带制动轮的联轴器；3—极限力矩联轴器的齿圈；4—压紧弹簧；
5,6—极限力矩联轴器的上、下锥体；7—柱塞式油泵；8—小齿轮

④ 卧式电动机，联轴器，制动器，减速器，驱动滚轮（图 10-12）。

这种方案的回转机构驱动方式与单独驱动的轮式运行机构相同，是利用车轮和轨道间的黏着力来实现摩擦传动的。它的优点是构造较简单，但只适用于旋转部分惯性质量不大的情况，因为驱动车轮的打滑限制了它的驱动能力。如料耙起重机的回转机构就采用了这种驱动

机构。

⑤ 绳索牵引式回转驱动机构（图 10-27）。这种回转驱动机构是由绞车、曳引绳和特种转盘三个基本部分组成。特种转盘是一个大直径的绳索滑轮，固装在起重机旋转部分上，在滑轮槽中按相反方向卷绕着两根曳引绳，曳引绳的一端通过张紧装置固定在转盘上，另一端则按相反方向卷绕在绞车的卷筒上，这样，当绞车按不同转向驱动卷筒时，两根曳引绳也就交替地绕上卷筒或自卷筒放出，转盘经曳引绳的牵引而旋转。根据所需要的转向改变曳引绳的牵引方向，即可实现起重机的旋转运动。

这种回转驱动机构的优点是结构简单，制造和装拆容易。它的缺点是旋转角受绕在转盘上的曳引绳长度所限制，通常不超过 400°。因此只适用于不要求连续多周旋转的起重机，特别适用于建筑用桅杆动臂起重机，因为这种起重机在进行建筑安装工作时，一般不要求多周旋转，但却需要经常装拆。

(2) 液压驱动

这是利用高压油液来传递能量的一种驱动机构。液压驱动的旋转机构可归纳为下列两大类。

图 10-32　液压油缸

1) 往复式传动

原动机带动油泵，高压油经过分配阀进入工作油缸，利用工作油缸中活塞杆或缸体的往复运动，通过绳索牵引或齿条齿轮传动，将往复运动转变为起重机的旋转运动（图 10-32）。

这种旋转驱动机构的特点是结构紧凑、自重轻、工作平稳，但一般只能做非整周的旋转运动。

2) 回转式液压传动

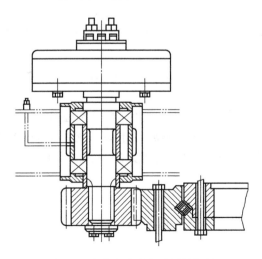

图 10-33　液压马达驱动回转机构

其与上述机构的差别在于采用回转式的液压马达，而不用往复式的液压油缸。液压马达是由油泵来的高压油驱动的。液压马达可以选用高速马达，用减速机传动；与机械传动方案一样，也可以选用低速大转矩马达，可以省去或减少中间传动装置，驱动最后一级大齿轮（或针轮），实现起重机的旋转运动（图 10-33）。

这种液压旋转驱动机构的特点是结构紧凑，工作平稳，自重轻，可以实现多周旋转。缺点是液压马达的制造和安装精度要求较高。

总之，液压传动在起重机上的应用可以改善工作性能、简化机构、减轻自重、实现无级调速。但液压部件的制造工艺和安装、调节等精度都要求较高，否则会产生漏油等故障而使工作不可靠。

(3) 回转机构的其他问题

在确定回转机构驱动方案时，还应该考虑下列几个方面的问题。

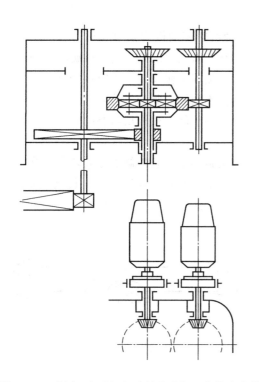

图 10-34 采用双电动机驱动的差动行星齿轮减速器

① 为了提高起重机的生产率，有时需要根据幅度不同改变回转速度，或需在空载和小负载时提高回转速度。对于机械驱动，最好是通过电气控制系统实现调速，有时也可采用机械调速方案，如采用离合器换挡的变速齿轮箱。这种机械变速方案由于换挡手续比较麻烦，不能很好满足提高生产率的要求。图 10-34 所示为采用双电动机驱动的差动行星齿轮减速器，根据两台电动机的开、停和正、反转等不同组合，可获得四种旋转速度。这种机械变速方案虽然较复杂但操作方便。

② 在选择回转机构的制动器时，应考虑到回转外阻力矩变化范围很大的特点，常用的常闭式电磁制动器往往不能准确停靠，并且有时制动过猛。因此，最好采用足踏式可操纵的常开式制动器。有的在停车时为了防止起重机自行转动，还备有锁紧装置。

③ 在确定回转机构在转台上的布置位置时，应考虑回转支承装置的间隙对于齿轮啮合的影响。当小齿轮装在前后位置时，回转支承装置的间隙会改变啮合的径向间隙与中心距；当小齿轮装在左右位置时，旋转支承装置的间隙会改变啮合齿轮的齿向，如果啮合宽度较大，会使齿面接触不良。由于针齿轮驱动对于中心距变化敏感，同时它的齿宽不大，故宜布置在左右位置，而采用渐开线齿圈时宜布置在前后位置。如果采用了间隙不大的滚动轴承回转装置，则小齿轮可以布置在圆周上的任何位置。

④ 在大型起重机中，为了不使齿圈及驱动机构部件尺寸过大，宜采用两套回转驱动机构同时驱动。

⑤ 在回转起重机中，为了避免过分剧烈的启动和制动以及因操作不当使臂架碰到障碍物而造成机件和结构件过载损坏，在传动机构中一般装有极限力矩联轴器，使传动系统中有摩擦连接存在。当传递力矩过大时，极限力矩联轴器的摩擦面就开始滑动，起到安全联轴器的作用。

10.3.2 回转驱动装置受力分析与计算

回转机构的驱动计算包括：回转阻力矩计算及驱动电动机的选择与校验。

(1) 回转阻力矩计算

塔式起重机回转时需要克服的回转阻力矩是回转支承装置中的摩擦阻力矩、风阻力矩、回转惯性阻力矩以及坡道阻力矩，按式 (10-14) 计算：

$$T = T_m + T_w + T_g + T_p \qquad (10\text{-}14)$$

式中 T_m——回转支承装置中的摩擦阻力矩，$N \cdot m$；

T_w——风阻力矩，$N \cdot m$；

T_g——惯性阻力矩，仅出现在回转启动和制动时，N·m；

T_p——坡道阻力矩，N·m。

1) 摩擦阻力矩 T_m

① 对于柱式回转支承装置（图 10-24）：

$$T_m = T_R + T_V + T_H \qquad (10\text{-}15)$$

式中　T_R——径向轴承中的摩擦阻力矩，N·m；

T_V——止推轴承中的摩擦阻力矩，N·m；

T_H——水平滚轮支承中的摩擦阻力矩，N·m。

a. 径向轴承中的摩擦阻力矩 T_R。

$$T_R = \frac{1}{2}\mu F_r d \qquad (10\text{-}16)$$

式中　F_r——止推轴承所受的水平力，N，见式（10-2）；

μ——径向轴承的摩擦系数，对滑动轴承取 $\mu = 0.08 \sim 0.1$，对滚动轴承取 $\mu = 0.015$；

d——径向轴承内径，m。

b. 止推轴承中的摩擦阻力矩 T_V。

$$T_V = \frac{1}{2}\mu F_t d \qquad (10\text{-}17)$$

式中　F_t——止推轴承所受的垂直力，N，见式（10-1）；

μ——径向轴承的摩擦系数，对滑动轴承取 $\mu = 0.08 \sim 0.1$，对滚动轴承取 $\mu = 0.015$；

d——止推轴承内径与外径的平均值，m。

c. 水平滚轮的摩擦阻力矩 T_H。

$$T_H = \frac{1}{2}fD\sum P_L \qquad (10\text{-}18)$$

式中　$\sum P_L$——全部滚轮的轮压之和，N；

D——滚道的直径，m；

f——摩擦阻力系数，滚动轴承 $f = 0.01$，滑动轴承 $f = 0.03$。

② 对于滚动轴承式回转支承装置：

滚动轴承式回转支承装置在回转启动时产生的摩擦阻力矩按式（10-19）计算：

$$T_m = \mu\frac{D_0}{2}(\sum N_{VM} + \sum N_H) \qquad (10\text{-}19)$$

$$\sum N_H = k_H H \qquad (10\text{-}20)$$

式中　μ——当量摩擦因数，其值见表 10-3；

D_0——回转支承轨道中心圆直径，m；

$\sum N_{VM}$——垂直力 V 和力矩 M 在回转支承的滚动体上产生的法向压力绝对值总和，N；

$\sum N_H$——水平力 F_H［式（10-4）］在回转支承的滚动体上产生的法向压力绝对值总和，N；

k_H——系数，与滚动体的形状和滚动体与滚道的接触角等因素有关，当接触角为 45°时，交叉滚柱式取 $k_H = 1.79$，滚球式取 $k_H = 1.72$。

当 $e = \dfrac{M}{V} \leqslant 0.262D_0$（交叉滚柱式）和 $e = \dfrac{M}{V} \leqslant 0.3D_0$（滚球式）时：

$$\sum N_{VM} = 1.414V \qquad (10\text{-}21)$$

当 $e = \dfrac{M}{V} \geqslant 0.262D_0$（交叉滚柱式）和 $e = \dfrac{M}{V} > 0.3D_0$（滚球式）时：

$$\sum N_{VM} = \frac{2.828Ve}{D_0}k_e \tag{10-22}$$

式中 k_e——系数，可根据 $\dfrac{2e}{D_0}$ 从图 10-35 中查得，滚球式 $t = 1.5$，滚柱式 $t = 1.1$。

表 10-3 当量摩擦系数 μ

工况	滚球式回转支承	交叉滚柱式回转支承
正常回转	0.008	0.01
回转启动	0.012	0.015

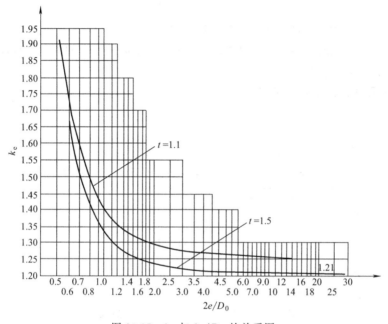

图 10-35 k_e 与 $2e/D_0$ 的关系图

2）风阻力矩 T_w

风阻力矩计算如图 10-36 所示。

$$T_w = (F_{wQ}R + F_{wb}R_b - F_{w3}R_3 - F_{w4}R_4)\sin\phi \tag{10-23}$$

式中 F_{wQ}——作用在起吊物品上的风载荷，根据不同的计算要求，由计算风压 p_{w1} 或 p_{w2}
　　　　与物品迎风面积的乘积获得，N；

　　 F_{wb}——作用在起重臂架上的风载荷，N；

　　 F_{w3}——作用在平衡重上的风载荷，N；

　　 F_{w4}——作用在平衡臂架上的风载荷，N；

　　 R——起重物品到回转中心的距离，m；

　　 R_b——起重臂架风力作用线到回转中心的距离，m；

　　 R_3——平衡重风力作用线到回转中心的距离，m；

　　 R_4——平衡臂架风力作用线到回转中心的距离，m；

　　 ϕ——起重臂与风向的夹角，（°）。

当 $\phi=90°$ 时，起重臂架与风向垂直，这时风阻力矩最大，即：

$$T_{wmax}=F_{wQ}R+F_{wb}R_b-F_{w3}R_3-F_{w4}R_4 \qquad (10\text{-}24)$$

假定起重机回转时风向不变，则臂架与风向的夹角 ϕ 在由 $0°\sim90°$ 的过程中，风阻力矩亦随着变化，其等效风阻力矩按式（10-25）计算：

$$T_{we}=0.7T_{wmax} \qquad (10\text{-}25)$$

确定电动机功率和零部件疲劳计算时，按起重机正常工作状态下的计算风压 p_{w1} 计算 T_{wmax}。

3）回转惯性阻力矩 T_g

塔式起重机回转时的惯性阻力矩，由绕塔机回转中心线回转的物品惯性阻力矩 T_{gQ} 和塔机回转部分的惯性阻力矩 T_{gG}，以及机构传动部分旋转零件的惯性阻力矩 T_{gm} 组成。

起吊物品绕塔式起重机回转时的惯性阻力矩 T_{gQ} 为：

$$T_{gQ}=J_Q\frac{n}{9.55t}=F_QR^2\frac{n}{9.55t} \qquad (10\text{-}26)$$

式中 J_Q——物品对塔式起重机回转中心线的转动惯量，$kg\cdot m^2$；

$\quad F_Q$——塔式起重机的额定载荷，N；

$\quad R$——起吊物品的质心至回转中心线之间的水平距离，m；

$\quad n$——塔式起重机的回转速度，r/min，一般为 $n=0.5\sim1$ r/min；

$\quad t$——回转机构的启动时间，s，通常可取，$t=3\sim6$s。

塔式起重机回转部分的惯性阻力矩 T_{gG} 为：

$$T_{gG}=\sum_{i=1}^{n}J_{Gi}\frac{n}{9.55t} \qquad (10\text{-}27)$$

式中 $\sum_{i=1}^{n}J_{Gi}$——塔式起重机各部件和构件绕回转中心的转动惯量，$kg\cdot m^2$。

物品、部件和构件绕塔式起重机回转中心线的转动惯量见图 10-37。

作用在电动机轴上的机构传动部分的惯性阻力矩 T_{gm} 为：

$$T_{gm}=1.2\frac{J_mn_m}{9.55t} \qquad (10\text{-}28)$$

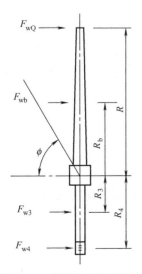

图 10-36　风阻力矩计算简图

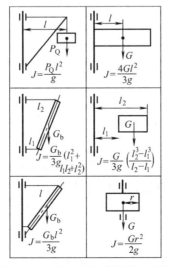

图 10-37　物品和构件的转动惯量

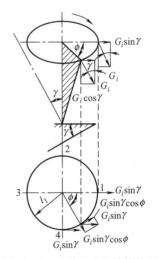

图 10-38　坡道阻力矩计算简图

式中 J_m——电动机轴上电动转子、联轴器、制动轮的转动惯量，kg·m²；

1.2——考虑除电动机轴以外其他转动零件转动惯量的系数；

n_m——电动机额定转速，r/min；

t——机构启动时间，s。

4）坡道阻力矩 T_p

塔式起重机由于轨道铺设不平或土壤地基沉陷，导致其回转中心线与铅垂线成一夹角 γ。这时若回转部分各个部件的重力 G_i 作用在离回转中心的距离为 l_i 处，那么 G_i 在与回转中心垂直的平面上有一分力 $G_i \sin\gamma$，由于这一分力的大小和方向始终不变，但其作用点却随着塔式起重机的回转而在半径为 l_i 的圆弧上移动，因而该分力对塔式起重机回转中心的力矩不断变化。设塔式起重机的回转以 ϕ 表示，则由于坡道产生的阻力矩（图 10-38）为：

$$T_p = \sum_{i=1}^{n} G_i l_i \sin\gamma \sin\phi \tag{10-29}$$

式中 G_i——塔式起重机各回转部件的重力，N；

l_i——各部件中心到回转轴线的距离，m；

γ——坡道角度，(°)；

ϕ——塔式起重机回转角度，(°)。

当 $\phi=90°$ 或 $\phi=270°$ 时，坡道阻力矩达最大值：

$$T_{pmax} = \sum_{i=1}^{n} G_i l_i \sin\gamma \tag{10-30}$$

臂架回转时，T_p 随回转角度 ϕ 不断变化，ϕ 由 0° 转至 90° 或 180° 的等效坡度力矩为：

$$T_{pe} \approx 0.7 T_{pmax} \tag{10-31}$$

(2) 驱动电动机的选择与校验

机构稳定运动的等效静力阻力矩 T_e 由摩擦阻力矩、等效坡道阻力矩和正常工作状态下的等效风阻力矩（按风压 p_{w2} 计算）所组成，即：

$$T_e = T_m + T_{pe} + T_{we} \tag{10-32}$$

机构电动机等效功率为：

$$P_e = \frac{T_e n}{9550 \eta} \tag{10-33}$$

式中 n——塔式起重机回转速度，r/min；

η——机构效率，采用蜗杆传动时 $\eta = 0.6 \sim 0.65$，采用行星齿轮传动时 $\eta = 0.8 \sim 0.85$；

T_m——摩擦阻力矩，N·m，与回转支承的类型有关；

T_{pe}——等效坡道阻力矩，N·m；

T_{we}——等效风阻力矩，N·m；

若回转惯性大时，在式（10-33）中应考虑回转惯性力矩 T_g。

按式（10-33）计算得到 P_e 值后，选择与机构的接电持续率 JC 值相应的额定功率的电动机，然后进行校核。

1）校核启动时间 t

$$t = \frac{[J] n_m}{9.55 (T_{mq} - T_j)} \tag{10-34}$$

$$T_{mq} = \lambda_{as} T_n \tag{10-35}$$

$$T_n = 9550 \frac{P_{JC}}{n_m} \tag{10-36}$$

$$T_j = (T_m + T_{pe} + T_{we})/(i\eta) \tag{10-37}$$

$$[J] = 1.15 J_m + \frac{(Q+q)R^2}{i^2\eta} + \frac{\sum m_i l_i^2}{i^2\eta} \tag{10-38}$$

式中　T_{mq}——电动机平均启动转矩，N·m；

T_n——电动机额定转矩，N·m；

λ_{as}——电动机平均启动转矩标准值，见表 10-4；

P_{JC}——基准接电持续率时的电动机功率，kW；

n_m——电动机额定转速，r/min；

T_j——回转机构静阻力矩（换算到电动机轴上）；

i——机构传动比；

η——机构效率；

$[J]$——换算到电动机轴上的机构总转动惯量；

R——塔式起重机幅度，$R = (0.7 \sim 0.8)R_{max}$；

Q，q——起吊物品与吊臂具体的质量，kg。

表 10-4　电动机平均启动转矩标准值 $\lambda_{as} = \dfrac{T_{mq}}{T_n}$

电动机类型	λ_{as}
三相交流绕线式电动机	1.5～1.6
他励式直流电动机	1.7～1.8
串励式直流电动机	1.8～2.0
复励式直流电动机	1.8～1.9

注：1. 电动机滑差率大者取大值。

2. 三相交流鼠笼式电动机的平均转矩 $T_{mq} = (0.7 \sim 0.8)T_{max}$，$T_{max} = (2.8 \sim 3.4)T_n$，$T_{max}$ 为电动机最大转矩。

根据《塔式起重机设计规范》（GB/T 13752—1992）规定：对于回转速度较低的安装用塔式起重机，臂架头部的切向加（减）速度一般应控制在 $0.1 \sim 0.3 \text{m/s}^2$ 为宜，对于回转速度较高的建筑施工和输送混凝土用的塔式起重机，可提高到 $0.4 \sim 0.8 \text{m/s}^2$。为了计算上的方便，换算成回转启动时间后，一般情况下 $t = 4 \sim 10\text{s}$，在最大坡度和最大风力下启动时 t 可达 20s，但不得少于 4s。

2）电动机过载能力校验

电动机过载能力校验按式（10-39）进行：

$$P_{JC} \geqslant \frac{Hn_m}{Z_m \lambda_m} \times \frac{T_m + T_{pmax} + T_{w2max}}{9550i\eta} \tag{10-39}$$

式中　P_{JC}——基准接电持续率时的电动机额定功率，kW；

H——系数，在电压有损失（交流电动机为 15%，直流电动机不考虑）、最大转矩或堵转转矩有允差（绕线型异步电动机为 10%，笼型电动机为 15%）等条件下，绕线型异步电动机取 $H = 1.55$，鼠笼型电动机取 $H = 1.6$，直流电动机取 $H = 1$；

Z_m——机构电动机的个数；

λ_m——基准接电持续率时的电动机转矩允许过载倍数；

T_{w2max}——按工作状态最大计算风压 p_{w2} 计算出的风阻力矩，N·m；

其他符号同前。

3）电动机发热校验

回转机构电动机发热校验按式（10-40）计算：

$$P_{JC} \geqslant \frac{T_e n_m}{9550 \eta K_z} \tag{10-40}$$

最不利工作循环的等效静阻力矩 T_{re} 为：

$$T_{re} = T_e \tag{10-41}$$

式中　T_e——机构稳定运动的等效静力阻力矩，N·m，见式（10-32）；

　　　　K_z——系数，按式（10-42）计算。

　　　其余符号同前。

　　　系数 K_z 的计算：

$$K_z = 1 - \frac{Z}{1000} \tag{10-42}$$

$$Z = d_e + g d_i + r f \tag{10-43}$$

式中　Z——电动机每小时折算启动次数；

　　　　d_e——每小时启动次数；

　　　　d_i——每小时点动或不完全启动次数；

　　　　f——每小时制动次数；

　　g，r——折算系数，由生产厂给定，一般可按表 10-5 确定。

　　　当缺少实际数据时，Z 值可按照表 10-6 选定。

表 10-5　g、r 值

电动机类型	g	r
绕线异步电动机	0.25	0.80
笼型异步电动机	0.50	3.00

表 10-6　塔式起重机机构电动机容量选择计算中的 JC、Z 值

塔式起重机类别	用途说明	起升机构		回转机构		运行机构		小车变幅机构		动臂变幅机构	
		$JC/\%$	Z	$JC/\%$	Z	$JC/\%$	Z	$JC/\%$	Z	$JC/\%$	Z
1	不经常使用	25	60	25	60	15	60	25	60	15	60
	储料场用	25	60	25	60	15	60	25	60	15	60
	钻井平台维修	25	150	25	150	15	60	25	150	15	150
	船舶修理船坞用	40	150	40	150	15	60	25	150	15,25	150
2	自行架设建筑用	25,40	150	25,40	150 300	15 25	60 150	25,40	150	25	150
	非自行架设和自升式建筑用	40,60	150 300	40	300	15 25	60 150	25,40	150	25	150
3	造船厂用	40	150 300	40	300	15	150	25	150	25	150
	集装箱港口用	40	150 300	40	300	15	150	25	150	25	150
	用料斗浇灌混凝土	40,60	150	40,60	150 300	15 25	60 150	40	150	25	150
	使用抓斗工作	40,60	150	40,60	150 300	15 25	60 150	40	150	25	150

注：1. 表中 Z 折合的每小时全启动次数具体见式（10-42）。

　　2. 当缺少实际数据时，JC 和 Z 可按本表进行选取。

（3）极限力矩联轴器的选择

塔式起重机由于回转惯性力矩大，为了避免机构零件和结构的损坏，通常在回转机构末级传动的小齿轮轴上装设有极限力矩联轴器。

极限力矩联轴器的摩擦力矩按式（10-44）确定：

$$T_c = 1.1\left(T_{max} - \frac{J_m n_m}{9.55t}\right)i_c\eta_c \tag{10-44}$$

式中　T_c——极限力矩联轴器摩擦力矩，N·m；

　　　J_m——电动机轴上电机转子、制动轮和联轴器的转动惯量，kg·m²；

　　　n_m——电动机额定转速，r/min；

　i_c，η_c——电动机轴至极限力矩联轴器的传动比和传动效率；

　　　t——启动、制动时间，s。

（4）制动器的选择

在塔式起重机中，推荐采用可操纵的常开式制动器。由于在露天工作的塔式起重机要考虑在最大工作风力下能把机构停住，因此制动力矩应包括最大工作风阻力矩、最大坡道阻力矩及惯性阻力矩，而摩擦阻力矩帮助制动。据此，装在回转机构电动机轴上的制动器制动力矩可按式（10-45）计算：

$$T_z = \frac{1.2J_m n_m}{9.55t_z} + (T_{w2max} + T_{pmax} + T_{gQ} + T_{gG} - T_m)\frac{\eta}{i} \tag{10-45}$$

式中　T_{gQ}，T_{gG}——物品和起重机回转部分对回转中心线的惯性力矩，N·m，见式（10-26）、式（10-27）；

　　　t_z——制动时间，s；

　　T_{w2max}——按风压 p_{w2} 计算的最大的风阻力矩，N·m。

如果回转机构中装有极限力矩限制器，则制动器的制动力矩为：

$$T_z = \frac{T_c}{i_c\eta_c} + \frac{1.2J_m n_m}{9.55t_z} \approx 1.1T_{max} \tag{10-46}$$

式中　T_c——极限力矩联轴器摩擦力矩，N·m；

　i_c，η_c——电动机轴至极限力矩联轴器轴的传动比和传动效率；

　T_{max}——电动机最大转矩，N·m。

无风正常制动时的制动时间按式（10-47）校核：

$$t_z = \frac{1.2J_m n_m}{9.55(T_z + T'_m - T'_p)} + \frac{[(Q+q)R^2 + \sum m_i l_i^2]n_m\eta}{9.55(T_z + T'_m - T'_p)i^2} \tag{10-47}$$

式中　T'_m，T'_p——换算到制动器轴上的回转摩擦力矩和坡道力矩，N·m。

为了工作平稳，回转机构的启动和制动时间一般以不小于 3~4s 为宜。

第11章

顶升机构

目前随着"工业 4.0""中国制造 2025"的推进,大型、重型设备安装的任务日渐增多,在施工现场塔式起重机的运用极为普遍。而安装和拆卸塔式起重机作业多属于高空作业,危险性大、技术性强,其安装、拆卸和运输是否方便,是采用塔式起重机的一个重要性能指标。随着建筑结构体系和施工方法的不断改进,施工周期愈来愈短,塔式起重机转移也愈来愈频繁。通常要求在保证安全的前提下,尽量减少消耗在起重机安装、拆卸和运输上的劳动力,加快设备周转,减少安装和运输费用,因此安装方法必须设计得简单、合理。

工地现场对安装、拆卸塔式起重机的具体要求是:最大限度地应用起重机自身机构和结构进行安装架设;尽量减少高空作业;最小的安装场地和安装空间;转移运输方便。

塔式起重机的安装与拆卸,根据构造形式及现场具体施工条件可以有多种方法,本章将着重介绍几种常用的安装方法。

11.1 自升式塔式起重机的顶升结构及顶升方式

11.1.1 概述

目前在国内外高层建筑施工中几乎均采用装有顶升机构的自升式塔式起重机,主要原因是这种起重机具有下列优点。

① 能随建筑物升高而升高,对高层建筑物适应性强。

② 在基础施工阶段可在现场安装使用,有利于提高机械的利用率,缩短工期,提高生产率。

③ 不占用或只占用很小的施工场地,特别适用于大城市改建时现场狭窄的"插入式"建筑工程。

④ 操纵室直接布置在塔顶下面,司机视野好。

⑤ 采用自行升高的方法,可以避免很大的安装应力,因而避免了结构的臃肿和笨重,节约用钢量。

⑥ 安装和拆装方便。

11.1.2 顶升接高方式

顶升接高方式,可分为上顶升加节接高、中顶升加节接高和下顶升加节接高的三种不同形式(图 11-1)。

上顶升加节接高的工艺是由上向下插入标准节，多用于俯仰变幅的动臂式自升式塔式起重机。

下顶升加节接高的优点是人员在下部操作，安全方便；缺点是顶升重量大，顶升时锚固装置必须松开。

中顶升加节接高的工艺是由塔身一侧引入标准节，可适用于不同形式的臂架内爬塔、外附塔，而且顶升时无需松开锚固装置，应用面比较广泛。

11.1.3 顶升机构的种类

根据传动方式的不同，顶升机构可分为绳轮顶升机构、链轮顶升机构、齿条顶升机构、丝杠顶升机构和液压顶升机构等五种。

绳轮顶升机构的特点是构造简单，但不平稳。

链轮顶升机构与绳轮顶升机构相类似，采用较少。

齿条顶升机构在每节外塔架内侧均装有齿条，内塔架外侧底部安装齿轮。齿轮在齿条上滚动，内塔架随之爬升或下降。

丝杠爬升机构的丝杠装在内塔架中轴线处，或装在塔身的侧面内外塔架的空隙里。通过丝杠正、反转，完成顶升过程。

液压顶升机构包括液压泵、管路、工作油缸、电动机等，是目前应用最广的一种。其主要优点是构造简单、工作可靠、平稳、安全、操纵方便、爬升速度快。本节仅讨论液压顶升机构及其工作过程。

11.1.4 液压顶升机构

按顶升液压缸的布置，顶升接高方式又可分为中央顶升和侧顶升两种。

(1) 中央顶升

所谓中央顶升，是指将顶升液压缸布置在塔身的中央，并设上、下横梁各一个。液压缸上端固定在上梁铰点处。顶升时，活塞杆外伸，通过下横梁支在下部塔身的托座或相应的腹杆节点上，如图 11-2 所示，液压缸的大腔在上、小腔在下，压力油不断注入液压缸大腔，小腔中液压油则回流入油箱，从而使液压缸将塔式起重机的上部顶起。其顶升过程（图 11-3）如下。

① 图 11-3 (a) 表示起重机首先将塔身的一段标准节吊起并放在顶升套架平台上的摆渡小车上。

② 图 11-3 (b) 表示过渡节与塔身的连接螺栓去掉后，接通油路使高压油进入液压缸上腔，而液压缸下腔与回油箱的油路相通，这时套架连同上部结构即被顶升直到规定高度。

③ 图 11-3 (c) 表示套架下部定位销就位销紧，使套架与塔身固定，再提起活塞杆形成标准节引进空间。

④ 图 11-3 (d) 表示借助引进机构将载有标准节的摆渡小车开到套架中央引进空间内，并使连接在活塞杆端部的扁担落至已经引进的标准节水平腹杆节点上，接着插好销子使两者连接，然后用油缸稍稍提起待接高的标准节，退出摆渡小车。

⑤ 图 11-3 (e) 表示放下待接高的标准节，使其落在下面塔身上，并用螺栓将其连接，接着再次稍稍顶起套架，以便拔出后架下部定位销，随后再落下套架，用螺栓将过渡节和刚接高的标准节连接。

以上是接高一段塔身的全过程，重复上述步骤，即可将塔身接高到预定高度。

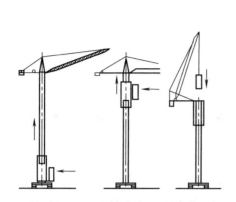

(a) 下顶升加节接高
(b) 中顶升加节接高
(c) 上顶升加节接高

图 11-1　顶升接高方式示意图

塔机上部
1
2
3
4
5
6
7
8
9
10
11
12
M

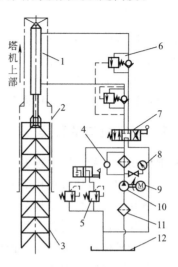

图 11-2　自升塔机液压顶升系统油路示意图

1—液压缸；2—套架；3—塔身；4—单向阀；5—溢流阀；6—平衡阀；7—换向阀；8—油压表；9—电动机；10—油泵；11—滤清器；12—油箱

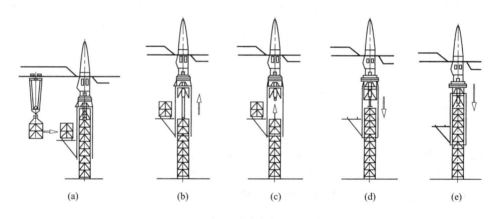

(a)
(b)
(c)
(d)
(e)

图 11-3　中央顶升接高过程示意图

(2) 侧顶升

所谓侧顶升，是将顶升液压油缸设在套架的后侧。顶升时，压力油不断泵入油缸大腔，小腔里的液压油则回流入油箱。活塞杆外伸，通过顶升横担梁支撑在焊接于塔身主弦杆上的专用踏步块上，踏步块间距视活塞杆有效行程而定，一般取为 1～5m。由于液压缸上端铰接在顶升套架横梁上，故能随着液压缸活塞杆的逐步外伸而将塔机上部顶起来。侧顶式的主要优点是：塔身标准节长度可适当放大，液压缸行程可以相应缩短，加工制造比较方便，成本亦低廉一些。其顶升接高过程见图 11-4。

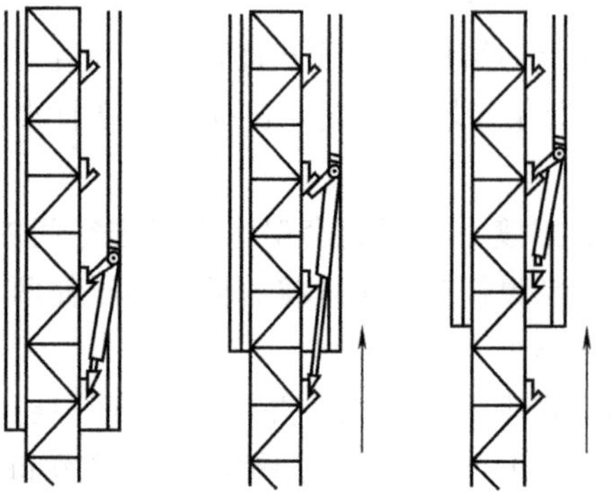

图 11-4　侧顶升接高过程示意图

11.2 自升式塔式起重机的安装和拆卸

11.2.1 塔式起重机的安装

首先熟读使用说明书，准备一台汽车吊（如 FTC5013 要求 20T 汽车吊）。

(1) 安装注意事项

① 安装工作应在风级低于 4 级时进行。

② 在未安装配重前，绝对禁止起吊载荷。

③ 顶升工作开始之前，要检查塔顶支架与顶升套架是否已用销轴连接，并用开口销销好。

④ 顶升时需要将起重臂转至顶升套架开口处。

⑤ 在顶升过程中，绝对禁止转动起重臂或开动牵引小车及使用起重吊钩升或降。

⑥ 地基土质应坚实牢固，（土地）地耐力应不小于 $200kN/m^2$。

⑦ 接地保护避雷器的电阻不得超过 4Ω。

⑧ 注意安装场地尺寸。

(2) 塔机安装程序

① 安装底架（图 11-5）。测量底架上四个法兰盘和四个斜撑杆支座处的水平度，其误差应在规定范围内（FTC5013 为 16mm）；双螺母防松。

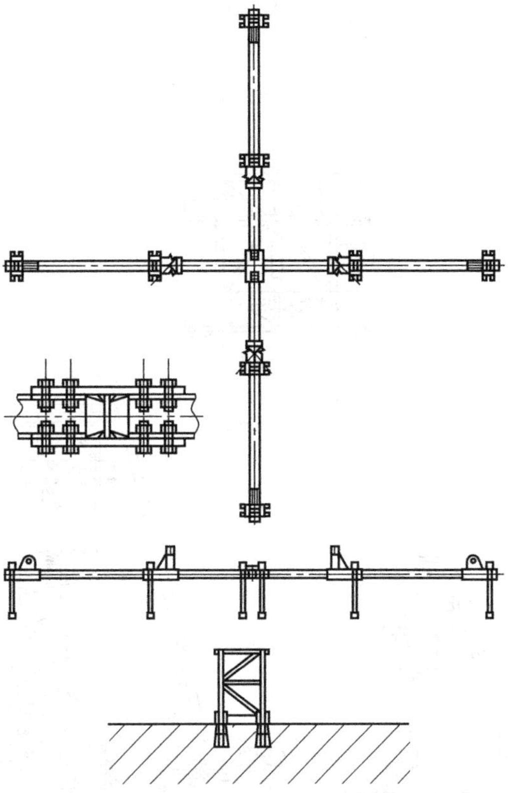

② 安装加强节（基础节）标准节、套架（图 11-6～图 11-8）。

a. 塔身节上有踏步的一侧应与准备安装平衡臂的方向一致。

b. 套架上的爬爪应放在加强节的踏步上。

图 11-5 底架安装示意图

c. 在吊装套架前应注意把 16 个爬升导轮的调整尺寸放到最大。

③ 安装回转总成。将该组件吊装到套架上，用销轴与套架连接起来，用螺栓将下转台与标准节连接（图 11-9）。

④ 安装回转塔身（图 11-10）。

a. 注意安装平衡臂铰点的一方在标准节有踏步的一侧。

b. 调整 16 件爬升导轮与塔身主弦杆之间的缝隙为 2～3mm。

⑤ 安装塔顶。吊装时应将与塔顶垂直的一侧朝向起重臂方向（图 11-11）。

⑥ 安装平衡总成。装上部分平衡重（如：FTC5013 共 13.26t，分 6 次吊装，此时一块重量为 2.21t）（图 11-12～图 11-14、图 11-16）。

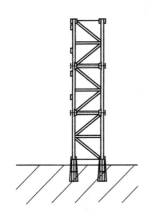

图 11-6　基础节安装示意图

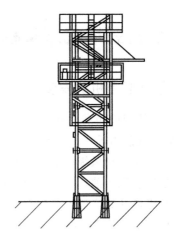

图 11-7　套架安装示意图

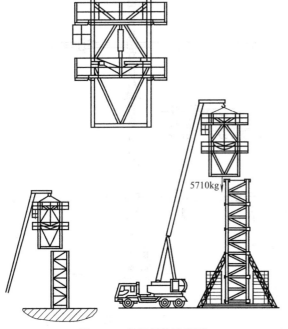

图 11-8　套架吊装示意图

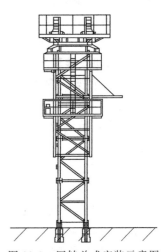

图 11-9　回转总成安装示意图

⑦ 安装司机室。上支座靠右平台前端（图 11-15）。

⑧ 安装起重臂总成（图 11-17）。

a. 小车在起重臂根部最小幅度处捆扎牢固。

b. 拉杆放在定位托架内，并捆扎牢固。

⑨ 安装平衡重。平衡重配置及安装严格按要求进行，长螺栓串在一起，穿绕起升钢丝绳（图 11-18）。

⑩ 电气安装、调试。对起升机构、回转、变幅机构进行安装、调试。

⑪ 顶升两个标准节后安装斜撑杆（图 11-19）。

a. 将下转台（下支座）和标准节的高强度螺栓卸下。

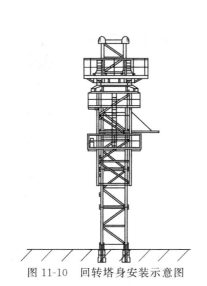

图 11-10　回转塔身安装示意图

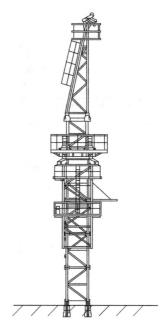

图 11-11　塔顶安装示意图

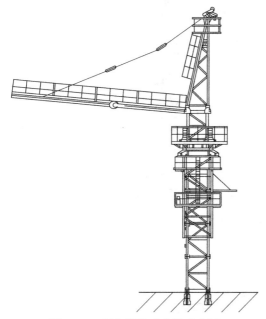

图 11-12　平衡臂总成安装示意图

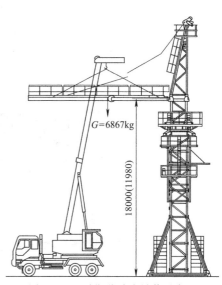

图 11-13　平衡臂总成吊装示意图

　　b. 将顶升横梁两端的轴头准确地放入踏步槽内就位，并扶正。顶升横梁尽可能靠近塔身并与油缸纵轴线尽可能在同一平面内。

　　c. 开动液压系统，使活塞杆伸出 20～30mm，使下支座与标准节的结合面恰好刚刚分开，然后吊钩从臂根向外运行，同时观察套架四周 16 个导轮与塔身间隙（约 2mm）基本均匀时变幅小车即停住，司机应记住此平衡点位置。

　　d. 继续开动液压系统使活塞杆全部伸出，稍微缩回，使爬爪搁在标准节的踏步槽上，然后油缸活塞全部缩回，重新使顶升横梁轴头放在一组踏步槽内，再次伸出活塞杆，引进标

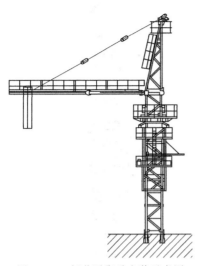

图 11-14　部分平衡重安装示意图

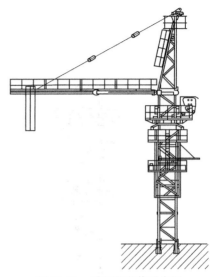

图 11-15　司机室安装示意图

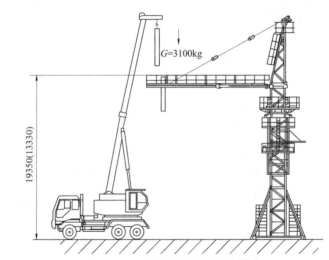

图 11-16　部分平衡重吊装示意图

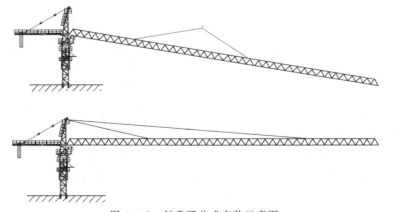

图 11-17　起重臂总成安装示意图

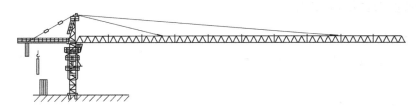

图 11-18　平衡重安装示意图

准节、高强螺栓连接牢固。所加标准节的踏步必须与已有标准节对正。加节完毕后，将下支座与标准节连接牢固。连接加节重复上述过程。

　　e. 安装四根斜撑杆。

　　f. 检查塔身垂直度，允许误差为 2/1000。

　　⑫ 安装安全装置及调试（图 11-20）。

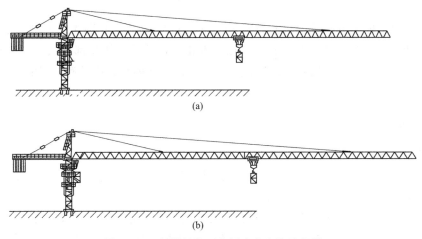

(a)

(b)

图 11-19　斜撑杆前两个标准节安装示意图

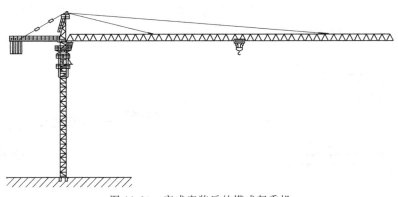

图 11-20　完成安装后的塔式起重机

11.2.2　塔式起重机的拆卸

后装的先拆，先装的后拆。

11.2.3 塔式起重机的使用

(1) 使用前的工作

① 立塔后的检查项目，参见有关资料。

② 试验。

a. 空载试验。

b. 静载试验。依据《塔式起重机》（GB/T 5031—2008）进行。

c. 动载试验。超载 10% 依据《塔式起重机》（GB/T 5031—2008）进行。

(2) 安全操作流程

① 参见《塔机操作使用规程》等有关资料。

② 工作温度为 −20～+40℃，工作风级小于 6 级。

11.3 旋转法

旋转法适用于塔身不旋转、高度约为 20～30m 的轻型及中型塔式起重机。现以 QT60/80 塔式起重机为例加以叙述，尽管该机型已经老化，且重量和体积都较大，不能整体搬运，只能拆开成若干节和部件运送到工地后再进行安装，但其拆装方法具有一定的代表性和显著特点。

11.3.1 安装

安装程序如下：

① 利用自行式起重机把底架吊装在预先铺设好的轨道上，并利用夹轨器及枕木等将其位置固定，随后安装好压铁，如图 11-21 所示。

② 把塔身和起重臂根据所需长度分别在底架两侧的轨道中心组装好，利用自行式起重机将起重臂抬起，使其根部插入平台的铰耳并与之铰接，如图 11-22 所示，然后在其头部装好滑轮、拉板、牵引钢丝绳。同样，当塔身的一切机构装好以后，将塔身底部铰接在底架的另一边，并在塔身与塔顶连接的前部用枕木将塔身垫起，参见图 11-23。最后通过安装用的滑轮组使塔身顶部与起重臂头部连接，参见图 11-24。

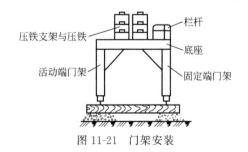

图 11-21　门架安装

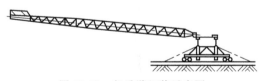

图 11-22　起重臂组装示意图

③ 起重机整体拼装完毕后，进行电气设备的检查与连线工作。要求电源电压变化不得超过 ±5%，额定电压 380V，无短路、断路、漏电现象。

④ 经检查证实一切（包括结构、机构、滑轮组、地锚、电气等）情况正常之后，开动卷扬机，起重臂即被拉起，当其拉纤绳拉紧后，塔身开始升起。当塔身重心刚刚越过铰点

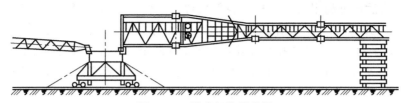

图 11-23　塔身组装示意图

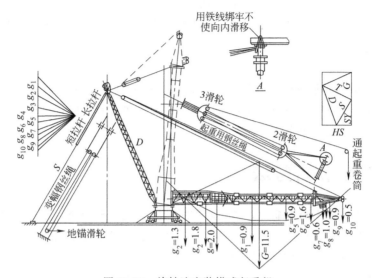

图 11-24　旋转法安装塔式起重机

时，立即停止起升机构，借助放置在门架平台上的螺旋千斤顶等辅助装置使塔身慢慢就位，然后装上塔身与门架的连接螺栓，塔身竖立完成。

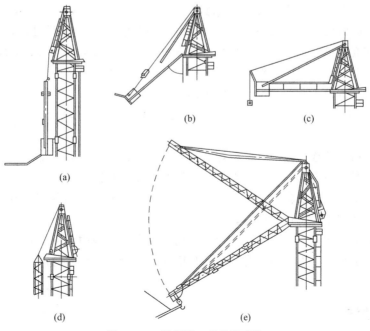

图 11-25　平衡臂、起重臂安装

⑤ 塔身立直后即可利用起升机构安装平衡臂、平衡重和起重臂，如图 11-25 所示。首先将起重钢丝绳向配重箱方向由塔顶导向滑轮绕出，与平衡臂连接在一起 [图 11-25（a）]，开动卷扬机提起平衡臂至塔帽连接轴孔处，穿进销轴固定。接着用事先绑好的麻绳将平衡臂拉离塔身约成 20°夹角 [图 11-25（b）]，然后开动卷扬机将平衡臂拉到水平位置后用拉杆与塔帽固定。最后将起升绳由平衡臂尾端导向滑轮绕下，吊起平衡重装入平衡重箱内 [图 11-25（c）]，然后采用与安装平衡臂相似的方法安装好起重臂 [图 11-25（d）、（e）]。

⑥ 塔式起重机安装完毕，经试运转后即可投入正常工作。

用旋转法竖立塔身时，必须验算各部件的安装应力，其安装作用力图解见图 11-24。

11.3.2 拆卸

QT60/80 型塔式起重机拆卸方法与安装相同，只不过工作程序相反，先装的后拆，后装的先拆。但放倒塔身时，必须用控制器反转来放倒，决不允许停止电动机，放松制动器任其自然下降，以免发生严重事故。

11.4 起扳法和折叠法

随着建筑施工周期不断地缩短，塔式起重机的转移也日渐频繁。为此，目前的中小型下回转塔式起重机几乎均能整体拖运和快速架设，而快速架设中又以整体起扳法最为简单和普遍，其特点是利用变幅机构和起升机构进行立塔和拉臂，无需地锚和辅助起重机。此法的优点是操作方便、安装迅速、省工省时，一般半天之内即可投入吊装施工。

11.4.1 整体起扳法

整体起扳法一般是利用自身变幅机构（此时变幅滑轮组作安装架设用）整体起扳塔身和吊臂，如图 11-26 所示。塔身在立起与放倒时，要求有较慢的速度，但起扳塔身的力量则要求很大，正常变幅时变幅滑轮组倍率为 4，安装塔身时倍率为 7。架设过程如下：

首先将塔式起重机拖上轨道，夹轨器夹紧钢轨，并用楔块塞住车轮防止其移动，再将回转平台与底盘临时固定，以防在架设过程中回转。臂架与塔身用扣件扣住，穿绕好变幅钢丝绳，此时塔式起重机处于图 11-26（a）所示的状态。

开动变幅机构，塔身开始绕 O_1 点转动拉起，直至塔身至垂直位置，如图 11-26（b）所示。

拆除臂架与塔身的连接扣件，穿绕好起升钢丝绳，在臂架头部绑扎一麻绳，尽量将臂架外拉，使其与塔身成一夹角，以克服死点。然后开动变幅卷扬机，臂架将绕 O_2 点转动拉起，直至所需位置，变幅卷扬机刹车。最后升起吊钩，放松夹轨器，拆卸平台与底盘的固定件，塔机架设结束，如图 11-26（c）所示。

整体起扳法装拆起重机方便简单，无需专门机构和其他辅助设备。但存在的问题是：要求有较宽敞的安装场地，而且当塔身和吊臂长度大时，会产生很大的钢丝绳拉力和塔身安装内力。

11.4.2 折叠法

为了减少安装时所需的场地面积，缩短拖运长度，有利于整体托运，下回转塔式起重机

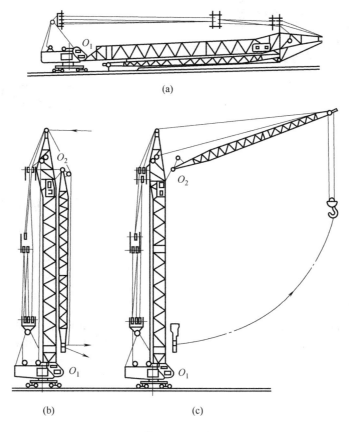

图 11-26 整体起扳法安装塔式起重机

塔身和吊臂常作成伸缩和折叠的构造形式。下面介绍两种常用的折叠机构及折叠方法。

（1）绳索滑轮组折叠

如图 11-27 所示的 QTL-16 型轮胎塔式起重机即是使用钢丝绳滑轮组进行安装架设的。它的塔身可以伸缩，吊臂可侧折。塔身和吊臂缩进、折叠后向后倾倒（后侧试折叠）。为了安装架设需要，专门设计了一套钢丝绳系统（图 11-28）。这套滑轮组使起重机的整个架设过程，包括竖塔、伸塔和拉起吊臂等动作均通过本身的安装卷扬机构加以实现。

该机的整机安装过程见图 11-29。大致有以下五个步骤：

① 立塔身。由下部操纵台控制。开动卷扬机 1，收紧安装钢丝绳使塔身与起重一起逐渐立起，臂头着地，起重臂向外滑行 ［图 11-29（b）］，直至塔身垂直，再用销轴 2 将塔身与转台连接 ［图 11-29（c）］。

② 伸塔身。外塔身固定后，推出内、外塔身的连接轴 3，继续开动卷扬机，内塔身就逐渐向上伸出，直至限位开关断电后自动停止。然后插上内、外塔身的连接轴 3，同时顶紧外塔身顶部的四个螺旋千斤顶 ［图 11-29（d）］。

③ 拉起重臂取下外塔身的下滑架 4，并把它与变幅拉绳连接起来，再开动卷扬机，即可把起重臂拉至水平位置或成 40°仰角位置（图 11-27）。

④ 如需在低塔进行工作，则可在安装前预先取下伸缩调节拉绳，接入其余各根钢丝绳，然后再按步骤③将起重臂拉至工作位置（水平或成 40°仰角），即为低塔工作状态。

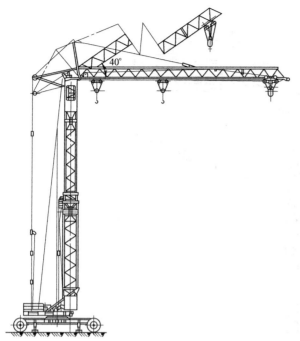

图 11-27　QTL-16 轮胎塔式起重机

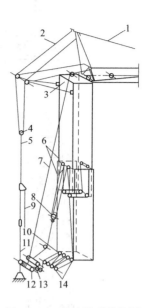

图 11-28　钢丝绳系统简图

1—起重臂拉索；2—塔顶撑架拉索；3—起重量限制器；
4—平衡滑轮；5—伸缩调节拉索；6—伸缩滑轮；
7—起重钢丝绳；8—起重臂提升滑轮；9—变幅拉索；
10—安装钢丝绳；11—变幅调节拉索；12—安装卷筒；
13—起升卷筒；14—立塔身滑轮组

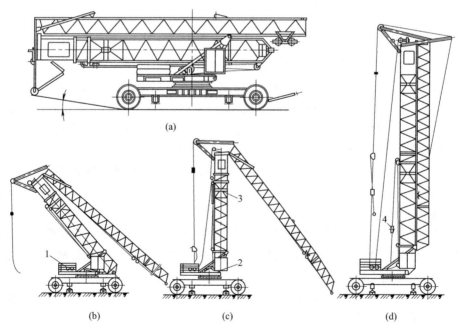

图 11-29　QTL-16 塔式起重机

1—卷扬机；2—销轴；3—连接轴；4—下滑轮架

⑤ 把拉绳与转台上的斜拉绳夹板连接紧固。开动卷扬机，放松安装钢丝绳，使塔身拉绳受力，然后拨动卷扬机的拨叉，让接合齿轮与起重卷筒的内齿圈啮合，起重机即可投入工作。

QTL-16型轮胎式起重机的整体安装过程不需要辅助设备，没有高空作业，既简单又安全，但由于钢丝绳分支多，易乱绳且效率低。

（2）液压连杆折叠机构

采用液压连杆折叠机构可使塔身和吊臂同时架设，速度快，架设需要的场地较小，而且架设时臂端不接触地面（图11-30）。其特点是：起重臂在拖运状态时下折，待塔身立直后再对接（自动合拢），这样便免去了固定起重臂所需的辅助工作，使起重臂对接方便；吊臂在架设工程中始终向上运动，故完全消除了起重臂碰地的可能，相应地架设空间有所减小。因此，它与用钢丝绳滑轮组分步架设（即先立外塔身后伸内塔身）相比更为优越，而且液压传动工作平稳、安全可靠、折叠方便。

如图11-30所示为QT-45型塔式起重机液压连杆架设机构的相互关系及其动作原理。该架设机构是由机架1、油缸2、活塞3、外塔身4、内塔身5、臂架6、拉杆7和压杆8共八个构件组成的一个平面机构。它在竖立塔身的同时将内塔从外塔身拉出至最高位置。外塔身4在O_1点与平台支架铰接，压杆8一端与外塔身4在O_2点铰接，另一端以销轴O_4与拉杆7铰接，而销轴O_4的支座固定在臂架前端，拉杆7的后端铰接在平台支架的O_3点。

图11-30（a）所示为架设开始前的状态。当架设油缸2给油时，活塞杆3伸出，如图11-30（b）所示，推动外塔身4绕O_3转动，而拉杆7的另一端只能做圆弧运动。由于压杆8的长度一定，确定了O_2点与O_4点间的距离，O_2绕O_1转动时，销轴O_4便由上而下做圆弧运动，在臂架6的推动下，将内塔身5逐渐推出，直至外塔身4处于垂直位置时，内塔身也就完全伸出到最高位置。此时再将外塔身与平台固接，如图11-30（c）所示。最后打开起重臂与四杆机构铰点的销轴的连接扣件，接好吊臂，顶紧外塔身端部的四个小螺旋顶杆，开动变幅机构，拉起吊臂至工作位置，如图11-30（d）所示。

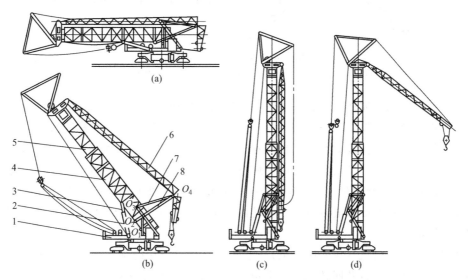

图11-30 QTL-45塔式起重机液压连杆架设机构原理图

1—机架；2—油缸；3—活塞；4—外塔身；5—内塔身；6—臂架；7—拉杆；8—压杆

11.5 内爬式塔式起重机的安装、爬升与拆卸

内爬式塔式起重机简称为内爬塔，是一种安装在建筑物内部电梯井或楼梯间里的塔式起重机，能随着建筑物的增高而逐层向上爬升，习惯上也称为"爬塔"。除专用内爬式塔式起重机外，一般自升式塔式起重机通过换装并增加一些附件，也可用作内爬式塔式起重机。与自升式塔式起重机不同的是，当其在地面拼装结束后，塔身高度不再改变，而且爬升接高过程也与自升式塔式起重机相同，只是在爬升阶段，才显示出内爬式塔式起重机的主要特征。

内爬式塔式起重机根据本身构造特点，可以一次向上爬升 1~2 个楼层。其爬升系统通常分为轮绳爬升系统和液压爬升系统两大类。

11.5.1 轮绳爬升系统

轮绳爬升系统亦称为卷扬机轮绳爬升系统。它主要由底座梁、爬升套架、爬升卷扬机以及钢丝绳滑轮组等组成。起重底座梁（图 11-31）平面呈 X 形布置，用于承受起重机本身重量及载荷产生的力并传递到支承梁上，用螺栓及小横杆固定。它的下端和两根等截面的短梁相叠，用两根螺栓连接。在提升时因底座梁的尺寸超过起重机支承轮廓尺寸，四根短梁可以绕其中一个螺栓左右旋转，以便顺利通过，再在上层固定。在底座梁上还设有爬升卷扬机和爬升滑轮组。

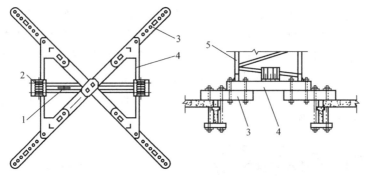

图 11-31 底座梁构造示意图

1—底座导向滑轮；2—底座滑轮组；3—短梁；4—底座梁；5—塔身

爬升套架的作用是使塔身在爬升时沿一定轨道并抵御偏心载荷及风力等外力作用，保持塔身垂直，由塔套和套架两部分组成（图 11-32）。塔套内侧上下四角各设两个导轮，使塔身提升时紧靠塔套部位为滚动摩擦，目的在于减少提升阻力。套架梁主要用来提升塔身，提升时承受全部塔身重量以及由套架传递的塔身偏心弯矩，梁的下翼两侧装有滑轮，用钢丝绳和底座梁滑轮穿绕成滑轮组后接到爬升卷扬机的卷筒上（图 11-33）。由于爬升梁的尺寸大于支承轮廓尺寸，故两端做成可以向上翻转的结构，提升至上层预定位置之后重新固定。

（1）安装顺序

底座梁→爬升卷扬机（在底座梁上）→基础节→套架→穿绕钢丝绳→全部塔身标准节→支承座、回转支承、转台及回转机构→塔顶、司机室→平衡臂→平衡重。

（2）爬升程序

① 如图 11-33 所示，在套架及底座梁上的滑轮中穿绕钢丝绳，并把其引出端固定在爬

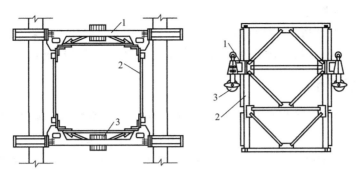

图 11-32　套架构造示意图

1—套架梁；2—塔套；3—套架滑轮组

升卷扬机卷筒上。

②　松开套架梁固定螺栓和主螺栓，将梁的端头向上翻转。

③　用起重小车提升套架至上面两层，并固定在支承梁上。

④　松开底座梁的固定螺栓。

⑤　提升底座少许，使之与支承梁脱离。然后拔出底座梁内侧的大螺栓，外侧大螺栓稍微松动。转动底座短梁。

⑥　开动爬升卷扬机使塔身沿塔套提升至所需高度。

⑦　转动底座短梁至原来位置，装入并拧紧大螺栓，然后用螺栓及小横杆固定于支承梁上。爬升过程见图 11-34。

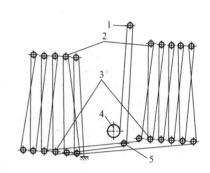

图 11-33　爬升机构绳索缠绕示意图

1—塔身滑轮；2—套架滑轮；3—底座滑轮组；
4—爬升机构卷筒；5—底座导向滑轮

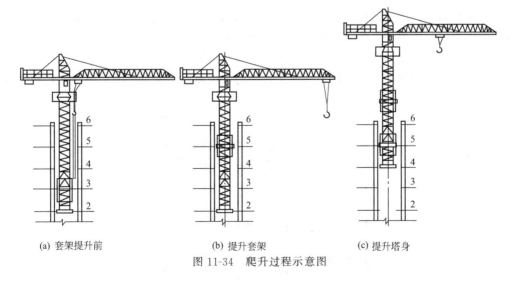

(a) 套架提升前　　　　(b) 提升套架　　　　(c) 提升塔身

图 11-34　爬升过程示意图

(3) 拆卸程序

①　拆除塔身、回转支承、司机室部位的平台与走台。

②　将塔身下降至使平衡臂和起重臂离屋面最近的位置，固定塔身，再用人字扒杆支住

起重臂及平衡臂并拆除之。

③ 继续下降塔身使塔顶至楼面以下固定好，并架设人字架和龙门架等起重设备。

④ 拆卸塔顶、司机室、回转支承、塔身各节、套架、爬升卷扬机，最后拆除底座梁。

11.5.2 液压爬升系统

内爬式塔式起重机的液压爬升系统可分为侧顶升式、活塞杆向下伸出式中心顶升等。

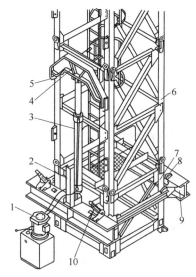

图 11-35　F0/23B 侧顶式液压内爬式系统

1—液压机组；2—液压缸支架；3—液压缸；

4—顶升扁担架；5—顶升爪；6—塔身节；

7—塔身基础加强节；8—支承销；

9—爬升框架；10—导向楔紧装置

（1）侧顶升式液压爬升系统

该系统的特点是液压爬升机组设置在靠近楼板开口处，位于塔身的一侧，整个爬升系统由爬升框架、液压缸机组、液压缸及扁担梁等部件组成。液压机组装设在楼层上靠近内爬塔处（图 11-35）。

（2）活塞杆向下伸出式中心顶升液压爬升系统

这种系统的特点是液压顶升机组设置在塔身底座处，液压缸位于塔身中心。在缸体上端铰接有一个固定横梁，活塞杆向下伸出，其端部铰固在扁担梁上，该梁可随活塞杆的伸缩而上升、下降。固定横梁和升降扁担梁上都装有可伸缩的活动支腿，伸出后可支搁在爬梯的踏步上，通过交替的给油缸大腔和小腔供油以及固定横梁和升降扁担梁上的支腿伸出与缩进的相互配合，即可完成爬升动作。其过程如图 11-36 所示。

（3）活塞杆向上伸出式中心顶升液压爬升系统

这种系统的特点是液压缸位于塔身中心，活塞杆向上伸出，通过扁担梁拖住塔身向上顶起。其工作原理如下：

塔身结构分为内塔身和外塔身，内塔身的作用是在爬升时支承整台塔式起重机并兼作爬升导向装置。内、外塔身各有一个底座，每个底座上各装有四个可伸缩的支腿，在爬升过程中轮番支承于建筑物上。液压机组与液压缸均装设在内塔身的最高一节中。通过内、外塔身底座上四个伸缩支腿的配合，当活塞杆向上伸出时，通过铰接在其上的扁担梁拖住外塔身主

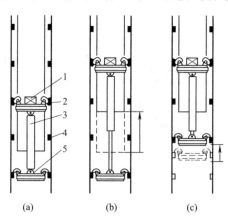

　　　　(a)　　　　　　(b)　　　　　　(c)

图 11-36　活塞杆向下伸出式中心顶升液压内爬式系统的爬升过程示意图

1—液压爬升设备控制系统；2—活动支腿；3—液压缸；4—轴承座；5—升降梁

弦杆内侧焊接的支承块（兼导向）顶起外塔身，反之，则提起内塔身。其爬升过程如图 11-37 所示。

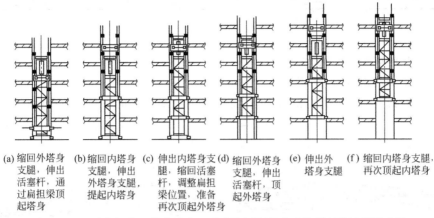

(a) 缩回外塔身 支腿，伸出 活塞杆，通 过扁担梁顶 起塔身 　(b) 缩回内塔身 支腿，伸出 外塔身支腿， 提起内塔身 　(c) 伸出内塔身支 腿，缩回活塞 杆，调整扁担 梁位置，准备 再次顶起外塔身 　(d) 缩回外塔身 支腿，伸出 活塞杆，顶 起外塔身 　(e) 伸出外 塔身支腿 　(f) 缩回内塔身支腿， 再次顶起内塔身

图 11-37　活塞杆向上伸出式中心顶升液压内爬式系统的爬升过程示意图

11.6　塔式起重机的运输方法

塔式起重机的运输方法取决于其结构形式、部件重量、施工现场条件和设备能力等。

11.6.1　分件运输

上回转塔式起重机以及塔身长度超过 30m 的中型下回转塔式起重机，一般都采用分件运输（图 11-38），以避免转弯半径过大、轮轴负荷过重以及超高、超宽、超长等问题。分件运输时，一般采用平板车和大货车作为运输工具组成一个车队，为了满足装卸起重机部件的需要，该车队还必须配备有汽车起重机。

11.6.2　整体拖运方式

下回转塔式起重机应尽量采用整体运输。因为采用整体拖运可以省去很多的辅助设备，且节省时间，经济效果显著。

(1) 牵引车加单轴拖车

这种托运方式，根据折叠情况的不同，也可把塔身和起重臂作为连接杆（图 11-39）。此方案常用于自重在 90kN 以下，起重力矩约为 120kN·m 左右的轻型塔式起重机。

(2) 牵引车加半挂拖车

这用托运方式普遍应用于整体起扳法安装架设的下回转塔式起重机（图 11-40）。塔身的上部通过一个装有球铰的转盘搁在牵引车上，底架下部装有托运轮。此方案

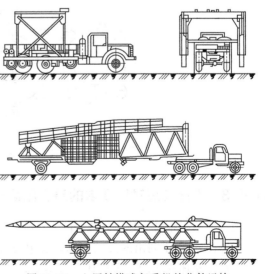

图 11-38　上回转塔式起重机的分件运输

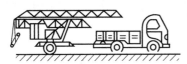
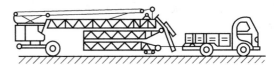

图 11-39　单轴拖车运输

适用于中、轻型的塔式起重机。

（3）牵引车加双轴拖车（全拖挂）

这种托运方式有两种形式：轮胎式塔式起重机折叠后整个的塔身支承在原有的起重机底架上，如图 11-29（a）所示；轨道式塔式起重机则支承在附加的前后轮轴上，如图 11-41 所示。前者比后者转弯半径小，但两者塔身都不能太长。

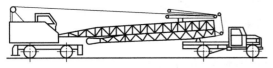
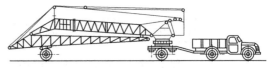

图 11-40　半挂拖车运输　　　　　　　　　　图 11-41　全挂拖车运输

托运轮轴的构造见图 11-42。托运轮一般都装有制动器，由司机操控。为了适应不同车身宽度的需要，托运轮轴可做成组合式结构，如图 11-43 所示。图 11-43（b）、（c）所示的两种形式对重型塔式起重机较为适宜，它可减少宽度方向的界限尺寸。

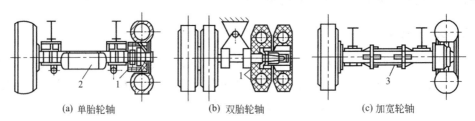

　　（a）单胎轮轴　　　　　　　　（b）双胎轮轴　　　　　　　　（c）加宽轮轴

图 11-42　拖运轮轴的构造
1—制动器；2—储气筒；3—组合轮箍

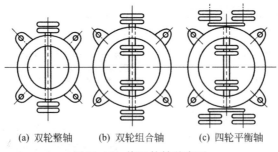

　　（a）双轮整轴　　　　　　　　（b）双轮组合　　　　　　　　（c）四轮平衡轴

图 11-43　拖运轮轴的布置

11.6.3　半拖挂运输所要求的最小路面宽度

最常见的半拖挂运输见图 11-44。其所要求的最小路面宽度（此处指宽度相等的直角转弯路面）按表 11-1 列出的公式计算，表中公式所采用的符号见图 11-45。

在设计整体托运的起重机托运方案时，应注意以下几点：

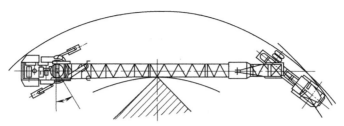

图 11-44 半拖挂运输转弯示意图

① 托运轮轴负荷应限制在 130kN 内。

② 外形尺寸应符合公路和铁路运输的尺寸界线要求。一般高度应限制在 4m 以内，最大不超过 4.5m。轻型起重机的宽度应限制在 2.5m 以内，重型起重机允许达到 4.2m。

③ 托运速度一般不得超过 25km/h，轮胎允许负荷为额定值的 1.3～1.5 倍。

④ 为减小最小转弯半径，在弯道上行驶时，回转机构的摩擦离合器应完全松开，或在回转机构中附加一手摇传动装置，使司机能适当转动塔身（图 11-44）。

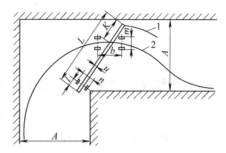

图 11-45 道路宽度计算图
1—起重机轮廓界限；2—列车运行轨迹；
A—最小路面宽度

表 11-1 道路最小宽度

运动条件	一般情况	起重机前部凸出部分 不超出牵引车界限长度
带不能控制的拖轮轴	$(L-l)a+0.35n+0.25m$ 式中 $a=0.5\times[\sqrt{1-(p-1.4q)^2}+2q]$	$(L-l)a'+0.35n+0.25m$ 式中 $a'=1.4p-0.7(p-1.4q)$
带能控制的拖轮轴	$La_1+0.7n$ 式中 $a_1=0.5\times\left(\sqrt{\dfrac{S^2}{2}+Sr+r^2}+\sqrt{\dfrac{S^2}{L}+Sr-r^2}-0.35S\right)$	$La_1'+0.35u+0.5n$ 式中 $a_1'=0.5\times\left(\dfrac{S}{\sqrt{2}}+\sqrt{\dfrac{S^2}{2}+Sr+r^2}-0.35S\right)$

$$p=\frac{L-(l-K)}{L-l},\ q=\frac{b}{L-l},\ S=\frac{L-(l-K)}{L},\ r=\frac{K}{L},\ r_1=\frac{l}{L}$$

第12章

桅杆式起重机

12.1 桅杆的组立、移动与放倒

12.1.1 桅杆的受力分析

桅杆的竖立过程离不开索具的配合，当索具的规格选小了会引起事故的发生，选大了会造成人力、物力、财力的浪费，所以索具规格的正确选用至关重要。

索具规格的正确选用离不开受力分析计算，受力分析计算的方法有两种：数解法和图解法。数解法计算数值准确但繁琐，图解法计算方法简单，但有一定误差。下面以骑跨式旋转竖立法竖立桅杆为例介绍这两种计算方法。旋转竖立法竖立桅杆，起始状态受力最大，所以索具的选用，以起始状态的受力为依据。

(1) 图解法

图 12-1 为骑跨式旋转竖立法竖立桅杆受力计算图，所示位置为起始状态。

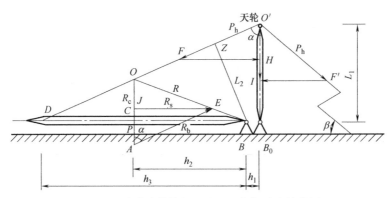

图 12-1　骑跨式旋转竖立法竖立桅杆受力计算图

1) 扳起滑车组的受力 P_h

① 过桅杆重心点 C，作重心垂线 OA，量取 OA 使其等于计算载荷 P 的比例尺。

② 过 A 点作扳起滑车组 OO' 线的平行线 AE 与 BO 连线相交于 E。

③ 量得 AE 值即为扳起滑车组受力 P_h 值。

2) 桅杆底铰 B 处的垂直力 R_c 和水平力 R_s

① 量得 OE 值即为 P 和 P_h 二力的合力 R。

② 作 EJ 线垂直于 OA，量得 OJ 值即为桅杆底铰处的垂直力 R_c。

③ 量得 EJ 值即为桅杆底铰处的水平力 R_s。

3）辅助桅杆底铰 B' 处垂直压力 R_c'

① 自副主桅杆顶点 O'，在前后索具上分别量取 $O'F$ 和 $O'F'$，使 $O'F=O'F'=AE$，自 F 和 F' 点分别作辅助桅杆中心线的垂线，交于 H 和 I 点。

② $R_c'=O'H+O'I+$ 辅助桅杆自重 $G+$ 副缆风绳的初张力给桅杆头部总的垂直压力 T。

(2) 数解法

如图 12-1 所示，位置为桅杆起始状态。

① 计算荷重：

$$P=(Q+q)k \tag{12-1}$$

式中　Q——桅杆的总重，kN；

　　　q——机索具重，kN；

　　　k——动载系数，机动慢速 $k=1.1$，中速 $k=1.3$，快速 $k=1.5$。

② 扳起滑车组的受力 P_h。桅杆起始状态即桅杆中心线与地面夹角为 $0°$ 时，以 B 点为支点，过 B 点作 DO' 的垂线于一点 Z，根据 $\sum M_B=0$ 得：

$$Ph_2=P_hL_2 \tag{12-2}$$

$$P_h=\frac{Ph_2}{L_2} \tag{12-3}$$

因为：

$$\alpha=\arctan\frac{h_1+h_3}{L_1} \tag{12-4}$$

所以：

$$L_2=h_3\cos\alpha \tag{12-5}$$

③ 桅杆底铰 B 处的垂直力 R_c 和水平力 R_s。

桅杆底铰 B 处的垂直力 R_c 为：

$$R_c=P-P_h\cos\alpha \tag{12-6}$$

桅杆底铰 B 处的水平力 R_s 为：

$$R_s=P_h\sin\alpha \tag{12-7}$$

④ 辅助桅杆底铰 B' 处垂直压力 R_c' 为：

$$R_c'=P_h\cos\alpha+P_h\sin\beta+G+t \tag{12-8}$$

式中　t——副缆风绳的预张力给桅杆头部总的垂直压力，$t=(n-n_0)T_0\sin\beta$；

　　　n——缆风绳的根数，骑跨式辅助桅杆缆风绳根数为 6 根；

　　　n_0——主缆风绳的根数，若采用主缆风绳时，$n_0=1$，骑跨式辅助桅杆主缆风绳根数为 0；

　　　T_0——每根副缆风绳的预张力，根据缆风绳的绳径 d 来决定，当 $d\leqslant22mm$ 时 $T_0=10kN$，当 $22mm<d\leqslant37mm$ 时 $T_0=30kN$，当 $d>37mm$ 时 $T_0=50kN$；

　　　β——缆风绳与地面的夹角。

【例】 已知：桅杆的总重为 355kN，辅助桅杆自重为 70kN，采用系挂式竖立桅杆，索具重为 18kN，参考图 12-1，$h_1=3m$，$h_2=21m$，$h_3=35m$，$L_1=15m$。

求：①扳起滑车组的受力 P_h；②桅杆底铰 B 处的垂直力 R_c 和水平力 R_s；③辅助桅杆底铰 B_0 处垂直压力 R_c'（图 12-2）。

【解】 （1）数解法

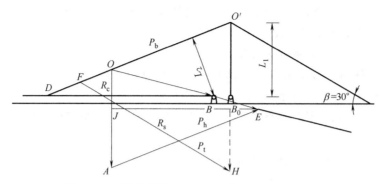

图 12-2　系挂式旋转竖立法竖立桅杆图解法示意图

① 计算荷重为：

$$P = (Q+q)k = (355+18) \times 1.1 = 410.3 \ (kN)$$

② 计算扳起滑车组的受力 P_h。

$$\alpha = \arctan \frac{h_1+h_3}{L_1} = \arctan \frac{3+35}{15} = \arctan 2.53 = 68.4°$$

$$L_2 = h_3 \cos\alpha = 35 \times \cos 68.4° = 12.9 \ (m)$$

所以

$$P_h = \frac{Ph_2}{L_2} = \frac{410.3 \times 21}{12.9} = 667.9 \ (kN)$$

③ 桅杆底铰 B 处的垂直力 R_c 和水平力 R_s。

桅杆底铰 B 处的垂直力 R_c 为：

$$R_c = P - P_h \cos\alpha = 410.3 - 667.9 \times \cos 68.4° = 164.5 \ (kN)$$

桅杆底铰 B 处的水平力 R_s 为：

$$R_s = P_h \sin\alpha = 667.9 \times \sin 68.4° = 621.0 \ (kN)$$

④ 计算主受力缆风绳 P_t 受力。

根据正弦定理有：

$$\frac{P_t}{\sin\alpha} = \frac{P_h}{\sin(90°-\alpha)}$$

$$P_t = \frac{P_h \times \sin\alpha}{\sin(90°-\alpha)} = \frac{667.9 \times \sin 68.4°}{\sin 60°} = \frac{621.0}{0.866} = 717.09 \ (kN)$$

⑤ 辅助桅杆底铰 B_0 处垂直压力 R_c' 为：

$$R_c' = P_h \cos\alpha + P_h \sin\beta + G + t$$

式中　t——副缆风绳的预张力给桅杆头部总的垂直压力。

$$t = (n-n_0)T_0 \sin\beta = (7-1) \times 10 \times \sin 30° = 30 \ (kN)；$$

式中　T_0——每根副缆风绳的预张力，取 $T_0 = 10kN$；

　　　n——缆风绳的根数，辅助桅杆缆风绳根数为 7 根；

　　　n_0——主缆风绳的根数，辅助桅杆主缆风绳为 1 根。

则有：

$$\begin{aligned}R_c' &= P_h \cos\alpha + P_h \sin\beta + G + t \\ &= 667.9 \cos 68.4° + 717.09 \sin 30° + 70 + 30 \\ &= 245.9 + 358.5 + 70 + 30 \\ &= 704.4 \ (kN)\end{aligned}$$

（2）图解法

① 扳起滑车组的受力 P_h。定制比例尺，以本题为例（比例尺 1cm＝100kN）。量取线段 $OA＝P$，过点 A 作 DO' 的平行线交 OB 的延长线于 E 点，则 $P_h＝$ 比例线段 $AE＝$ 670kN。

② 桅杆底铰 B 处的垂直力 R_c 和水平力 R_s。过 E 点作 OA 线段的垂线交于 J 点，则 $R_c＝$ 比例线段 $OJ＝160kN$，$R_s＝$ 比例线段 $EJ＝620kN$。

③ 主受力缆风绳受力 P_t。从 $O'D$ 线段上量取 $O'F＝AE＝P_h$，过 F 点作缆风绳的平行线，与辅助桅杆中心线交于 H 点，则 $P_t＝$ 比例线段 $FH＝720kN$。

④ 辅助桅杆底铰 B_0 处垂直压力 R'_c。$R'_c＝$ 比例线段 $O'H＋G＋T＝610＋70＋30＝$ 710（kN）。

12.1.2 桅杆的组立方法

桅杆的组立或拆除可分为散装法和整体竖立法两类。散装法又可分为顺装和倒装两种。整体竖立法又可分为滑移竖立法和旋转竖立法两种。

（1）散装法

散装法一般适用于障碍物多、设立辅助工具比较困难的施工现场。

1）顺装法

先安装桅杆脚部节段，顺次安装桅杆中间节段，最后安装桅杆头部节段的一种方法。一般适用于现场有较高设备或构筑物，但其起重能力不能承担桅杆整体重力的情况。

2）倒装法

先安装桅杆头部节段，顺次安装桅杆中间节段，最后安装桅杆脚部节段的方法。一般适用于现场的构筑物或辅助桅杆很矮而其起重能力能承担桅杆整体重力的情况。

（2）整体竖立法

1）滑移竖立法

滑移竖立法是将被竖立桅杆的吊点放到安装的位置上（即桅杆的基础位置上）。利用辅助桅杆或移动式起重机的滑组与吊点相连，滑车组起升逐步吊起桅杆，桅杆下端沿地面滑移，直至移动到安装点为止，桅杆基本直立后，收紧缆风绳使桅杆达到垂直状态（图 12-3 和图 12-4）。

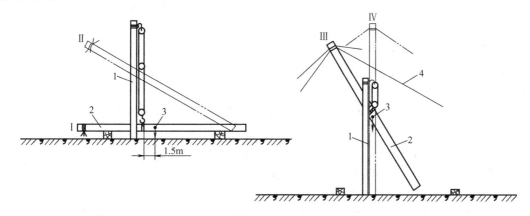

图 12-3 用辅助桅杆滑移法竖立桅杆

1—辅助桅杆；2—主桅杆；3—重心位置；4—缆风绳

当被竖立的桅杆规格和重力较大时，应在桅杆底脚设置拖排、滚杠以及牵引滑车组和溜放滑车组。拖排、滚杠的设置有利于桅杆底部滑行，牵引滑车组和溜放滑车组可以尽量保证起重滑车组不形成偏角，以保证桅杆向前平稳地滑移。

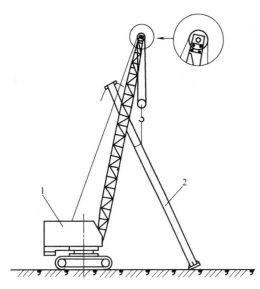

图 12-4　用移动式起重机滑移法竖立桅杆
1—移动式起重机；2—桅杆

滑移竖立法竖立桅杆的要点如下：

① 辅助桅杆的最小高度以及移动式起重机的有效高度约比桅杆重心高度高 3～4m，一般为桅杆高度的 2/3。

② 辅助桅杆或移动式起重机的负荷能力要大于桅杆的计算荷重。

③ 桅杆吊点应选择在桅杆的重心以上至少 1～1.5m 的节点处。

④ 牵引滑车组一端锚点封固，另一端与拖排相连。溜放滑车组一端锚点封固，另一端与桅杆底脚相连。

⑤ 缆风绳应事先系挂好，待桅杆被吊至预定位置呈直立状态后，应立即收紧缆风绳并固定。

2）旋转竖立法

旋转竖立法是将桅杆的底座放在安装地点，然后利用扳起滑车组起升桅杆，使桅杆绕其底部或铰轴转动，在桅杆转动至 65°～70°时，即可用其顶部的缆风绳将桅杆拉至垂直位置。

旋转竖立法竖立桅杆的要点如下。

a. 扳起滑车组的最大负荷发生在吊装的起始，当其与桅杆中心线的夹角很小时，最大负荷可达桅杆体重的数倍，故必须通过受力分析（数解或图解）加以确定，而不能凭主观笼统估计。

b. 辅助桅杆的站位，应保证在桅杆能顺利竖立的条件下，尽量靠近桅杆底部。一般两桅杆的中心距为 3～4m。

c. 桅杆底部必须设置可靠的止推索具（该索具的受力也应由分析确定），防止桅杆底部滑移。

d. 在桅杆的头部（或在吊点标高处）的后方设置一套溜放滑车组，起始时呈松弛状态，以减轻桅杆头部和扳起滑车组的附加荷重，当桅杆转至 65°～70°时方为受力状态，并渐渐溜放。

e. 桅杆两侧设有耳绳，严格控制其与扳起滑车组位于垂直于地面的同一平面内，其系挂点应在扳起滑车组的系点处。

旋转竖立法是对桅杆自身而言的。由于采用起重工具的不同和形式的差异，它又分为吊拉式、系挂式、骑跨式、扳倒式、系挂和扳倒结合式。

① 吊拉式旋转竖立法竖立桅杆　一般高度不大和质量较小的桅杆的竖立，可以不采用辅助桅杆而用移动式起重机（汽车式、轮胎式或履带式等）抬头，使桅杆旋转，当转至一定角度（一般为 30°左右）时，吊车停止提升，待前方扳起滑车组收紧后吊车脱钩，用扳起滑

车组继续使桅杆旋转直至直立状态（图 12-5）。

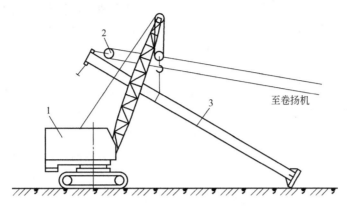

图 12-5　吊拉式旋转竖立法

1—移动式起重机；2—扳起滑车组；3—桅杆

吊拉式旋转竖立法竖立桅杆的要点如下：

a. 吊车的选用应按抬头高度和荷重而定。

b. 在桅杆两侧可用事先系挂好的缆风绳作为左右耳绳，严格控制不得使桅杆摆偏。

c. 桅杆的底脚设置两套止推索具防止桅杆滑移。

d. 在桅杆头部后方设置一套溜放滑车组（根据情况也可用事先系挂好的缆风绳充当），起始时呈松弛状态，当桅杆转至 65°～70° 时呈受力状态并渐渐溜放直至桅杆直立，以防止桅杆突然前倾。

e. 桅杆直立后张紧事先系挂好的缆风绳，使之固定。

② 系挂式旋转竖立法竖立桅杆　利用扳起滑车组使桅杆抬头、旋转，当转至 70° 左右位置时，辅助桅杆失去作用，用事先系挂好的缆风绳使桅杆继续旋转至直立，然后张紧所有缆风绳（图 12-6 和图 12-7）。

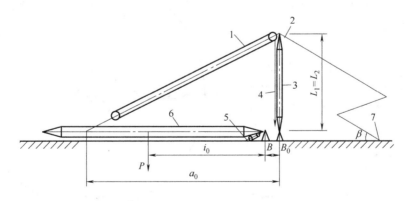

图 12-6　系挂式旋转竖立法竖立桅杆立面图

1—扳起滑车组；2—主受力缆风绳；3—辅助桅杆；4—跑绳；5—止推滑车组；6—主桅杆；7—主锚点

系挂式旋转竖立法竖立桅杆的要点如下：

a. 采用辅助桅杆，扳起滑车组的定滑车系挂在辅助桅杆的吊轴上，动滑车与待立桅杆吊点相连，主缆风绳一端系挂在辅助桅杆上，另一端与地锚相连并拉紧。

b. 辅助桅杆的最小高度约为桅杆高度的 1/3。

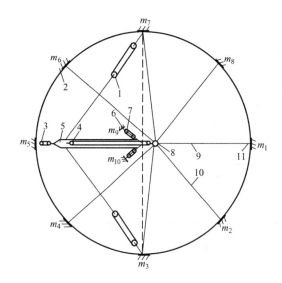

图 12-7　系挂式旋转竖立法竖立桅杆平面布置图

1—桅杆左右耳绳滑车组；2—缆风绳锚点；3—溜放滑车组；
4—扳起滑车组；5—桅杆；6—止推锚点；7—止推滑车组；
8—辅助桅杆；9—辅助桅杆主受力缆风绳；
10—辅助桅杆其他缆风绳；11—主受力锚点

c. 跑绳可从定滑车引出，导向滑轮应设在辅助桅杆底端。跑绳也可从动滑车引出，此时导向滑轮应设在待立桅杆底端。

d. 待立桅杆两侧设有左右耳绳滑车组，防止摆偏。底部设置两套止推滑车组，防止桅脚滑移。桅杆头部设有溜放滑车组，当升至 $65°\sim70°$ 时呈受力状态，防止桅杆突然前倾，并渐渐溜放。

e. 当吊点、辅助桅杆的吊轴和后方的锚点呈一直线（约 $70°$）时，辅助桅杆失去作用。

f. 扳起滑车组应有足够的伸缩长度，保证桅杆能旋至 $60°$ 以上。

g. 利用已竖立起的主桅和原扳起滑车组放倒辅助桅杆。

③ 骑跨式旋转竖立法竖立桅杆　为了克服系挂式只能旋转 $70°$ 左右的弊病，在此基础上发展出了骑跨式，可使辅助桅杆高度更低。骑跨在辅助桅杆顶部天轮上的绳扣，一端系在扳起滑车组，另一端固定于后方锚点，扳起滑车组受力，桅杆抬头、旋转，当转至桅杆上的吊点、天轮顶点和后方锚点位于一条直线时，绳扣脱离天轮，辅助桅杆失去作用，此时仍可靠扳起滑车组继续使桅杆旋转至直立状态，索具布置如图 12-8 和图 12-9 所示。

骑跨式旋转竖立法竖立桅杆的要点如下。

a. 辅助桅杆的最小高度为主桅杆高度的 $1/4\sim1/3$。

b. 辅助桅杆的顶部设有天轮，以改变牵引绳的方向，辅助桅杆只作导向用。

c. 扳起滑车组的动滑车与吊点相连，定滑车与绳索相连，骑跨在天轮上与后方主锚点相连。

d. 跑绳应从动滑车引出，导向滑车应设在待立桅杆底端。

e. 扳起滑车组应有足够的绳索长度。

f. 待立桅杆两侧设有左右耳绳滑车组，防止摆偏。底部设置两套止推滑车组，防止桅脚滑移。桅杆头部设有溜放滑车组，当升至 $65°\sim70°$ 时呈受力状态，防止桅杆突然前倾，并渐渐溜放。

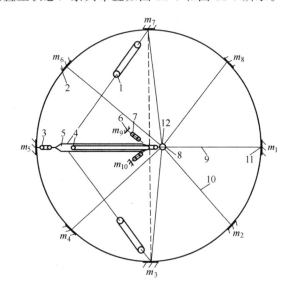

图 12-8　骑跨式旋转竖立法竖立桅杆平面布置图

1—桅杆左右耳绳滑车组；2—缆风绳锚点；3—溜放滑车组；
4—扳起滑车组；5—主桅杆；6—止推锚点；7—止推滑车组；
8—辅助桅杆；9—扳起滑车组后方主绳；
10—辅助桅杆缆风绳；11—扳起主锚点；12—天轮

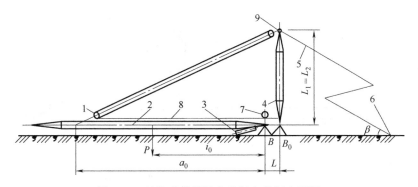

图 12-9　骑跨式旋转竖立法竖立桅杆立面图

1—扳起滑车组；2—主桅杆；3—主桅杆底铰止推滑车组；4—辅助桅杆；
5—扳起滑车组后方主绳；6—主锚点；7—导向滑车；8—扳起滑车组跑绳；9—天轮

④ 扳倒式旋转竖立法竖立桅杆　扳倒式旋转竖立法竖立桅杆就是利用辅助桅杆后头的扳倒滑车组，使辅助桅杆放到的同时，带动主桅杆旋转，当转至 65°～70° 即吊点与辅助桅杆的吊轴和后方的锚点成一直线时，辅助桅杆失去作用，则依靠桅杆上的缆风绳继续将其扳起至直立状态。

扳倒式旋转竖立法竖立桅杆的要点如下：

a. 辅助桅杆的最小高度为主桅杆高度的 1/4～1/3。

b. 辅助桅杆的站立位置，应保证在桅杆能顺利竖立的条件下，尽量靠近桅杆底部。一般两桅杆的中心距为 3～4m。

c. 辅助桅杆可不设缆风绳，桅杆与辅助桅杆均须设有止推索具，桅脚宜采用铰腕，桅杆与辅助桅杆两侧均设有耳绳，严格控制它们与扳倒滑车组三者位于垂直于地面的同一平面内。桅杆头部设有溜放滑车组，当升至 65°～70° 时呈受力状态，防止桅杆突然前倾，并渐渐溜放。

d. 辅助桅杆与吊点之间用钢丝绳相连并拉紧，扳倒滑车组动滑车与辅助桅杆吊轴相连，定滑车与主锚点相连，跑绳既可以从动滑车也可以从定滑车出头。

e. 主锚点距辅助桅杆的距离宜为辅助桅杆高度的 1～1.5 倍，不宜过远。

f. 扳倒滑车组应有足够的伸缩长度，保证桅杆能转至 65° 左右。

g. 索具布置如图 12-10、图 12-11 所示。

⑤ 系挂和扳倒结合式旋转竖立法竖立桅杆　系挂和扳倒结合式是辅助桅杆前方系挂扳起滑车组与吊点和

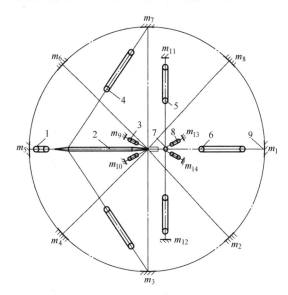

图 12-10　扳倒式旋转竖立法竖立桅杆平面布置图

1—溜放滑车组；2—主桅杆；3—主桅杆底铰止推滑车组；
4—主桅杆耳绳滑车组；5—辅助桅杆耳绳滑车组；
6—扳倒滑车组；7—辅助桅杆；8—辅助桅杆底铰止推滑车组；
9—主锚点

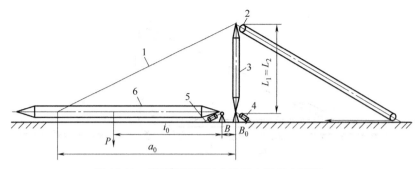

图 12-11　扳倒式旋转竖立法竖立桅杆立面图

1—绳索；2—扳倒滑车组；3—辅助桅杆；4—辅助桅杆底铰止推滑车组；5—主桅杆底铰止推滑车组；6—主桅杆

辅助桅杆吊轴相连，后方系挂扳起滑车组与辅助桅杆吊轴和主锚点相连，使用两套滑车组，合并进行，使桅杆旋至扳起滑车组、扳倒滑车组和后方锚点成一条直线时，辅助桅杆失去作用，利用桅杆前方的缆风绳继续将其扳起直至直立。

12.1.3　桅杆的移动和放倒方法

(1) 桅杆的移动

当采用桅杆吊装群组设备或其他设备时，桅杆往往需要移动，移动运行路线应在 100m 范围内。通常移动的方法有两种：间歇式和连续式。

1）间歇式

又称为往复式。间歇式移动桅杆，在桅杆底部后方设有一套溜放索具，前方设一套牵引索具，在桅杆脚底下设有滚排或滑道，桅杆前、后方缆风绳一般用卷扬机控制。

① 间歇式移动时的操作步骤　首先渐渐放松溜放索具，相应收缩牵引索具，桅杆底脚向前移动杆后倾 $5°\sim10°$，即倾斜幅度一般不大于桅杆长度的 0.2 倍。

其次放松桅杆后方缆风绳，相应收紧前方缆风绳，使桅杆向前倾斜 $5°\sim10°$，重复此过程，桅杆反复动作，直至桅杆移动到预定位置（图 12-12）。

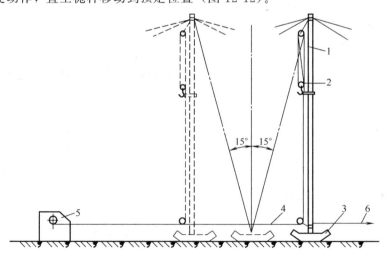

图 12-12　桅杆间歇移动方法

1—桅杆；2—滑车组；3—拖架；4—牵引索具；5—卷扬机；6—溜放索具

② 间歇式移动桅杆注意事项

a. 要特别注意桅杆前方的缆风绳在桅杆向后倾斜时受力很大。

b. 桅杆底部必须设有一套溜放索具。

c. 桅杆在移动的过程中要分步动作，不要连续进行。

2）连续式

连续式（又称为前倾式）移动桅杆，在桅杆底脚安设滚排或滑道，底脚前方设一套止推索具，桅杆前、后方缆风绳一般用卷扬机控制（图12-13）。

① 连续式移动法操作步骤：连续式移动桅杆时，先放松桅杆后方缆风绳，相应收紧前方的缆风绳，使杆倾斜至 2°～4°，即倾斜的幅度一般在桅杆长度的 0.05～0.07 倍，桅脚前方牵引索具与其同时动作，使桅杆经常保持在 2°～4° 状态下移动，直至移动到预定位置。

② 连续式移动法的优点：省掉桅杆底部后方的溜放索具，并可连续采用此方法移动桅杆。

桅杆移动所通过的路面应坚实平整。为移动桅杆所铺设的枕木和桅杆基础上层枕木，均应沿移动方向排列并把接头错开，以利于滚杠通过。调整缆风绳时，应先放松后面的几根，再收紧前进方向的几根以防止某些缆风绳受力过大。在桅杆移动的全过程中，缆风绳严禁与电线接触，也不应与其他建筑物、管道相碰，若有则必须事先采取措施。

（2）桅杆的放倒

吊装工作结束后，应及时放倒拆除起重桅杆，进行检修保养，以备后用。放倒拆除桅杆的顺序大致与竖立桅杆相反，即竖立桅杆的逆过程。如果是拆除双桅杆，可以利用第二根桅杆将第一根桅杆放倒拆除。操作时，滑轮组一般绑扎固定于第一根桅杆的 2/3 高度处，桅杆底部加封绳，以防滑动，在放倒第一根桅杆的过程中，应注意避免两根桅杆的缆风绳相交接触而增加钢丝绳的磨损或使钢丝绳互相卡住。放倒第二根桅杆时，可以竖立一根辅助桅杆，也可以利用已吊装就位的设备或钢结构等。如果利用已就位的设备或钢结构时，被利用的设备或钢结构顶部应增设 2～3 根缆风绳，以保证其稳定性，不使设备或钢结构的地脚螺栓受力过大而损坏。在桅杆放倒过程中，滑轮组与设备或钢结构的夹角应尽量小些，以减小其倾覆力矩。同时，操作中要防止放倒的桅杆与设备或钢结构相碰撞，以免发生事故。

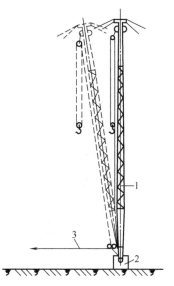

图 12-13 桅杆连续移动方法
1—桅杆；2—行走装置；3—牵引索具

12.2 单桅杆吊装

在化工建设工程中，对大型直立设备和结构多采用桅杆吊装，而单桅杆使用的索具最少，操作也较容易，在工程建设中应用较多。

目前国内已经采用格构式桅杆，起重能力最大的已达 6000kN/30m，而且已在制造 10000kN/30m 的格构式桅杆。

单桅杆吊装有直立单桅杆夺吊、直立单桅杆扳吊、倾斜单桅杆正吊、倾斜单桅杆侧偏吊之分，现分述如下。

12.2.1 夺吊

(1) 直立单桅杆夺吊的受力分析

直立单桅杆夺吊，桅杆直立在下滑车吊索处设曳引索，并串有滑车组，使起升滑车组与桅杆呈一定角度，不致造成被吊物件（设备、结构）碰桅杆，如图 12-14 所示。

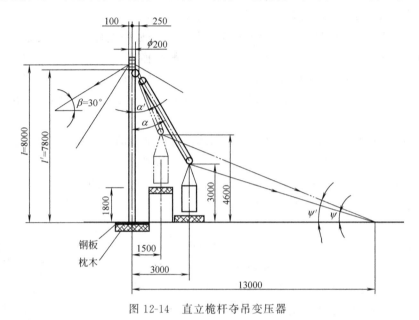

图 12-14 直立桅杆夺吊变压器

这里值得注意的是曳引索的牵引方向，直接影响着起吊滑车组的受力（图 12-15）。

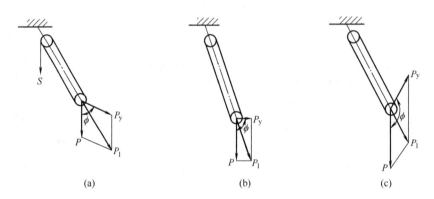

图 12-15 直立桅杆夺吊曳引索受力分析图解
P—计算载荷；P_1—滑车组受力；P_y—曳引力

由图分析可知，图 12-15（a）所示 P_1 最大，图 12-15（c）所示 P_1 最小。实际施工中，直立单桅杆夺吊多为图 12-15（a）所示的情况；图 12-15（c）所示受力可参见双桅杆吊装和利用构筑物吊装章节的内容；图 12-15（b）所示受力只是瞬时状态，随着起吊滑车组的收缩，曳引索的受力方向与地面不可能保持水平。所以对直立单桅杆夺吊而言，曳引索与地面的夹角越小越好，最大不得大于 $30°$，否则会增大起吊滑车组受力。再有，曳引索要随设备起升而随时调整控制，以使设备不碰桅杆为原则，来尽量减小起吊滑车组与桅杆间的夹角。

(2) 直立单桅杆夺吊的受力分析计算

直立单桅杆夺吊受力分析见图 12-16。

1）计算荷重 P

$$P = (Q+q)K_1 \tag{12-9}$$

式中　Q——吊物重，kN；

　　　q——吊具重，kN；

　　　K_1——动载系数。

动载系数应根据工作情况而定，这里主要是考虑起升速度的大小；其次是重要程度和操作水平，一般对机械驱动的轻级取 1.1，中级取 1.3，重级取 1.5。

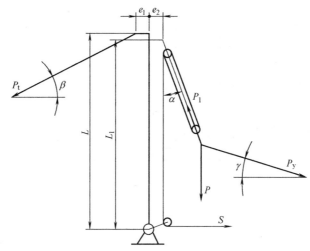

图 12-16　直立单桅杆夺吊受力分析

2）起吊滑车组受力 P_1

$$P_1 = \frac{P\cos\gamma}{\cos(\alpha+\gamma)} \tag{12-10}$$

式中　α——起吊滑车组与桅杆中心线的夹角；

　　　γ——曳引索与水平面间的夹角。

3）滑车组跑绳最大拉力 S（即卷扬机所需牵引力）

$$S = \frac{P_1}{m\eta_z\eta^n} \tag{12-11}$$

式中　m——滑车组倍率；

　　　η_z——滑车组效率；

　　　η——导向轮的效率；

　　　n——导向滑轮数。

或

$$S = \frac{P_1}{K'} \tag{12-12}$$

式中　K'——机械利益系数，见表 12-1。

4）曳引力 P_y

$$P_y = \frac{P_1\sin\alpha}{\cos\gamma} \tag{12-13}$$

表 12-1 滑车组机械利益系数 K′值

滑车组机械利益系数 K′值

有效绳数	有效轮数	0				1				2				3				4			
		滚珠轴承	铜套	含油轴承	铸铁套	滚珠轴承	铜套	含油轴承	铸铁套	滚珠轴承	铜套	含油轴承	铸铁套	滚珠轴承	铜套	含油轴承	铸铁套	滚珠轴承	铜套	含油轴承	铸铁套
2	1	1.98	1.96	1.95	1.94	1.94	1.88	1.86	1.83	1.9	1.81	1.77	1.73	1.86	1.74	1.69	1.63	1.82	1.67	1.61	1.54
3	2	2.94	2.89	2.86	2.81	2.88	2.78	2.72	2.65	2.82	2.67	2.59	2.5	2.14	2.57	2.47	2.36	2.1	2.47	2.35	2.23
4	3	3.88	3.78	3.72	3.67	3.8	3.63	3.54	3.46	3.73	3.49	3.37	3.26	3.66	3.36	3.21	3.08	3.59	3.23	3.06	2.91
5	4	4.8	4.63	4.55	4.47	4.71	4.45	4.33	4.22	4.62	4.28	4.12	3.98	4.53	4.12	3.92	3.75	4.44	3.96	3.73	3.54
6	5	5.71	5.45	5.33	5.21	5.6	5.24	5.08	4.92	5.49	5.04	4.84	4.64	5.38	4.85	4.61	4.38	5.27	4.66	4.39	4.13
7	6	6.6	6.24	6.08	5.92	6.47	6	5.79	5.58	6.34	5.77	5.51	5.26	6.22	5.55	5.25	4.96	6.1	5.34	5	4.68
8	7	7.47	7	6.79	6.58	7.32	6.73	6.47	6.21	7.18	6.47	6.16	5.86	7.04	6.22	5.87	5.53	6.9	5.98	5.59	5.22
9	8	8.32	7.73	7.46	7.21	8.16	7.43	7.1	6.8	8	7.14	6.76	6.42	7.84	6.87	6.44	6.06	7.69	6.61	6.13	5.72
10	9	9.16	8.43	8.11	7.8	8.98	8.11	7.72	7.36	8.8	7.8	7.35	6.94	8.63	7.5	7	6.55	8.46	6.67	6.18	
11	10	9.98	9.11	8.72	8.36	9.78	8.76	8.3	7.89	9.59	8.42	7.9	7.44	9.4	8.1	7.52	7.02	9.22	7.79	7.16	6.62
12	11	10.77	9.76	9.31	8.89	10.56	9.38	8.87	8.39	10.34	9.02	8.45	7.92	10.14	8.67	8.05	7.47	9.94	8.34	7.67	7.05
13	12	11.58	10.38	9.86	9.38	11.35	9.98	9.39	8.85	11.13	9.6	8.94	8.35	10.91	9.23	8.51	7.88	10.7	8.87	8.1	7.43
14	13	12.35	10.98	10.38	9.85	12.11	10.56	9.89	9.29	11.87	10.15	9.42	8.76	11.64	9.76	8.97	8.26	11.41	9.38	8.54	7.79
15	14	13.11	11.56	10.9	10.3	12.85	11.11	10.38	9.72	12.6	10.68	9.9	9.17	12.35	10.27	9.53	8.65	12.11	9.08	9.08	8.16
16	15	13.85	12.12	11.38	10.71	13.58	11.65	10.84	10.1	13.31	11.2	10.32	9.53	13.05	10.77	9.83	8.99	12.79	10.36	9.36	8.48
17	16	14.58	12.65	11.84	11.11	14.29	12.16	11.28	10.48	14.01	11.69	10.74	9.89	13.74	11.24	10.23	9.33	13.47	10.81	9.74	8.8
18	17	15.29	13.16	12.27	11.48	14.99	12.65	11.69	10.83	14.7	12.16	11.13	10.22	14.41	11.69	10.6	9.64	14.13	11.24	10.1	9.09
19	18	15.99	13.66	12.69	11.83	15.68	13.13	12.09	11.16	15.37	12.62	11.51	10.53	15.07	12.13	10.96	9.93	14.77	11.66	10.44	9.37
20	19	16.68	14.13	13.09	12.16	16.35	13.59	12.47	11.47	16.03	13.07	11.88	10.82	15.72	12.57	11.31	10.21	15.41	12.09	10.77	9.63

注：绕出绳端的那个定滑轮应算为导向滑车；若滑车组为两端出绳时，则将平衡两边视为两组滑车组计。

5）起吊滑车组上吊索受力 P_d

$$P_d = \sqrt{P_1^2 + S^2 + 2P_1 S \cos\alpha} \tag{12-14}$$

6）桅杆主缆风绳受力 P_t

$$P_t = \frac{P_1(l'\sin\alpha + e_2\cos\alpha)}{l\cos\beta + e_1\sin\beta} \tag{12-15}$$

式中　e_1——缆风绳系挂点至桅杆中心线间的距离；

　　　e_2——起吊滑车组系挂点至桅杆中心线间的距离；

　　　l——缆风绳系挂点至桅杆底座（或铰轴）的距离；

　　　l'——起吊滑车组系挂点至桅杆底座（或铰轴）的距离；

　　　β——缆风绳与水平面的夹角。

7）桅杆铰支座的垂直压力 P_c

$$P_c = P_1\cos\alpha + P_t\sin\beta + G + t \tag{12-16}$$

式中　G——桅杆的自重，kN；

　　　t——缆风绳预张力给桅杆头部的总垂直压力，kN，$t = T(n-1)\sin\beta$；

　　　T——缆风绳的预张力，kN；

　　　n——缆风绳的根数。

8）桅杆计算界面的正压力 P_z

$$P_z = P_1\cos\alpha + P_t\sin\beta + G_i + t + S \tag{12-17}$$

式中　G_i——计算截面以上的桅杆所受重力，kN；

　　　S——起吊滑车组跑绳拉力，kN。

9）桅杆计算截面的弯矩 M

$$M = P_1(l_i'\sin\alpha + e_2\cos\alpha) + Se_2 - P_t(l_i\cos\beta + e_1\sin\beta) \tag{12-18}$$

式中　l_i'——起吊滑车组系挂点至计算截面的距离，m；

　　　l_i——缆风绳系挂点至计算截面的距离，m。

（3）缆风绳受力分配系数

1）理论推导

桅杆吊装设备后，桅杆头部要向前偏移，其后方的缆风绳均承受不同的承载。为使后方各缆风绳的受力达到合理分配，从而减少缆风绳的规格和地锚的吨位，需做如下规定。

① 所有缆风绳的长短相等，平面夹角相等。

② 所有缆风绳的挠度相等。

③ 起吊物品时，桅杆头部的偏移量很小，挠度变化很小。

④ 钢丝绳的弹性模量一样，结构一样。

这样可将缆风绳的受力分配推导为：

$$P_{to} = P_t k \tag{12-19}$$

$$P_{ti} = P_t k' \tag{12-20}$$

式中　P_{to}——分配后的主受力面上缆风绳的受力（图 12-17）；

　　　P_{ti}——分配后的两邻近的缆风绳受力（图 12-17）；

　　　$k,\ k'$——缆风绳受力分配系数，见表 12-2。

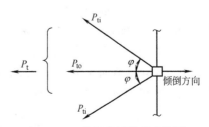

图 12-17　桅杆缆风绳受力简图

表 12-2　缆风绳受力分配系数 k、k' 值

φ	30°	36°	45°	60°	90°
k	0.44	0.433	0.5	0.667	1
k'	0.346	0.35	0354	0.333	0

2）实际应用

按理想条件推导计算出来的缆风绳受力分配系数理论上是合理的，但与实际施工条件出入较大，难以满足要求，易造成缆风绳超载的情况，增加了不安全因素，所以实际选用缆风绳和锚点时采用主缆风绳法，即用一根或两根缆风绳来平衡外力，其他缆风绳相应配置，并使其挠度稍大，以达到缆风绳受力的目的。即选择主缆风绳和锚点时，其受力为：

$$T_主 = P_t + T \tag{12-21}$$

选择辅助缆风绳和辅助锚点时，其受力为：

$$T_辅 = P_{tf} + T \tag{12-22}$$

式中　$T_主$——主缆风绳受力；

　　　$T_辅$——辅助缆风绳受力；

　　　P_{tf}——由风载荷引起的缆风绳受力。

（4）缆风绳预张力的计算

缆风绳预张力的大小对桅杆受力和桅杆头部偏移量有直接影响，预张力小，缆风绳受力也小，其挠度大，桅杆头部偏移量也大，但给桅杆头部的正压力小。如要求偏移量小，则缆风绳挠度就要小，所需预张力就要大，这样不但缆风绳本身受力大，而且预张力给桅杆的正压力也大。因而应合理选择计算预张力。在预张力计算中可以给定挠度求得预张力，把挠度值控制在一个比较大的范围内即 $(1/50 \sim 1/20)L_t$。这样求得的预张力的范围值较大，有时满足不了吊装要求，则凭经验估计给定。

1）给定挠度计算预张力

给定挠度计算预张力，必须假定缆风绳本身为一均布载荷，可是实际施工中多采用滑车组来调整缆风绳的伸缩和张力，这样就有滑车组自重产生的集中载荷作用，预张力就会增大。由于串绕的滑车组长短不同，其挠度和预张力也随着变化，而且计算较繁。可参照缆索式起重机承载索计算（图 12-18），其集中载荷为主要载荷，远大于绳索的均布载荷，当缆索式起重机的载荷位于中点（$L/2$）时，其垂度为最大值，其水平分力为：

$$H = \frac{L^2}{8 f_{max}} \left(\frac{q}{\cos\alpha} - \frac{2P}{L} \right) \tag{12-23}$$

式中　f_{max}——在载荷作用下的承载索的最大垂度；

　　　L——跨距；

　　　q——承载索单位长度的质量；

　　　P——计算载荷，见式（12-1）。

而缆风绳串联的滑车组，下滑车在地面，上滑车在空中，且上滑车重量仅为钢丝绳自重的 1/10 左右，即 $G = gL_t/10$（按 50m 长的桅杆、100m 长的缆风绳，按其受力的大小选定的钢丝绳和相应的滑车计算而得）。

为了简化计算而又考虑滑车组对预张力的影响，经计算分析和实际测定，比较结果，按均布载荷加集中载荷的各种情况计算得到的数值比按均布载荷计算时增大 35% 左右，故有：

$$T = \frac{H}{\cos\alpha} = \frac{1.35qL^2}{8 f_{max} \cos\alpha \cos\beta} = \frac{1.35qL_t^2}{8 f_{max}} \tag{12-24}$$

式中　L_t——缆风绳理论长度，m；

　　　L——缆风绳水平投影长度，m，$L=L_t\cos\alpha$；

　　α,β——缆风绳与水平面夹角；

　　　f——缆风绳的挠度，m，一般取 $f=\left(\dfrac{1}{50}\sim\dfrac{1}{20}\right)L_t$。

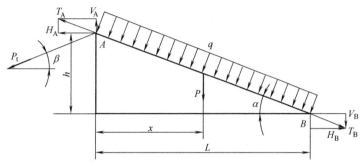

图 12-18　绳索式起重机承载索受力分析

将 f 值代入式（12-24）则有

$$T=(3.25\sim8.44)qL_t \tag{12-25}$$

在给定挠度 f 值计算预张力 T 时，f 值的范围较大，因此在选择 f 值时，要考虑在装设备时允许桅杆头部的偏移量的大小，若偏移量允许大些无妨，则挠度值可取大些，这样预张力值就小些；反之，挠度值取小些，预张力就大些。当然预张力大，缆风绳直径要选择粗的，锚吨位要增大，桅杆受力增大，不经济。

2）主缆风绳的选择

桅杆吊装受力后头部向前偏移，则前方缆风绳挠度增大，受力减少，所以主缆风绳和主地锚的选择可按式（12-26）来计算，即：

$$T_{主}=P_t+T \tag{12-26}$$

(5) 辅助缆风绳的确定

桅杆的辅助缆风绳在吊装时不承受外力，只考虑桅杆自身的稳定，因此，应按照缆风绳预张力加工的最大风载荷作用于桅杆所产生的缆风绳受力来选择辅助缆风绳和地锚。

如设备吊装进向与桅杆受力平面垂直时，则还应计算设备抬头或脱排时侧缆风绳的受力。

1）风载荷的计算

由前面学习知：

$$P_f=\sum CK_hqA \tag{12-27}$$

2）由风载荷引起的缆风绳受力 P_{tf}

因为桅杆高度不同，所承受的风载荷不同，为计算由风载荷产生的缆风绳受力，现以桅杆沿高度按每 10m 为一段，即 L_d（第一段为 $\dfrac{1}{2}L_d$，即 5m）来计算，求得各段风载荷及其作用半径（图 12-19）。

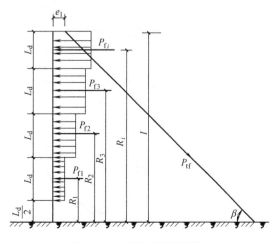

图 12-19　风载荷计算简图

各段风载荷为：

$$P_{fi} = CK_{hi}qA_i \tag{12-28}$$

风载荷的作用力臂为：

$$R_1 = \frac{1}{2}L_d + \frac{1}{2}L_d = L_d = 10m \tag{12-29}$$

$$R_2 = 1\frac{1}{2}L_d + \frac{1}{2}L_d = 2L_d = 20m$$

$$\cdots$$

$$R_i = iL_d = 10i$$

所以由风载荷产生的缆风绳受力 P_{tf} 为：

$$P_{tf} = \frac{P_{f1}R_1 + P_{f2}R_2 + \cdots + P_{fi}R_i}{l\cos\beta + e_1\sin\beta} = \frac{\displaystyle\sum_{i=1}^{n} P_{fi}R_i}{l\cos\beta + e_1\sin\beta}$$

$$= \frac{10\displaystyle\sum_{i=1}^{n} iP_{fi}}{l\cos\beta + e_1\sin\beta} \tag{12-30}$$

式中　R_i——隔断风载荷至地面的距离，m；

　　　l——桅杆缆风绳系挂点至地面的距离，m；

　　　e_1——缆风绳系挂点至桅杆中心的距离，m；

　　　β——缆风绳与地面的夹角。

3）辅助缆风绳的选择

$$T_{辅} = P_{tf} + T \tag{12-31}$$

12.2.2　扳吊

直立单桅杆扳吊系旋转法的一种，是扳起就位的。

其操作要点基本与旋转法竖立桅杆方法相同，桅杆最大受力发生在设备起吊开始（设备抬头）时，是一种比较安全的方法，且使用的索具少而小，但要产生较大的水平推力，需增设止推索具，基础需加以处理（图 12-20），基础上需焊接两个能使设备回转的铰链轴套

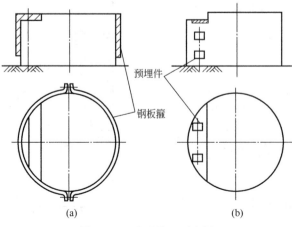

图 12-20　基础处理示意图

（图 12-21）和使铰链轴不能沿塔轴向移动的止推座。设备裙座的局部强度和稳定性必须验算，需符合要求，否则需加固。宜采用铰轴，如无铰轴，操作时止推滑车组应能控制调整，基础高度不宜大（应在 2m 以下），基础螺栓不能预埋，需预留孔二次灌浆等。

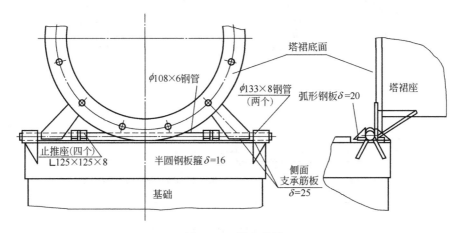

图 12-21　设备铰链

单桅杆扳吊还有如下特点：它能"高杆吊矮塔"（图 12-22），即能以较小的力量起吊较大质量的塔；它能"矮杆吊高塔"（图 12-23），即能以较矮的桅杆起吊较重的设备；有充分的空间位置给设备进行"穿衣戴帽"。

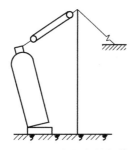

图 12-22　高杆扳吊矮塔

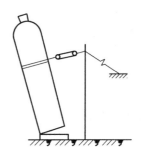

图 12-23　矮杆扳吊高塔

直立单桅杆扳吊的受力分析及计算如下（图 12-24）。

(1) 计算荷重 P

$$P = K_1(Q + q) \tag{12-32}$$

(2) 扳起滑车组受力 P_1

$$P_1 = \frac{P(X_c \sin\theta - r\cos\theta)}{n\sin(\alpha + \theta) - r\cos(\alpha + \theta)} \tag{12-33}$$

式中　n——设备吊点至设备底面的距离，m；

$\quad X_c$——设备重心至设备底面的距离，m；

$\quad r$——设备旋转支承点与设备中心线间的距离，m；

$\quad \theta$——设备底面与水平面间的夹角；

$\quad \alpha$——扳起滑车组与桅杆中心线间的夹角。

$$\alpha = \arctan \frac{n\sin\theta - r\cos\theta + b - e_2}{l' + h_1 - (h + r\sin\theta + n\cos\theta)} \tag{12-34}$$

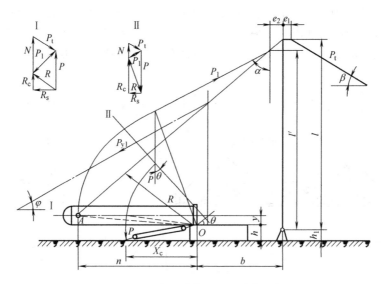

图 12-24 直立单桅杆扳吊受力分析

当设备水平放置，开始抬头时，$\theta=90°$，扳起滑车组受力为：

$$P_1=\frac{PX_c}{n\cos\alpha+r\sin\alpha} \tag{12-35}$$

$$\alpha=\arctan\frac{n+b-e_2}{l'+h_1-(h+r)} \tag{12-36}$$

(3) 设备旋转支承点（或铰轴）的水平推力 N_s

$$N_s=P_1\sin\alpha \tag{12-37}$$

(4) 设备旋转支承点（或铰轴）的垂直压力 N_c

$$N_c=P-P_1\cos\alpha \tag{12-38}$$

(5) 设备溜放力 P_{y1}

$$P_{y1}=\frac{PR}{n\cos\varphi-(R-r)\sin\varphi} \tag{12-39}$$

式中　φ——溜放力与水平面的夹角；

R——设备裙座半径。

(6) 临界角 θ

$$\theta=\arctan\frac{R}{X_c} \tag{12-40}$$

式中，θ 是设备底面与水平面的夹角，这里所说的临界角，是指设备重心力线通过支承点的瞬时角度，此时设备自行旋转，溜放绳可提前控制渐放至直立。

其他计算与直立单桅杆各参数计算相同，这里不再重述。

12.2.3　倾斜桅杆吊装

倾斜单桅杆吊装分正吊（图 12-25）和侧偏吊两种。正吊时，桅杆要高于设备，滑车组垂直于设备基础中心；侧偏吊时，桅杆可低些。

(1) 正吊

1) 受力分析

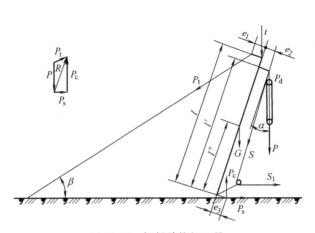

图 12-25　倾斜单桅杆正吊

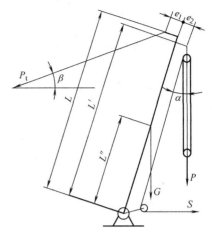

图 12-26　倾斜单桅正吊受力分析

倾斜单桅杆正吊受力分析如图 12-26 所示。

2）受力分析计算

① 计算荷重 P 与滑车组受力 P_1：

$$P = K_1(Q+q) \tag{12-41}$$

因为是桅杆倾斜，滑车组垂直于地面，故滑车组受力等于计算荷重，即：

$$P_1 = P \tag{12-42}$$

② 计算起吊滑车组出绳端受力 S：

$$S = \frac{P_1}{K'} = \frac{P}{K'} \tag{12-43}$$

③ 计算桅杆主缆风绳受力 P_t：

$$P_t = \frac{P\left[l'\sin\alpha + (e_2 - e_3)\cos\alpha\right] + G(l''\sin\alpha - e_3\cos\alpha) + t(l\sin\alpha - e_3\cos\alpha)}{l\cos(\alpha+\beta) + (e_1+e_3)\sin(\alpha+\beta)} \tag{12-44}$$

如（当）桅杆为球铰或铰轴，则 $e_3 = 0$，即：

$$P_t = \frac{P\left[l'\sin\alpha + e_2\cos\alpha\right] + Gl''\sin\alpha + tl\sin\alpha}{l\cos(\alpha+\beta) + (e_1+e_3)\sin(\alpha+\beta)} \tag{12-45}$$

式中　l——桅杆缆风绳系挂点到桅杆底面（或铰轴）的距离，m；

　　　l'——起吊滑车组系挂点到桅杆底面（或铰轴）的距离，m；

　　　l''——桅杆重心到桅杆底面（或铰轴）的距离，m；

　　　e_1——缆风绳系挂点与桅杆中心线间的距离，m；

　　　e_2——起吊滑车组系挂点与桅杆中心线间的距离，m；

　　　e_3——桅杆脚支点与桅杆中心线间的距离，m；

　　　G——桅杆自重，kN；

　　　α——桅杆倾斜角，即起吊滑车组与桅杆中心线间的夹角；

　　　β——缆风绳与水平面间的夹角；

　　　t——缆风绳预张力给桅杆头部总的垂直压力，kN，$t = (n-1)T\sin\beta$；

　　　n——缆风绳根数；

　　　T——缆风绳的预张力，kN。

④ 计算桅杆支座的垂直压力 P_c：

$$P_c = P + G + t + P_t \sin\beta \tag{12-46}$$

⑤ 计算桅杆底部支承点（或铰轴）的水平推力 P_s：

$$P_s = P_t \cos\beta \tag{12-47}$$

3）桅杆计算截面的正压力 P_z

$$P_z = P\cos\alpha + P_t\sin(\alpha+\beta) + G_i\cos\alpha + t\cos\alpha + S \tag{12-48}$$

式中　G_i——计算截面以上的桅杆所受重力，kN；

　　　S——起吊滑车组出绳端拉力，kN。

4）桅杆计算截面的弯矩 M

$$M = P(l_i'\sin\alpha + e_2\cos\alpha) + G_i l_i''\sin\alpha + Se_2 + tl_i\sin\alpha - P_t[l_i\cos(\alpha+\beta) + e_1\sin(\alpha+\beta)] \tag{12-49}$$

式中　l_i——缆风绳系挂点至计算截面的距离，m；

　　　l_i'——起吊滑车组系挂点至计算截面的距离，m；

　　　l_i''——计算截面以上的桅杆重量的重心至计算截面的距离，m。

5）强度校核

$$\sigma = \frac{P_z}{F} + \frac{M}{W} \leqslant [\sigma] \tag{12-50}$$

6）稳定性验算

$$\sigma = \frac{P_z}{\phi F} + \frac{M}{W} \leqslant [\sigma] \tag{12-51}$$

其他参数与直立单桅杆参数的计算相同。

(2) 侧偏吊

倾斜单桅杆侧偏吊是利用低桅杆吊高设备的一种方法，桅杆滑车组系挂点垂线位于设备边缘外侧，设备就位时呈一侧偏角，以使设备重力、曳引力和滑车组受力三力汇交平衡。其受力分析计算将在门式桅杆侧偏吊中叙述，其他与倾斜单桅杆正吊相同。

12.3　双桅杆吊装

双桅杆吊装是一种常规吊装工艺，有等高双桅杆和不等高双桅杆吊装之分。双桅杆吊装系滑移法吊装。由于等高双桅杆吊装的受力分析、索具配置较简单，故实际施工中多采用。不等高双桅杆通常用于塔群的吊装，当桅杆移动时，不致影响缆风绳的变位。

双桅杆抬吊，其桅杆站位间距应以使设备能够顺利通过为原则，不宜过大。不等高双桅杆站位间距不等，低者较近，高者较远，从而使夹角相等。如果高桅杆的站位受到限制，则可采取设备吊点不等高的办法，以保证设备就位时三力汇交平衡，但在未脱排前，应采取措施防止设备横向摆动。

双桅杆抬吊时，两杆起吊滑车组操作不易控制起升速度相等，当桅杆高设备低时，可采用平衡装置；当桅杆低设备高时，难以采用平衡装置，故存在着偏重现象，在计算载荷中应考虑偏重因素，实际计算时应乘以不均衡系数 K'，一般取 $K' = 1.1 \sim 1.2$。

双桅杆在吊装过程中桅杆和机索具的受力随设备提升角度的变化而相应变化。

在桅杆底座固定的情况下（即不能旋转），桅杆在吊装过程中承受转矩的作用。

12.3.1　等高双桅杆吊装

等高双桅杆吊装一般应用在下列情况：一种情况是设备的吨位大于单桅杆的起重量；另一种情况是设备本身高度大于桅杆或基本上与桅杆高度相同。这时一般都用等高双桅杆吊装设备，而且吊装范围比单桅杆扩大。

下面介绍几种设备安装施工中常用的双桅杆吊装设备的方法。

(1) 用双桅杆分段顺装法吊装塔类设备

顺装法又称正装法或顶装法，属散装法。采用此法吊装时，是将分段制造的设备"自下而上"分段吊装装配。图 12-27 所示为塔类设备分段吊装顺序。由图可见，吊装时首先是将设备底部第一个塔节安放到基础上，并加以固定；再将第二个塔节吊放到第一个塔节上去，进行组对装配或焊接，如图 12-27（a）所示；然后依次吊装第三、第四、第五个塔节和顶盖组对装配或焊接，如图 12-27（b）～（d）所示。

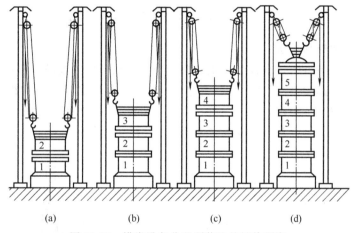

图 12-27　塔类设备分段顺装法的吊装顺序

顺装法的优点是：适用于吊装总质量很大的塔类设备，因分段后每一个塔节的质量不大，一般只需采用起重量较小的桅杆，但要求桅杆高度超过塔体的总高度。

此法的缺点是：高空作业的工作量大，操作不够安全，质量有时难以保证。

(2) 用双桅杆分段倒装法吊装塔类设备

倒装法又称反装法或底接法，属于散装法。用此法吊装时，是"自上而下"一节一节地进行装配的。其吊装顺序如图 12-28 所示。首先起吊顶盖，其吊装高度应比其下一塔节放到基础上的高度稍高一些；再在基础上放置第一个塔节，并与顶盖进行组对装配或焊接，如图 12-28（a）所示；接着将装配成一体的顶盖和第一个塔节一起吊起，然后再装配第二个塔节，如此依次进行吊装和装配直至最后一节，如图 12-28（b）～（d）所示。

此法的优点是：大大减少了高空作业，操作比较安全，安装质量易保证，并且桅杆的高度可以低于塔体的总高度。

缺点是：需要起重量大的桅杆。

综上所述，分段吊装法的特点是采取了化整为零的吊装方法，故对起重桅杆的要求可以降低。这种方法也是机械、化工、冶金等企业设备吊装中常用方法之一。

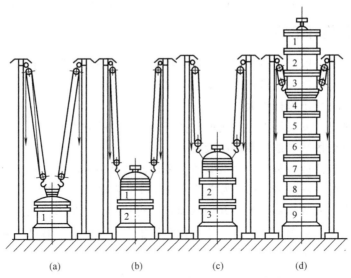

图 12-28 塔类设备分段吊装倒装法吊装顺序

(3) 桅杆整体递夺吊装法

在吊装中小型设备群时，在设备基础的两侧竖立两根桅杆。起吊顺序是先将设备起吊到一定高度（比基础标高要高），然后将一侧桅杆上的滑车组收紧，另一侧桅杆上的滑车组放松，两滑车组的动作必须协调，这样一放一收便可将设备在空中传递到所要求的基础上去进行找正安装。图 12-29 所示为用双桅杆整体递夺吊装塔类设备的过程。

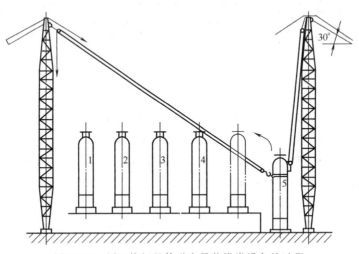

图 12-29 用双桅杆整体递夺吊装塔类设备的过程

(4) 双桅杆整体滑移吊装法

图 12-30 所示为用双桅杆整体滑移吊装塔类设备的过程。此法适用于吊装质量、高度和直径等都较大的塔类及其他设备，是安装工地最常用、最典型的一种整体吊装方法。起吊时，每根桅杆可用一台或两台卷扬机来牵引。要求卷扬机操作人员在操作时互相协调。另外塔底裙座处也要求有一组制动滑车组和卷扬机拉住，防止塔体向前移动速度过大而造成塔体与基础的碰撞。

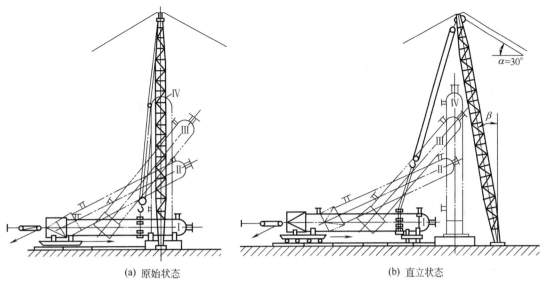

(a) 原始状态　　　　　　　　　　(b) 直立状态

图 12-30　用双桅杆整体滑移吊装塔类设备的过程

起吊时，应保证塔体的平稳上升，不得有摆动及滑轮卡住和钢丝绳扭转的现象。为了防止塔体左右摇摆，可预先在塔顶两侧拴好控制索来控制。在起吊过程中应检查桅杆、拉索、地锚等的工作情况。

等高双桅杆的计算较简单（图 12-31）。

1）计算载荷 P

$$P=(Q+q)KK' \qquad (12\text{-}52)$$

式中　K——动载系数；

　　　K'——不平衡系数。

2）起吊滑车组受力 P_1

$$P_1=\frac{P}{2\cos\alpha} \qquad (12\text{-}53)$$

式中　α——起吊滑车组与桅杆中心线的夹角。

等高双桅杆吊装，由于桅杆站位间距相等，滑车组与桅杆中心线的夹角相等，所以两桅杆的受力相等。对一根桅杆而言，相当于直立单桅杆夺吊的受力工况，故其参数与直立单桅杆参数计算相同。

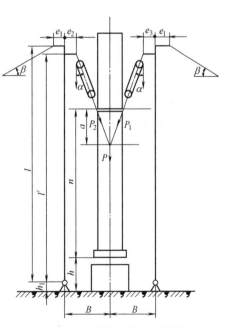

图 12-31　等高双桅杆的计算

12.3.2　不等高双桅杆吊装

不等高双桅杆吊装，其桅杆站位和设备吊点的确定方法如下：首先确定低桅杆站立位置及低杆边设备吊点；再用调整高桅杆站立位置及高杆边设备吊点高度的方法来达到三力汇交平衡，使设备垂直对中就位。一般可用图解法或解析法求得适宜的站位位置及设备吊点的高度。现以设备底面即将穿入地脚螺栓时（图 12-32）的高度进行计算。

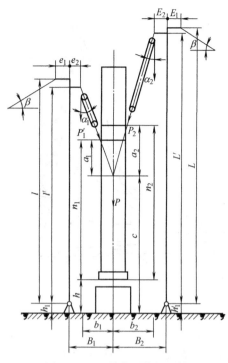

图 12-32　不等高双桅杆吊装

(1) 三力汇交点的高度

$$c = \frac{b_1(n_1 + h) - Rl'}{b_1 - R} \qquad (12\text{-}54)$$

式中　R——设备半径，m；

　　　b_1——低桅杆滑车组系挂点的垂线至设备基础中心的距离，m；

　　　n_1——低桅杆侧设备吊点至设备底面的距离，m；

　　　h——设备基础螺栓至地面的高度，m；

　　　l'——低桅杆滑车组系挂点至桅杆底（或铰轴）的距离，m。

(2) 高桅杆站立位置及其设备吊点的确定

1) 高桅杆侧设备吊点至设备底面的距离

$$n_2 = c - h + a_2 \qquad (12\text{-}55)$$

2) 高桅杆站立位置与设备吊点的关系

$$a_2 b_2 = \frac{a_1 b_1 (L' - c)}{l' - c} \qquad (12\text{-}56)$$

$$a_1 = n_1 + h + c \qquad (12\text{-}57)$$

式中　a_1——低桅杆侧设备吊点至力汇交点的距离，m；

　　　L'——高桅杆滑车组系挂点至桅杆底（或铰轴）的距离，m；

　　　a_2——高桅杆侧设备吊点至力汇交点的距离，m；

　　　b_2——高桅杆滑车组系挂点的垂线至设备基础中心的距离，m。

式（12-56）中的左边常数 a_2、b_2 均为待定的未知数，可根据现场条件和经验给定一个便可求得另一个。

(3) 滑车组受力 P_1、P_2

$$P_1 = \frac{P \sin\alpha_2}{\sin(\alpha_1 + \alpha_2)} \qquad (12\text{-}58)$$

$$P_2 = \frac{P \sin\alpha_1}{\sin(\alpha_1 + \alpha_2)} \qquad (12\text{-}59)$$

$$\alpha_1 = \arctan \frac{b_1 - R}{L' - (n_1 + h)} \qquad (12\text{-}60)$$

$$\alpha_2 = \arctan \frac{b_2 - R}{L' - (n_2 + h)} \qquad (12\text{-}61)$$

式中　P_1——低桅杆滑车组受力，kN；

　　　P_2——高桅杆滑车组受力，kN；

　　　α_1——低桅杆滑车组与桅杆中心线的夹角；

　　　α_2——高桅杆滑车组与桅杆中心线的夹角。

其余计算同直立单桅杆吊装。

12.4　人字桅杆吊装

12.4.1　人字桅杆的分类

人字桅杆分金属格构式人字桅杆（图 12-33）、管式人字桅杆（图 12-34）和木质人字桅杆（图 12-35）三种。以两杆连接方式不同分，又有成形设计用铰轴连接的人字桅杆和现场临时绑扎的人字桅杆两种。成形设计的金属格构式和管式人字桅杆，两杆中心线在同一平面内，吊点无偏心距，受力较好，受力分析和计算较简单；现场临时绑扎的管式和木质人字桅杆，两杆中心线不在同一平面内，吊点对单根杆产生偏心距，受力不利，且受力分析和计算较复杂。

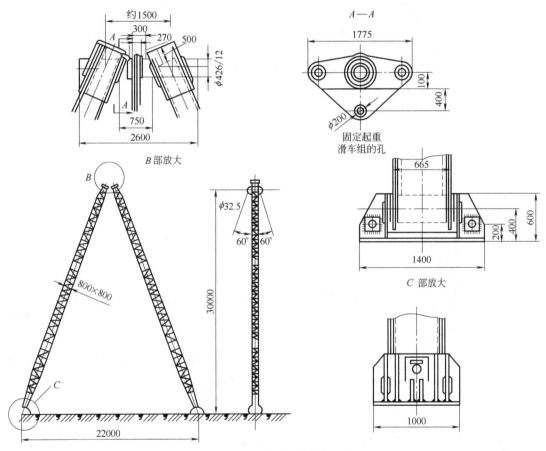

图 12-33　金属格构式人字桅杆

12.4.2　人字桅杆的吊装

人字桅杆常在建筑安装工地使用，小起重量的人字桅杆多为就地取材现场绑扎，节约桅杆制造投资，是比较经济的。近年来随着化工等建设工程发展的需要，大吨位的人字桅杆已经产生，并作为大件设备码头装卸和高耸塔架结构（如排气筒、火炬、电视塔等）扳吊竖立的工具。人字桅杆吊装所用的拖拉绳较少，具有较好的稳定性和较大的承载能力。

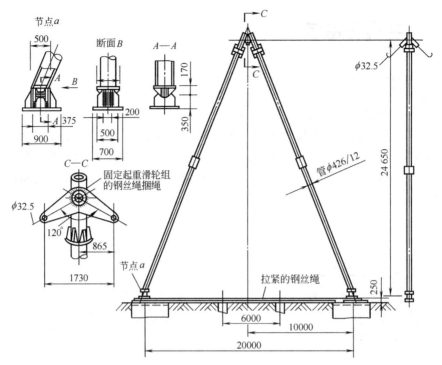

图 12-34　管式人字桅杆

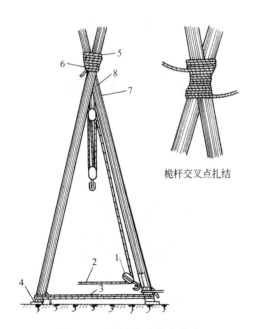

桅杆交叉点扎结

图 12-35　圆木人字桅杆构造

1—开口滑车；2—连向卷扬机的起重钢丝绳（跑绳）；
3—绊绳（有时可采用木板夹牢的方法代替绊绳，但使
用时不如绊绳灵活）；4—防止桅杆位移的木楔；5—扎
缆风绳的钢丝绳（约4～5道）；6—双层扎结钢丝绳；
7—固定钢丝绳用吊索；8—防止扎结钢丝绳向下滑动
而钉于桅杆上的木块（一般为5cm×10cm大小）

人字桅杆受力分析计算，因铰轴连接或绑扎而不同，对金属管式和格构式成形人字桅杆，由于无偏心弯矩的作用可参考单桅杆的受力工况进行计算。如前所述，对于现场绑扎的人字桅杆受力分析由于存在偏心，工程中为简化计算需建立假设的力学模型。本书的计算是以《石油化工吊装工作手册》一书中的假定条件为依据进行的，经实践验证是适用的，其假定条件如下。

① 人字桅杆受力平面由两杆底面中心和两杆绑扎处接触点三点构成。

② 人字桅杆受力平面向前倾斜 α 角。

③ 拖拉绳系点（系挂点）为两杆接触点，即无偏心距。

④ 起吊滑车组上吊索系点的合力作用线通过接触点。

⑤ 滑车组串绕绳拉出端沿后方杆 Ⅰ（即远离物件的一根杆，见图 12-36）为走向。因为此杆受力较不利，设计计算时应以此杆为选择依据，但当人字桅杆高度较高，自重弯矩影响较大时，两杆均应计算，如图 12-36 所示。

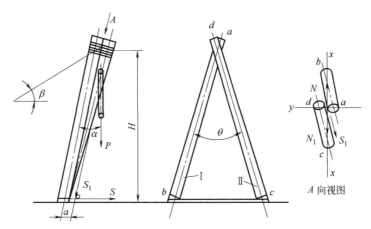

图 12-36 人字桅杆受力计算简图

以上述假设为依据，绘制人字桅杆正吊计算简图（图 12-37）。

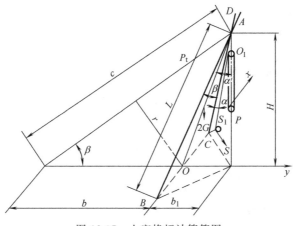

图 12-37 人字桅杆计算简图

(1) 计算载荷 P

$$P=(Q+q)K \tag{12-62}$$

(2) 卷扬机所需牵引力 S

$$S=\frac{P_1}{K_1} \tag{12-63}$$

式中　P_1——滑车组受力，kN，$P_1=P$；

　　　K_1——滑车组机械利益系数。

(3) 滑车组上吊索受力 P_d

$$P_d=\sqrt{P_1^2+S_1^2+2P_1S_1\cos\alpha_1} \tag{12-64}$$

式中　S_1——滑车组串绕绳拉出端受力，kN，取 $S_1=S$；

　　　α_1——滑车组与跑绳间的夹角。

(4) 主缆风绳受力 P_t

$$P_t=\frac{(P+G)\tan\alpha}{\sin\beta(\tan\beta-\tan\alpha)}=\frac{(P+G)\sin\alpha}{\cos(\alpha+\beta)} \tag{12-65}$$

式中　G——人字桅杆中一根杆的自重，kN，$G=qL$；

　　　q——单位长度杆所受的重力，kN/m；

　　　L——杆长，m；

　　　α——人字桅杆向前倾角；

　　　β——缆风绳与水平面间的夹角，标准锚点取 $\beta=30°$。

　　用式（12-65）计算出的主缆风绳受力是按一根主缆风绳计算的，若采用两根（实际施工中多采用两根），则应根据其夹角大小进行分配。

(5) 人字桅杆每根杆中部所受的正压力 P_z

　　人字杆每根杆中部所受的正压力由三部分组成，即由外载荷作用于桅杆头部所产生的正压力，滑车组跑绳给杆的正压力和桅杆自重对其中部的正压力。

　　1）由外载荷作用于桅杆头部给每根杆的正压力 N_1

$$N_1=\frac{1}{2\cos\dfrac{\theta}{2}}\left[P_t\sin(\alpha+\beta)+P\cos\alpha\right] \tag{12-66}$$

式中　θ——人字桅杆两杆间的夹角，一般取 $\theta=30°$。

　　2）滑车组跑绳给杆的正压力 N_2

$$N_2=S_1=S \tag{12-67}$$

　　3）桅杆自重对其中部的正压力 N_3

$$N_3=\frac{G}{2}\cos\alpha\cos\frac{\theta}{2} \tag{12-68}$$

　　则Ⅰ杆（CD 杆）中部所受的正压力为：

$$P_{z1}=N_1+N_2+N_3 \tag{12-69}$$

　　Ⅱ杆（AB 杆）中部所受的正压力为：

$$P_{z2}=N_1+N_3 \tag{12-70}$$

(6) 杆中部截面所受的弯矩

　　① 当跑绳沿Ⅰ杆的方向为走向时：

　　Ⅰ杆中部截面的弯矩为：

$$\left.\begin{aligned}M_y&=-N_1e+\frac{HG\tan\alpha}{8\cos\dfrac{\theta}{2}}-Sa\\[3mm]M_x&=\frac{HG\tan\dfrac{\theta}{2}}{8}\end{aligned}\right\} \tag{12-71}$$

　　Ⅰ杆中部截面所受弯矩由 M_x 和 M_y 合成，即：

$$M=\sqrt{M_x^2+M_y^2} \tag{12-72}$$

　　Ⅱ杆中部截面的弯矩为：

$$\left.\begin{aligned}M_y&=N_1e+\frac{HG\tan\alpha}{8\cos\dfrac{\theta}{2}}\\[3mm]M_x&=\frac{HG\tan\dfrac{\theta}{2}}{8}\end{aligned}\right\} \tag{12-73}$$

Ⅱ杆中部截面所受弯矩由 M_x 和 M_y 合成，即：

$$M = \sqrt{M_x^2 + M_y^2}$$ (12-74)

式中　e——N_1 作用线至杆中心线的距离，m，$e = \dfrac{D}{2}$；

　　　D——杆的直径或梢径，m；

　　　H——人字桅杆的高度，m；

　　　a——起吊滑车组跑绳至杆中心线的距离。

② 当跑绳沿Ⅱ杆的方向为走向时：

Ⅰ杆中部截面的弯矩为：

$$\left. \begin{aligned} M_y &= -N_1 e + \frac{HG\tan\alpha}{8\cos\dfrac{\theta}{2}} \\[2em] M_x &= \frac{HG\tan\dfrac{\theta}{2}}{8} \end{aligned} \right\}$$ (12-75)

Ⅰ杆中部截面所受弯矩由 M_x 和 M_y 合成，即：

$$M = \sqrt{M_x^2 + M_y^2}$$ (12-76)

Ⅱ杆中部截面的弯矩为：

$$\left. \begin{aligned} M_y &= N_1 e + \frac{HG\tan\alpha}{8\cos\dfrac{\theta}{2}} - Sa \\[2em] M_x &= \frac{HG\tan\dfrac{\theta}{2}}{8} \end{aligned} \right\}$$ (12-77)

Ⅱ杆中部截面所受弯矩由 M_x 和 M_y 合成，即

$$M = \sqrt{M_x^2 + M_y^2}$$ (12-78)

(7) 人字桅杆的强度及稳定性校核

对金属人字桅杆的强度和稳定性校核按单桅杆吊装进行，对木质桅杆可用下式计算，即：

$$\sigma = \frac{M}{\xi W} + \frac{P_z}{F} \leqslant [\sigma]$$ (12-79)

$$\xi = 1 - \frac{P_z}{\phi F [\sigma]_y}$$ (12-80)

式中　M——弯矩，kN·m；

　　　W——抗弯截面模量，m³；

　　　P_z——杆所受正压力，kN；

　　　F——杆横截面积，m²；

　　　ξ——木质桅杆因弯矩作用而产生变形的影响系数；

　　　ϕ——木材中心受压折减系数，查表 12-3；

　　　$[\sigma]_y$——木材容许压应力，kPa，查表 12-4～表 12-6。

表 12-3　木材中心受压折减系数 ϕ

任何截面		边长为 h 的矩形截面		直径为 d 的圆形截面		任何截面		边长为 h 的矩形截面		直径为 d 的圆形截面	
$\lambda=\dfrac{l}{r}$	ϕ	$\lambda=\dfrac{L}{h}$	ϕ	$\lambda=\dfrac{L}{d}$	ϕ	$\lambda=\dfrac{l}{r}$	ϕ	$\lambda=\dfrac{L}{h}$	ϕ	$\lambda=\dfrac{L}{d}$	ϕ
30	0.93	12	0.86	12	0.82	80	0.48	32	0.24	32	0.19
35	0.90	14	0.81	14	0.75	85	0.43	34	0.21	34	0.17
40	0.87	16	0.79	16	0.67	90	0.38	36	0.17	36	0.15
45	0.84	18	0.75	18	0.59	95	0.34	38	0.16	38	0.13
50	0.80	20	0.62	20	0.48	100	0.31	40	0.15	40	0.12
55	0.76	22	0.50	22	0.40	110	0.26	42	0.13	42	0.11
60	0.71	24	0.42	24	0.34	120	0.22	44	0.12	44	0.10
65	0.66	26	0.35	26	0.29	130	0.18	46	0.11	46	0.09
70	0.61	28	0.31	28	0.25	140	0.16	48	0.10	48	0.08
75	0.55	30	0.27	30	0.22	150	0.14	50	0.10	50	0.08

注：l 为计算长度，r 为断面回转半径，L 为柱长。

表 12-4　临时性起重装置中松木和枞木的容许压应力　　　　　　MPa

应力的种类	容许压应力	应力的种类	容许压应力
顺纹拉伸	7.5	局部挤压	4
顺纹压缩	10[①]	弯曲时的顺纹剪切	2.4
顺纹挤压	10	扭转	2.5
沿整个表面和侧板切口中的横纹压缩	1.4	弯曲	10

① 压缩应力与湿度的关系见表 12-6。

表 12-5　除松木和枞木外其他木材的容许压应力修正系数

木材的种类	顺纹拉伸、弯曲、压缩和挤压	横纹压缩和挤压	剪切	木材的种类	顺纹拉伸、弯曲、压缩和挤压	横纹压缩和挤压	剪切
针叶松				阔叶松			
卷叶松	1.2	1.2	1.0	橡树，见风干	1.3	2.0	1.6
山松	0.9	0.9	0.9	枫树，白合金	1.1	1.6	1.3
银松	0.8	0.8	0.8	欢桦树	0.8	1.0	1.8

表 12-6　随木材湿度而定的容许压应力

湿气含量/%	10	15	20	25	30	40	50	60
容许压应力/MPa	10	7.9	6.0	5.0	4.8	4.2	4.1	4.0

(8) 人字桅杆几何尺寸计算

1) 人字桅杆的倾斜幅度 b_1

$$b_1 = H\tan\alpha \tag{12-81}$$

2) 人字桅杆站立位置至缆风绳锚点的距离 b

$$b = H(c\tan\beta - \tan\alpha) \tag{12-82}$$

3) 缆风绳理论长度 c

$$c = \frac{H}{\sin\beta} \tag{12-83}$$

4) 人字桅杆每根杆有效长度 L（计算长度）

$$L = \frac{H}{\cos\alpha\cos\dfrac{\theta}{2}} \tag{12-84}$$

杆实际的选用长度应为 $L+(0.4\sim0.6)$m，其中所加的长度用于头部绑扎。为防止两杆间产生滑移，人字桅杆杆脚间应加封绳。工程中采用人字桅杆时：木质桅杆（$3\sim15$t）可参考表 12-7 选用，钢管人字桅杆可参考表 12-8 选用。

表 12-7　木质人字桅杆的选用

起重量 /kN	桅杆高度 /m	桅杆长度 /m	桅杆梢径 /mm	滑车组跑绳直径 /mm	缆风绳直径 /mm	滑车轮数 上	滑车轮数 下	绞车起重量/kN
30	6	6.26	150	12.5	15.5	2	1	10
	8	8.3	160					
	10	10.4	190					
	12	12.5	210					
50	6	6.26	170	15.5	17.5	2	1	20
	8	8.3	190					
	10	10.4	210					
	12	12.5	220					
75	6	6.26	190	15.5	20	3	2	20
	8	8.3	210					
	10	10.4	230					
	12	12.5	240					
100	6	6.26	220	17	21.5	3	2	20
	8	8.3	240					
	10	10.4	260					
	12	12.5	280					
125	6	6.26	240	18.5	25	3	3	20
	8	8.3	270					
	10	10.4	290					
	12	12.5	310					
150	6	6.26	250	17	28	5	5	20
	8	8.3	280					
	10	10.4	300					
	12	12.5	310					

表 12-8　钢管人字桅杆的选用

起重量 /kN	高度 H/m 8	10	12	16	20	24	28	起吊滑车组（上-下）	滑车组跑绳直径/mm	绞车牵引力/kN	缆风绳直径/mm
	钢管规格 $D\times\delta$/mm										
50	159×6	159×8	219×6	219×6	273×7			3-2	15.5	14.7	13
100	219×6	219×6	219×7	273×7	273×10			4-3	17.5	21.4	17.5
150	219×10	273×7	273×7	273×9	325×8			4-3	19.5	32.5	22
200		273×9	273×10	325×8	325×10	377×8		4-4	22	38.4	24
250			325×8	325×10	377×9	426×9	426×10	5-5	24	40.9	26
300			325×10	377×8	377×10	426×9	426×11	6-6	26	42.9	30.5

注：1. 表中所列数值是根据下列数据计算的：$\beta=30°$，$\alpha=20°$；索具重量，当起重量为 50kN、100kN 时取为 2kN，当起重量为 150kN、200kN 时取为 5kN，当起重量为 250kN、300kN 时取为 10kN；动载系数 $K=1.1$。

2. 杆长：应为 $1.03H+(0.4\sim0.6)$m，钢管采用 20 无缝钢管。

3. 钢丝绳采用 D 型 $6\times37+1$，以最低张力计算。

4. 后方缆风绳按一根计算（即表列数值），如用两根缆风绳，则应按分成的角度进行换算。

12.5 门式桅杆吊装

12.5.1 概述

门式桅杆（又称龙门桅杆）构造如图 12-38 所示，是一个门形框架，用钢管或角钢制造，为了增加桅杆的适用范围，提高桅杆的利用率，常采用两根桅杆加横梁来组成门式桅杆。在横梁上安装有两副起重滑车组。门式桅杆的横向比较稳定，只需要装设前、后缆风绳即可保证其垂直位置。但为保证起吊设备时的稳定性，在门式桅杆的顶部设置有斜缆风绳，在底部设置有横向牵引绳，防止起吊设备时门式桅杆产生位移。为了便于设备就位，有的门式桅杆可在吊装平面内以桅杆底座铰轴为中心前后倾斜 10° 左右（图 12-38）。

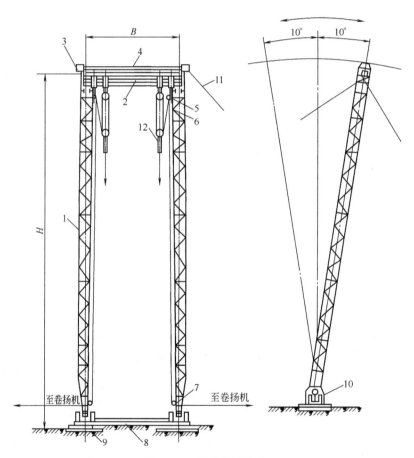

图 12-38　门式桅杆构造

1—桅杆；2—横梁；3—缆风绳；4—平缆风绳（刚性连接）；5,7—导向滑轮；6—滑轮组中的定滑轮；
8—底座连接装置；9—底座；10—横向缆风绳；11—斜缆风绳；12—动滑轮

门式桅杆的两根立柱受力情况较单独的两根桅杆受力更大，使用的缆风绳和锚点较少而小，是比较经济的，但门式桅杆竖立难度较大。

门式桅杆的横梁不宜长，以能使设备顺利通过为原则，而尽量缩短。吊挂点一般设在横梁上，使横梁受弯，立柱受正压力；吊挂点也可设在立柱上，此时横梁受压（横梁仅起到平衡水平力的作用），立柱受压兼受弯，与单桅杆工况相同，但缆风绳受力较小，其给桅杆的垂直压力也小。

门式桅杆的吊装方法主要有：门式桅杆正吊、门式桅杆侧偏吊、门式桅杆无锚点吊装和门式桅杆推举等。

门式桅杆正吊，其站位应在设备基础的重心线上。由于此种方法要求桅杆高度必须高于设备，一般不大采用，多被双桅杆抬吊所代替。工程中多用门式桅杆侧偏吊，门式桅杆站立于设备基础一侧，进行侧偏夺吊。在一些特定的条件下，可采用桅杆吊推或推举。

12.5.2　侧偏吊

(1) 侧偏吊工艺过程

门式桅杆侧偏吊属滑移法吊装，可用较低的门式桅杆吊装较高的设备，且缆风绳受力较小。门式桅杆侧偏吊受力分析如图 12-39 所示，Ⅰ为起始位置，当起吊滑车组收缩时，设备尾排设备起升而向前移动，以保证起升滑车组呈垂直状态；当设备起升至Ⅱ位置时，即设备吊点与重心连线呈垂线时，设备进行脱排（自然脱排），并收缩曳引滑车组，使设备转动，直至直立位置Ⅲ。在此就位瞬时设备处于三力汇交平衡状态。

侧偏吊时，设备吊点设在设备一侧，图 12-39 中所示为绳索捆绑式吊耳，也可设板式吊耳。

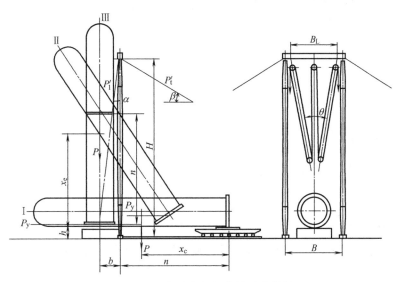

图 12-39　门式桅杆侧偏吊受力分析

(2) 设备吊点高度 n 的确定

设备吊点高度与门式桅杆高度和站立位置有关，即：

$$n = \frac{(H-h)R}{b} \tag{12-85}$$

式中　n——设备吊点至设备底面的距离，m；

H——起吊滑车组系挂点的高度，m；

h——就位时设备底面的高度，m；

R——设备吊点至设备中心线的距离，m；

b——门式桅杆中心线至基础中心的距离，m。

(3) 受力分析计算

1）计算载荷 P

$$P = (Q+q)KK' \tag{12-86}$$

式中 K——动载系数；

K'——不均衡系数。

如采用两套滑车组联合串绕双头出绳或采用平衡梁系挂两套滑车组，则 K' 可取 1.0。

2）滑车组受力 P_1'

由三力平衡条件（力三角形）可得：

$$P_1' = \frac{P}{\cos\alpha} \tag{12-87}$$

每套滑车组受力为：

$$P_1 = \frac{P_1'}{2\cos\dfrac{\theta}{2}} \tag{12-88}$$

式中 α——滑车组与桅杆所在平面间的夹角；

θ——两套滑车组间的夹角，$\theta = 2\arctan\dfrac{B_1\cos\alpha}{2(H-n-h)}$；

B_1——两套滑车组系挂点间的距离，m。

3）所需曳引力 P_y

$$P_y = P\tan\alpha \tag{12-89}$$

或

$$P_y = P_1'\sin\alpha \tag{12-90}$$

4）缆风绳受力 P_t

门式桅杆两根立柱后方缆风绳的受力为：

$$P_t = \frac{P_1'\sin\alpha}{2\cos\beta} = \frac{P_y}{2\cos\beta} \tag{12-91}$$

式中 β——缆风绳与水平面间的夹角。

对倾斜单桅杆侧偏吊，还要计算桅杆后方缆风绳受力大小，可按倾斜单桅杆中的缆风绳受力计算公式计算。

12.5.3 无锚点吊装

(1) 无锚点吊装工艺原理及特点

门式桅杆无锚点吊装，也叫门式桅杆吊推，属旋转法的一种。其在整个吊推过程中内力平衡，不需要外牵绳和主锚点，故有无锚点吊装法之称。其特点如下：

① 设备转升竖起不需要外牵绳、拖拉绳和主锚点。

② 占地面积较小，适用于两侧有障碍物的场合。

③ 使用的吊装机索具较小。

④ 门式桅杆的竖立、放倒，不需要单独进行。

⑤ 各参数计算要求准确，编制方案较复杂。

⑥ 吊推操作技术要求高、难度大。

⑦ 如门式桅杆支点固定，则门式桅杆所需高度较大；如支点移动，则需修筑轨道，增加运行装置，增大了费用。

⑧ 水平蹬力大，要加设一组止推车组。

(2) 无锚点吊装操作过程简介

该设备水平放置在吊装进向位置，其底部设有铰轴耳孔，用铰轴与固定于基础上的铰座连接，构成旋转副。门式桅杆与设备安装在同一轴线上，但方向与设备相反，并使其底部靠近设备的吊挂点，横梁置于设备上。门式桅杆的底部用滑车组固定于设备的旋转铰轴上，其顶部用起吊滑车组与设备吊点相连。设备吊挂点实际施工多采用两个（前后各一个），前吊挂点作为吊推设备用，后吊挂点用来调整控制门式桅杆倾斜角度。当收缩起吊滑车组时，因门式桅杆自重相对于设备重量较小，所以它首先被提升起来，直到起吊滑车组内的力能够起吊设备时为止。此时设备开始抬头，随着设备的吊起，门式桅杆又逐渐倾斜下落，整个"设备-门式桅杆"系统处于内力平衡状态。当设备转升到一定角度，即系统重心进入设备支承点

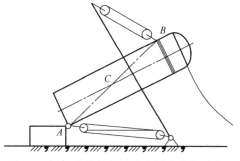

图 12-40　门式桅杆吊推示意图（支点固定）

（铰轴）前，应使制动滑车组呈受力状态，并控制渐放，直至设备直立（图 12-40）。

这里值得注意的问题是：设备何时抬头；吊推过程中机索具内各力的变化情况；设备何时失去平衡自行倾覆；吊推过程中门式桅杆在各瞬时所处的位置等。

(3) 无锚点吊装受力分析与计算

1）主要参数及代表符号

以桅杆支承中心 O 为原点，过该点的水平线为横坐标 x 轴，垂线为纵坐标 y 轴，建立平面坐标系（图 12-41）。

其主要参数代表符号及其意义为：

Q——设备重量，kN；

Q_1——设备重量换算到吊挂点上的负荷，kN，$Q_1 = \dfrac{Q\,\overline{AC}\cos(\varphi - \varphi_A)}{\overline{AB}\cos\varphi}$，当 $\varphi_A = 0°$ 时，

$Q_1 = \dfrac{\overline{AC}}{\overline{AB}}Q$；

G_1——门式桅杆自重换算到其顶端的负荷，kN，$G_1 = \dfrac{\overline{OC'}}{l}G$；

$\overline{OC'}$——门式桅杆重心至 O 点的距离，m；

P_1——起吊滑车组受力，kN；

N——门式桅杆轴心受力，kN；

R——设备支承点（铰轴）的支承反力，kN；

P_2——止推滑轮组受力，kN；

l——门式桅杆高度，m，$l=\overline{OM}$；

L——起吊滑车组两端系挂点的距离，m，$L=\overline{BM}$；

$\overline{AC}$——设备支承点至设备重心的距离，m；

$\overline{AB}$——设备支承点至设备吊点的距离，m；

A——设备支承点，其坐标为 $(m，h)$；

B——设备的吊挂点，其坐标为 $(a，b)$，$a=m-\overline{AB}\cos\varphi$，$b=h+\overline{AB}\sin\varphi$；

C——设备重心；

C'——门式桅杆重心；

O——门式桅杆支承点，坐标原点；

h——设备基础高度，m，即设备支承点纵坐标；

m——门式桅杆支承点至设备支承点距离，m，即设备支承点横坐标；

α——门式桅杆的倾斜角；

e——D 点的横坐标，当"设备-门式桅杆"系统平衡时，合力 Q_1+G_1 通过 D 点，e 为合力的力臂；

φ——设备转升角，即直线 AB 与水平线的夹角，当设备水平放置时 $\varphi\neq0°$；

φ_A——直线 AB 与 AC 的夹角，在条件允许时尽量使 $\varphi_A=0°$。

2）"设备-门式桅杆"系统平衡方程

根据力矩定理，由外力 Q_1 和 G_1 以及合力 Q_1+G_1 对 O 点的力矩知：

$$G_1 l\cos\alpha+Q_1 a=(Q_1+G_1)e \tag{12-92}$$

由图 12-41 所示的几何关系得：

$$h+m\tan\varphi=e\tan\varphi \tag{12-93}$$

由式（12-92）和式（12-93）得：

$$\frac{h+m\tan\varphi}{\tan\varphi+\tan\alpha}=\frac{G_1 l\cos\alpha+Q_1 a}{Q_1+G_1} \tag{12-94}$$

此式就是设备在任意已知转升角 φ 时，"设备-门式桅杆"系统平衡的三角方程式。此方程直接求解较复杂，一般都采用渐近法求得。为了加快运算，可先用作图法求出 α 角，作为第一近似值代入式（12-92）～式(12-94)试算，最后求得较精确的角度值。

下面介绍求解 α 角的作图法。

在图 12-41 所示的坐标系中，当"设备-门式桅杆"系统平衡时，Q_1 与 G_1 的合力 Q_1+G_1 总是通过直线 AB 及 OM 的交点 D，其横坐标为：

$$e=\overline{DO}\cos\alpha \tag{12-95}$$

将上式代入式（12-92）得：

$$\overline{DO}=\frac{G_1 l}{Q_1+G_1}+\frac{Q_1 a}{Q_1+G_1}\times\frac{1}{\cos\alpha} \tag{12-96}$$

从式（12-96）可以看出：第一项是常数，第二项则与门式桅杆倾斜角 α 有关。现将 DO 分为 DF 和 FO 两段，并令：

$$\overline{DF}=\frac{G_1 l}{Q_1+G_1} \tag{12-97}$$

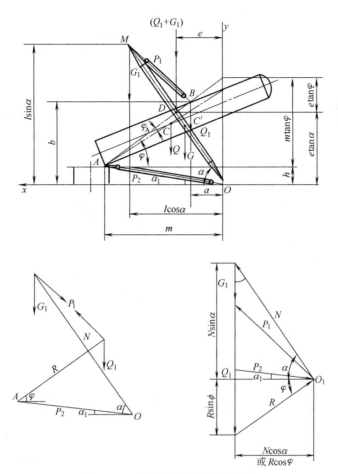

图 12-41　门式桅杆吊推受力分析

$$\overline{FO}=\frac{Q_1 a}{Q_1+G_1}\times\frac{1}{\cos\alpha} \tag{12-98}$$

又令 $\dfrac{Q_1 a}{Q_1+G_1}=k$，则：

$$\overline{FO}=k\ \frac{1}{\cos\alpha} \tag{12-99}$$

如图 12-42 所示，在 xOy 坐标系中，先取定 A 点（$x=m$，$y=h$），并按设备转升角 φ 做一直线 AB，再在 x 轴上取一点，使其距点 O 的距离为 $K=\dfrac{Q_1 a}{Q_1+G_1}$，并过此点作平行于 y 轴的一条辅助垂线，最后以刻度标尺零线为 D 点，保持 D 点在直线 AB 上，移动标尺，过 D、O 点作直线交辅助线于 F，使 $\overline{DF}=\dfrac{G_1 l}{Q_1+G_1}$，测得此直线 DO 与 x 轴间的夹角即为 α 值。

在已知设备转升角 φ，求得门式桅杆倾斜角 α 后，就能确定"设备-门式桅杆"系统的内力。

3）门式桅杆受力 N

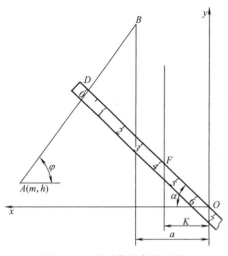

图 12-42　门式桅杆倾角图解

由图 12-41 可知：

$$N\sin\alpha + R\sin\varphi = Q_1 + G_1 \qquad (12\text{-}100)$$

$$N\cos\alpha = R\cos\varphi \qquad (12\text{-}101)$$

则：

$$N = \frac{(Q_1 + G_1)\cos\varphi}{\sin(\alpha + \varphi)} \qquad (12\text{-}102)$$

4）设备支承反力 R

同理可得：

$$R = \frac{N\cos\alpha}{\cos\varphi} = \frac{(Q_1 + G_1)\cos\alpha}{\sin(\alpha + \varphi)} \qquad (12\text{-}103)$$

5）起吊滑车组受力 P_1

$$\left. \begin{array}{l} P_1 = \sqrt{G_1^2 + N^2 - 2G_1 N\sin\alpha} \\[2mm] P_1 = \sqrt{Q_1^2 + R^2 - 2Q_1 Ra\sin\varphi} \end{array} \right\} \qquad (12\text{-}104)$$

6）止推滑车组受力 P_2

$$P_2 = \frac{N\cos\alpha}{\cos\alpha_1} \qquad (12\text{-}105)$$

式中　α_1——止推滑车组与水平面的夹角，$\alpha_1 = \arctan\dfrac{h}{m}$。

从上述公式可以看出：门式桅杆受力 N、设备的支承反力 R 和起吊滑车组受力 P_1，均随着设备转升角 φ 的变化而变化，门式桅杆的倾斜角 α 也随 φ 角变化，其相互关系基本上如图 12-43 所示。

从曲线图看出 N 和 P_1 在吊推开始时为最大，而设备支承反力 R 在吊推终止时为最大，故应以此时的受力为选择计算依据。

上述公式均以 $\varphi_A = 0°$，即重心 C 位于支承点 A 和吊挂点 B 的连线上推导而得，此时 Q_1 为一常数。当 $\varphi_A \neq 0°$，$Q_1 = \dfrac{Q\,\overline{AC}\cos(\varphi - \varphi_A)}{\overline{AB}\cos\varphi}$，则 Q_1 值不是常数，而是随着 φ 的变化而变化。φ 角又与起吊滑车组长度 L 有关，其关系如图 12-44 所示（图中两曲线均为模拟试

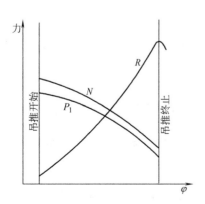

图 12-43　φ 与各力间的变化关系曲线

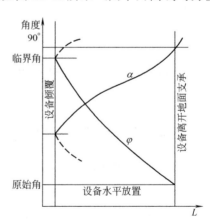

图 12-44　吊推滑车组长度 L 与设备转升角 φ 和门式桅杆倾斜角 α 的关系

验所得，实际施工与其有所不同，但基本按此规律变化）。

（4）几个问题的说明

① 设备吊装点 B 的选择：建议最好选择在设备支承点与设备重心 O 点的连线上，这样使 Q_1 值为常数，可用上述公式直接求得各力。

② 起吊滑车组跑线走向应沿设备到设备基础，再引向卷扬机。卷扬机牵引所引起的水平力由设备基础承担，或另设锚点索具来平衡。

③ 设备基础的处理：应使设备作用到基础的压应力小于其允许压应力，否则，要根据具体情况对基础进行加固，以免破坏基础边缘。设备支承点宜采用铰轴，设备地脚螺栓应留预留孔，安装后进行二次灌浆，如采用预埋螺栓，不得妨碍设备吊推转升就位。

④ 关于侧向稳定问题：在设备吊推过程中，侧向稳定性是比较好的；但在设备开始倾覆直立就位，门式桅杆失去作用时，其侧向稳定性全靠设备铰轴的作用，其控制稳定能力与设备的直径、高度有关；同时，还要考虑风载荷和操作误差所产生的偏心力，致使设备侧向失稳。为了安全起见，可增设耳绳，但调整时必须小心，否则将妨碍操作，破坏系统内力的平衡。

⑤ 门式桅杆高度 l 的确定：门式桅杆的高度应保证桅杆放倒后能安全跨过基础。可根据施工时的具体情况确定，一般可取：

$$l = \frac{2}{3}H + h \tag{12-106}$$

式中　H——设备高度，m；

$\quad$ h——设备基础高度，m。

门式桅杆多设计成梯形，如图 12-45 所示，其上部宽 b_2 为：

$$b_2 = D + d + 1 \tag{12-107}$$

式中　b_2——桅杆上部宽，m；

$\quad$ D——设备直径，m；

$\quad$ d——门式桅杆立柱直径或宽度，m。

其余尺寸见图 12-45。

12.5.4 推举

推举吊装法分滑车组收缩推举和液压顶升推举两种。

（1）滑车组收缩推举

滑车组收缩推举法如图 12-46 所示，设备水平放置，其底部裙座以铰轴固定于基础上，设备吊挂点用拉板、铰轴或绳索与门式桅杆连接，门式桅杆底脚设置轨道（滚动或滑动），用滑车组将门式桅杆底脚与设备基础相连。设

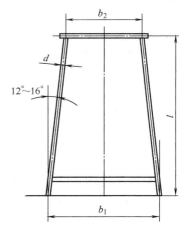

图 12-45　门式桅杆结构

备开始推举时，推举收缩滑车组受力最大，最好用吊车抬头，减小滑车组受力，在收缩滑车组工作后，门式桅杆随收缩滑车组的收缩而底脚沿轨道移动，设备绕铰轴转升，整个推举系统内力平衡。设备、门式桅杆和滑车组，组成三铰杆件结构，在每一瞬时为不变体系，受力分析简单明了，当设备重心垂线进入铰轴前（一般提前角度为 10° 左右），应将预先设置的溜放制动滑车组收紧呈受力状态，并控制渐放至直立就位。

图 12-46 中符号代表意义同前，当 $\varphi_A \neq 0°$ 时，则 Q_1 不是常数，而随 φ 角变化而变化，

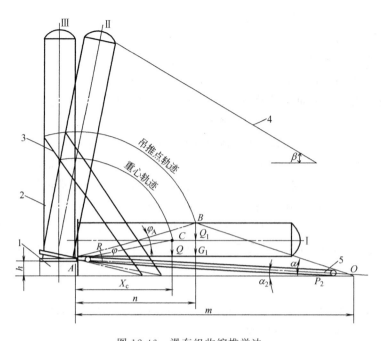

图 12-46　滑车组收缩推举法

1—设备基础；2—设备；3—门式桅杆；4—溜放制动绳；5—收缩滑车组

其值同前。

由系统力的平衡关系，计算可得如下各值。

1）门式桅杆受力 N

$$N = \frac{Q_1 + G_1}{\cos\alpha \tan\varphi + \sin\alpha} \qquad (12\text{-}108)$$

2）设备支承反力 R

$$R = \frac{N\cos\alpha}{\cos\varphi} = \frac{Q_1 + G_1}{(\tan\alpha + \tan\varphi)\cos\varphi} \qquad (12\text{-}109)$$

3）收缩滑车组受力 P_2

$$P_2 = \frac{N\cos\alpha}{\cos\alpha_1} = \frac{Q_1 + G_1}{(\tan\alpha + \tan\varphi)\cos\alpha_1} \qquad (12\text{-}110)$$

式中　α_1——起吊滑车组与水平面间的夹角，$\alpha_1 = \arctan \dfrac{h}{m}$。

4）门式桅杆倾斜角 α 与设备转升角 φ 的关系

$$\varphi = \arcsin \frac{l\sin\alpha - h}{AB} \qquad (12\text{-}111)$$

除了可以采用门式桅杆外推举外，还可以采用一根、两根或三根支柱对设备进行推举吊装（图 12-47）。支柱一端紧固到吊装的设备上，另一端则沿地面向前方平移，形成使设备围绕其底部回转铰链而逐渐举升起来的推力。

5）采用推举法吊装设备时应注意的问题

① 支柱底脚（门式桅杆两底脚的中心）沿设备到基础的中心线平移。

② 基础承受的载荷与设计计算值相等。

③ 推举时必须在设备重心以上部位加挂制动牵绳。

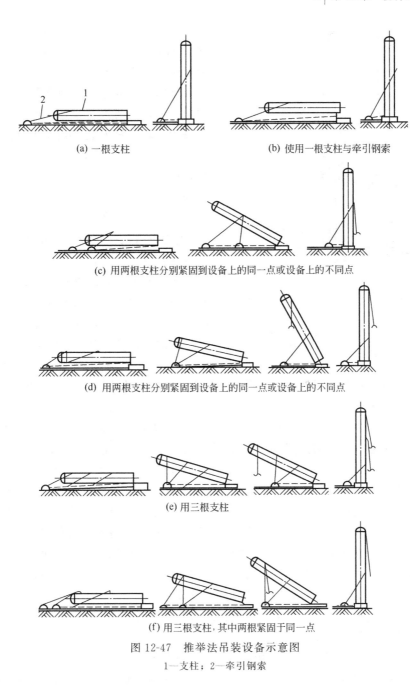

(a) 一根支柱　　　　　　　　　　　(b) 使用一根支柱与牵引钢索

(c) 用两根支柱分别紧固到设备上的同一点或设备上的不同点

(d) 用两根支柱分别紧固到设备上的同一点或设备上的不同点

(e) 用三根支柱

(f) 用三根支柱,其中两根紧固于同一点

图 12-47　推举法吊装设备示意图

1—支柱；2—牵引钢索

④ 支承横梁与设备要以铰链相连。

⑤ 吊装的设备在纵向要有足够的刚度。

⑥ 支柱底脚滑行所依托的导轨要在同一水平线上。

(2) 液压顶升推举

液压顶升推举技术是液压传动技术应用于吊装机具的又一实例。目前在国外已得到了广泛使用。由于液压顶升技术独特的优点,近年来国内也有越来越多的工程建设单位开始运用该技术和设备进行吊装作业。下面介绍的是利用 400t 液压起重装置通过回转铰链的转动来起吊立式静止设备的实例。

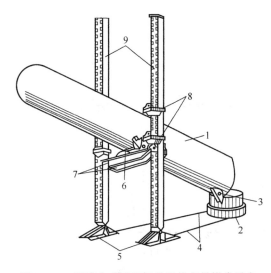

图 12-48 用跨步式液压提升机构起吊塔类设备
1—塔体；2—设备基础；3—回转铰链；4—钢丝绳；
5—支承柱基；6—支承铰链；7—横梁；
8—液压提升装置；9—桅杆

用跨步式液压提升机构起吊塔类设备如图 12-48 所示。起重设备绕回转铰链转动，通过两个跨步式液压提升机构来完成起升作业。这两个机构分别安装在两根起支承作用的桅杆上，由两根横梁连接起来。被起吊的设备用回转铰链安装在横梁上（这时被吊设备枕靠在横梁上）。两根桅杆为金属焊接结构，截面上有许多凹形的槽，凹槽在提升机构的卡爪下面（卡爪只能上、不能下）。两桅杆立于被起吊设备的两侧距离起吊设备 1～2m 的地方（从被吊设备基础算起），下面由铰链柱基支承。两桅杆的柱基底座用滑车组与设备基础相连，最好以滑车组系挂点为铰轴，由于在设备推举过程中，止推滑车组随时需要调整、控制，而整个推举过程的内力是平衡的，即是一个三力汇交结构。

跨步式液压提升机构由两个托架组成。托架间由四个液压缸连接，托架由四个弹簧卡爪固定于桅杆的凹槽内，卡爪两个一对连接起来，成为一个平衡组，液压缸的工作液体由两个完全一样的油泵加压装置供给。跨步式液压提升装置结构如图 12-49 所示。其工作原理是：油泵启动空转，油进入液压提升机构液压缸的上部空腔 II，靠着下托架的拉杆（活塞），液压缸将上托架提起来，上托架的卡爪斜面进入桅杆上的凹槽边缘，绕自身轴转动后，沿杆滑动；由于自身的重力和弹簧的作用，卡爪在凹槽中回到原来的位置，而将上托架固定在桅杆上；把油泵加压装置调到工作行程，使液压缸的上部油腔与排油器连通，压力油进入下部空腔，活塞 I 上升，带动下托架和横梁使设备向上提升一个跨距，卡爪同样移动一个跨距进入凹槽中；在设备推举过程中，设备和推举器各绕其铰链转动，不断地交替向油腔 II 的上部和下部空腔供应压力液体，使提升机构沿着立柱不断地跨步上升；当设备转升到一定角度后，即设备重心进入支承铰轴前，应使预先设置的溜放制动滑车组呈受力状态，并控制渐放直至设备直立就位（图 12-50）。

使用液压提升装置安装设备可大大缩短施工周期，提高劳动生产率，降低工程成本，具有较好的经济效果，其特点如下。

① 提升装置体积小、质量小，采用液压能产生大的推力，运行平稳。

② 设备推举时不需要其他索具，如图 12-50 所示用液压提升装置起吊设备时的升移绳、锚点、卷扬机等，但在推举器组装时需设临时缆风绳。

③ 推举器装配简单，施工准备时间短。

④ 需要的施工现场小，适用于场地狭小或扩建工程的设备安装。

⑤ 推举受力明确，最大受力发生在设备开始抬头时，安全性好，推举过程中如液压系统发生故障，可随时停止推举，进行必要的检修。

⑥ 液压提升装置和液压供给装置结构比较复杂，密封要求高，成本较昂贵，操作技术要求较高，需加强维护。

综上所述，液压推举具有较好的性能和经济价值，是可以在今后的工程实践中加以推广

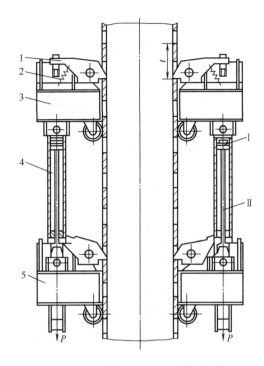

图 12-49　跨步式液压提升装置机构

1—支承卡爪；2—弹簧；3—上托架；4—液压
筒管；5—下托架；Ⅰ—活塞；Ⅱ—油腔

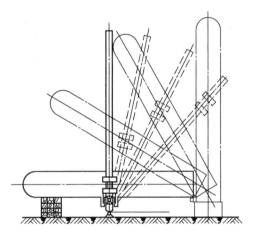

图 12-50　用液压提升装置起吊设备时的升移

运用的一种吊装方法。

12.6　动臂桅杆吊装

12.6.1　动臂桅杆的分类

动臂桅杆可以进行旋转、变幅作业。吊装时，首先将物件垂直起升一定高度后，再经过变幅、旋转位移到吊装位置，工程中多用于正装法。

动臂桅杆根据结构不同可分为以下三种类型。

(1) 临时吊杆 （也称灵机）

利用构筑物装置吊杆进行吊装工作，多用于构筑物附近或厂房内的工件吊装 （图 12-51）。

(2) 半腰动臂桅杆 （也称腰灵）

主要由主杆、副杆 （吊杆） 组成 （图 12-52）。吊杆装于主杆中部进行吊装作业。多用于建筑工地和气柜、油罐等容器的施工。

(3) 动臂回转桅杆 （也称地灵）

也是由主杆、副杆组成。根据旋转范围的不同又分为全回转的和部分角度旋转的动臂回转桅杆；按副杆长度与主杆长度比较来看，又有低臂杆和高臂杆之分，低臂杆用于全回转而高臂杆用于部分旋转 （图 12-53、图 12-54）。动臂回转桅杆常用于结构、设备吊装和金属结构加工厂对工件的组装。

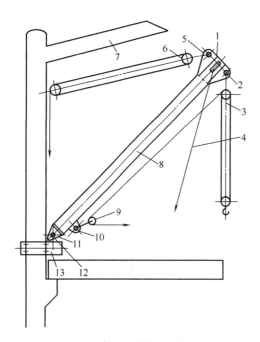

图 12-51 管式悬臂吊杆（灵机）

1—拉耳；2—下吊耳；3—起重滑车组；4—摇臂绳；5—上吊耳；

6—变幅滑车组；7—厂房构架；8—悬臂；9—转向滑车；

10—底部吊耳；11—铰接点；12—铰接转轴；13—底座

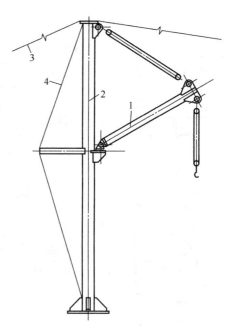

图 12-52 系缆式钢管悬臂起重机

1—起重悬臂；2—主桅杆；3—缆风绳；4—拉杆

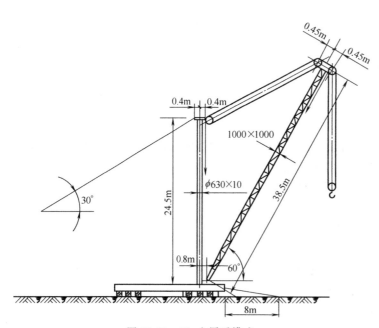

图 12-53 25t 金属系缆式

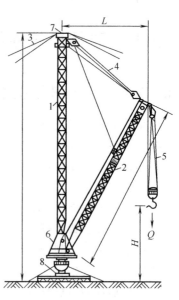

图 12-54 回转悬臂桅杆式起重机

1—主桅杆；2—回转桅杆（吊臂）；

3—缆风绳；4—变幅滑车组；

5—起升滑车组；6—转盘；

7—头部；8—底部

12.6.2 临时吊杆吊装

(1) 临时吊杆的结构

临时吊杆多用无缝钢管制造，其结构如图 12-55、图 12-56 所示，其具体尺寸见表 12-9、表 12-10。

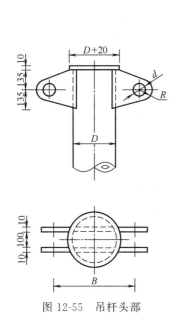

图 12-55 吊杆头部

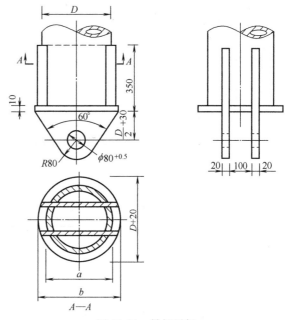

图 12-56 吊杆尾部

表 12-9 吊杆头部参考尺寸　　　　　　　　　　　　　　　　　mm

起重量/kN 尺寸 管径	50 以下			50～100			100～150		
	B	d	R	B	d	R	B	d	R
159	310	50	70						
219	376	50	70	416	60	80			
273	427	50	70	467	60	80	507	65	85
325	485	50	70	525	60	80	565	65	85
377	536	50	70	576	60	80	615	65	85

表 12-10 吊杆尾部参考尺寸　　　　　　　　　　　　　　　　　mm

管　径	尺　　寸		管　径	尺　　寸	
	a	b		a	b
159	150	179	325	300	345
219	210	239	377	350	397
273	250	293			

(2) 临时吊杆的受力分析与计算

图 12-57 为临时吊杆吊装的受力分析图。图 12-57（b）中Ⅰ、Ⅱ所示分别为吊杆处于 30°、75°（吊杆中心线与水平面间的夹角）位置时的受力状况。根据力的平衡关系画出Ⅰ、Ⅱ两个位置力的平衡多边形如图 12-57（c）所示。图 12-58 为吊杆处于任意位置时的受力分析图，按此图进行受力计算如下。

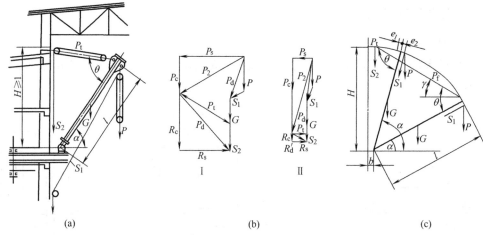

图 12-57 临时吊杆吊装的受力分析图

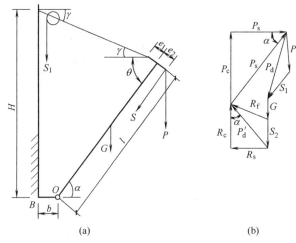

图 12-58 吊杆处于任意位置时的受力分析图

1) 计算载荷 P

$$P=(Q+q)K \tag{12-112}$$

2) 起吊滑车组出绳端拉力

$$S_1=\frac{P_1}{K_1} \tag{12-113}$$

式中 P_1——滑车组受力，kN，$P_1=P$。

3) 起吊滑车组上吊索受力 P_d

$$P_d=\sqrt{P_1^2+S_1^2+2P_1S_1\sin\alpha} \tag{12-114}$$

式中 α——吊杆与水平面间的夹角。

4) 吊杆变幅滑车组受力 P_f

$$P_f=\frac{P(l\cos\alpha+e_2\sin\alpha)+e_2S_1+G\dfrac{l}{2}\cos\alpha}{l\sin\theta+e_1\cos\theta} \tag{12-115}$$

式中 l——吊杆长度，m；

e_1——变幅滑车组系点至吊杆中心距离，m；

e_2——起吊滑车组系点至吊杆中心距离，m；

G——吊杆自重，kN；

θ——吊杆中心线与变幅滑车组受力中心线的夹角，$\theta = \alpha + \gamma$；

γ——变幅滑车组受力中心线与水平面的夹角。

$$\gamma = \arctan \frac{H - l\sin\alpha - e_1\cos\alpha}{l\cos\alpha - e_1\sin\alpha + b} \tag{12-116}$$

式中 b——吊杆底铰至立柱的距离，m。

5）变幅滑车组出绳端的拉力 S_2

$$S_2 = \frac{P_f}{K_1} \tag{12-117}$$

6）变幅滑车组柱上绑绳的拉力 R'_d

$$R'_d = \sqrt{P_f^2 + S_2^2 + 2P_f S_2 \sin\gamma} \tag{12-118}$$

7）柱所受的垂直压力 R_c

$$R_c = R'_d \cos\psi \tag{12-119}$$

式中 ψ——合力 R'_d 与柱间的夹角。

$$\psi = \arcsin \frac{P_f \cos\gamma}{R'_d} \tag{12-120}$$

8）柱所承受的水平推力 R_s

$$R_s = R'_d \sin\psi = P_f \cos\gamma \tag{12-121}$$

根据所受的 R_c 和 R_s 对柱进行验算，如水平推力过大，柱承担不了，则可采用跨拉缆风绳的办法来弥补（图 12-59）。

9）吊杆所受正压力 P_z

图 12-60 为吊杆受力简图。

$$P_z = P\sin\alpha + S_1 + P_f\cos\theta + G\sin\alpha \tag{12-122}$$

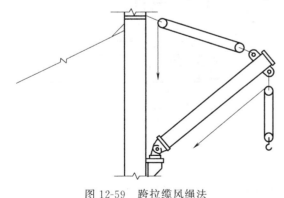

图 12-59 跨拉缆风绳法

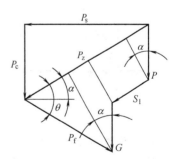

图 12-60 吊杆受力简图

10）吊杆支座所受的垂直压力 P_c

$$P_c = P_z\sin\alpha \tag{12-123}$$

11）吊杆支座所受的水平推力 P_s

$$P_s = P_z\cos\alpha \tag{12-124}$$

12）吊杆中部截面所受弯矩 M

吊杆中部截面的受力分析如图 12-61 所示。

$$M = P\left(\frac{l}{2}\cos\alpha + e_2\sin\alpha\right) + e_2 S_1 + G\frac{l}{8}\cos\alpha - P_f\left(\frac{l}{2}\sin\theta + e_1\cos\theta\right) \tag{12-125}$$

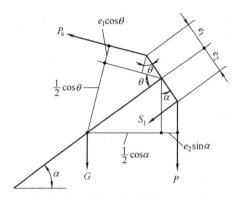

图 12-61 吊杆中部截面的受力分析

12.6.3 动臂回转桅杆吊装

(1) 动臂回转桅杆的组成

动臂回转桅杆的组成及其底脚结构如图 12-62 和图 12-63 所示。

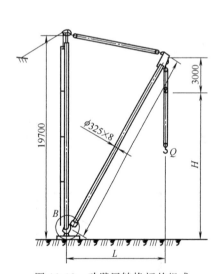

图 12-62 动臂回转桅杆的组成

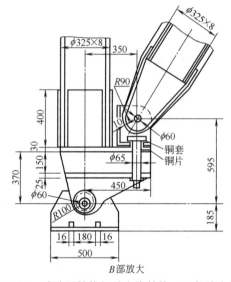

图 12-63 动臂回转桅杆的底脚结构 (B 部放大图)

(2) 动臂回转桅杆的受力分析与计算

图 12-64 为动臂回转桅杆的受力分析图, 其中图 12-64 (b) 所示为吊杆处于 II 位置时的力的平衡多边形。其副杆 (吊杆) 的计算与临时吊杆相同, 主杆的计算与直立单杆计算相同。相同的计算可参考前面的介绍进行。下面仅就缆风绳受力和主杆所受正压力及其中部截面的弯矩计算如下。

1) 缆风绳受力 P_t

$$P_t = \frac{P_f(l_2\cos\gamma + e_2'\sin\gamma)}{l_1\cos\beta + e_1'\sin\beta} \tag{12-126}$$

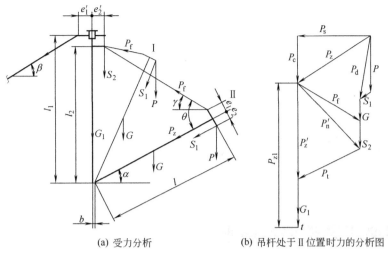

(a) 受力分析　　　　　(b) 吊杆处于 Ⅱ 位置时力的分析图

图 12-64　动臂回转桅杆受力分析图

式中　l_1——主缆风绳系点至底铰的距离，m；

　　　l_2——变幅滑车组系点至底铰的距离，m；

　　　e_1'——缆风绳系点至主杆中心线的距离，m；

　　　e_2'——变幅滑车组系点至主杆中心线的距离，m；

　　　γ——变幅滑车组受力中心线与水平面的夹角；

　　　β——缆风绳与水平面的夹角。

2）吊杆所受正压力 P_z

$$P_z = P_f \sin\gamma + S_2 + G_1 + P_t \sin\beta + t \quad (12\text{-}127)$$

$$t = (n-1)T\sin\beta \quad (12\text{-}128)$$

式中　G_1——主杆自重，kN；

　　　t——缆风绳预张力给桅杆头部的正压力；

　　　n——缆风绳根数；

　　　T——缆风绳预张力，对其计算见"单桅杆吊
　　　　　装"一节中所述。

3）主杆中部弯矩 M

主杆中部所受弯矩的计算按照图 12-65 所示的受力
分析进行。

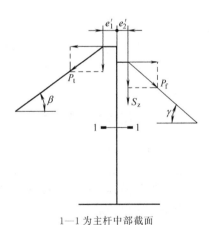

1—1 为主杆中部截面

图 12-65　主杆中部截面受力分析图

$$M = P_f \left\{ \left[\frac{l_1}{2} - (l_1 - l_2) \right] \cos\gamma + e_2' \sin\gamma \right\} + S_2 e_2' - P_t \left(\frac{l_1}{2} \cos\beta - e_1' \sin\beta \right) \quad (12\text{-}129)$$

第13章

起重吊装工艺

13.1 吊装工艺选择的原则

吊装工艺选择的正确与否，对吊装工作的顺利进行是至关重要的。首先要因地制宜地考虑现场的施工条件、机具的现状、工人的技术水平、习惯的施工方法等因素。在此基础上要尽量减轻劳动强度，采用先进的吊装技术，加大一次性吊装重量，提高作业效率，确保吊装工作安全可靠。

选择吊装方法前，要仔细地熟悉设备技术资料，掌握设备的重量、外形尺寸、类型和特点，以及场地布置、机具的性能，操作人员熟练程度等。然后确定吊装方法。

在通常情况下，设备吊装有三种方法，即整体吊装、分体及混合吊装等。在这三种吊装方法中有的采用机械化作业，有的采用半机械化和人力操作相结合的方法。

设备吊装工艺是一项比较复杂的技术工作，即使是同一种设备，由于各种条件不同，采用的吊装方法也有所差异。因此，要不断地改进和充实各种条件下的吊装工艺，总结各方面的先进经验和施工方法，不断提高设备吊装工艺水平。

13.1.1 吊装场地的布设

要根据施工技术方案和安装工程总平面图的要求，同时要考虑各施工单位的协作配合、工程总进度的规定，科学合理地安排设备的吊装作业场地。

(1) 设备的存放和运输路线的选定

设备的存放和运转路线要尽量靠近安装地点，同时要减少二次运输和搬运的环节。在确定的运输路线上要排除管沟、电缆、基础等障碍物，确保运输路线的畅通。

(2) 现场组装场地的选择

对于设备重量和外形尺寸较大的大件设备，运到工地后要进行全部或部分组装。因此，要根据设备的特点、技术要求、安装程序等，全面考虑规划现场组装场地，并尽可能靠近设备的安装基础。

(3) 水、电、气源的设置

为了保证施工现场的水、电、气的使用，同时也为了对设备做必要的压力和通电试验，要做好各种供应保障工作。

13.1.2 吊装机具的定位

吊装机具的存放、运输及定点位置要在安装总平面图中表示出来，才能确保施工顺利进行。

① 对于大型桅杆式起重设备的组装，要考虑安装工艺合理、场地宽敞、尽量接近设备安装的场地。

② 对安装后不再移动的大型起重机具，安装时应设在被吊设备群的集中点，兼顾吊装范围内的其他设备及构件、管道等，以便提高机具的利用效率。

③ 使用汽车式、轮胎式、履带式起重机时，要选择好进出路线，消除路面障碍，确保行走自如。

④ 大型桅杆式起吊设备，尽量减少移动的位置和次数。移动时，要考虑好合理的路线，并尽量缩短移动距离。

⑤ 缆风绳的设置也应标注在安装总平面图规划内，要考虑到缆风绳与场内的建筑物、构筑物、管道、电缆等之间的配合关系，真正达到无障碍顺利施工的目的。

⑥ 卷扬机的定位与起重桅杆保持合理的距离。对多台卷扬机应尽量集中管理，统一指挥。

13.1.3 桅杆的试验

为确保起重作业安全进行，除对起重机具仔细进行检查外，还要对新制作的桅杆和使用过的桅杆定期进行静力试验。

静力试验是检查机具在满负荷下的工作能力、弹性变形的情况以及各连接部件的可靠性等方面是否能达到原设计能力。它是以重物或其他方法代替工作载荷来进行试验的。试验的时间一般要求为 10min 左右。

桅杆的试验是吊装以前的重要准备工作，应严格地按照规定进行，以保证机具符合设计能力。这种试验主要是鉴定桅杆的强度、刚度和稳定性能是否满足重型设备吊装时的要求。

(1) 桅杆的静力试验

桅杆的静力试验是在桅杆竖立前，验证桅杆的强度、刚度和稳定性。

第一种试验方法是将单根桅杆水平放好，分三点用枕木支撑，滑轮组则分别固定在桅杆的头部吊环和底部的铰接轴上。两个绳头，一端通过在桅杆旁竖立的人字架，以单滑轮吊起一个容量为 $15m^3$ 的容器，另一端经过桅杆的滑轮组至卷扬机（图 13-1）。

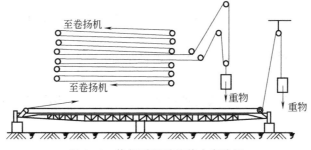

图 13-1 桅杆平置时的静力实验图

试验时，利用人字架上挂设的单轮滑轮将容器吊到 300mm 的高度，将卷扬机制动住，逐渐向容器内注水，使容器的重量依次加大，直到桅杆承受规定的静载荷。试验单根桅杆的实际载荷假设为 120t，加上索吊具等重量在内则载荷要求为 150t，并考虑超负载系数为 20%，故载荷应为 180t。

试验时使用两套 8-7 轮滑轮组，容器重量在 17t 时才能满足要求。试验时为便于观察，容器的注水量分三次增加，同时测定桅杆中间的弯曲值。实际弯曲值见表 13-1。

表 13-1 桅杆测定弯曲值

观测次数	注水荷重/t	桅杆弯曲值/mm
1	0	0
2	10	−6.5
3	13	−17.5
4	17	−21.5
5	0	−10

（2）桅杆的动载试验

根据不同施工条件，请查阅相关书籍。

13.2 设备吊运的安全保护措施

① 设备或构件在起吊过程中，要保持其平稳，避免产生歪斜。吊钩使用的绳索，不得滑动，以保证设备或构件的完好无缺。

② 使用吊索时，其夹角不要过大，通常要在 10° 的范围内。起吊精密设备和薄壁部件时，吊索间的夹角要更小些。

③ 用吊钩起吊设备时，无论使用单钩或双钩，都要与设备重心相吻合，以保证吊装过程中不损坏设备或构件。

④ 对起吊拆箱后的设备或构件，应对其油漆表面采取防护措施，不得使漆皮擦伤或脱落。

⑤ 在起吊过程中，为了保持设备或构件的平衡，要考虑其重量、外形尺寸、重心和吊装要求等，可分别采取等长或不等长吊索以及增加吊点的方法来解决。

⑥ 对机床类的设备，起吊时要尽量使用其耳环、起吊钩、吊耳等，以满足机床本身对吊运过程的要求。

⑦ 对于高度尺寸较大的机床，吊点应设在其上部；高度尺寸较小者，吊点应设在中、下部，以保持吊装中设备的稳定性。

⑧ 吊运精密机床时，还可以采用增加特种的平衡梁的方法进行起吊，以保证机床的精度不受损失。

⑨ 大型罐体设备的吊运，可采取分部件的吊运方法，边起吊、边组装，其绳索的捆绑应符合设备组装的要求。

⑩ 在起吊过程中，绳索与设备或构件接触部分，均应加垫麻布、橡胶及木块等非金属材料，以保护其表面不受破坏。

13.3 正装法与倒装法的选择

13.3.1 正装法与倒装法的特点

正装法和倒装法均属于散装法。正装法又称顺装法。采用正装法时，是将分段制造的设备"自下而上"分段吊装装配。正装法的优点是：适用于吊装总质量很大的塔类设备，因分段后每个塔节的质量不大，一般只需起重量较小的桅杆，但要求桅杆高度超过塔体的总高度。此法的缺点是：高空作业的工作量大，操作不够安全，质量有时难以保证。

倒装法又称为反装法或底接法，是"自上而下"一节一节进行装配的。此法的优点是：大大减少高空作业量，操作比较安全，安装质量容易保证，并且桅杆高度可以低于塔体总高度。此法的缺点是：需要起重量大的桅杆。

正装法和倒装法详见图12-27和图12-28。

13.3.2　倒装法吊装设备实例

倒装法吊装设备也是比较常见的，特别是在一些静置设备和大型构件的吊装中应用较普遍：它的优点是：大量减少高空作业次数，省去脚手架的搭设，改善了施工条件，降低了劳动强度，加快了工程进度，保证和提高了工程质量，取得良好经济效益等。下面介绍采用倒装法安装斗式提升机的工程实例。

河北省安装工程公司在保定欧麦一八达麦芽有限公司的原料车间承建的4台斗式提升机，采用倒装法吊装，取得了良好的效果。

(1) 工程概况

该车间共有12层。安装的4台斗式提升机，机高58.6m，最重的一台重量为13t，基础位于地下层的地面上。

斗式提升机由机头、机尾、筒节（每节长2m，其中头部两节长3m）以及传送带和料斗等几部分组成。

(2) 安装方案的选择

根据现场施工条件，采用倒装法施工工艺。除了斗式提升机机头及第一节筒节受吊装位置限制外，只需在第11层楼板上设置一个吊点，然后将斗式提升机各筒节按高低顺序排列在车间1层等待吊装。筒节连接时只有2m高，减少了高空作业。

(3) 倒装法安装斗式提升机的步骤

1）施工准备

① 按照图纸给定的筒节尺寸及安装相对位置，用钢板、槽钢制作斗式提升机吊装用的平衡梁，见图13-2。

② 在原料车间第11层楼板上用 ϕ219mm 钢管及枕木设置斗式提升机吊装的吊点，并要求稳定、牢固。

③ 在吊点处设置滑轮及牵引绳，并与所吊装的横梁用千斤绳一起锁住。

④ 在车间一层适当位置安装好卷扬机，并与牵引钢丝绳连接好。

2）斗式提升机筒节的安装

① 将斗式提升机机尾利用吊装平衡梁吊入车间地下层斗式提升机的基础上，就位后找平、找正。

② 在车间一层地面上铺高跳板，将一层斗式提升机预留孔盖好，作为斗式提升机筒节的连接平台。

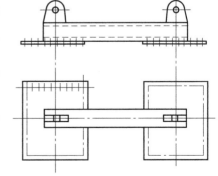

图13-2　吊装平衡梁

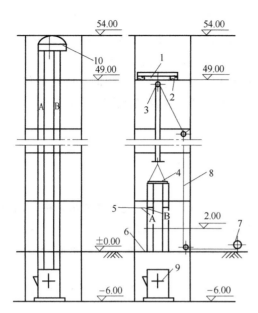

图 13-3　斗式提升机吊装立面图

1—钢管；2—枕木；3—滑轮组；4—吊装平衡梁；
5—斗式提升机筒节；6—跳板；7—卷扬机；
8—牵引绳；9—斗式提升机机尾；10—斗式提升机机头

③ 在连接平台上将吊装平衡梁与斗式提升机头部第二筒节（A、B）用螺栓连接并固定好。

④ 启动卷扬机，使筒节提升至下一筒节可以进行连接的高度（约为 2m），进行下一筒节的连接工作，见图 13-3。如此依次进行，直至筒节除头部第一节（A、B）外全部连接好。

⑤ 撤去跳板，启动卷扬机使连接好的筒节落入斗式提升机预留孔与斗式提升机机尾连接固定好。

⑥ 将斗式提升机机头、头部第一筒节（A、B）引提升至车间第 11 层，利用楼顶的斗式提升机预留检查吊点将机头、第一筒节依次与已经连接好的斗式提升机相连接。

⑦ 检查验收。

第14章

设备的运输与装卸

设备的运输与装卸，贯穿在整个安装过程中，要消耗的劳动力较多，操作的方法和要求也是不同，特别是一些大型的、复杂、精密的设备要求较高。设备的运输和装卸分为一次运输（从制造单位运至施工单位现场）和二次运输（工地的装卸和运输）两大部分。

在安装工地的运输与装卸，可采用各种起重机械（自行式起重机）和运输车辆（包括平板拖车等）。用起重机械和拖车装卸与运输效率高，操作简单，充分发挥机械化水平，但是受到施工场地环境的制约，如道路狭窄、障碍物多的影响；也可以采取半机械化进行运输与装卸。

14.1 运输路线的选择

设备运输路线的选择正确与否，对运输的效率、质量和安全有很大影响。为此要做到下面几点：

① 设备和构件的运输，要利用良好的路面，充分发挥机械的作用，大大提高设备和构件的运输效率。

② 选择的运输路线，弯路要少，坡度要小，直线要多，以便减少运输中的难度。

③ 运输路线的路面要宽阔、坚实，坑洼地段要少，保证设备和构件能顺利通过。

④ 路面的宽度和坡度，要符合表 14-1 的要求。

表 14-1 厂内道路的宽度和坡度

道路分类			主要道路	次要道路	辅助道路	厂房引道
路面宽度/m	汽车	大厂	7~9	6~7	3.5~6	与车间大门宽度相适应
		中型厂	6~8	3.5~6	3.5	
		小厂	6	3.5	3	
最大纵坡/%	汽车	平原地区	6	8~9	8~10	8~11
		山区	8			
	蓄电搬运车			4		5

⑤ 运输路线中，障碍物要尽量少，减少处理障碍物的时间，加快运输进度。

⑥ 设备运输过程中，需要通过管沟或电缆沟时，要采取必要的措施，在沟道上面铺设厚钢板（钢板承重要符合要求）

⑦ 设备运输路线通过桥梁时，要了解其承载能力，如设备或构件总承重超过桥梁的承载能力时，应会同有关部门进行商讨，并采取可靠的加固措施。

14.2 设备（构件）运输

设备运输可分为一次运输（即有生产厂家将设备直接运至施工现场，这段路较长）和二次运输（将设备由施工现场搬运至设备基础旁，这段距离较短）。如果是解体设备，它的重量和外形尺寸一般均是比较大的。

14.2.1 常用的一次运输方法

(1) 铁路运输

这种方法适用于长距离的运输，运价低、速度快，通常一些重型机械设备多采用铁路运输。但是这种方法受到外形的限制，有些设备要分组、分段、分片地解体运输，到现场进行组装。设备装载界限见图 14-1，具体尺寸见表 14-2。

表 14-2　设备装载界限的具体尺寸

mm

由轨面算起的高度	由车辆纵中心线算起每侧宽度	全部宽度
4800	450	900
4700	630	1260
4600	810	1620
4500	990	1980
4400	1170	2340
4300	1350	2700
4200	1400	2800
4100	1450	2900
4000	1500	3000
3900	1550	3100
3800	1600	3200
3700	1650	3300
3600～1250	1700	3400
1250 以下	1600	3200

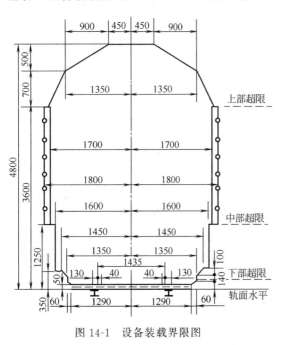

图 14-1　设备装载界限图

(2) 大型平板载重汽车的运输

这种运输方法机动灵活，最大的载重量可达数百吨，有条件的公路可采用这种方法。它的缺点是受到地面、桥梁承重能力的限制。

平板拖车由拖车头和平板两部分组成，它又分为全拖式和半拖式两种形式，见图 14-2。

半拖式平板车载重量为 8～50t，可运输中、小设备；全拖式平板拖车的载重量是 30～450t，主要用来运重、大型设备。常用的平板拖车的技术参数参见表 14-3。

使用平板拖车运输设备时的注意要点：

① 要了解设备重量，外形尺寸，精密程度，运输路线，路面、桥梁承载能力等。

② 平板车不允许超载，也不允许以大代小，避免因重量轻产生颠动而损坏设备零件。

③ 运输中准备一定数量的道木、三角板、跳板、扒钉、铅丝、钢丝绳、千斤顶等，以便临时处理故障时用。

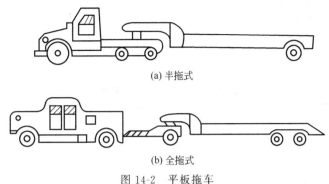

(a) 半拖式

(b) 全拖式

图 14-2　平板拖车

表 14-3　常用平板拖车技术参数

项　　目		型　　号						
		HY930	HY942	HY873	HY882	SSG880	德制 60t	日制 100t
拖挂形式		半拖式	半拖式	全拖式	全拖式	全拖式	全拖式	半拖式
产地		汉阳	汉阳	汉阳	汉阳	上海		
载重量/t		8	15	25	50	80	60	100
外形尺寸/mm	长	6120	10000	10990	12030	11995	11200	12300
	宽	2436	2900	2900	3200	3550	3300	3400
	高	1956	1719	1880	1750	2052	1480	2000
载重面长/mm		6000	7000	6000	6200	7000	6720	8450
载重面宽/mm		2300	2900	2900	3200	3500	3300	3400
载重离地面高/mm		—	1100	1060	1100	1298	1100	1200
轴距/mm		—	1100	6000/1120	7100/1100	6260	6950	—
空车重量/t		2.59	6.00	7.00	15.00	—		36.00
轮胎数量/个		4	8	24	32	24	32	16
轮胎规格		9.00～20	11.00～20	11.00～20 10.00～15	10.00～15	11.00～20	10.00～15	11.00～20
牵引车型号		GA10B	NJ440	XD980	TATRA141	TATRA141	风牌	—
与牵引车连接后数据	总长/mm	10100	14000	18400	19700			
	宽/mm	2436	2900	2900	3200			
	高/mm	2180	2840	2600	2600			
	总重/t	14.42	27.60	49.40	84.40			
	爬坡能力/%	—	15	35	10			
	最高速度/(km/h)	—	50	37.5	15	<15		
	最小转弯半径/m	8.58	9.15	12.5	11.7	10.7		
产地		汉阳	汉阳	汉阳	汉阳	上海		

（3）水路运输

用于距离长并靠近码头的地方。对于灌装的设备也可以空浮在水中用船牵引。这种方法不受外形的限制，但是要求码头有一定的装载能力和设备，并且罐体要有可靠的密封措施。

14.2.2　常用的二次运输方法

（1）拖排运输

这种运输方法一般要有卷扬机或者拖拉机配合滑轮组进行牵引。该方法的优点是：运输设备简单，设备重量和外形不受限制，对路面的要求不高。该方法的缺点是：速度慢，用卷扬机牵引时，要有一定的条件，因此效率较低。它仅适用于设备重量、外形尺寸较大或在现场进行运输的场合。

用拖排运输设备时的注意要点：

① 运输设备时，拖排是一种简便易行的运输工具，因此，采用的规格和取材都不同。常用的拖排有木拖排和钢拖排两种，木排适用于滚运，钢排适用于滑运，木排和钢排的技术规格见表 14-4、表 14-5。

表 14-4　常用木排技术规格　　　　　　　　　　　mm

拖运荷重/t	排木截面	排木宽度	排木长度
<10	160×230	1200	2500
10~15	160×230	1300	3000
15~30	220×300	1400	4000
30~50	280×350	1500	5000
50~80	320×400	1600	5000

表 14-5　常用钢排技术规格　　　　　　　　　　　mm

拖运荷重/t	排管规格	排面槽钢规格	排体宽度	排体长度	牌侧支管根数/根
≤15	φ159×8	[16	1200	3500	3
≤25	φ219×10	[20	1500	6000	6

② 钢排结构见图 14-3。

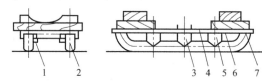

图 14-3　钢排的结构

1—定距支承角钢；2—排管；3—托木槽钢；4—排
木槽钢；5—排侧支管；6—托木；7—挤木

③ 操作时要认真，防止发生脱排、脱道、滚杠聚堆及地面下沉的事故，要充分了解地面的情况，摆好滚杠，随时观察滚动情况，调整好滚杠距离，设备楔木、道钉固定好，如遇到地坑，应填平铺好。

(2) 滚杠运输

它是中、小型设备常用的一种搬运方法，见图 14-4。它是用人力或卷扬机进行牵引的。小型设备还可以用人力撬动运输。这种运输方法简便，但是效率低。

滚杠是由无缝钢管制作的，有关技术规格见表 14-6。

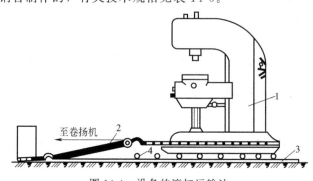

图 14-4　设备的滚杠运输法

1—设备；2—滑轮组；3—垫板；4—滚杠

表 14-6　滚杠技术规格表　　　　　　　　　　　　　　　　　mm

滚杠钢管规格	滚杠材料	每根滚杠承受的压力/kN	每根滚杠长度
$\phi 89 \times 4.5$	10 钢	20	2000
$\phi 108 \times 6$	10 钢	40	2000
$\phi 114 \times 8$	10 钢	65	2300
$\phi 114 \times 10$	20 钢	109	2300
$\phi 114 \times 12$	35 钢	160	2500
$\phi 114 \times 14$	35 钢	250	2500

采用滚杠运搬设备时，应注意的要点：

① 滚杠下面要铺设道木，防止压力过大，陷入泥土中，影响设备安全。

② 设备转弯时，要调整好滚杠角度。

③ 放滚杠时，杠头要摆起，滚杠长短一致，受力要均匀。

④ 调整滚杠时，手指不要放在其下面，以免压伤；并用大锤捶打纠正。

⑤ 搬运人员，注意力要集中，并听从统一指挥。

（3）轻便轨道的运输法

在厂房内安装中、小设备时，用这种方法运输，速度要比滚杠运输法快，见图 14-5。

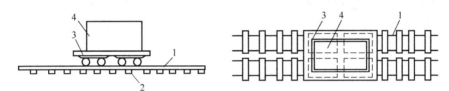

图 14-5　轻便轨道搬运法

1—轻便轨道；2—滚杠；3—木板；4—设备

这种方法是使用了预制好的轻便轨道，长度应便于装卸，也可以制成三轨、四轨，在其上面放置好多台小车，小车上放置一块较大的联系台板。将设备放在台板上，靠台板运输。小车可用卷扬机进行牵引，速度较快，在拐弯处，可装设转盘。利用轻便轨道运搬的优点是可将设备运到任何地方，安全可靠；不足之处是容许承载能力较小。

（4）滑台轨道滑行

这种方法适用于运输重型设备，见图 14-6。

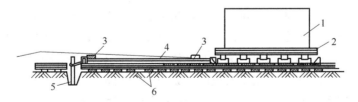

图 14-6　滑台轨道滑行运输法

1—重型设备；2—滑台；3—滑轮；4—牵引钢丝绳；5—地锚；6—栈桥

轨道是用三根重轨铺成的，轨距为 1m，轨道铺设的轨距和水平要求不高，枕木下面不需要随时铺垫，因此，安装和拆卸较方便。

设备放在轨道上，滑台由 24 号槽钢与钢轨焊成，下部有三个开口向下的槽钢，正好扣在三条钢轨上，滑台上部铺设钢轨，以支撑设备。滑台的结构示意见图 14-7。

在改变运输方向的拐弯处设置转盘，见图 14-8。转盘由两块钢板组成，下板固定不动，上板上部焊有三根重轨，轨距与轨道相一致，以便与轨道密切配合。

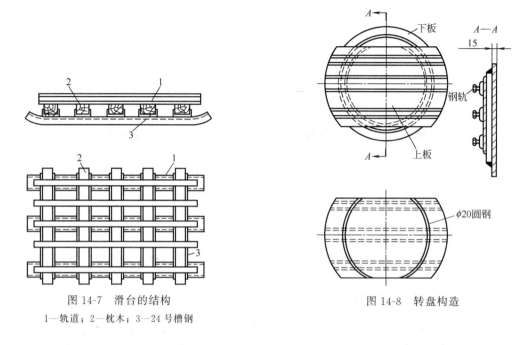

图 14-7 滑台的结构
1—轨道；2—枕木；3—24 号槽钢

图 14-8 转盘构造

滑台的移动由电动卷扬机或拖拉机进行牵引。采用滑台轨道滑行法的优点是：速度快，可减少装卸次数，机具和材料使用少，运输也安全。

14.3 设备装车与卸车

设备运输的前后，都需要进行装卸作业。如用铁路运输时，设备的装卸工作是利用货台上的起重机具完成的。采用平板拖车、载重汽车等运输时，要根据现场条件决定装卸方法。在有条件的地方要尽量使用履带式起重机、汽车式起重机、桥式起重机等装卸设备。对于重量和尺寸较大的设备，还可以用枕木搭成坡度与地面夹角不超过 10° 的斜坡状的临时装卸台。

装卸时，可根据设备的重量，用几台卷扬机或拖拉机进行牵引和溜放。对于圆形设备，利用装卸台，采取慢慢滚动的装卸方法；对于不能滚动的设备，可用滚杠或滑行运输方法。不论是依靠设备自行滚动或是用滚杠滚动及导轨滑行，都必须事先算好所需拉力，选择好钢丝绳及正确的连接和捆绑方法。用于溜板的绳索应位于设备运输的反方向。牵引用卷扬机，一般位于距装卸台边缘 4～5m 以外的地方。在滚动开始时，溜放绳索的垂度要小，以使设备从装卸台平面上运动到斜面上不致发生振动。

(1) 滑行装、卸车

滑行装、卸车是利用滑动摩擦的原理，在搭好斜道的木垛上放置钢轨（两三根或更多），并在轨道上涂抹一层黄油，以减少摩擦力，由卷扬机配合滑轮，加大速比，用小吨位的卷扬机就可以装、卸大吨位的设备。

1）装车的方法

用千斤顶将设备举起,将钢轨和拖排5放在设备下面,见图14-9。再在货车上的平台3与设备4的底座平面间搭设一个斜道木垛1,然后在货车的另一边安放一台卷扬机2。把设备用钢丝绳捆好后,由一人指挥,开动卷扬机,再由几个人稳住设备,防止其倾斜。这样,设备可安全、平稳地拉到货车上。再用千斤顶将设备举起,抽出钢轨和拖排,并将设备放到货车平板上。

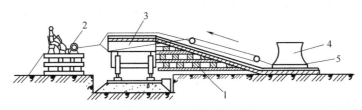

图 14-9 设备滑行装车图

1—道木垛;2—卷扬机;3—货车平台;4—设备;5—钢拖排

2) 卸车的方法

用千斤顶将设备从货车平板上举起,将轨道和钢拖排放在设备下面,在设备两旁各放一台卷扬机1和2(图14-10),两台卷扬机向相反方向牵引,即卷扬机1慢慢收绳,卷扬机2慢慢松绳。当设备滑到斜面上时,会由于重力向下滑动。当滑到地面上稳定后,用千斤顶将设备举起,之后把拖排和轨道从设备底座下抽出,见图14-10。

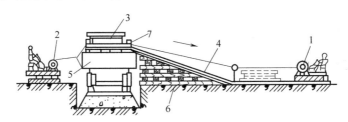

图 14-10 设备滑行卸车图

1,2—卷扬机;3—设备;4—轨道;5—货车;6—道木垛;7—钢拖排

(2) 滚行装、卸车

它是利用滚动摩擦的原理,在搭好的斜道木垛上放置钢轨(可多摆几根),再将滚杠放在设备拖排下面,用卷扬机牵拉拖排,就可以进行设备的装、卸车。

1) 装车方法

用千斤顶将设备举起,并将钢排放在设备底座下面,在钢拖排下摆好滚杠,再在货车3上的平板与地面间搭设一斜道木垛1,然后在货车的另一边安放一台卷扬机2,用绳索将设备与钢拖排捆牢,由一人指挥,开动卷扬机;滚动时,要随时调整滚杠,直至将设备拉到货车平板上,见图14-11;再用千斤顶将设备举起,撤出滚杠和钢拖排,落下设备。

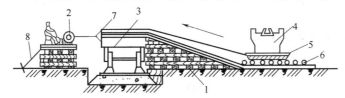

图 14-11 设备采用滚杠装车法

1—道木垛;2—卷扬机;3—货车;4—设备;5—钢拖排;6—滚杠;7—滑轮组;8—地锚

2）卸车的方法

卸车的方法是装车的反过程，卸车前，用道木搭设好斜坡道，用千斤顶将设备举起，下面放好道木、钢拖排和滚杠，前面用牵引滑轮组牵引，后面用溜放滑轮组拖住，见图 14-12。当设备进入斜坡时，牵引滑轮组不受力，后面溜放滑轮组逐渐受力，此时设备靠自身重力逐渐滑下。为了保证设备平稳下滑，后面溜放的卷扬机与滑轮组应均匀地慢速开动，使设备平稳滑下。为使滚杠不致打滑，可在斜坡道上撒些干沙。拖排两侧要由专人负责摆正滚杠，防止发生事故。

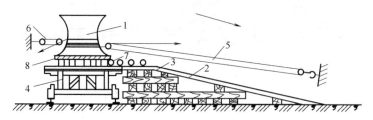

图 14-12 设备采用滚杠卸车法

1—设备；2—斜道；3—木垛；4—货车；5—牵引滑轮组；6—溜放滑轮组；7—滚杠；8—钢拖排

14.4 设备运输牵引力的计算与估算

14.4.1 滑运设备牵引力计算

(1) 平地滑运设备牵引力

平地滑运设备牵引力的分析如图 14-13 所示。

$$S = fQ_j \tag{14-1}$$

式中 f——滑动摩擦系数；

Q_j——设备计算重量，kN，$Q_j = K_d Q$；

Q——设备重量，kN；

K_d——动载系数，一般取 1.1～1.5。

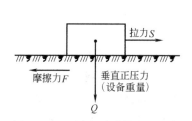

图 14-13 平面滑动摩擦力的分析

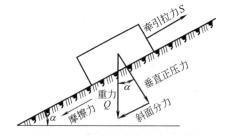

图 14-14 斜坡滑动摩擦力的分析

(2) 斜坡滑运设备牵引力

斜坡滑运设备牵引力的分析如图 14-14 所示。

$$S = Q_j \left(f \pm \frac{1}{n} \right) \tag{14-2}$$

式中 f——滑动摩擦系数；

Q_j——设备计算重量，kN，$Q_j = K_d Q$；

Q——设备重量，kN；

K_d——动载系数，一般取 $1.1 \sim 1.5$；

$\dfrac{1}{n}$——滑道的坡度，上坡为正，下坡为负。

由于启动时的静摩擦力大于运动中的动摩擦力。因此，在计算滑动设备时的牵引拉力时，一般乘上启动附加系数 K_q，$K_q = 2.5 \sim 5$，因此启动时的牵引力为 $S_q = K_q S$。

木拖排、钢拖排常用的几种滑动摩擦系数列在下面，仅供计算时参考：

① 木拖排在雪地上滑动，$f = 1$。

② 木拖排在水泥地面上滑动，$f = 0.5$。

③ 木拖排在土地上滑动，$f = 0.55$。

④ 钢板橇在雪地上滑动，$f = 0.1$。

⑤ 钢板橇在水泥地面上滑动，$f = 0.4$。

⑥ 钢板橇在地面上滑动，$f = 0.42$。

⑦ 钢板在钢轨上滑动：加油，$f = 0.04$；不加油，$f = 0.1$。

【例 1】 某压力机车间需安装一台 160t 重的模锻锤。它的上钻座重量为 100t，需用钢拖排在钢轨上从仓库滑运到车间。路途上经过 1/10 的坡度，求上坡及启动时的牵引力。

【解】 已知 $Q = 100$t，钢拖排在钢轨上滑动摩擦系数 $f = 0.1$，取 $K_d = 1.1$，$K_q = 2.5$。

$$Q_j = 9.8 K_d Q = 9.8 \times 1.1 \times 100 \approx 1100 \ (\text{kN})$$

代入式（14-2）得：

$$S = Q_j \left(f + \frac{1}{n} \right) = 1100 \times \left(0.1 + \frac{1}{10} \right) \approx 220 \ (\text{kN})$$

$$S_q = K_q S = 2.5 \times 220 = 550 \ (\text{kN})$$

故上坡时牵引力为 220kN，启动时牵引力为 550kN。

14.4.2　滚动设备牵引力的计算

(1) 平地滚运设备牵引力的计算

平地滚运设备牵引力的计算见图 14-15。

计算公式如下：

$$S = \frac{f_1 Q_{j1} + f_2 Q_{j2}}{D} \tag{14-3}$$

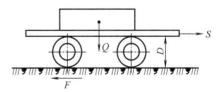

图 14-15　平地滚运设备牵引力计算

$$Q_{j1} = K_d K_B (Q + q + R)$$

$$Q_{j2} = K_d K_B (Q + q)$$

式中　K_d——设备运输时动载系数，一般取 $1.1 \sim 1.5$；

K_B——滚杠摆放不均匀系数，取 1.05；

R——拖排下所有滚杠的重量，kN；

f_1——滚杠与沿着滚杠平面之间的滚动摩擦因数，cm；

f_2——滚杠与放置载荷的拖排之间的滚动摩擦因数，cm；

D——滚杠直径，cm。

(2) 斜坡滚运设备牵引力的计算

斜坡滚运设备牵引力的计算见图 14-16。

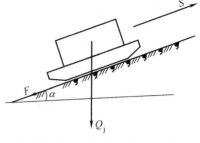

$$S=Q_j\cos\alpha\,\frac{(f_1+f_2)}{D}\pm Q_j\sin\alpha=Q_j\cos\alpha\left[\frac{(f_1+f_2)}{D}\pm\tan\alpha\right]$$
$$(14\text{-}4)$$

$$Q_j=Q_{j1}=Q_{j2}=K_dK_B(Q+q)$$

图 14-16　斜坡滚运设备牵引力计算

因为 α 很小，$\cos\alpha\approx1$，$\tan\alpha=\dfrac{1}{n}$ 则：

$$S=Q_j\left[\frac{(f_1+f_2)}{D}\pm\frac{1}{n}\right] \qquad (14\text{-}5)$$

为计算方便，现将几种常用的滚动摩擦系数值分列如下（单位为 cm）：

① 滚杠在水泥地上滚运，$f=0.08$。

② 滚杠在土地上滚运，$f=0.15$。

③ 滚杠在木头上滚运，$f=0.10$。

④ 滚杠在钢轨上滚运，$f=0.05$。

启动附加系数 K_q：

钢滚杠对钢轨时 $K_q=1.5$；

钢滚杠对木料时 $K_q=2.5$；

钢滚杠对土地时 $K_q=3\sim5$。

启动时的牵引力应为：

$$S_q=K_qQ_j\left[\frac{(f_1+f_2)}{D}\pm\frac{1}{n}\right] \qquad (14\text{-}6)$$

滚杠受压后，不应被压变形，应保持其圆形截面。根据实验与使用情况，滚杠的容许载荷为：

$$W=(4.5\sim53)d$$

式中　d——滚杠的直径，cm；

　　　W——每厘米承压长度上的容许载荷，kg/cm。

对于松木滚杠 $W=(4\sim4.5)d$；

对于硬木滚杠 $W=6d$；

对于厚壁无缝钢管 $W=35d$；

对于厚壁无缝钢管（充填混凝土）$W=40d$；

对于锻钢滚杠 $W=53d$。

因此，可以计算出在运输设备时，每副拖排所需要的滚杠根数 m：

$$m\geqslant\frac{Q_j}{WL}+(8\sim10) \qquad (14\text{-}7)$$

式中　m——滚杠根数；

　　　Q_j——垂直正压力；

　　　L——每根滚杠上有效承压长度，cm。

滚杠的有效承压长度，对于木拖排来说，一般是用 25cm 宽的硬木或松木做的两根直挡木相接触，即滚杠对木拖排的有效承压长度为 50cm。对于组合式钢轨拖排，一般采用四根钢轨组成，即有四根钢轨与滚杠相接触，如每根钢轨底宽 $B=11.4$cm，则有效承压长度为：

$$L=4\times11.4=45.6\text{cm}$$

【例2】 今有一台150t/30t桥式起重机，其主梁重为30t，需从车间外运到车间内进行组装。车间内尚未作地坪。用钢轨拖排、道木和$D=8.9\text{cm}$的无缝钢管滚杠进行滚运，其中最大坡度为1/10，试求启动时的牵引拉力和所需滚杠的根数。

【解】 已知$f_1=0.1\text{cm}$，$f_2=0.05\text{cm}$，$K_d=1.1$，$K_B=1.3$，$K_q=2.5$，可得：

$$Q_j=K_d K_B Q=1.1\times1.3\times30\times9.8\approx42.9 \text{ (kN)}$$

$$S_q=K_q Q_j\left(\frac{f_1+f_2}{D}+\frac{1}{n}\right)=2.5\times42.9\left(\frac{0.1+0.05}{8.9}+\frac{1}{10}\right)=12.5 \text{ (kN)}$$

若组成钢排用4根18号的重轨，其宽度$B=8\text{cm}$，$W=35\text{kg/cm}$，$d=8.9\text{cm}$，$L=4\times8=32\text{cm}$。

$$m\geqslant\frac{Q_j}{WL}+(8\sim10)=\frac{42900}{35\times8.9\times32}+(8\sim10)=12\sim14 \text{ （根）}$$

14.4.3 设备运输牵引力估算

欲确定运输设备的牵引力，还应该根据实际经验估算。这是由于工地道路不平，枕木压陷起皮、滚杠不圆等诸多因素，造成计算结果往往与实际情况不相吻合，实际所需牵引力比计算值要大得多。为此，我们应用经验阻力系数乘上设备的重量得出所需的估算牵引力，列表如下：在平地上滚运设备时所需牵引力见表14-7；平地滑运设备所需牵引力见表14-8。

表 14-7 平地滚运设备所需牵引力   kN

设备重量/t	使用钢管滚运		
	在水泥地上 $\mu=0.25$	在木头上 $\mu=0.30$	在钢轨上 $\mu=0.15$
5	12.5	15	7.5
10	25	30	15
15	37.5	45	22.5
20	50	60	30
25	62.5	75	37.5
30	75	90	45
40	87.5	105	52.5
50	100	130	60
60	125	150	75
80			90
100			120
120			150
150			180
180			225
200			300

表 14-8 平地滑运设备所需牵引力   kN

设备重量/t	使用钢排		
	在水泥地上 $\mu=0.65$	在木头上 $\mu=0.60$	在钢轨上 $\mu=0.20$
5	32.5	30	10
10	65	60	20
15	97.5	90	30
20	130	120	40
25	162.5	150	50
30	195	180	60

续表

设备重量/t	使用钢排		
	在水泥地上 $\mu=0.65$	在木头上 $\mu=0.60$	在钢轨上 $\mu=0.20$
35		210	70
40		240	80
50		300	100
60			120
80			160
100			200
120			240
150			300
180			360
200			400

14.5 设备过坑（沟）搬运方法的选择

在运输设备的道路上，往往不得不跨越坑或者是沟道，这时就要在坑道上铺设钢轨。铺设钢轨的数量见表 14-9。

各种土壤的耐压力见表 14-10。

表 14-9 设备过坑（沟）铺轨根数

设备重量/t	沟(坑)的宽度/m	设备的宽度/m	钢轨根数	
			38kg	43kg
30	5	2	7	6
		3	7	6
	6	2	9	7
		3	9	7
50	5	2	12	10
		3	12	10
	6	2	13	11
		3	16	13
75	5	2	18	15
		3	18	15
		4	12	10
75	6	2	20	16
		3	22	19
		4	20	16
100	5	2	24	20
		3	24	20
		4	16	13
	6	2	26	22
		3	30	25
		4	26	22
150	5	3	36	30
		4	24	20
	6	3	44	37
		4	39	33
200	5	3	47	39
		4	31	26
	6	3	59	49
		4	52	44

表 14-10 各种土壤的许用耐压力

土 壤 名 称	许用耐压力/MPa	
	密实	中等密实
大块状岩石		
(1)分裂岩石(非泥灰岩)	0.6~1.5	
(2)大小河卵石	0.6~1.5	
(3)碎石	0.4~0.6	
(4)砂砾	0.2~0.4	
砂质土壤		
(1)砾砂及粗砂	0.45	0.35
(2)中砂	0.4	0.3
(3)细砂		
①干的	0.35	0.2
②湿的及饱和水的	0.3	0.2
砂土		
(1)干	0.25	0.2
(2)湿	0.2	0.15
(3)饱和水的	0.15	0.1
黏土		
(1)黏土	0.25~0.6	0.1~0.25
(2)砂质黏土	0.25~0.4	0.1~0.25

第15章

大型设备吊装工程施工组织设计

15.1 施工组织设计编制原则和方法

15.1.1 施工组织设计的作用和任务

通常特大型吊装工程或多项、群体吊装作业项目，需要单独编写吊装施工组织设计。

施工组织设计是安排施工准备和组织工程施工的全面性技术、经济文件，是指导工程施工的指南。施工组织设计是施工单位为指导工程施工而编制的设计文件，它是建筑安装企业施工管理工作的重要组成部分，是保证按期、优质、安全完成建筑安装工程施工的重要措施，是施工企业实行科学管理的重要环节。

(1) 施工组织设计的作用

施工组织设计是在充分研究工程的客观情况和施工特点的基础上制订的。它的作用是全面规划、布置施工生产活动，制订先进合理的技术措施和组织措施，确定经济合理、切实可行的施工方案；节约使用人力、物力、财力，主动调整施工中的薄弱环节，及时处理施工中可能出现的问题；加强各方面的协作配合，保证有节奏地连续施工，全面、安全地完成施工任务，以便企业以最小的人力、物力和资金消耗，实现最理想的经济效果和社会效果。

(2) 施工组织设计的主要任务

① 确定工程开工前必须完成的各项施工准备工作。

② 计算工程量，并据此合理布置施工力量，确定人力、机械、材料的需用量和供应方案。

③ 从施工的全局出发，确定技术上先进、安全上可靠、经济上合理的施工方法和技术组织措施。

④ 选定有效的施工机具和劳动组织。

⑤ 合理安排施工程序、施工顺序、施工方案，编制施工进度计划。

⑥ 对施工现场的总平面和空间进行合理布置，以便统筹利用。

⑦ 确定各项技术经济建议指标。

15.1.2 施工组织设计的编制原则

为了实现上述施工组织设计的任务、充分发挥施工组织设计的作用，在编制过程中，必须遵循以下原则。

① 认真贯彻国家对基本建设或新、改、扩建工程项目的各项方针、政策，严格执行工程建设的施工程序，科学地安排施工顺序，进行工序排序，在保证工程质量的基础上，加快工程建设速度，缩短工期，根据建设单位计划要求配套地组织施工，以便建设项目早日交付使用。

② 严格执行建筑安装工程施工规范、标准及施工操作规程，积极采用先进施工技术，确保工程质量和施工安全。

③ 努力贯彻建筑安装工业化的方针，加强系统管理，不断提高施工机械化和预制装配化程度，努力提高劳动生产率。

④ 合理安排施工计划，用统筹方法组织平行流水作业和立体交叉作业，不断加快工程进度。

⑤ 落实季节性施工措施，确保全年连续和均衡施工。

⑥ 尽量利用正式工程、原有建筑和设施作为施工临时设施，尽量减少大型临时设施的建设规模。

⑦ 积极推行项目部施工方法，努力提高施工现代化水平。一切从实际出发，作好人力、物力的综合平衡施工。

⑧ 因地制宜，就地取材，尽量利用当地资源，减少物资运输量，节约能源。

⑨ 进行现场布置，节约施工用地，力争不占或少占耕地，组织文明施工。

⑩ 通过技术经济比较选择最优方案。

15.1.3　施工组织设计的内容和依据

编制施工组织设计的目的是有效地指导和管理施工。因此，不论哪一类施工组织设计，都必须抓住重点，内容要突出两个方面：一是施工必要的准备，研究工程施工必须具备的物质和组织方面的客观条件，具体指导施工准备工作的实施；二是规划施工活动，研究施工方案及实现方案的有关施工技术、施工组织，采取快速、优质、安全地完成施工任务的措施。将这两个方面的内容有机地联系在一起，对施工准备和施工过程实行科学管理。

(1) 施工组织设计都必须具有的基本内容

① 概况。

② 技术方案。

③ 进度计划。

④ 物资需用量及供应计划。

⑤ 工作计划。

⑥ 规划。

⑦ 经济技术指标计算和分析。

各类施工组织设计编制的内容和深度，根据编制对象和使用要求，其简单程度和侧重点应是有所区别的。要以满足实际施工需要为原则，不要搞形式主义和繁琐哲学。施工组织设计是以单位工程为对象，根据现场施工的实际条件及施工组织总设计对单位工程所提出的条件和要求编制的指导单位工程施工的文件，是施工组织总设计的具体化。

(2) 施工组织设计一般应包括的具体内容

① 工程概况：单位工程地点、建筑面积、结构形式、工程特点、工程量、工期要求等。

② 施工技术方案：包括确定主要项目的施工顺序和施工方法的选择；主要安装施工机械的选择及有关技术、质量、安全、季节施工措施等。

③ 施工进度计划：包括划分施工项目，计算工程量，计算劳动量和机械台班量，确定分部、分项工程的作业时间，并考虑各工序的搭接关系，编制施工进度计划并绘制施工进度图表等。

④ 各工种劳动力需用计划及劳动组织。

⑤ 材料、加工件需用计划及施工机械需用计划。

⑥ 施工准备工作计划：包括为单位工程施工所作的技术准备，现场准备，机械、设备、工具、材料、加工件的准备等，并编制施工准备工作计划图表。

⑦ 施工平面规划图：用来表明单位工程所需施工机械、加工场地、材料和加工件堆放场地及临时运输道路、临时供水、供电、供热管线和其他临时设施的合理布置，并绘成施工平面图，以便按图进行布置和管理。

⑧ 确定技术经济指标。

（3）施工组织设计编制的依据

① 施工图：包括本工程的全部施工图纸、设计说明及规定采用的标准图。

② 土建的施工进度计划，相互配合交叉施工的要求以及对工程开、竣工时间的规定和工期要求。

③ 施工组织总设计对工程的规定和要求。

④ 国家有关规定、规范、规程及所在地区的通用操作规程、工期定额、预算定额和劳动定额。

⑤ 设备、材料申请订货资料（引进设备、材料的到货日期）。

⑥ 类似工程的经验资料等。

15.1.4　施工组织设计中的几个重要部分

（1）施工技术方案的选择和确定

施工技术方案是施工组织设计的一个重要组成部分，也是编制施工进度计划和绘制施工现场平面图的依据。施工技术方案是否先进、合理、经济，直接影响工程的进度、质量和企业的经济效益。

（2）施工顺序安排

确定施工顺序是为了按照施工的技术规律和合理的组织关系，解决各项目之间在时间上的先后和搭接问题，以做到保证质量、安全施工、充分利用空间、争取时间、实现合理安排工期的目的。

① 整个建设项目的施工顺序安排，主要应根据工程投产顺序和各单位工程施工工期的长短以及是否有利于以后施工顺利进展为原则进行确定。一般按生产工艺流程先投产的、工程量大的、施工周期长的应先行安排施工。

② 单位工程施工顺序的安排，主要应考虑施工工序的衔接，要符合施工的客观规律，防止颠倒工序，避免相互影响和重复劳动。一般应按先土建、后安装，先地下、后地上，先高空、后地面的顺序进行施工，对于设备安装工程应先安装设备，后进行管道、电气安装；对于设备安装应先安装重、大、关键设备，后安装一般设备。对于管道安装工程应按先安装干管、后安装支管，先安装大管、后安装小管，先安装里面、后安装外面的顺序进行施工。

（3）施工组织确定

施工组织就是施工力量内容及程序的部署。对于建筑安装工程的施工，一般都是按分部、分项工程进行组织的。而每一部分或分项工程的施工，大都由一个或数个专业施工班组承担，所以施工组织必须依据工程对象和现场实际情况来确定。一般组织施工的形式有依次施工、流水施工、交叉施工这三种形式，具体采用哪种施工组织形式需根据工程和现场实际来选择。

（4）施工方法选择

主要项目（或工序）的施工方法是施工技术方案的核心。编制时首先要根据工程特点，找出哪些项目（或工序）是主要项目（或工序），以便选择施工方法时重点突出，能解决施工中的关键问题。主要项目（或工序），随工程的不同而异，不能千篇一律。建筑安装工程的施工方法是多种多样的，即便是统一施工项目，也可采用多种施工方法来完成。例如，设备吊装有分件吊装、组合吊装和整体吊装；大型油罐制作安装有吊车起吊组装、空气顶升倒装和群桅杆倒吊法组装等，采用何种施工方法必须结合实际情况，进行周密的技术经济分析才能确定。在选择施工方法时，应当注意以下问题。

① 必须结合实际，方法可行，条件允许，可以满足施工工艺和工期要求。

尽可能地采用先进技术和施工工艺，努力提高机械化施工程度；对施工专用机械设备的设计（如吊装、运输设备，支承专用设备等）要经过周密计算，确保施工安全。

② 施工机械的选用，要正确处理好现场需要同施工的可能性之间的关系，紧密结合企业实际，尽可能地利用现有条件，使用现有机械设备，挖掘现有机械设备的潜力。

③ 符合国家办法的施工验收规范和质量检验评定标准的有关规定。

④ 要认真进行施工技术方案的技术经济比较和方案优化工作。

施工技术方案的选用是否先进、合理、经济，直接影响工程质量、施工工期和工程成本，因此一定要在拟定的多种施工技术方案中进行技术经济比较，选择技术上先进、能确保工程质量、工期合理、在成本费用上经济的最优方案。

（5）施工技术方案的技术经济比较

施工技术方案的技术经济比较通常从定性和定量两个方面进行分析。

1）定性分析方法

定性分析方法是根据经验对施工技术方案从先进性、安全性、操作性的难易等方面进行比较分析，从中选出较优的方案。定性分析方法比较方便，但不精确，不能优化，决策易受人为主观因素的制约。

2）定量分析方法

实际工作中广泛采用多指标比较法。该方法简便实用，也用得较多。比较时要选用适当的指标，注意可比性。有两种情况要分别处理。

① 其中一个方案的各项指标均来源于另一个方案，优劣是一目了然的，则多指标比较法即为选用方案。

② 通过计算，几个方案的指标优劣有穿插，一时难以确定。如对比的方案要全面考虑成本、工期、材料消耗、劳动力消耗、资金占用等指标，而且这些指标大多是互相联系和制约的。评价多指标的方案最为简便的方法有四种，即加权和法、加数和法、名次计分法和指标分层法。

(6) 施工进度计划的编制

施工进度计划是在确定了施工技术方案的基础上，对工程的施工顺序，各个工序的延续时间及工序之间的搭接关系，工程的开工时间、竣工时间及总工期等做出安排。编制施工进度计划的目的在于合理安排施工进度，做到协调、均衡、连续施工，为施工计划的编制提供可靠的依据，同时也是编制劳动计划、材料供应计划、加工件计划、机械需用计划的依据。因此，施工进度计划是施工组织设计中一项非常重要的内容。

编制施工进度计划的依据：

① 已经确定了的施工技术方案。

② 国家对工程竣工投产的工期要求或施工组织总设计对单位工程的工期要求。

③ 现场的施工条件（包括设备、材料、劳力、机具的供应状况，土建进度及现场准备情况等）。

④ 有关的工程预算及定额资料。

(7) 编制施工进度计划的原则

① 施工进度计划必须与已确定的施工技术方案相吻合，照顾各工序间的衔接关系，按顺序组织均衡施工。

② 首先安排工期最长、工程量最大、技术难度最高和占用劳动力最多的主导工序。

③ 优先安排易受季节条件影响的工序，尽量避开季节因素对施工的影响。

(8) 用网络图编制施工进度计划

施工进度计划编制的方法很多，通常有网络图法、条状日历进度表、流水作业、坐标曲线指示施工进度表等，一般广泛采用的是网络图法，因为它有以下优点。

① 网络图能把施工对象的各有关施工过程组成一个有机的整体，因而能全面而明确地反映出各工序之间的互相制约和互相依赖的关系。

② 网络图可以进行各种时间参数的计算，并依据计算结果，能从繁多的施工环节中找出影响工程进度的关键工序，便于施工中集中精力抓住主要矛盾，通观全局，统筹兼顾，进行合理的计划安排和计划调整工作，确保按期竣工，避免盲目抢工。

③ 用网络图编制施工进度计划提供了一套计划调整和优选的科学方法，便于从许多可行方案中，根据不同评价指标选择最优方案，同时为计划执行期间的控制管理及调整工作提供了简便、有效的途径。

④ 通过网络图能清楚地反映出各工序的机动时间，可以更好地运用和调配人力与机械，节约人力、物力，达到降低工程成本的目的。

⑤ 网络图可以用电子计算机对复杂的计划进行计算、调整和优化，实现计划管理的科学化，从而提高了计划管理的工作效率和质量。

(9) 用网络图编制单位工程施工进度计划的方法步骤

① 熟悉图纸、调查研究、分析情况。编制施工进度计划前，必须全面熟悉和认真审阅施工图纸，了解技术要求，摸清施工条件，做到心中有数。

② 确定施工顺序。施工工序流线图的繁简程度以满足施工需要为原则。供领导参考使用的工序流线图，其工序可划分得粗一些，以便图面简洁、清晰、一目了然，便于抓住关键。而供具体指导施工的技术人员和生产调度人员使用的工序流线图，其工序则应适当划分细一些，便于及早发现问题，解决矛盾，正确指导施工。

对于复杂的或工期长的工程，其工序流线图也可以分阶段绘制，由粗到细，逐步发展。

先编一个粗的工序流线图，作为控制性的单位工程施工进度计划，随着工程的进展，再按分部工程或分项工程编制较细的工序流线图。

③ 计算工程量。工程量计算方法同施工图预算相同，当施工图预算已经编制时，可直接采用施工图预算中的工程量。

④ 套用定额，计算劳动力和机械需用量。

⑤ 确定各工序的延续时间。根据劳动力和机械需用量、各工序每天可能出勤人数、机械数量及工作面的大小，即可确定出各工序的作业时间。

当采用新技术、新材料、新工艺或出勤人数不易确定时，可采用估算法预计工序的作业时间。

⑥ 绘制工序流线草图。

⑦ 计算时差并确定关键线路和总工期。时差就是每个工序最早可能开工时间与工序最迟必须开工时间的差。

关键线路就是指支配和影响着工序进度，在工序流线图中需要工期最长的工序线。

⑧ 检查与调整。对已绘制好的工序流线图可以从以下几个方面进行检查。

a. 总工期是否符合要求。

b. 各工序安排的时间和顺序能否保证工程质量和安全施工的要求。

c. 劳动力使用是否均衡。

d. 材料、机械、加工件、零配件等供应能否满足要求。

对检查中发现的某些问题，可采取相应的技术措施加以调整解决；如采取技术措施还难以满足要求时，则要调整施工进度计划。

15.1.5　技术、物资供应计划的编制

技术、物资供应计划是实现施工技术方案和施工进度计划的物质保证。施工进度计划确定以后，必须根据施工进度计划的要求，提出技术、物资供应计划。技术、物资供应计划的内容一般应包括以下几个方面。

(1) 劳动力需要量计划的编制

劳动力需要量计划是根据施工进度要求反复平衡以后确定的。施工进度计划中的劳动力平衡图是确定劳动力需要量的依据，劳动组织提出了施工中各工种工人的技术等级要求（主要是高级工），它是对劳动力的质量要求。劳动力需要量计划从数量和质量两个方面保证施工活动的正常进行。

(2) 施工机具需要量计划的编制

施工机具需要计划主要是根据施工技术方案和施工进度计划所规定的施工期限来确定的。其内容应包括施工机械工具及周转材料。

施工机械分为通用施工机械和专用施工机械两部分。通用施工机械在编制机具计划时只提出型号、数量和需用日期即可。对于专用施工机械需绘出设计图纸，提出材料预算，专门加工制造。

(3) 设备进场计划和材料、零配件供应计划的编制

施工中的安装工艺设备和材料、零配件必须按施工进度计划要求的时间组织供应，以保证施工的顺利进行。

对于编制有施工预算的单位工程，可用施工预算代替技术、物资供应计划，但应在说明

书中注明物资供应的具体日期。

15.1.6 施工准备工作计划的编制

施工准备工作计划，是施工准备工作的一项重要内容，也是绘制施工现场总平面图的基础资料。其主要内容包括施工现场临时用电、用水、用气、仓库基地和生活福利设施的计划。

(1) 施工用电计划

保证施工用电是进行正常施工的前提条件，因此编制好施工用电计划是很重要的。编制施工用电计划的步骤如下。

① 确定施工现场的动力和照明用电量。总用电功率可按式（15-1）计算：

$$P=1.1(K_1\sum P_c+K_2\sum P_a+K_3\sum P_b) \tag{15-1}$$

式中　$\sum P_c$——全部施工用电设备需用功率总和；

　　　$\sum P_a$——室内照明设备额定容量总和；

　　　$\sum P_b$——室外照明设备额定容量总和；

　　　K_1——全部施工用电设备同期使用系数，按用电设备台数在 $1\sim0.6$ 间选用，用电设备越多，K_1 值越小；

　　　K_2——室内照明设备同期使用系数，一般取 0.8；

　　　K_3——室外照明设备同期使用系数，一般取 1；

　　　1.1——用电不均匀系数。

② 电源选择。选择电源最经济的方案是利用施工现场附近已有的高压线路或变电所供电，事先需向供电部门申请。变压器的容量可按式（15-2）计算：

$$W=KP/0.75 \tag{15-2}$$

式中　P——变压器服务范围内的用电总和；

　　　K——功率损失系数，计算变电所容量时取 1.05，计算临时发电站容量时取 1.1。

③ 确定电源供给点，进行供电线路布置。

④ 计算确定配电导线。

⑤ 绘制施工现场供电平面图。

(2) 施工用水计划

① 供水量确定。

② 选择水源。

③ 布置给水网络。

(3) 工地仓库的确定

根据物质供应情况确定仓库的性质。仓库按用途分中心库、现场库和专用库；按结构分露天库、棚式库和封闭库。具体采用哪种形式，根据实际情况确定。工地仓库尽量设在交通方便的地方，并考虑防火、防水、防潮、防爆等要求。

计算并确定仓库储备量。

① 根据储备量及某种材料的单位面积的储备定额，可以计算某种材料所需的仓库面积及仓库总面积。

② 进行仓库的设计和选址。

（4）工地加工厂的确定

工地加工厂应根据工程对象的具体要求来确定，尽量采用集中加工预制。

（5）临时设施的确定

临时设施的确定，取决于现场的职工人数和施工的工期。包括行政管理和辅助生产用房、居住用房及生活福利用房。临时设施的搭建首先考虑安全并尽量利用永久性建筑，以减少临时工程的搭建。

15.1.7　施工平面图设计

（1）对施工平面图设计的总要求

① 布置要紧凑，占地要少，尽量不占或少占农田。

② 尽量减少二次搬运。

③ 临设工程在满足使用的前提下，尽量利用已有材料，多用装备式结构，以节约临设费用。

④ 有利于生产，方便于生活，同时在安全、消防、环保、市容、国土资源、卫生等方面符合国家的相关规定。

⑤ 施工平面图设计可以分为施工区和生活区两部分进行。

（2）施工区的平面图的一般设计步骤

① 根据施工方案要求，确定主要施工机械设备的位置。

② 规划待安装设备、材料、构件的堆放位置。

③ 规划运输线路。

④ 确定仓库和加工厂位置。

⑤ 进行现场供水、排水及供电线路的布置。

对生活区的平面布置要考虑与施工区分开布置，但不要相距太远；生活区应集中布置，便于管理；生活区必须考虑防火、防爆、防中毒及卫生的要求。

15.2　吊装工程施工组织设计实例

15.2.1　两台 300MW 发电锅炉本体钢结构安装工程吊装施工组织设计

（1）编制说明

本专业施工组织设计是根据某发电有限公司 2×300MW 发电供热机组扩建工程施工组织总设计编写的，所含内容基本能满足专业施工组织要求。本专业施工组织设计是锅炉专业安装指导性文件，待设备图纸、说明书等技术文件资料齐全后，再编制各个施工项目的安装作业指导书以进一步充实、完善和细化。本专业施工组织设计不含保温油漆、焊接、起重等部分的设计，保温部分详见保温砌筑专业施工组织设计，焊接部分详见焊接专业施工组织设计。

（2）编制依据

① 某发电有限公司 2×300MW 发电供热机组扩建工程施工组织总设计。

② 有关电力规程、规范、标准的有效版本。

③ 主管部门颁发的有关管理制度和实施细则。

④ 某锅炉厂的技术文件资料及设备图纸。

⑤ 某省电力设计院有关施工图纸。

⑥ 其他类似工程的施工经验总结。

(3) 工程概况

某发电有限公司发电供热机组扩建工程总装机容量为 2×300MW 机组。本工程配套的锅炉设备是某锅炉厂生产制造的，其相应的附属系统由某省电力设计院设计。锅炉专业施工范围包括：锅炉本体，辅机，电除尘器，锅炉附属管道及设备，燃油系统，烟、风、煤管道系统，除灰、除渣系统及输煤系统等。

① 锅炉设备概况　本期扩建工程的两台锅炉是由某锅炉厂生产的，锅炉型号为 DG1036/18.2-Ⅱ4。锅炉为亚临界压力一次中间再热自然循环汽包炉。锅炉采用摆动式燃烧器，四角布置，切向燃烧，正压直吹式制粉系统，单炉膛，Ⅱ型露天布置，全钢架悬吊结构，平衡通风，固态排渣。

锅炉炉膛宽 13335mm，深 12829mm，宽深比为 1.04∶1，炉顶过热器标高为 +61000mm，锅筒中心线标高为 +65000mm，炉顶大板梁底标高为 +68870mm。锅炉炉顶采用全封闭结构，并设有大罩壳。每台锅炉总重约 9000t。

② 受热面　炉膛由 $\phi63.5mm×7.5mm$ 膜式水冷壁组成，水冷壁管部分采用螺旋管，其具体尺寸如下。后墙在 +17800～+48084mm 之间；两侧中间一管屏在 +17800～+41700mm 之间；前墙中间两管屏在 +17800～+41700mm 之间。炉底冷灰斗角度为 55°，炉底密封采用水封结构；炉膛水冷壁下联箱标高分别为：前、后面为 +6500mm；侧面为 +6900mm、+7500mm。水冷壁上联箱标高为 +61900mm。前墙及两侧墙上部内侧均设有壁式辐射再热器。炉膛上部由前往后分别布置了大屏过热器、后屏过热器和中温再热器。水平烟道深度为 7000mm，由上部水冷壁部分和后烟井延伸部分组成，水平烟道底部组件支承在后拱框架上，其内部由前往后分别布置了高温再热器和高温过热器。后烟井深度为 10530mm，后烟井由四侧包墙组成，后烟井内由上往下分别布置了低温过热器和省煤器。炉后省煤器下方布置了两台 LAP10320/883 三分仓回转式空气预热器，主轴垂直布置；其壳体为支承式，底大梁为悬挂结构；驱动装置布置在主轴正下方，为直式驱动结构；烟气和空气以逆流方式换热。

③ 钢结构　锅炉构架采用独立式结构，受力构件采用扭剪型高强度螺栓连接，螺栓直径为 M16、M22、M24 三种，整个构架分上、中、下及炉顶钢结构四部分，共五层，主要包括各垂直支承、水平支承、炉顶钢结构、平台、扶梯、地脚螺栓、大屋顶等组件。锅炉钢结构总重约 3000t。

垂直支承由钢柱和柱间支承组成，分别沿锅炉深度和宽度方向布置。水平支承由沿锅炉高度方向设置的五层刚性平面构成，炉顶支吊平面由炉顶钢架、受压件支吊平面及炉顶支承等组成。锅炉受热面通过吊杆悬吊在受压件支吊平面上。炉顶钢架由主梁、次梁及平面支承构成，受压件支吊平面梁用高强螺栓与次梁连接。

锅炉顶部的大屋顶为桁架式轻型屋架结构，屋面采用镀锌波形板，屋顶下部设有围墙板。

钢架共有六根单腹板主梁，分别布置在 K1～K6 排上，其外形尺寸分别如下：K1，21000mm×950mm×2500mm，质量为 21673.6kg；K2，21000mm×950mm×3400mm，质量为 41653.5kg；K3，21000mm×950mm×3400mm，质量为 41617.3kg；K4，

21000mm×950mm×3400mm，质量为 53632.1kg；K5，28000mm×1000mm×3400mm，质量为 73049.1kg；K6，28000mm×950mm×2500mm，质量为 28051.2kg。钢柱采用 H 形钢柱，最长约为 19000mm，最短约为 7800mm，单柱最大质量约为 19t。整台锅炉共设置了 17 层大平台。

④ 膨胀中心　锅炉设置了膨胀中心及相应的导向装置，锅炉垂直方向上的膨胀零点设在炉顶大罩壳顶部，深度和宽度方向上的膨胀零点设在炉膛中心，在炉膛高度方向设有六层导向装置，标高分别为 +60000mm、+53400mm、+41400mm、+32260mm、+19510mm、+11950mm。

⑤ 刚性梁　炉膛及后烟井四周设有绕带式刚性梁，刚性梁最大允许间距为 3300mm，前炉膛部分布置了 18 层刚性梁，后烟井尾部布置了 7 层刚性梁；在水平烟道区域两侧各布置了两根垂直刚性梁，一根承载于后水上联箱上，另一根承载于顶棚出口联箱上，质量分别为 5844kg 和 3331kg。

⑥ 燃烧设备　燃烧器为分体式燃烧器，呈四角布置，每角燃烧器风口分成十层，其中五层为一次风喷嘴，其余五层为二次风喷嘴，一、二次风呈间隔排列，一次风采用浓淡分离宽调节比煤粉喷嘴，燃烧器顶部有两层燃尽风喷嘴。本燃烧设备采用切向燃烧方式，在炉膛中心分别形成 $\phi 681mm$ 和 $\phi 772mm$ 顺时针方向的假想切圆，喷嘴摆动采用电动执行机构调节，除顶二次风上下摆动角度为 15° 外，其余喷嘴上下摆动角度均为 30°。

（4）主要附属系统设备概况

① 吹灰系统　每台锅炉炉膛总共布置了 72 台吹灰器，每台空预器烟气出口段布置了一台伸缩式吹灰器，共计 74 台吹灰器。

② 锅炉烟、风、煤系统，采用中速磨冷（中等速度磨削、冷却）一次风机正压直吹式。每台锅炉配置 5 台中速磨煤机、5 台重力式计量式给煤机和 5 只金属原煤斗。其密封系统采用母管制的密封风系统，每台锅炉设两台密封风机，1 台运行，1 台备用。

烟风系统按平衡通风设计，满足一次风机、送风机、吸风机在锅炉低负荷工况或一侧风机故障时单侧运行，空预器进出口烟风道上均设有隔离门。送风机采用 50% 的容量动叶可调轴流风机两台，吸风机采用静叶可调轴流风机两台，一次风机采用 50% 容量的定速双吸离心风机两台。烟、风、煤系统安装工程量约 910t/炉。

③ 燃油系统　燃油系统采用老厂公用设备，仅在厂区和炉前油管道安装。锅炉采用高能电火花点燃 0# 轻柴油，轻柴油再点燃煤粉的二级点火方式，每台锅炉共有 12 根油枪，分三层布置在炉膛四角处的燃烧器内，燃油雾化采用压力机械雾化。

④ 除灰渣系统　锅炉排渣由设在炉底的两台渣斗收集，每个渣斗下各装设碎渣机一台，渣经破碎后落入水力喷射器，由除渣高压水泵来水，经渣管道打入到渣浆泵房渣前池，再由渣浆泵经厂区渣浆管道输送到脱水舱系统储存、装运。主要设备有：碎渣机 2 台/炉，水力喷射器 2 台/炉，渣浆泵 2 台，脱水舱系统 1 套及脱水舱下各种泵，冲渣水泵房的高压水泵 2 台、中压水泵 2 台、低压水泵 3 台，厂区除渣管道等。

除灰采用气力除灰系统，分两部分：省煤器下除灰，电除尘器下除灰。

每台锅炉设一套正压气力输送系统，本系统采用流态化上引式仓泵作为气力输送设备，以渣浆泵房、空压机房空压机及输送的压缩空气为介质和动力，经厂区除灰管道输送至干灰库储存，然后由湿式搅拌机和输灰皮带装车运走，或经干出灰系统直接装车。本工程中两台炉共设 3 台输送空压机和 2 台电除尘器气化风机、4 台干灰库气化风机和 2 台除灰用仪用空压机，22套/炉舱泵装置，1套干灰分选系统，3台搅拌机及1条输灰皮带，储气罐，厂区输灰管道等。

⑤ 锅炉附属管道系统　锅炉附属管道系统包括锅炉疏放水、放空气、排污、上水、减温水、蒸汽吹灰、排汽、安全阀、排污扩容器、取样、加药、工业水、蒸汽加热、蒸汽灭火等管道及设备。

⑥ 压缩空气系统　压缩空气系统是由布置在辅机楼的5台无油润滑的空压机提供，其中使用3台，另外2台检修用。

15.2.2　主要工程量

龙门吊各部分质量见表15-1。

表 15-1　龙门吊各部分质量　　　　　　　　　　　　　　　　　t

序号	代号	名称	件数	共计质量
1	783701.1	电气部分	1	32
2	783701.2	上小车	1	125.735
3	783701.3	下小车	1	88.533
4	783701.4	刚性腿侧大车	1	95.139
5	783701.5	柔性腿侧大车	1	77.352
6	783701.6	门架	1	1336.050
7	783701.7	刚性腿侧防风装置	1	11
8	783701.8	柔性腿侧防风装置	1	9
9	783701.9	维修吊	1	31.924
10	783701.10	燃油发动机组	1	25
总质量				1831.733

15.2.3　主要机具配置与布置及组合场平面布置

(1) 主要机具配置

吊装构件分解质量见表15-2。

(2) 主要机具布置

根据施工组织总设计的施工总平面布置图，并结合锅炉组合安装的实际情况，锅炉主要机具具体布置位置如下。

① 塔吊DBQ3000/100t（主臂长66.32m，副臂长42m）布置在6#炉扩建端（左侧）K5与K6之间，吊车纵向中心线距K4 11m，与6#锅炉组合场平行布置，与锅炉纵向中心线垂直布置。其主要用于大板梁及锅炉组合大件的吊装及部分设备的倒运。

② 履带吊CC1500/275t（主臂长60m，副臂长42m，塔式工况）布置在6#炉固定端，沿固定端G7排前后跑动。主要用于钢架吊装及以后吊装时穿插吊装吊杆梁，连通管吊装，锅炉附件及部分散件、小件的吊装及电气除尘器、烟道、送风机、吸风机、一次风机的安装等。

(3) 其他机具布置

施工电梯6#锅炉布置在K4排柱固定一侧，主要供施工人员上下及小型构件、设备的运输用。6#、7#锅炉组合场内布置了两台40t/42m龙门吊，主要用于设备装车、卸车、运输和组合件水平运输及抬吊用。

（4）组合场平面布置

表 15-2　吊装构件分解质量　　　　　　　　　　　　　　　t

吊装构件	名称	质量	总计质量	备注
大梁总成	大梁	677.0	991.0	
	扶梯栏杆	10.0		
	上、下小车轨道	50.0		
	维修吊	32.0		
	上小车	101.0		
	下小车	71.0		
	电缆槽架	10.0		
	刚性腿吊耳加固临时支架	20.0		
	柔性腿端吊耳	20.0		
刚性腿	大车运行机构	100.2	556.2	
	刚性腿下段	113		
	刚性腿中段	121		
	刚性腿上段	79		
	桥头堡	143		
柔性腿		119	119	

根据施工组织总设计中的施工总平面布置，锅炉组合场布置在锅炉扩建端，平行于锅炉横向中心线，组合场内布置了两台 40t/42m 龙门吊，组合场长约 150m，主要供锅炉设备清点、检查。组合场布置主要从以下几点进行考虑。

① 先吊装的组件尽量布置在靠近锅炉房一端。

② 对组合件较长组件（如水冷壁），为了减少水平运输，组件应尽量布置在塔吊直接起吊的范围内。

③ 对组合件超出龙门吊运输能力的，组件应布置在塔吊直接起吊的范围内。

（5）锅炉施工用电的布置

根据现场总平面的布置，锅炉安装对施工用电的要求如下。

① 锅炉房区域　要求在锅炉 0m 靠炉架后面设一个一级配电柜（380V），供电除尘器及烟道、吸风机等设备安装用；在锅炉运转层靠 K3 固定端位置布置一个一级配电柜（380V），供中、下部锅炉设备及风道等设备安装用；在锅炉汽包平台层靠 K3 固定端布置一个一级配电柜（380V），供炉顶设备安装用。

② 除灰渣系统　要求在脱水仓和干灰库区域布置一个一级配电柜（380V），供脱水仓区域设备管道安装发干灰库区域设备管道安装用。

③ 输煤系统　要求在 6# 锅炉转运站附近布置一个一级配电柜（380V），主要供翻车机室设备、斗轮机、转运站设备及输煤带机等设备的安装用。

（6）电焊机及氧乙炔管道的布置

电焊机布置如下：

① 锅炉房区域。锅炉运转层固定端和扩建端各布置一个焊机棚（10 台焊机），在后炉膛 41m 层各布置一个焊机棚，在炉顶汽包平台上左右各布置一个焊机棚。

② 电除尘区域。在电除尘器中间过道下布置一个焊机棚。

③ 脱水仓区域。在脱水舱和干灰库中间区域布置一个焊机棚。

④ 在有些施工工作量比较小的区域，电焊机为零星布置。

氧乙炔管道布置：氧乙炔管道布置主要为锅炉房，氧乙炔站布置在锅炉固定端马路东侧，管道在地下过马路后从锅炉 K3 排，G1 和 G7 两轴线内侧从 0m 到炉顶 65m，每层平台上左右各布置一组氧乙炔小联箱；而其他工作量较小的施工区域就用氧乙炔瓶。

15.2.4　主要施工方案及技术措施

(1) 主要施工方案

1) 拟定主要安装通道根据锅炉钢结构形式及机具布置方式，为了锅炉大件吊装时减少抛锚次数，并能够保证吊装安全顺利地进行（锅炉主要大件吊装顺序见表 15-3），拟定了以下 6 处主要安装通道。

表 15-3　500t 吊车工作参数

构件名称	工况	臂杆长度/m	配重/t	超级提升配重/t	最大工作半径/m	额定吊重/t	实际吊重/t	备注
大车运行机构	SH	72	149		20	113	100.2	立式起吊
刚性腿下段	SH	72	149		20	113	113	160t 履带吊溜尾，杆长 30m，最大作业半径 10m，额定吊重 66.6t
刚性腿中段	SH	72	149		19	121	121	
刚性腿上段	SH	90	149		26	79	79	立式起吊
桥头堡	SSL	90	149	250	25.5	168	143	立式起吊

① K2～K3 排炉左侧＋40000mm 标高以上设一安装通道，主要作为前炉膛区域的大件及组合件的吊装通道。

② K6 排炉后 G4～G6 之间即＋31000～＋41000mm 间设一安装通道，主要作为尾部烟井中低温过热器蛇形管、省煤器蛇形管及后墙省煤器护板区域的吊装安装通道。

③ K2～K3 排炉右侧＋12600mm 平台标高梁以下设一安装通道，主要作为炉膛内散件安装通道。

④ K6 排炉后 G2～G3 之间＋41000mm 以上及 K6 大板梁下设一安装通道，主要作为包墙组件和低温过热器出口组件的吊装安装通道。

⑤ K11～K2 之间从上到下设一通道，作为汽包吊装通道。

⑥ 炉顶部分开口，主要作为预先临时就位的大件和较小组件的安装通道。

2) 需满足的要求

根据拟定的安装通道和 DBQ3000/100t 塔吊布置方式，组合件吊装需要部分钢架部件缓装，且建筑专业应满足安装施工需要，并符合以下要求。

① 钢架部件暂缓安装

a. K2～K3 排炉左侧＋40000mm 标高以上的横梁、水平支承、垂直支承、平台、扶梯等缓装。

b. K6 排炉后 G4～G6 之间即＋31000～＋41000mm 间设一安装通道，其间的垂直支承缓装。

c. K2～K3 排炉右侧＋12600mm 平台标高梁以下设一安装通道，其中的垂直支承缓装。

d. K6 排炉后 G2～G3 之间＋41000mm 以上及 K6 大板梁下设一安装通道，中间的横梁、水平支承、垂直支承缓装。

e. 应该是 K11～K2 之间从上到下设一通道，作为汽包吊装通道，其间的平台扶梯缓装。

f. 炉顶部分开口，主要作为预先临时就位的大件和较小组件的安装通道。其间的吊杆梁穿插吊装。

g. K61 排副钢架缓装，待后炉膛设备及空气预热器传热元件等装完后再装。

h. 考虑到汽包吊装为倾斜吊装，为了方便就位前调平汽包，在标高为＋63796mm、G3 和 G5 处 KI～K2 间的两根梁缓装。

② 对土建的要求

a. 6#、7# 锅炉 K5～K6 之间外侧渣浆泵池和机组排水槽建筑已经浇注，已回填坚实，供安装时作为通道和 DBQ3000/100c 塔吊基础用。

b. 因塔吊、履带吊参与吊装，已对机组排水池进行加固，一次风机基础、送风机基础、混凝土烟道支架暂缓施工或施工至 0m。

c. 锅炉进入安装阶段，需办理土建、安装中间交接签证手续，土建应满足施工要求。

d. 龙门吊和塔吊的轨道铺设长度满足安装需要。

e. 考虑磨煤机和＋9600mm 一次风管的前期安装方便，建议土建 D 排外的脚手架在 ＋12600mm 处采用挑脚手架。

③ 钢结构

a. 地脚螺栓安装。基础地脚螺栓预埋过程中，自制地脚螺栓固定装置与基础预埋铁板焊接，对其强制固定，确保地脚螺栓之间的间距及其对角线交点中心在混凝土浇灌时不易造成偏差，从而保证立柱安装时地板与地脚螺栓连接顺利。

b. 钢架安装。钢架采取散装的方式，由扩侧往固侧、由下往上逐层安装，每层钢架形成井架结构时相应的平台扶梯（采用散装）及时安装到位。在钢结构钢架安装时，部分较大的设备（如空预器及其热风道等）及时穿插安装到位。钢架吊装一层，找正、验收一层。钢架安装时，注意缓装件的安装需在大件吊装就位后方可进行，炉顶钢架安装应结合锅炉受热面大件吊装要求进行，采用单件吊装方式。受压件支吊平面钢梁安装也应结合受热面吊装需要逐根安装，安装前应将吊杆在地面随梁一道穿好。钢架基础二次灌浆应在第一层钢结构安装找正、验收结束后进行。待二次灌浆强度达到设计要求后方可逐层安装钢架。

c. 高强螺栓安装。高强螺栓安装时应按规范要求，每个节点预先用 30% 的临时螺栓安装，每个节点不少于两个临时螺栓。高强螺栓安装应自由插入，否则，拧紧四周螺栓用铰刀进行修孔后，严禁强行打入或用气割扩孔。高强螺栓的紧固应按一定顺序施拧，应先腹板，后上下翼缘，由螺栓群中央顺序向外侧进行紧固，应从刚性大的固定点向自由边缘进行。高强螺栓不得在雨天安装，当天安装必须当天终拧。终拧结束后，<u>应立即对高强螺栓部位采取防腐措施。</u>

④ 汽包　汽包抵达现场后，按图检查复核，并标注好方向，然后从 K11～K2 间水平拖运至炉底 K11～K2 排间和 G2～G6 之间的起吊位置。汽包筒身质量为 153t，内部装置质量约为 12t。

吊装前拆除完汽包内部的涡轮分离器，并检查、画线、验收结束，然后用两套 160t 滑轮组及 15t 卷扬机水平抬吊，提升汽包至中心标高为＋65000mm 后，用手拉葫芦牵引往炉前滑移至安装位置（滑移使用重物移运器）。汽包吊杆预先搁放在汽包下方＋53870mm 的钢结构上，汽包到安装位置后利用塔吊或履带吊将汽包吊杆吊起进行安装，待吊杆按图穿装好方可将汽包就位，同时利用卷扬机对汽包进行找正，待找正验收合格后，方可拆除卷扬机及滑轮组。

因为汽包长度为 22250mm，超出主炉架开挡尺寸（中心距离为 20000mm），所以汽包吊装为倾斜吊装，也就是一头高一头低，倾斜度与水平夹角为 41°～45°。

汽包水平运输、吊装具体方案另行编制作业指导书。

⑤ 水冷壁

a. 水冷壁组合。根据现场吊车的布置情况及吊车性能，水冷壁的组合如下。

• 前壁式再热器区域水冷壁和壁式再热器管排按联箱组合成左侧一件、右侧两件（不带刚性梁和壁式再热器联箱），至标高＋41700mm 处。左侧一件外形尺寸为 20500mm×651501mm，质量为 32.9t（净重）；右侧约为 17t/件。

• 左水壁式再热器区域水冷壁各组合成一个组件（不带刚性梁和壁式再热器联箱），至标高＋41700mm 处；外形尺寸为 20500mm×6934.2mm，质量为 33.3t（净重）。右水壁式再热器区域水冷壁各组合成两个组件（不带刚性梁和壁式再热器联箱），至标高＋41700mm 处；外形尺寸为 20500mm×4000mm，质量约为 17t/件（净重）。

• 侧水上部水冷壁组合成左、右各一件，质量约为 21t（如果现场有别的要求，左右可能各组合成两件）。

• 后水垂帘管组合成一个组件。

• 后水悬吊管和折焰角区域水冷壁为半组合后，吊装安装。

• 中部水冷壁、后侧水冷壁和冷灰斗为散件安装。

b. 水冷壁吊装。壁式再热器区域水冷壁各组件不需加固，可以用塔吊直接扳直起吊，两件（或四件）上部水冷壁利用龙门吊配合 DBQ3000 进行扳直吊装，由塔吊起吊联箱，同时由龙门吊抬吊配合 DBQ3000 塔吊将组件扳直，最后组件经抛锚由 DBQ3000 塔吊吊装就位，抛锚时的承载梁要经过技术人员的强度校核、计算方可。

右侧前壁式再热器区域水冷壁（两个组件）和左侧前壁式再热器区域水冷壁（一个组件）吊装时先抛锚在 K2 板梁上，然后由 DBQ3000 吊装就位。

散装的水冷壁和冷灰斗及下联箱由低架平板车经锅炉固定端 K2～K3 通道处拖运至锅炉 0m，然后由卷扬机或 CC1500 型吊车直吊至所需安装位置，用手拉葫芦临抛后焊接。

在水冷壁吊装前，壁式再热器进出口联箱必须先临抛至安装位置附近，上部和中部刚性梁也必须临抛到安装位置附近，但不能影响到水冷壁的吊装就位。

c. 水冷壁找正。对吊装就位的组件利用吊装机具进行初步找正标高（偏高＋5mm），以后正式找正时利用调整螺母的方式进行微调，对组件进行找正。所有组件安装找正验收根据钢架提供的 K4 排大板梁中心线和锅炉对称中心线及标高为基准对组件进行找正，并经验收合格，防止存在累积偏差。

d. 水冷壁散件、附件安装。水冷壁引出管系统均为散装，在水冷壁组件和汽包找正验收定位后进行安装，安装时不得割除组件的加固型钢。其下部连通管等水冷壁下联箱和下降母管均找正固定后方可安装焊接。

水冷壁的密封、鳍片拼缝及其附件安装在组件找正验收定位后进行，且不得割除组件的加固型钢。

⑥ 过热器

a. 过热器组合。炉顶过热器不进行组合，以锅炉厂供应的管排或管子单片、单根穿装。

前包、后包、左包、右包各组合成一件（带刚性梁），采用自制桁架加固后，由塔吊起吊、抬吊、脱架后，在 K6 板梁上抛锚一次后吊装就位，前包墙必须在 K6、K5 上抛锚两次才能就位。

低温过热器出口段与集箱在组合运输架上组合成一件（根据塔吊性能，两边酌情预留部分管排高空安装），如果设备到货比较迟，则出口管排与集箱不在地面组合，仅将管排与高顶板组合成四个组件分别吊装（在集箱吊装就位后）；低温过热器蛇形管分上段与中段单片组合，下段为单件（不含悬吊管），以后每两片组合成一件。

侧包墙（除水平烟道包墙外，均含刚性梁）左、右各组合成一件，质量约为 39t（净重）；前包墙组合成一件（含刚性梁），质量约为 33t；后包墙组合成一件（含刚性梁），质量约为 44t。

左、右水平烟道包墙各组合成一小件分别吊装（含下联箱），水平烟道低包墙预先吊放在下面平台上临时摆放；顶部包墙过热器不组合，为单片吊装。

高温过热器安装为：先把六段进、出口联箱分别吊装至安装位置，然后对口焊接后，找正加固；管排与高顶板组合成四个组件（右侧两个组件考虑 DBQ3000 的起吊质量和幅度不够，将有部分管排不能组合上去）分别吊装，用高顶板吊杆挂在联箱下方，然后找正对口焊接。

屏式过热器的安装吊装方法与高温过热器一样，也可以和大屏过热器安装方法一样。全大屏过热器、联箱和管排均为散装，管排运至炉膛底部由 CC1500 型履带吊直吊至安装位置。

b. 过热器吊装。先把水平烟道左、右侧包墙吊装临抛在安装位置附近，再进行右包、前包吊装安装，后进行低温过热器出口段吊装，再进行左包组件吊装，然后进行右省煤器护板、前省煤器护板、左侧省煤器护板的吊装，最后进行后包吊装。待低温过热器下部蛇形管、省煤器安装就位后，再进行后侧省煤器护板的吊装工作。包墙过热器组件就位后，进行找正、固定四侧刚性梁。侧包墙组件、前包墙组件吊装都必须在 K6、K5 板梁上抛锚两次，后包墙在 K6 板梁上抛锚一次。

全大屏过热器、大屏过热器联箱、高温过热器联箱均单件吊装至安装位置后对口焊接，然后找正定位加固。全大屏过热器管排采取单片吊装，用 CC1500 从炉膛底部就位，大屏过热器热管排、高温过热器热管排均与支承装置组合单组件用塔吊吊装就位焊接。

低温过热器出口段由塔吊就位后，进行找正，对联箱进行固定。再利用卷扬机由上往下单件吊装蛇形管组就位。蛇形管从扩建端到固定端顺次吊装，吊装时先将蛇形管排组合件几组运至炉后＋31000mm 自制钢平台上，后用卷扬机拖拉到炉膛后单片吊装就位焊接。另外，省煤器悬吊管在地面与低温过热器管排组合在一起吊装，同时可以起到加固低温过热器管排的作用。

在组件吊装前必须穿插吊装好低过出口段组件。管组吊装完、低温过热器出口联箱找正验收合格后进行加固固定，然后才可进行管子对口焊接。

c. 过热器散件安装。低温过热器管排安装后，必须对管排间距、平整度以及四侧炉墙进行调整，调整好后，方可焊接梳形板等定位件。前、后屏定位管及流体冷却定位管须在前、后屏及其他部件找正、安装后进行。密封件、附件等在上述工作完毕后进行安装。

⑦ 省煤器

a. 省煤器组合。省煤器主要采用散装方案，除入孔处每六片一组外，其余每两片组装成一组。省煤器悬吊管均为单根穿装（悬吊管长度太长）。

b. 省煤器吊装。组合验收完毕后用自制的运输架运至炉后＋31000mm 自制平台上由两根 I56 工字钢设计制作的平台，并按桁架结构形式组装后吊装，利用卷扬机吊装就位。吊装时随钢结构组件一道穿装省煤器集箱吊架和悬吊管吊架后吊装省煤器出口集箱，找正好后加固牢靠。省煤器悬吊管短管、上部悬吊管就位。吊装低温过热器上、下组件，然后方可吊装省煤器连接集箱并找正后加固牢靠。省煤器蛇形管排从固定端到扩建端顺次吊装，吊装时用塔吊 DBQ3000 或 CC1500 履带吊单件吊装蛇形管组装件，并用 3 台 3t 的手拉葫芦接钩。手拉葫芦悬挂在钢丝绳上，钢丝绳两端用卸扣扣在连接集箱两端的悬吊管上。

蛇形管单组装件吊装到位时，以销轴、连杆连接中间集箱吊耳与两片的组装件。六片的组装件下部为焊接连接，必须找正后施焊。省煤器进口联箱与蛇形管之间管段在省煤器进口联箱吊装就位、找正固定验收完毕后方可对口焊接。

c. 省煤器护板安装。省煤器护板右侧、前侧、左侧各组合成一件（含耐火混凝土），吊装前，安装好各护板吊耳和浇注好耐火混凝土。但后墙省煤器护板要等低过和省煤器蛇形管吊装安装到位后才能安装。

d. 省煤器防磨罩及附件安装。大部分防磨罩在地面组合安装，其余高空安装；蛇形管排组件吊装就位并找正完毕后，装配横向定位板并保证管排节距及平整度。省煤器阻流板安装待包墙过热器、省煤器安装找正完毕后，才在后炉膛内部安装施焊。

⑧ 再热器

a. 再热器组合。由于壁式再热器设备供货为单管排，为了安装方便，在地面上将壁式再热器与壁再区域水冷壁组装在一起吊装（不含联箱），故壁式再热器随水冷壁一道安装，即壁式再热器的前壁式再热器组合成左一件、右两件，左、右壁式再热器与水冷壁组合成左、右各一件。中温再热器、高温再热器管排和高顶板各组合成四个组件，不与集箱组合。如果中温再热器、高温再热器设备到货时间不能满足现场的组合条件，则安装方法采用散装。

b. 再热器吊装。再热器吊挂装置随钢架炉顶吊梁一起安装，未能与炉顶吊梁一起安装的，必须在再热器安装前安装完毕。壁再联箱用 DBQ3000 塔吊穿装、找正，在水冷壁找正后，管排与联箱对口焊接。中温再热器和高温再热器联箱先吊装就位后对口找正再加固；然后中温再热器和高温再热器的组件用 DBQ3000 塔吊直接吊装就位（在出口连接管道安装前必须预先放置穿装好波纹管膨胀节），穿好高顶板吊杆后松钩；再分别对中温再热器和高温再热器管排找正对口焊接；分别找正中温再热器和高温再热器联箱和管排后加固，然后安装焊接中温再热器出口至高温再热器入口的连接单根管。如采用散装，则先吊装进、出口联箱对口焊接，找正加固，然后在锅炉地面对单片管排吊装。

c. 再热器附件安装。壁式再热器的支承板、梳形板、密封板等零件待壁式再热器联箱管口与管排对接后进行。中温再热器、高温再热器支承装置在地面组合后安装，散件在管排就位后及时安装，并与吊杆连接受力，安装时标高位置必须正确。

⑨ 空预器　空预器下梁组合，组合件包括冷端连接板中间梁，主壳体Ⅰ、Ⅱ，中间梁轴向两块扇形板，支承轴承组件，其质量为 46t。空预器中心筒在地面组合成一体吊装，再安装空预器上梁组件及导向轴承，最后吊装仓格。支承轴承安装好后，在对支承轴承相连接的零件和其他设备进行施焊时，必须安装接地保护装置，防止焊接电流通过轴承。空预器的安装必须与钢架的安装同步。

⑩ 灰斗及烟道　省煤器灰斗在地面组成一体，采取临时加固措施，加固时采用 $\phi108mm \times 4.5mm$ 钢管将灰斗入口处与灰斗本身的内支承连接成一体，以加强灰斗的刚性。然后利用龙门吊配合 DBQ3000 塔吊将灰斗翻身，由塔吊吊装悬挂在安装位置下方约 1000mm 处，抛锚点有前、后各两点，前点抛锚在 41700mm 层，后点抛锚在 31000mm 层。

待前、左、右包墙安装好及省煤器护板安装到位后才安装灰斗及烟道，使之就位焊接。

灰斗及烟道的安装必须与钢架同步安装，且必须等空气预热器壳体安装结束后才能吊装。

⑪ 刚性梁　水平底包墙下刚性梁安装采用散装。

炉膛四周刚性梁散装，在组件吊装前抛到相应的安装位置悬挂牢靠，待组件找正且水冷壁拼缝焊接完后，就位安装。左水刚性梁＋41000mm 以上，应在右水就位后，随着钢架开口缓装件的安装相继安装临时悬挂就位，待具备安装条件后方可正式安装。包墙过热器刚性梁随组件一道组合，冷灰斗底部框架采用散装方式。

⑫ 下降管　由于下降母管设备相对钢架设备到货迟，因此下降母管采用单件安装方式，在高空对口焊接，但可根据现场情况进行有可能的组合。下降母管吊装可用 CC1500 履带吊直接吊装安装。

⑬ 燃烧器安装　由于水冷壁安装到位后燃烧器就很难到位，因此，在水冷壁吊装前，必须先把燃烧器临抛到位。

因为每个角上的燃烧器分两层布置，所以考虑先抛上层燃烧器，然后把下层燃烧器抛挂在上层燃烧器下方，上层燃烧器下部要焊接临时吊耳。四角燃烧器临抛顺序为：2[#]、3[#] 角先抛，1[#]、4[#] 角待汽包吊装就位后才临抛；抛锚点为四角 41000mm 层，抛锚工字钢必须校核强度。

⑭ 锅炉大件吊装顺序　所安装的锅炉炉膛和尾部区域大件吊装分别为不同的安装通道，互不影响。可结合工程实际进度随时调整。锅炉大件吊装顺序分为三大部分：钢结构部分、炉膛区域部分、尾部区域部分。因受热面到货较晚，原预留开口吊装组合方案仅作参考。

⑮ 电除尘及尾部烟道　电除尘下部钢支柱采用单排组合方式进行安装，安装中对组合件或单根立柱要用临时缆风绳固定。底大梁散件安装。灰斗、立柱与侧墙板、阳极大框架、阴极大框架在地面组合后吊装，由 CC1500 塔吊或 7150 履带吊负责吊装，阳极板利用专用吊装架进行吊装。进、出口喇叭口进行组合后安装，进、出口烟道尽量采用组合安装的方式进行安装。

⑯ 检修起吊设施

a. 轨道地面组合。对工字钢单轨可预先在地面组合，对接好后吊到安装高度。对接前应对工字钢进行检查，必要时进行校正。对接焊部分必须打 V 形坡口，焊接要焊透，焊完后，接触面用角向磨光机打磨平。轨道钢安装时，在地面打好对接孔，孔的位置必须准确。

b. 轨道安装。工字钢先临抛至安装位置，核对生根节点位置，实测节点底面标高，尽量调整在同一标高线，有利于后面工字钢的找平。调整完毕，连接螺栓或焊接生根点，调整工字钢水平，且使相邻工字钢段中心线在同一直线上，对于并行轨道，还应使中心线跨距偏差在允许范围内。

c. 起吊设备安装。电动葫芦或其他起吊设备安装时，调整车轮轮缘内侧与工字钢轨道翼缘间的间隙在 3～5mm 内，然后安装好各零部件，并且在轨道上安装阻进器。

d. 起吊设备试运行。起吊设备试运行要检查操纵机构的操作方向与起重机的各机构运转方向是否相符。放缆和收缆的速度应与相应的机构速度相协调，并能满足工作极限位置的要求。按规程做 1.25 倍的静负荷试验和 1.1 倍动负荷试验，并满足要求。

检修起吊设备应尽量在设备安装前安装好，具备使用条件。这样可减少在混凝土楼板上开洞和安装临时卷扬机的工作量，给文明施工和提高工艺质量创造条件。

⑰ 辅机

a. 中速磨。

• 作业流程。施工准备→垫铁布置→底板安装→二次灌浆→减速机安装→底座安装→转动盘安装→机壳安装→喷嘴、磨环安装→磨辊、锥形罩安装→分离器安装→电机安装→供油系统安装→电机二次灌浆→磨煤机试运。

• 磨煤机安装技术措施。磨煤机的本体吊装需在中心上方装设一个吊点，此吊点穿过12.6m的落煤孔。磨煤机的吊装按高度划分成三层组件：第一层为侧机体及其以下部件，包括齿轮箱、侧机体装置等；第二层为分离器体及磨辊装置；第三层为分离器顶盖及其他出口和排出阀装置。内锥体装置在安装第三层前，先临抛在分离体内，底部搁置在三只磨辊上。

以厂房建设基准点或锅炉纵横中心线为依据，检查土建移交的基础中心线及几何尺寸、各预留孔洞尺寸及相对位置是否正确，并画出各基础的有关纵横中心线。然后每台磨煤机布置垫铁15组，其中电动机6组，磨煤机9组。

复查底板，电机框架加工面水平度、纵横中心线及标高符合要求后，进行二次浇灌，混凝土拟采用抗收缩水泥，其标号不低于300#，并应灌满承力面板底部。

清理底板加工面及减速器底面，均匀地在底板加工面涂抹一层二硫化钼油脂。减速器找正后，紧固好地脚螺栓，并用定位螺栓锁死。

底座分两半吊装，锚固座分三个吊装，以减速器中心和底面标高为基准进行找正，顶面与一次风室底平面必须找平，以减速器输出法兰上面为基准找正底座的上部。

以传动盘密封面外径为基准找正迷宫密封，工作间隙控制在0.10~0.25mm，然后决定减速器的支承面的铰孔位置，钻孔、配销以保证今后减速器重复定位精度。调整垫片厚度，使传动盘和迷宫上环间隙在1.3~1.6mm。找正验收后，将密封环焊接在底座上，装填密封填料，应严密不漏风。

按设备编号，在四块定位板内将机壳就位。找正机壳体中心位置，检查机壳水平度和标高。机壳下部中心找正以磨环外部为基准，上部找正以减速器输出法兰中心为基准，上部的中心允许偏差小于3mm。

起吊喷嘴环，应以磨环外径为基准找正喷嘴和磨盘的径向间隙，喷嘴环和磨环分段法兰的轴向间隙，两处间隙皆为5mm，两侧间隙偏差不得大于0.5mm。验收合格后，用楔形块固定喷嘴环，并把楔铁焊在机壳上，喷嘴座下部垫铁点焊。

用厂家提供的专用工具吊装磨辊就位后，用夹具将磨辊临时固定。放下铰轴，吊下压环，对准铰轴将下压环落下入槽，入槽后方可拆除磨辊夹具。

电机就位后，用常规方法找正电机靠背轮。可增、减电机下垫片，但不允许转动减速器的水平轴。技术要求：对轮间隙为5mm，圆周及端盖偏差小于0.08mm。

按图纸安装稀油站、液压系统（液压站、高压液压部件、油管路等），法兰焊接及管路对接、三通焊接等处，必须采用氩弧焊。

b. 离心式风机。

• 离心式风机工艺流程。施工准备→垫铁布置→下部机壳就位→轴承座就位→转动部件就位→螺栓孔灌浆→转动轴水平精找正→上部机壳安装→喇叭口找正→风门安装→电机安装→供油系统、冷却水系统安装→风机试运。

• 离心式风机技术方案。将机壳下半部预先吊装就位，并进行初找正，使机壳保持垂直，中心及标高符合图纸要求。

主轴承座就位初找正。

根据图纸要求，叶轮和主轴可采用热套法进行装配。采用热套装配时，先用烤把将叶轮孔周围加热，边加热，边用内卡测量孔径。当加热到叶轮孔径大于轴和叶轮配合处的轴封时，将叶轮迅速套在涂上机油的主轴上，至所需位置。为防止轴受热变形，应将靠近叶轮处的主轴用浸过水的石棉布包住，并不断盘动叶轮。

转子就位后按基础中心线及图纸规定的标高进行轴承箱的定位找正，轴水平初找正，主轴的中心靠移动轴承台板的纵横位置来保证，标高和水平靠调整垫铁来保证。二次灌浆强度达到设计强度的 70% 时，复查轴承箱地脚螺栓，精找正轴水平，使水平度达到 0.1mm/m。转子与轴承找正完成后，应对轴承的同心度进行检查，轴承放入轴承座后，应检查接触是否良好，有无倾斜现象。

机壳上部安装就位后，用螺栓连接固定，安装之前在接合面处放上石棉绳，石棉绳应沿各螺栓内外交叉铺放成波浪形。

集流器安装，集流器与叶轮之间的装配间隙应严格按照图纸尺寸进行调整，在调整集流器和叶轮之间的相对位置时，还必须保证叶轮与外壳舌部之间的间隙以及叶轮与机壳的轴向间隙。

安装进口调节门，装后调试开关，各叶片的关、开角度应一致，动作灵活，关闭严密。特别注意叶片方向，应顺气流开、闭，叶片与外壳之间应留有 2~3mm 的膨胀间隙。

将装好联轴器的电机就位。电机就位前先在电动机锚脚与底板之间垫上 3~5mm 厚的垫片，将电动机和底板连成一体后就位安装。底板和基础之间放置斜垫铁用以找正找平。

c. 轴流式风机。

• 轴流式风机作业流程。施工准备→基础布置→下部机壳就位→二次灌浆→风机轴找正→进气室就位、找正→中间轴找正→中间轴轴套安装→动叶及其调节装置安装→围带安装→冷却风机安装→电动机安装→供油系统、冷却水系统安装→风机试运。

• 轴流式风机技术方案。将机壳运至基础上进行就位（严禁用上机壳起吊整台机壳），拆去机壳接合面的连接螺栓和定位销，将上机壳吊离下机壳并将其存于基础附近，清理固定主轴承组的法兰与机壳芯筒的内法兰。

对下半机壳进行初找正，找正时水平度及标高以主轴为基准，纵向中心线以轴中心为基准，横向中心线以地脚螺栓箱中心为基准。初找正符合规范要求后可进行地脚螺栓孔注浆，在强度达设计强度的 70% 后用厂家提供的力矩扳手将地脚螺栓拧紧到规定值。对机壳进行精找正，风机轴水平度误差应在 0.04mm/m 内，送风机口可在机壳中分面或打开轴承箱在其中分面上找正。引风机可在中间空心轴与轴承箱中分面上共同找正，引风机应考虑运行时受热膨胀使轴承上升的因素。找正合格后，用力矩扳手拧紧地脚螺栓至规定值。注意下一件事就是安装两个径向遥测温度计，然后安装冷风罩（引风机）。

安装集流器、进口导叶调节器及机壳过渡段。动叶调节装置的安装应符合下列要求：转换体在导柱上滑动灵活；连接杆、转换体、立承杆必须与转子同心，同心度偏差不大于 0.05mm；转子转动时调节装置应轻便灵活，转换体轴向应有足够的调整余量；各转动、滑动部件按设计规定加润滑脂（引风机为 3 号锂基脂）；调节装置的调节及指示与叶片的转动角度应一致，调节范围符合设备技术文件的规定，极限位置应有限位装置。

进行下部进气室安装。根据图纸要求，以机壳为基准，找正标高、纵横中心线以及确定进气室与机壳的膨胀间隙。

进行中间轴找正。先将中间轴的一端与风机端的联轴器连接，另一端临时搁置在找正电动机联轴器的调节支架上，盘动风机叶轮，找正中间轴与风机轴的同心度和水平度，其同心度应不大于 0.05mm。找正合格后，用力矩扳手将联轴器上的螺栓拧紧到规定值。

进行中间轴轴套安装。中间轴的轴套一端伸入机壳内，另一端与进气室法兰连接。安装时先将轴套一端割断，套在轴套外，中间轴安装结束后再重新焊接。

安装进气室上半部。

进行扩压器安装。扩压器的安装及找正以机壳为基准，先将扩压器两底部外套筒组合在一起，调整接缝点焊，然后安装扩压器心部，最后安装上部扩压器套件，将整体扩压器校圆，点焊衬板，整体焊接。安装后必须使扩压器与机壳同心，同时扩压器与机壳的膨胀间隙应符合图纸要求。

上机壳就位。检查轴承箱油管路接头及热工测点等应安装齐全、严密不漏，然后装上连接螺栓并用力矩扳手拧紧至规定力矩值。

盘动叶轮，测量液压调节头的径向晃度，其偏差值应符合图纸及技术资料要求，否则必须进行调整。

对引风机而言，应复查进气室、机壳、扩压器膨胀死点的预留间隙，机壳安装结束后即可安装轴冷风机。

电动机和底板组装成一体后，以联轴器为基准进行整体找正，找正合格后吊离电动机，将底板的地脚螺栓拧紧，然后重新装上电动机，进行二次找正。对于联轴器间隙，引风机为 41.5mm，送风机为 23.5mm；对轮端面、周向偏差，引风机应小于 0.08mm，送风机应小于 0.06mm。引风机轴系找正后，联轴器应沿轴线向电机侧预拉开 2～2.5mm，电机轴线应比风机轴线预抬高 1.4mm。

⑱ 输煤系统设备

a. 老厂输煤设备改造部分，主要有如下内容：6#（1、2）、7#（1、2）输煤皮带的提速改造，8#（1、2）延长及提速改造安装；碎煤机改造安装；7#（1、2）输煤皮带机中段增设除铁器两台，中部增设入炉煤采样装置两套，另外增装两台电子皮带秤；9#三期煤仓间转运站改造及四期煤仓间转运站安装等工作。

b. 扩建部分输煤设备安装主要有如下内容：翻车机室设备安装；2#（3、4）、3#（3）、4#（3、4）、5#（3、4）输煤带机安装；5#、6#、7#、8#转运站设备（含各起吊设施安装）安装；煤场斗轮机安装；输煤冲洗水及排污系统管道安装；翻车机室入厂煤采样装置安装，除大木器等设备安装。

⑲ 渣斗装置 在受热面安装结束后，6400mm 下缓装件未安装前，将锅炉碎渣机拖运至 0m 层，渣斗在锅炉房 0m 组合成一体，再利用卷扬机或手拉葫芦吊装就位安装。

（2）主要施工技术措施

每一个单位工程开工前都必须有开工报告，开工报告的内容必须齐全，同时必须具备开工条件。每个分部工程或主要分项工程开工前都必须编制施工作业指导书，并且经过安全技术交底。每一项施工结束后都必须及时按验收要求进行验收，并及时办理验收签证，以便及时移交下一道工序的施工；如果上一道工序没有验收或验收不合格，严禁进行下一道工序的施工。

15.2.5 大型龙门起重机吊装施工组织设计

某船业有限公司两台 370t×100m 造船龙门起重机由某集团有限责任公司设计、制造，由某建设公司总承包安装施工任务。

安装任务的重点和难点在于龙门起重机门架大梁的吊装。在投标技术方案中，刚性腿、刚性腿侧大车、柔性腿和柔性腿侧大车采用 500t 汽车吊吊装。大梁采用在刚性腿上设置吊装机构与 440t/76m 门架（桅杆）设置滑轮组抬吊安装就位。经研讨后决定：大梁的刚性腿端采用液压提升吊装，柔性腿端使用门架（桅杆）滑轮组系统抬吊就位。

1）工程概况

某船业有限公司 370t×100m 造船龙门起重机共两台，并列布置，龙门起重机的轨距为 100m，大梁为双梁结构，净离地面高为 68.38m，吊高为 61.0m，上小车吊装能力为 2×150t，下小车吊装能力为 300t，上、下小车抬吊最大吊装能力为 370t。

2）地质气象资料与吊装环境

该工程位于某岛船业有限公司厂区，该厂区是围海回填土并强夯而成的。场地极限承载力为 60t/m²，场地最低承载力为 30t/m²。

3）工程实物量

本次承包工程范围是两台 370t×100m 造船龙门起重机的安装（不包括制造）、调试。每台龙门吊的主要构件名称、质量见表 15-1。

4）吊装构件

吊装构件分解质量见表 15-2，分解示意见图 15-1。

5）工程特点

① 吊装质量大、吊装难度高。大梁单件吊装质量为 991t（其中包括大梁、钢轨、栏杆和上、下小车等质量），吊装高度为 68.5m，是该公司吊装施工作业质量最大、高度最高的大型设备吊装项目之一。本次吊装施工的难点主要是大梁的吊装。

② 370t 门式起重机刚性腿的吊装经设计认可，将刚性腿分成四段预制后分别吊装，再组装焊接。

③ 对现场 500t 吊车进场的路面、桅杆站位点及吊装刚性腿、柔性腿时尾部超级提升机构对滑移路面有一定的耐力要求，吊装现场已打混凝土路面，能够满足要求。

④ 大梁吊装一端设置为门架（桅杆）滑轮组吊装机具，另一端设置为液压千斤顶提升系统，两端卷扬机运行速度与液压千斤顶提升钢缆速度不同，要使大梁两端起升上行速度保持相对一致，

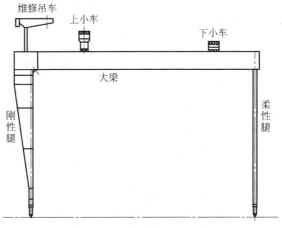

图 15-1 吊装构件分解示意图

必须有可靠的同步提升（允许高度差范围之内）控制措施。

⑤ 第二台龙门起重机的西侧轨道到打捞局护墙的距离仅为 52m，安装刚性腿和大梁时，

封绳锚点距离较近，封绳仰角大。

15.2.6 吊装方案编制依据

(1) 编制依据
① 350t/220t 桅杆设计校核计算书。
② 370t×100m 门式起重机设计图纸。
③ 某造船有限公司 370t×100m 造船龙门起重机安装工程投标文件。

(2) 执行规范与标准
①《大型设备吊装工程施工工艺标准》（SH/T 3505）。
②《起重机设计规范》（GB 3811）。
③《起重机械安全规程》（GB 6067）。
④《桥式和门式起重机制造及轨道安装公差》（GB 10183）。
⑤《起重机械试验规范和程序》（GB 5905）。
⑥《电气装置安装工程施工及验收规范》（GBJ 232）。
⑦《通用门式起重机》（GB/T 14406）。
⑧《起重机电控设备》（JB 4315）。
⑨《起重机电气制图》（JB/ZQ 2007）。
⑩《低压电气基本标准》（GB 1497）。
⑪《起重机控制台》（JB/T 6748—2013）。
⑫《起重机电气设备技术条件》（Q/DQ 109）。

15.2.7 施工方案

(1) 总体吊装（安装）方案
370t×100m 门式起重机为分体吊装，但分体后大梁和刚性腿顶段桥头堡仍然为吊装质量大、吊装高度高的吊件，其中大梁（包括其他）吊装总质量为 991t，吊装高度为 68.5m。刚性腿顶段桥头堡使用 500t 吊车加超级提升装置吊装。大梁的吊装柔性腿端吊装：目前在国内基本使用钢制桅杆。刚性腿端吊装：利用自身结构大梁两端采用液压千斤顶提升的吊装方法。根据本工程的特点，为确保工程施工安全，加快施工进度，保证施工质量，使用德国产 500t 吊车吊装部分构件。根据现场具体情况，两台门式起重机吊装方案（方法）基本相同，仅第二台刚性腿的固定地锚因现场条件局限而有所不同，靠西面封绳仰角较大，须经严格核算后，确定地锚地点和形式。确定本工程的总体吊装方案如下：

① 下部行走机构的吊装　采用 500t 吊车直接吊装就位，并在轨道上焊接四块定位挡板封住，侧向用钢管支承。

② 刚性腿吊装　将刚性腿预制成四段（包括桥头堡），采用 500t 吊车单件吊装后组装焊接，吊装每段后均用拖拉绳封住。

③ 柔性腿吊装　采用 500t 吊车吊头、160t 履带吊溜尾的吊装方法。

④ 大梁吊装　在吊装大梁时，将上、下小车安装在大梁之上，考虑到门式桅杆吊装能力，将上、下小车放于靠刚性腿侧约 6m 处。大梁柔性腿端采用 440t/76m 门式桅杆滑轮组和刚性腿端在刚性腿顶部设置 6 台液压千斤顶（18 根钢缆/台）提升系统进行抬吊大梁，安装就位。

总体吊装（安装）主要构件施工程序见图 15-2。

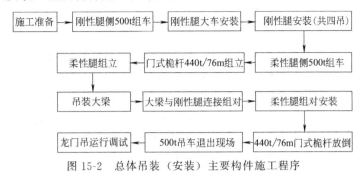

图 15-2　总体吊装（安装）主要构件施工程序

(2) 大车（行走机构）吊装

大车（行走机构）分别重 95.2t、77.4t，应按平面布置图所示在 500t 吊车取料范围内的地点组装成安装单元。采用德国产 DEMAG TC-2600 型 500t 吊车吊装就位，有关 500t 吊车吊装参数如下。

工况：SH。　　　　　　　　最大作业半径：20m。

臂杆长度：72m。　　　　　　额定吊重：113t。

支腿跨距：14m×14m。　　　最大实际吊重：95.2/2＋10（吊钩）＝57.6（t）。

配重：149t。

在行走机构就位后，一面用 4 根（每套一面 2 根）φ108mm×6mm×5000mm 钢管或同等强度杆件支承。为安全起见，在轨道上设置四块 20# 槽钢挡板以防止刚性腿移动，并与行走机构采用焊接方法连接，在起重机安装完毕后，将支承割除焊接处打磨补刷油漆。地面支承处需挖设防滑坑或用 φ48～50mm×3.5mm 脚手架钢管将支承钢管底部与轨道预埋板焊接。大车（行走机构）吊装见图 15-3。

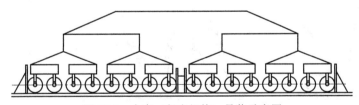

图 15-3　大车（行走机构）吊装示意图

(3) 刚性腿吊装

① 刚性腿分段　刚性腿共分 4 段吊装：头部即刚性腿顶端短节（桥头堡）1；刚性腿上段 2；刚性腿中段 3；刚性腿下段 4。刚性腿分段见图 15-4。

② 吊装方法　采用 500t 吊车吊装。500t 吊车工作参数见表 15-4。

表 15-4　500t 吊车工作参数

构件名称	工况	臂杆长度/m	配重/t	超级提升配重/t	最大工作半径/m	额定吊重/t	实际吊重/t	备　注
大车运行机构	SH	72	149		20	113	100.2	立式起吊
刚性腿下段	SH	72	149		20	113	113	160t 履带吊溜尾：杆长 30m，最大作业半径 10m，额定吊重 66.6t
刚性腿中段	SH	72	149		19	121	121	
刚性腿上段	SH	90	149		26	79	79	立式起吊
桥头堡	SSL	90	149	250	25.5	168	143	立式起吊

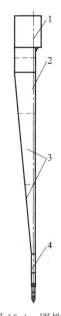

图 15-4 刚性腿
分段吊装示意图

③ **刚性腿吊装** 在刚性腿每段头部两侧焊一对相应级别的管式吊耳，500t吊车吊装头部，并挂150t平衡梁，采用160t履带吊溜尾。刚性腿吊装见图15-5。

④ **刚性腿焊接与固定** 刚性腿的对口焊接及辅助架子搭设由业主安排其他施工单位施工，该单位负责协助对口及刚性腿固定。

刚性腿的东侧与西侧任何时候每侧都需有两根有效受力封绳，在上段对口焊接未完成期间，下段原封绳不得松开或拆除；在上段对口焊接完毕，且上段封绳已设置完毕并将受力调整到最佳状态后，下段封绳方可松开或拆除。刚性腿的固定缆风绳见图15-6。

(4) 门架（桅杆）组立/放倒方案

1) 440t/76m门式起重桅杆组对竖立操作要点

① 桅杆数据见350t/220t桅杆校核计算书。

② 桅杆摆放见平面图，头向西与地面夹角为1°。

③ 桅杆两节支点要求垫平、垫实，螺栓拧紧。

④ 主杆滑轮组为250t/8轮单轴头花穿，用250t卡扣与桅杆头部吊耳连接。在250t滑轮组动滑轮处设置一套32t/4轮滑轮组（抽吊装滑轮组用）。

⑤ 在桅杆头部背面挂两根6×37-52-170拖拉绳，作后背拖拉绳。上面挂两根6×37-52-170拖头绳作迎头绳。

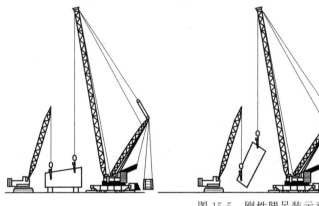
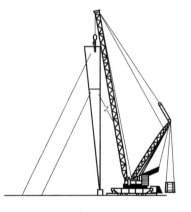

图 15-5　刚性腿吊装示意图

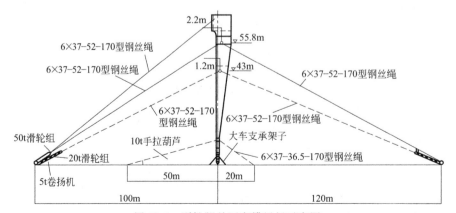

图 15-6　刚性腿的固定缆风绳示意图

2）起吊

① 桅杆抬头采用 500t 吊车，吊点在距桅杆头部 9m 处，用 200t 平衡梁吊装，此状态下 500t 吊车吊重为 120t。绳扣采用 6×37-75-170。平衡梁上部单长 15m，下部长控制在 6.5m。

② 500t 吊车作业半径 $R=40m$；主杆长度 $L=90m$；工况 SSL；允许吊重 $[P]=129t$。

③ 主吊滑轮组随着桅杆的吊装升高，桅杆吊至 55°时（桅杆尾部挂一角度仪），收紧起吊但不能吃劲。吊车停止起升，后背滑轮松紧吃劲。主吊车起重绳扣松弛，主吊卷扬机同时停止作业。摘绳扣，吊车撤出作业，确认无误后，开动主吊卷扬机并起吊。

④ 桅杆后背两套滑轮组在桅杆扳至 65°时吃劲收回，两套滑轮组回放受力调整一致。

⑤ 主吊滑轮组使桅杆扳至 92°（与地面夹角），主卷扬机停止作业。

⑥ 将迎头两套滑轮组收紧，后背滑轮组调整，使门架受力均匀，不致产生扭曲变形。用经纬仪配合调整，调整完毕，滑轮组卡上保险绳。

⑦ 开始抽吊装滑轮组，使其达到吊大梁条件。

（5）大梁吊装施工方案

1）门架（桅杆）吊装方案

① 大梁吊装操作要点　大梁由设在刚性腿顶部桥头堡吊装平台上的液压提升系统（两组六个缸）和门架桅杆头部两套滑轮组抬吊就位。

a. 试吊。液压提升系统联机式，钢绞线穿束，预紧完毕，经检查无误后，达到起吊条件。440t/76m 桅杆两套 250t/8 轮滑轮组与大梁端部扁担梁的吊耳分别用 250t 卡扣连接。经检查无误后，达到起吊条件。250t/8 轮滑轮组穿绳方法见图 15-7。

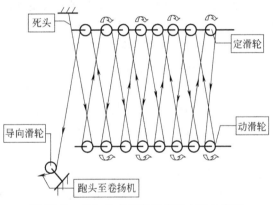

图 15-7　250t/8 轮滑轮组穿绳方法示意图

桥头堡的液压提升系统与门架桅杆主吊卷扬机同时启动，将大梁吊离支架 100mm，检查液压提升系统及门架桅杆受力情况。在大梁上均匀加配重（或水泥墩）100t 进行 110% 超负荷试验，检查整个吊装系统受力情况，考核系统各部强度。将大梁上附加的 100t 配重吊下，调整刚性腿及桅杆封绳，用经纬仪测桥头堡接口处的垂直度使其保持与地面大梁垂直（刚性支腿前后封绳进行调整）。大梁端口与桥头堡端口保持 30mm 的间隙。调整门架前后拖拉绳受力均匀。调整完毕后，将刚性腿拖拉绳锁紧，吊装过程中不允许调整直至组对完成。大梁提升静置悬空一夜。

b. 正式吊装。检查各部位受力情况，确认无误后，正式起吊。

为了在吊装中保持大梁均匀上升，大梁靠桥头堡一侧放一根固定带标尺的玻璃管测量两套液压系统提升高度差，用望远镜或经纬仪观测高度差，使之控制在 150mm 以内。在大梁侧面贴高度标尺，吊装过程中在大梁长度方向用经纬仪测量两端高度差，使之控制在 1m 以内。

液压提升系统提升速度为 12～15m/h。

门架吊装滑轮组提升速度约为 22m/h。

为保证大梁长度高度差控制在 1m 以内，必须调整两套吊装滑轮组使大梁平稳上升。

提升大梁至接口位置，停止起吊，挂上保险装置，将桥头堡与大梁连接起来。门架主吊滑轮组继续起吊至高于大梁安装位置 500mm 处，将柔性腿用滑轮组牵引在大梁下端，找正后，大梁回落到大梁上平面平齐，调整刚性腿接口间隙符合图纸要求后，将大梁与桥头堡用螺栓连接，与柔性腿顶部用销轴连接。

c. 吊装结束。大梁两端连接完毕后，成形，经检查无误后，分别拆液压提升系统，并将门架吊装滑轮组摘钩，刚性支腿封绳拆除。

② 大梁吊装指挥系统

a. 吊装指挥系统。

b. 吊装指挥和各部位负责站位分布。

c. 吊装指挥信号传递：

• 采用旗语、哨子与对讲机并用。

• 吊装指挥与液压提升指挥用对讲机。

• 吊装指挥与主吊卷扬机用旗语。

• 吊装指挥与柔性腿桅杆吊装指挥用旗语。

• 吊装指挥与观测点（刚性支腿桥头堡观测垂直观测，液压提升端口玻璃管水平观测，大梁长度方向水平观测，柔性腿大梁端玻璃管水平观测）用对讲机。

2）液压提升（大梁吊装）方案

① 大梁提升的总体布置

a. 总体布置原则。满足大梁提升的荷载要求，并应使每台提升油缸受载均匀。根据大梁提升的特点，将提升平台与大梁主体结构相结合，以降低安装成本。满足控制系统布点要求，尽量降低系统复杂性。保证每台泵站驱动的提升油缸数量相等，提高泵站的利用率。

b. 吊点布置。在提升大梁时，在大梁两侧布置 3 个吊点，在刚性腿顶部放置 2 个吊装平台，布置 6 台油缸，相互并联形成 1 个吊点；在大梁另一端，竖立 440t/76m 门式桅杆，在顶部吊耳上挂两套 250t/8 轮滑轮组，形成另外 2 个吊点。

c. 刚性腿提升平台。在本技术方案中将刚性腿侧的提升平台同刚性腿桥头堡组合起来，在桥头堡上布置 2 个提升平台，这样布置的主要优点是可以降低大梁提升的成本和减小附加质量。

d. 承重系统。刚性腿端承重系统由钢绞线、提升油缸和锚具三部分组成。锚具用来将钢绞线与吊装平台连接起来。综合考虑提升质量和结构的具体布置，在液压提升系统中，共计使用 6 台提升油缸，每台油缸平均载荷为 100t，油缸的储备系数为 2。提升油缸中单根钢绞线的平均载荷为 5.6t，单根钢绞线的极限破断力为 26t，考虑拔锚可靠性及安全系数，一般要求单根钢绞线载荷小于 10t。在本工程中，单根钢绞线的安全系数为 4.6。多次的工程应用和实验研究表明，取用这一系数是安全、可靠的。

e. 液压控制设备和提升速度。根据大梁提升的特点，共安排 6 台油缸，6 台提升油缸相互之间并联。控制系统由 1 台主控制台和若干传感器组成，完成整个提升系统的动作协调、载荷均衡、位置同步等任务，是整个提升系统的核心。

大梁提升速度取决于液压泵站的流量和其他辅助工作所占用的时间。在本方案中，每台泵站驱动 2 台提升油缸，预计提升速度可以达到 12～15m/h，因此整个提升过程将历时 6h 左右。

② 大梁提升的施工过程

a. 施工工艺流程：施工准备→联机调试→钢绞线穿束→预紧钢绞线→提升悬空静置→同步吊装大梁→整体提升就位。

b. 施工方案如下。

提升千斤顶：将提升千斤顶上、下小顶的夹持器取下，卸下夹片用柴油清洗污物，再用棉纱擦干净，对夹片的外表面及锚板孔均匀地涂上退锚灵，然后用夹片螺钉将夹片装到夹持器的压板上，最后再把夹持器装回到提升顶上。要求装上夹片螺钉的夹片端面要平整，所用夹片螺钉不得有颈缩现象。同样对安全锚和导向锚也进行清洗除污。

检修泵站：拆下泵站上的各阀体、阀块进行清洗，检查密封圈有无破损，然后将清洗好的各阀体再按顺序安装回去。

电气性能检查：由专业电气工程师按有关规程检测。

用500t吊车将千斤顶、泵站、主控台吊到提升平台的设计安装位置上，并按要求固定好。大梁为双梁结构，为了提升安全，双梁之间需要增设临时连接，见图15-8。

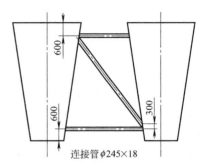

图 15-8 双梁之间增设临时连接示意图

c. 联机调试。连接千斤顶、泵站及主控台的各油路及电缆、泵站灌注液压油，然后按操作规程，空载联机对提升系统进行调试。检查千斤顶、泵站有无漏油现象，控制系统、形成开关的灵敏性以及千斤顶运行的同步性等，要求调试至最佳工作状态。

d. 钢绞线穿束。安装安全锚、安装导向架并在导向架上装上导向锚。先卸下导向锚的夹持器，打开上、下小顶的夹持器，安装夹持构件工具锚及梳线板，利用牵引钢丝顺利进行钢绞线穿束。

对钢绞线进行下料（钢绞线左、右捻各下一半），共 6×18 根，要求下料好的钢绞线不得有焊伤、电弧烧伤。对钢绞线用台式砂轮切割机进行下料。

下料长度：$L=L_0+L_1+L_2+4.5-L_3$

式中　L_0——大梁顶面设计标高；

　　　L_1——千斤顶底座高度；

　　　L_2——千斤顶自身高；

　　　L_3——提升前大梁底面标高。

下好料的钢绞线进行左、右捻分开铺放，并用红油漆对钢绞线进行每2m刻度标记。

吊车或卷扬机配合滑轮组装置将下好料的钢绞线单根吊至施工工作平台。

套上子弹头，在牵引丝的牵引下将每根钢绞线由千斤顶底部依次向上穿过整个千斤顶，在穿束过程中，严防钢绞线穿错孔位，穿束顺序先内圈后外圈，左、右捻相隔进行。

每穿好一根钢绞线，在导向锚处装上单副夹片将其锚住。再穿下一根，直至全部钢绞线穿好，再压紧上、下小顶夹持器的夹片，取下导向锚上的夹片。

钢绞线理顺后，同样人工将钢绞线下端穿入大梁预留孔道，并用夹持器锚固。

预紧钢绞线，在千斤顶工作支架上挂上2t导链逐一预紧钢绞线，使每根钢绞线在提升前受力均匀，之后用液压顶同时预紧钢绞线至一定吨位。

e. 提升悬空静置：解除大梁与地面的所有连接；在大梁四角悬挂四把100m钢卷尺用于测各点标高；桥头堡上的液压提升系统与门式桅杆侧卷扬机同时启动，将大梁提离支承架，并静置一夜，对大梁及所有受力系统进行观测，检查是否异常。

f. 正式提升：整个系统满足安全、可靠性要求后，液压提升系统与卷扬机互相配合正式提升；提升过程中，随时观察钢卷尺的标高读数，高度差超过允许范围时，立即停机调机，高度差范围按本方案控制；不能使钢绞线与任何构件相碰撞，保证刚性腿及门式桅杆的稳定性；与卷扬机协调工作，保持同步提升至设计高度；将大梁与桥头堡拼接，另一侧安装好柔性腿；各提升器同步下降使钢绞线逐渐卸载，放松。

至此，大梁安装完毕，龙门起重机主体框架安装完毕，拆除刚性腿上的钢平台及其设备。

③ 液压吊装关键技术及操作工艺要求

a. 系统调试，主要是测试千斤顶在泵站及主控台的控制下能否正常运行。启动泵站，当按下主控台的"准备"按钮时，此时各泵站的"准备"指示灯亮，表示已经接到信号，通过对讲机告知主控台，并要求指示下一步动作；将开关旋到"自动"位置，按下主控台的"启动"按钮，如果正常，各泵站开始运作，并带动千斤顶运行，此时检测、调试泵站的电磁阀和千斤顶上的行程开关的运作情况及其灵敏性，通过调节泵站的调速阀和千斤顶的行程开关的位置来调整千斤顶的运行速度和运行时间的同步性，反复操作，调试至最佳的运行状态。

b. 接油管时，要注意千斤顶上的油管接口与泵站上对应的接口一致，接头处注意放置铜垫片并拧紧接头，接好的油管要理顺，不要出现交叉、打绞现象。

c. 千斤顶各夹持器的夹片螺钉安装平整、夹片端面平整，特别注意对夹片表面和锚板孔涂抹退锚灵。在吊装构件过程中，每运行10m左右，要对夹片表面加涂一次退锚灵。

d. 穿钢绞线时，各夹持器的夹片打开，导向锚、上下小顶的夹持器、构件夹持器的孔位保证一致，保证钢绞线不得出现扭转、打绞现象；因提升索较长，其自重较大，因此穿索时，先取掉导向锚夹持器，每穿好一根绞线，用单副夹片在导向锚处将其锚住，待全部绞线穿好后，压紧构件夹持器的夹片并用螺栓将夹片压板压紧，压紧小顶夹持器，取下导向锚上的夹片。

e. 构件提升时，调节溢流阀，将压力调至15MPa，调整好各项的活塞位置，压紧上、下小顶夹持器夹片，支起导向锚、安全锚的夹持器，待各项岗位人员准备就绪后，按下主控台的"启动"按钮，整个提升系统开始自动、连续地进行运作。整个提升过程中，各项岗位负责人员要注意观测上下大顶活塞、上下小顶夹持器及千斤顶缸内绞线的运作情况，当发现绞线有弯曲、打绞现象或其他不正常现象时，必须立即通知主控台停机，待查明原因并解决后再继续运行。

f. 当构件需要下放时，先调整千斤顶的活塞至同一位置，假设千斤顶上顶活塞是全部打出来的，则让上顶受力，拔下顶夹片。启动泵站，点动三、四次"下大顶回"按钮至夹持器夹片有所松动，再回下小顶活塞，同时回下大顶活塞，直至全部夹片拔出；然后按主控台"上大顶回"按钮，则千斤顶上顶夹持构件带载下降，至千斤顶活塞离开关下端3cm左右时，通知主控台停止；再按下"下大顶回"按钮，所有千斤顶的下大顶同时空行程打出，至行程开关上端第一个开关处，主控台自动停止，按下主控台"下大顶回"按钮，压紧下顶夹片；如同拔下顶夹片一样的操作程序拔上顶夹片，即先点动几次"上大顶回"按钮至夹持器夹片有所松动，再回上小顶活塞，同时回上大顶活塞，直至全部夹片拔出；然后按下主控台"下大顶回"按钮，则千斤顶下大顶带载下降，如此千斤顶上、下大顶交替带载下降直至所要求位置。在千斤顶下放构件时，各千斤顶的岗位负责人要高度集中精力注意观测，特别是拔夹片时，最好在回小顶之前先点动几次回大顶，待夹片有所松动后再同时回大、小顶，直至全部夹片拔出 2/3 以上。在拔夹片的过程中，一定注意在夹片未拔出之前不要让夹片的螺钉头贴到夹片压板上，以免用力过大将夹片螺钉拔断；如发现有异常现象必须立即通知主控台停机，待查明原因并解决后再继续。

g. 在整个施工过程中，各岗位的负责人均要高度负责本岗位的工作，并严格按操作规程进行操作，用对讲机相互进行联系。

大梁提升系统设置见图 15-9～图 15-14。

④ 大梁试吊

a. 试吊目的。为了确保大梁的安全顺利吊装，防止出现意外事故，在正式吊装前两天进行试吊，以检查吊装设备及索具的工作情况。

b. 试吊方式。将大梁吊起离开支承架 500mm，观察设备、索具、刚性腿、柔性腿及大梁情况，对刚性腿垂直度进行测试，通过对刚性腿缆风绳的调整，将刚性腿调整到垂直状态；通过对桅杆后背绳的调整，使靠刚性腿大梁端口与

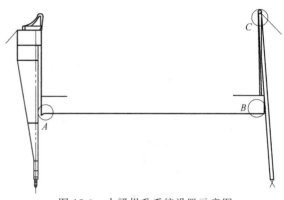

图 15-9 大梁提升系统设置示意图

桥头堡的水平距离调整到 30mm，以保证大梁就位时避免与桥头堡端部相碰。

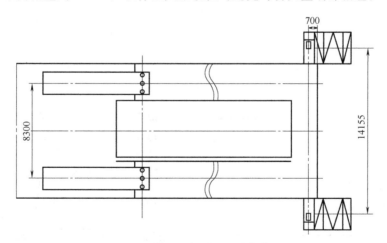

图 15-10 刚性腿上提升油缸支架俯视图

c. 试吊程序。技术交底：向起重人员进行交底，讲解操作方法及要点、各部位受力状态及其他注意事项。安全教育：对施工人员进行安全教育及安全技术交底。试吊准备：由项目部牵头，甲方组织，由制造单位、吊装分包单位、安装单位联合会签字后方可试吊。联合检查内容如下。索具检查：索具完好，绑扎牢固可靠，卷扬机运转良好。大梁检查：大梁制造质量检查，大梁与支承架之间连接完全解除。测试准备：测量设备架设好，人员到位。安

全警戒：警戒区明显，有隔离作用，闲杂人员必须退出警戒区，现场秩序由甲方保安协助维持。其他不安全因素排除：大梁顶面内部杂物清除，防止发生物件坠落。

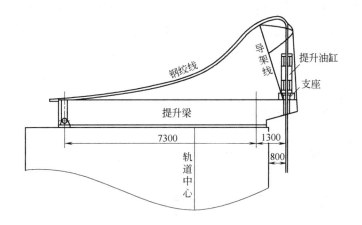

图 15-11　刚性腿上提升油缸支架示意图

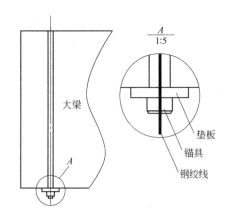

图 15-12　大梁与钢绞线连接示意图

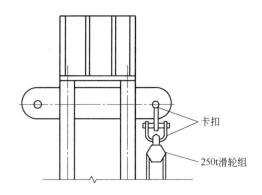

图 15-13　桅杆滑轮组连接示意图

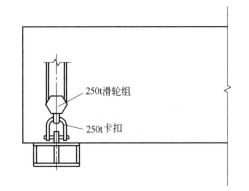

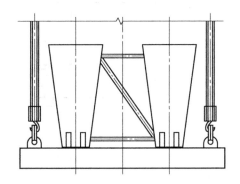

图 15-14　滑轮组与大梁连接示意图

　　d. 大梁试吊。在经联合大检查确认无问题后，进行试吊，指挥发出信号，液压提升操作人员启动千斤顶。大梁未离开支承架时，桅杆与刚性腿缆风绳的调整以垂直吊装为原则，应及时从测试人员处获得数据，调整钢绞线垂直度。

e. 大梁起吊过程中缆风绳的调整。

原施工方案：当大梁起吊到预定位置时，缆风绳 1（两根）已压住小车，这时应停止起吊。将缆风绳 2（两根）与地锚连接并收紧，确认收紧到适宜挠度后，将缆风绳 1 放松，放松程度以不增加刚性腿端起吊质量（5t 以下）为原则。

现修改后的方案：为避免在吊装过程中发生调整缆风绳过程，对刚性腿内侧缆风绳做出一些修改，即新增"八"形风绳。

新增加"八"形风绳，用经纬仪监测刚性腿垂直度，将刚性腿头部左右偏差控制在 80mm 以内。当新增缆风绳调整完毕后，其余内侧缆风绳不动，等试吊时，当液压提升系统吃劲后，将其余内侧缆风绳放松，并解除与地锚基础连接，将缆风绳盘在刚性腿附近，以不影响大梁提升为原则。新增缆风绳在大梁提升后，起稳定刚性腿作用，理论上可以不受力，实际承受载荷应该调整至 6t 左右（拉力计监测），以免刚性腿往外侧倾斜后突然失稳。

⑤ 大梁与桥头堡的连接　当大梁起吊到其顶面与桥头堡顶面持平时，停止起吊。柔性腿端继续起吊至高出 300～500mm，将柔性腿用滑轮组牵引至大梁下端，找正后，大梁回落就位与柔性腿销轴连接。刚性腿端调整刚性腿与大梁上平面及左右平齐和大梁接口处的间隙符合图纸尺寸要求后，将连接板合拢，并将刚性腿侧的两排连接螺栓穿入拧紧，另一侧连接板与大梁的两排螺栓孔使用销钉（100 个）打入连接板与大梁的螺栓孔，将其找正对中穿入螺栓拧紧，要有 2/3 的螺栓能穿入螺栓孔拧紧，其余螺栓如有连接板与大梁两螺栓孔偏移不对中时，采取绞刀扩孔的办法将螺栓全部穿入拧紧，而后将全部螺栓重新拧紧使螺栓受力均匀。

⑥ 大梁东西和南北方向倾斜度控制

a. 技术要求。大梁倾角无论是东西还是南北方向，均控制在 1°以内，大梁东西方向（长度方向）两端的高度差应控制在 1.0m 以内，南北方向（宽度方向）高度差应控制在 150mm 以内。

b. 技术措施。长度方向：在大梁上两端设置标尺，依靠测量人员站在地面上设置激光经纬仪监测两端高度误差。宽度方向：由刚性腿桥头堡上的液压提升系统操作人员负责监控，设置带刻度的玻璃管利用水准仪或望远镜观测控制，同时利用大梁四角钢卷尺测量。

c. 倾斜度调整。刚性腿端 6 台油缸并联，受力均等，大梁的倾斜度控制由柔性腿端桅杆滑轮组调整，长度方向可将滑轮组停止提升（滑轮组比液压系统快 9m/h），等刚性腿端超前 1.0m 左右后，再同步提升。宽度方向调整滞后的滑轮组。

(6) 柔性腿安装施工方案

① 柔性腿采用 500t 吊车吊装头部，采用两台 160t 履带吊溜尾。柔性腿吊装受力计算见图 15-15。

两台 160t 吊车的受力为：

$P = 109 \times (61 - 28.5)/61 = 58.1$（t）

每台 160t 履带吊承受载荷：$1.1P/2 = 32.0$（t）

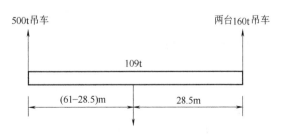

图 15-15　柔性腿吊装受力计算简图

② 500t 吊车工作参数。500t 吊车工作参数见表 15-5。

③ 160t 履带吊车工作参数。160t 履带吊车工作参数见表 15-6。

表 15-5　500t 吊车工作参数

工况	臂杆长度	配重	超级提升配重	最大工作半径	额定吊重	实际吊重
SSL	90m	149t	250t	42m	121t	119t(包括吊钩质量)

表 15-6　160t 履带吊车工作参数

臂杆长度	最大工作半径	额定吊重	实际吊重
33m	10m	66.5t	35t(包括吊钩、索具)

④ 柔性腿安装。事先将柔性腿大车距离调整至与柔性腿下端销轴孔一致,将柔性腿人字柱部分使用 500t 吊装,2 台 160t 履带吊溜尾吊至大车上方回落并对好大车锚轴孔后,利用吊车配合,用大方木将销轴打入。

⑤ 柔性腿封绳。柔性腿封绳每面设置三根封绳,均采用 6×37-36.5-170 型钢丝绳,连接 16t 滑轮组。跑绳上采用 5t 卷扬机。

⑥ 柔性腿行走。当大梁吊至安装高度后(柔性腿侧高于刚性腿侧约 500mm),用 32t/5 轮滑轮组牵引柔性腿大车至大梁正下方,柔性腿西侧封绳与桅杆东侧封绳和刚性腿封绳交汇时,可将柔性腿交汇封绳解开。交汇后重新固定,但任何时候一面都必须有两根封绳有效受力。柔性腿行走时,必须随时观测两侧封绳是否受力对称,监控柔性腿是否垂直,不垂直度控制在 1° 以内。

⑦ 柔性腿与大梁的连接。事先将柔性连接支座安装在柔性腿上,当大梁回落时调整柔性腿的位置,使柔性连接支座销轴与大梁柔性连接支座孔对中,同时将大梁的两块销轴连接板与柔性腿上的销轴连接板对准后,大梁回落使柔性连接支座销轴落入大梁柔性连接支座孔中,两连接板用销轴连接。

⑧ 柔性腿封绳及受力计算。柔性腿封绳受力计算见图 15-16。

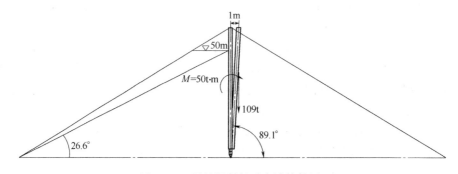

图 15-16　柔性腿封绳受力计算简图

封绳按柔性腿头部倾斜 1m 计算,风载影响按 50t·m 计算。

柔性腿封绳的受力为:
$$T=(109×28.5/61×1+50)/50\cos26.6°=2.3(t)$$

牵引力　　　　　　　　　$$S=\phi G/r×f$$

式中　ϕ——启动系数,1.5;

　　　r——滚轮半径,0.3m;

　　　f——滚动摩擦因数,0.05;

　　　G——柔性腿质量,109t。

故:$S=1.5×109/0.3×0.05=27.3(t)$

柔性腿牵引滑轮组采用 32t/5 轮滑轮组，跑绳采用 6×37-21.5-170 型钢丝绳。

跑绳拉力：$S=0.1345×21.5=2.9(\text{t})$

跑绳安全系数：$n=24.2/2.9=8.3>[n]=5$

15.2.8 主要力学分析及受力计算

质量分配见图 15-17。

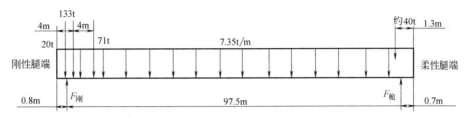

图 15-17 质量分配示意图

$F_{刚}=(7.34×99×48.2+133×94.3+71×92.3+20×97.5+40×0.6)/96.2=583.1(\text{t})$

$F_{榄}=991-583.1=407.9(\text{t})$

(1) 门架（榄杆）竖立受力计算

① 起吊时的受力计算见图 15-18。

$P=[162×76.8/2+(15+10)×76.8]/67.8$
$=120.1（\text{t}）$

② 摘钩时，后背绳最大受力计算如下（500t 吊车将其竖立到 55°后摘钩靠后背继续扳起）。

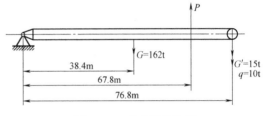

图 15-18 受力计算简图

后背受力计算简图见图 15-19。

$T=1.1×[162×38.4+(15+10)×76.8]×\cos55°/(76.8×\sin31.2°+0.8×\cos31.2°)=126.9(\text{t})$

$$F=T\cos23.8°=126.9×\cos23.8°=116.1(\text{t})$$

③ 吊装大梁的后背计算简图见图 15-20。

$T=1.1×[(Q+q+G')×2.7+G×2.7/2+M]/78×\sin47.9°$
$=1.1×[(15+20+407.9)×2.7+162×2.7/2+40]/78×\sin47.9°=27.6(\text{t})$

(2) 索具选用与校核

1）440t/76m 榄杆索具配置。

440t/76m 门式榄杆头部吊耳挂两套 250t/8 轮滑轮组，跑绳采用 6×37-43-170 型钢丝绳，长 1600×2m，迎头和后背均分别设置两套 100t/8 轮滑轮组，每套滑轮组与两根 6×37-52-170 型钢丝绳连接。

2）地锚的设置

后背及迎头分别设置两个 70t 级地锚。

卷扬机地锚两个。卷扬机地锚与龙门吊轨道基础打在一起，拉杆按 10t 卷扬机即最大拉力 10t 设置。

3）索具校核

① 主吊滑轮组：

单个榄杆的实际受力：$407.9×1.02/2=208.0(\text{t})$

单抽头跑绳抽力：$S = 0.0935 \times 208.0 = 19.3$（t）

滑轮组与桅杆吊耳及大梁吊耳连接均采用 250t 卡环。跑绳上采用 32t 卷扬机，跑绳安全系数 $n = 100/19.3 = 5.2 > [n] = 5$。

② 后背封绳滑轮组：

东侧门吊封绳滑轮组采用两套 100t/8 轮滑轮组。

跑绳抽力：$S = 0.0935 \times 123/2 \times 1.1 = 6.3$（t）

跑绳为 6×37-26.0-170 型钢丝绳，破断力 $P = 35.0$t。

安全系数 $n = 35.0/6.3 = 5.6 > [n] = 5$。

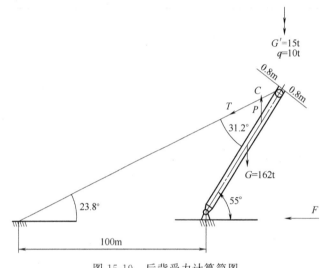

图 15-19 后背受力计算简图

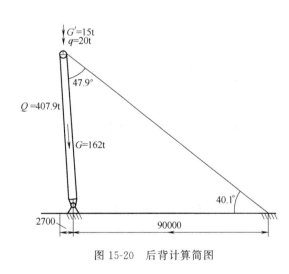

图 15-20 后背计算简图

③ 拖拉绳受力校核：拖拉绳按每侧两根布置，每根拖拉绳均采用 6×37-65.0-170 型钢丝绳，受力为 69.8t，安全系数 $n = 218.5 \times 1.0/69.8 = 3.1 > [n] = 3$。

4）刚性腿封绳配置

① 东侧门吊刚性腿缆风绳设置　东面封绳受力为 35.7t，设置两套 50t/5 轮滑轮组，跑绳采用 6×37-21.5-170 型钢丝绳，缆风绳采用 6×37-36.5-170 型钢丝绳。

受力校核如下：

每套滑轮组受力：$P = 35.7 \times 1.1/2 = 19.6$（t）（不均衡系数取 1.1）

跑绳拉力：$S = 0.1345 \times 19.6 = 2.6$（t）

跑绳安全系数：$n_1 = 24.2/2.6 = 9.3 > [n_1] = 5$

缆风绳安全系数：$n_2 = 70.2/19.6 = 3.6 > [n_2] = 3.5$

西面封绳受力（大梁负荷施加前）为 22.8t，设置两套 32t/5 轮滑轮组，跑绳采用 6×37-15.0-170 型钢丝绳，缆风绳采用 6×37-36.5-170 型钢丝绳。

受力校核如下：

每套滑轮组受力：$P = 22.8 \times 1.1/2 = 12.5(t)$（不均衡系数取 1.1）

跑绳拉力：$S = 0.1345 \times 12.5 = 1.7(t)$

跑绳安全系数：$n_1 = 11.9/1.7 = 7.0 > [n_1] = 5$

缆风绳安全系数：$n_2 = 70.2/12.5 = 5.6 > [n_2] = 3.5$

② 西侧门吊刚性腿缆风绳设置　西侧门吊刚性腿东面缆风绳设置和东侧门吊刚性腿西面缆风绳设置相同。

刚性腿西面封绳受力为 48.9t，设置 4 套封绳，每套连接 32t/5 轮滑轮组，跑绳采用 6×37-21.5-170 型钢丝绳，缆风绳采用 6×37-52.0-170 型钢丝绳。

受力校核如下：

每套滑轮组受力（仅考虑两套受力）：$P = 48.9 \times 1.1/2 = 26.9$（t）（不均衡系数取 1.1）

跑绳拉力：$S = 0.1345 \times 26.9 = 3.6(t)$

跑绳安全系数：$n_1 = 24.2/3.6 = 6.7 > [n_1] = 5$

缆风绳安全系数：$n_2 = 149.0/26.9 = 5.5 > [n_2] = 3.5$

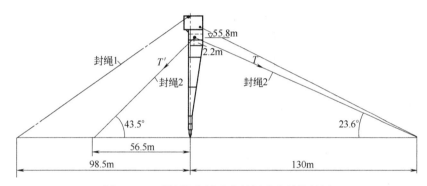

图 15-21　刚性腿东侧后背封绳受力计算简图

5）刚性腿封绳受力计算

① 刚性腿东侧后背封绳受力计算　刚性腿东侧后背封绳受力计算见图 15-21。

$$T = 1.1 \times (G \times 3.8 - Q \times 1.2 - 30 \times 2.6 + 400)/(2.2 \times \sin 23.6° + 55.8 \times \cos 23.6°) = 35.7(t)$$

$$T' = (Q \times 1.2 + 30 \times 2.6 + 400)/(2.2 \times \sin 43.5° + 55.8 \times \cos 43.5°) = 27.0(t)$$

以上考虑五级风载影响 400t·m，T' 为大梁载荷未施加时封绳受力。另外大梁在起吊过程中，有封绳压大梁上、下小车现象，左面封绳由封绳 1 改为封绳 2，计算值以封绳 2 为依据。

② 刚性腿西侧后背封绳受力刚性腿西侧后背封绳受力计算见图 15-22。

$$T = 1.1 \times (G \times 3.8 - Q \times 1.2 - 30 \times 2.6 + 400)/(2.2 \times \sin 49.4° + 55.8 \times \cos 49.4°) = 48.9(t)$$

T' 同东侧门吊受力。

以上考虑风载影响 400t·m。经计算可以看出，尽管刚性腿后背绳固定地锚离轨道很近，但由于刚性腿重心离支承点偏西 1.2m，故后背绳受力很小，其地锚按其受力大小和方向经设计计算后不难设置。

（3）门架（桅杆）吊装受力校核

1）有关已知参数

① 动载系数 K_1 取 1.1。

② 吊装滑轮组与桅杆中心线夹角经计算为 2.0°。

③ 门架两条腿受力不均衡系数取 1.1。

④ 桅杆吊装载荷 407.9t。

⑤ 索具重 10t。

⑥ 桅杆头部横梁重 15t。

⑦ 桅杆截面积 $s = 716\text{cm}^2$。

⑧ 压杆折减系数 $\phi = 0.46$。

⑨ 桅杆中部抗弯模量 $W = 45264\text{cm}^3$。

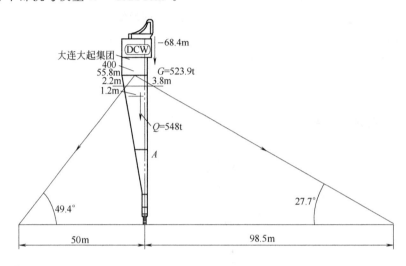

图 15-22　刚性腿西侧后背封绳受力计算简图

2) 桅杆在水平竖立时的受力核算

① 桅杆在水平状态竖立时的受力见图 15-23。

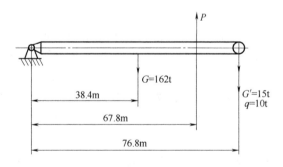

图 15-23　桅杆水平竖立计算简图

a. 中部弯矩：

$$M_{\text{中}} = 1/2(G'+q) \times 76.8/2 - 1/2P(67.8-38.4) + 1/4 \times G \times 1/4 \times 76.8$$
$$= 1/2(15+10) \times 76.8/2 - 1/2 \times 120.1 \times (67.8-38.4) + 1/4 \times 162 \times 1/4 \times 76.8$$
$$= -507.9(\text{t} \cdot \text{m})$$

b. 中部应力 $\sigma_{\text{中}}$：

$$\sigma_{\text{中}} = M_{\text{中}}/W = 507.9 \times 10^5/45264 = 1122.1(\text{kg/cm}^2) < [\sigma] = 2276(\text{kgf/cm}^2)$$

② 桅杆吊装时的受力见图 15-24。

a. 中部轴受力 $N_{中}$（T 为中部拉力）：

$$N_{中} = 1/2(G' + q + Q' + 1/2G) \times \sin88.0° + 1/2T \times \cos47.9° = 266.0(t)$$

b. 底部轴受力 $N_{底}$：

$$N_{底} = N_{中} + 1/4G\sin88.0° = 266 + 1/4 \times 162\sin88.0° = 306.5(t)$$

c. 中部弯矩：

$$M_{中x} = 1/2(G' + q + Q') \times 2.7/2 + 1/4 \times G \times 2.7/4 - 1/2T \times 76.8/2 \times \sin47.0° = 208.4(t \cdot m)$$

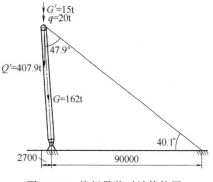

图 15-24 桅杆吊装时计算简图

$$M_{中y} = 407.9 \times 1.02/2 \times 1/4(26 - 14)\sin88.0° + 27.6 \times 1.1/2 \times \sin47.9° \times 76.8/2 \times \cos85.5° + 1/4 \times 162 \times 1/8 \times (26 - 14) - F \times 76.8/2 \times \sin85.5° = -100.8(t \cdot m)$$

支座反力 $F = 1.1 \times [407.9 \times 1.02/2 \times 1/2(26 - 14) + 1/2 \times 162 \times 1/4 \times (26 - 14)]/76.8 \times \sin85.5° = 21.4(t)$

$$M_{中} = \sqrt{M^2_{中x} + M^2_{中y}} = \sqrt{208.4^2 + (-100.8)^2} = 231.5(t \cdot m)$$

d. 中部应力 $\sigma_{中}$：

$$\sigma_{中} = M_{中}/W + N_{中}/(S\phi)$$
$$= 231.5 \times 10^5/45264 + 266.0 \times 10^3/(716 \times 0.46)$$
$$= 1319.1 kg/cm^2 < [\sigma] = 2276 \ (kgf/cm^2)$$

③ 门架扳起时受力计算：

a. 中部轴受力 $N_{中}$：

$$N_{中} = 1/2(G' + q) \times \sin55° + 1/2T \times \cos31.2° + 1/4G \times \sin55°$$
$$= 1/2 \ (15 + 10) \times \sin55° + 1/2 \times 126.9 \times \cos31.2° + 1/4 \times 162 \times \sin55°$$
$$= 97.3 \ (t)$$

b. 中部弯矩：

$$M_{中x} = 1/2(G' + q) \times 76.8/2\cos55° + 1/4 \times G \times 76.8/4\cos55° - 1/2T \times 76.8/2 \times \sin31.2° - 0.8 \times 1/2T\cos31.2° = 1/2(15 + 10) \times 76.8/2\cos55° + 1/4 \times 162 \times 76.8/4\cos55° - 1/2 \times 126.9 \times 76.8/2 \times \sin31.2° - 0.8 \times 1/2 \times 126 \times \cos31.2° = -575.0(t \cdot m)$$

c. 中部应力 $\sigma_{中}$：

$$\sigma_{中} = M_{中}/W + N_{中}/(S\phi) = 575.0 \times 10^5/45264 + 97.3 \times 10^3/(716 \times 0.46)$$
$$= 1565.7(kg/cm^2) < [\sigma] = 2276(kg/cm^2)$$

（4）受力分析计算结果

78m 门架（桅杆）能承受所承担的吊装负荷。

提升架结构计算：提升架由某公司设计计算，提供提升架结构图纸。

液压千斤顶支座结构计算：由某公司提供提升架结构图纸。

（5）扁担梁结构计算

$$P = 407.9 \times 1.02/2 = 208.03(t)$$
$$M_{max} = (14 - 8.3)P/2 = 592.89tf \cdot m = 592.89 \times 10^5(kgf \cdot cm)$$

$$J_1 = 1340745(cm^4)$$
$$J_2 = 820783.33(cm^4)$$
$$J_总 = 2161528.33cm^4 = 2.16152833 \times 10^{10}(mm^4)$$
$$\sigma = 159.089N/mm^2 = 159.089MPa < [\sigma]$$

16Mn：

$$\sigma_s = 305MPa, \quad n = 1.6$$
$$[\sigma] = \sigma_s/n = 305/1.6 = 190.6(MPa)$$

（6）主要地锚坑受力计算

① 440t/78m 门架（桅杆）扳起后背地锚坑核算。440t/78m 门架（桅杆）扳起后背锚坑与 370t 龙门吊轨道基础连在一起，同时浇筑混凝土。

a. 垂直力核算：

G——混凝土自重；

T——混凝土块竖直方向摩擦力；

N_1——地锚所受水平分力；

N_2——地锚所受垂直分力；

F——混凝土与土壤摩擦因数，取 0.4；

K——安全系数，取 1.5。

$$G + T = (2 \times 3 \times 1 + 6 \times 3 \times 1) \times 2.4 + (126.9 \times 1.1)/2 \times 0.4\cos23.8°$$
$$= 24 \times 2.4 + (126.9 \times 1.1)/2 \times 0.4\cos23.8° = 83.1(t)$$
$$N_2 = (126.9 \times 1.1)/2 \times 0.4\sin23.8° = 28.2(t)$$
$$K = (G + T)/N_2 = 83.1/28.2 = 2.9 > [K] = 1.5$$

b. 水平力核算：

$$N_1 = (126.9 \times 1.1)/2 \times \cos23.8° = 63.9(t)$$

土壤单位平方米平均压力

$$N_1/(hL) = 63.9/9 = 7.1(t/m^2) < [\sigma_p] = 12t/m^2$$

② 刚性腿在吊装大梁时后背地锚基础受力核算。地锚所受力为 35.7t；与地面夹角为 23.6°；实际受力地锚数为 3 个，按一个地锚全部受力核算。

a. 垂直力：

$$G + T = 2 \times 2 \times 6 \times 2.4 + 35.7\cos23.6° \times 0.4 = 70.7(t)$$
$$N_2 = 35.7 \times \sin23.6° = 14.3(t)$$

安全系数 $\qquad K = (G + T)/N_2 = 4.9 > [K] = 1.5$

b. 水平力：

$$N_1 = 35.7\cos23.6° = 32.7(t)$$

c. 地锚基础前侧土壤单位压力：

$$\sigma_p = N_1/(6 \times 2) = 32.7/12 = 2.7(t/m^2) < [\sigma_p] = 12(t/m^2)$$

③ 440t/76m 门架（桅杆）地锚基础受力核算。地锚所受力为 27.6t；与地面夹角为 40.1°。

a. 垂直力：

$$G + T = 2 \times 2 \times 9 \times 2.4 + 27.6\cos40.1° \times 0.4 = 94.8(t)$$
$$N_2 = 27.6\sin40.1° = 17.8(t)$$

安全系数　　　　$K=(G+T)/N_2=94.8/17.8=5.3>[K]=1.5$

b. 水平力：

$$N_1=27.6\cos40.1°=20.1(\text{t})$$

c. 地锚基础前侧土壤单位压力：

$$\sigma_p=N_1/(hs)=20.1/(2\times9)=1.1(\text{t/m}^2)<[\sigma_p]=12(\text{t/m}^2)$$

15.2.9　吊装（安装）施工管理

(1) 施工管理目标（略）

(2) 施工组织机构（略）

1）项目部组织机构图（略）

2）项目部管理人员职责

项目经理：负责该项目工程的全面工作，特别是对外工作的联系和对内工作的安排和协调。

项目副经理：协助项目经理并负责分管工程施工的安全、质量、进度工作。

项目总工程师：负责项目技术质量工作，解决吊装过程中的技术难题，负责组织方案的编制及报批工作。

行政办公室：主要负责对外的接待和对内的内务管理。

安全生产办公室：主要负责工程的安全技术质量、进度计划等施工管理。

3）施工（吊装）进度计划安排

总体安装步骤分四个阶段进行（示例）：

① 刚性腿分四段吊装，工期 15 天。

② 桅杆组对竖立，工期 7 天。

③ 柔性腿的组对吊装，工期 10 天。

④ 横梁的吊装，工期 2 天。

4）进度计划表（略）

5）施工（吊装）劳动力安排（略）

6）施工（吊装）机具计划

施工（吊装）机具计划见表 15-7。

7）施工（吊装）主要手段用料（略）

15.2.10　施工（吊装）安全管理

(1) 安全管理目标（略）

(2) 安全保证措施

① 组织措施（略）。

② 建立吊装工程项目经理部安全保障体系（略）。

③ 认真贯彻安全管理制度，在施工中切实贯彻预防为主的指导思想，落实安全生产责任制，对施工班组和个人实行安全业绩考核．并与经济效益挂钩。

④ 在施工前向施工人员进行吊装方案及安全措施交底，并做好交底记录。加强安全信息反馈，及时控制重点环节，定期进行安全教育和安全检查，实现施工全过程的安全控制。

(3) 安全技术措施

① 总则。规范施工现场的安全管理，确保大型设备吊装就位，保障现场人员生命安全，保障施工设备的正常使用。

参加本次吊装施工的全体员工，必须先进行安全培训和进入工地教育，并经考试合格后，方可进入现场施工。参加本次工程施工的全体员工，除执行业主的有关安全管理制度和规定外，还应执行施工单位有关工种、岗位的安全技术操作规程。

② 施工时，安全员应巡回检查，对危险部位或环节重点监护，对违反安全规定和不遵守操作规程的行为要立即制止或停止其作业。

③ 经过大修或新购置的机具在使用前应进行试验，试验按产品说明书或设计规定进行。

④ 输电线路与设备和起重机具间的距离应符合有关规范、标准的规定。

⑤ 对使用的机、索具等在吊装前必须进行安全质量检查，并符合规定。

⑥ 安全质量检查未达标的项目整改后应进行复检，直至合格为止，自检、复检及联合大检查要有记录。

表 15-7　施工（吊装）机具计划表

序号	名称	规格	单位	数量	备注
1	桅杆	440t/76m 门式	副	1	
2	滑轮组	250t/8 轮	个	4	主吊
		100t/8 轮	个	4	后背
		50t/5 轮	个	8	刚性腿封绳
		32t/5 轮	个	8	柔性腿封绳
3	单滑轮	60t	个	12	
		20t	个	12	
		10t	个	12	
		5t	个	10	
4	卡扣	250t	个	4	
		60t	个	8	
		30t	个	10	
		10t	个	12	
5	拖拉绳	6×37-36.5-170,150m	根	8	
		6×37-65.0-170	根	4	
6	跑绳	6×37-43.0-170	m	2000	
		6×37-19.5-170	m	1000	
7	绳头	6×37-36.5-170	m	200	
8	绳卡	Y-50 Y-40	个	210	
9	手拉葫芦	10t	台	4	
		5t	台	8	
10	道木	标准	块	800	
11	卷扬机	32t/12t/5t	台	2/4/10	
12	钢走排	2m×3m	个	2	
13	滚杠	φ80mm×2500mm 圆钢	根	30	
14	吊车	500t 汽车吊	台	1	带 90m 杆
		150t 履带吊	台	1	
		50t 汽车吊	台	2	
15	货车	15t	台	1	
16	双排座	5t	台	1	

续表

序号	名称	规格	单位	数量	备注
17	提升千斤顶	QDCL2000-200	台	6	配导向锚、安全帽、梳线板、提升钩件工具锚、行程开关各12套，备压力表36块，千斤顶、泵站的配件及主控台的电气配件
18	泵站	4YBZ190-28	台	3	
19	中央控制台	QK-8	台	1	
20	砂轮切割机		台	1	
21	葫芦	2t	个	2	
22	内六角扳手		套	2	
23	活扳手、固定扳手		把	各10	
24	一字起		把	2	
25	胶钳		把	2	
26	钢绞线	186MPa			
27	抗磨液压油		桶	12	
28	高压油管	$\phi22mm$	m	约300	配油嘴及垫片
29	高压油管	$\phi16mm$	m	约300	配油嘴及垫片
30	安全带、安全帽		副	各10	
31	电源线、控制线			若干	
32	千斤顶、卸扣、麻绳、滑车			各若干	
33	工具夹片、夹片螺钉、垫片			各若干	
34	牵引套、单孔锚、连接器			各若干	
35	雨具		套	16	
36	棉纱条、手套等			各若干	

⑦ 桅杆竖立、试吊及正式吊装须在5级风以下条件下才能作业，大雨、大雪、雷电、大雾、雾霾或能见度低、夜间均不允许吊装作业。

⑧ 吊车站位应准确，不允许超负荷作业，作业时应派专人监视吊车支腿处地基变化情况，有问题立即报告指挥。

⑨ 进入施工现场必须戴安全帽；高空作业系安全带；吊装作业区设置危险警戒区，持通行证人员方可入内。

⑩ 桅杆在竖立和放倒过程中要控制好拖拉绳的受力状态，使受力处于协调状态。

⑪ 每天进行班前安全讲话，对当天的施工任务要指出安全重点，并做好防范措施，对每天的安全讲话要有记录备查。

⑫ 试吊和正式吊装前，由主管安全项目副经理牵头，组织联合大检查，发现问题及时整改，确认无问题后，签发《吊装命令书》后方可正式起吊。

⑬ 在大梁吊装就位后与刚性腿焊接时，严禁电焊电线与吊装钢丝绳、跑绳接触。

⑭ 应控制440t/76m门式桅杆两台32t卷扬机卷筒上跑绳圈数使之基本相同，且保证转速一样。

⑮ 液压提升同步系统由专门的电气工程师及有丰富提升经验的工程师负责。

⑯ 各点、各位置均由具有丰富经验和熟练操作的技术人员进行操作及观察，一切行动听指挥，密切观察施工过程，如有故障或意外马上通知主控台停机检查，待查明原因并解决后再继续。

⑰ 提升作业对，构件下方严禁站人。确保设备安全。设备吊装安放或高空吊装物件时，

谨防碰撞、损坏提升设备。

⑱ 严禁高空抛物，切忌上、下交叉施工。如果确需上、下方同时施工时，下方必须采取安全防护措施，上方需进行安全监督。

⑲ 安全用电。上班检查电路，下班切断电源。现场电源线无绝缘破损，并设漏电保护装置。

⑳ 防火。禁止在高空工作平台上吸烟，每侧工作平台上放置两台灭火器。安全施工，严禁玩忽职守。各岗位人员坚守岗位，听从统一指挥，集中精力，正确操作。遇有情况，通过对讲机及时报告。

15.2.11 施工（吊装）技术质量管理

(1) 技术质量管理

① 施工前认真勘察吊装现场，编制具体和详细的施工技术方案，并对所有参与人员进行技术质量交底，明确整个施工过程中的各个步骤，明确每个参与人员所承担的任务。

② 施工过程中应严格遵守工艺纪律，严格按技术方案的要求进行操作。

③ 施工结束后应及时做书面施工总结，积累经验，改进技术。

④ 质量管理目标（略）。

⑤ 应严格按公司《质量手册》质量体系要素中所规定的质量奖励条例和相关要素实施检查与监督。

(2) 质量保证措施

① 建立以项目经理为首的质量保证体系。

② 严格执行公司规定的大型吊装质量控制程序，使所有责任人员各尽其责，确保整个吊装过程万无一失。

③ 制定详细的奖惩办法，采取有效的教育措施，强化全体施工人员的质量意识。

④ 施工过程中严格执行国家和行业有关规范、标准。

大梁吊装工艺岗位分工见表 15-8。

表 15-8 大梁吊装工艺岗位分工表

序号	岗位号	岗位名称	岗位职责	责任人
1	1-1	吊装指挥	执行总指挥命令,具体指挥全过程工艺操作	
2	1-2	主吊卷扬机	执行命令,准确、平稳操作卷扬机	
3	1-3	液压提升指挥	执行命令,及时向吊装指挥报告提升情况	
4	1-4	桅杆吊装	执行命令,及时向吊装指挥报告吊装情况	
5	1-5	监测 1	监测端口垂直情况,及时向吊装指挥报告	
6	1-6	监测 2	监测大梁端口水平情况,及时向吊装指挥报告	
7	1-7	监测 3	监测大梁长度方向水平情况,及时向吊装指挥报告	
8	1-8	监测 4	监测大梁端口垂直情况,及时向吊装指挥报告	
9	1-9	保运组	检查、测试、排除卷扬机故障,保证运转正常	
10	1-10	预备组	等待执行命令,随时准备吊装	

第16章

典型吊装工程施工方案

16.1 吊装工程施工方案编写内容及方法

16.1.1 吊装工程施工方案的编写内容

吊装方案是大型起重吊装作业最重要的技术文件之一，是承揽、接受任务时的首要和必备的技术文件，也是规划、指导和运作执行下一步工作的重要依据。

(1) 吊装方案编制依据

① 工程项目的招标文件。

② 大型设备条件图和平面布置图。

③ 施工现场地质资料、气象资料和吊装环境。

④ 施工机具装备条件和吊装技术能力。

⑤ 施工执行的技术规范标准。

⑥ 工期要求和经济指标。

⑦ 设备供货条件、吊点位置及结构形式。

⑧ 建设单位对大型设备吊装的有关要求。

(2) 吊装方案编制内容

① 工程概况及大型设备吊装工艺的经济分析（包括可行性研究和可靠性分析）。

② 大型设备吊装参数汇总表。

③ 大型设备吊装工艺方法及顺序步骤。

④ 大型设备吊装进度和劳动力组织计划（包括交叉作业计划）。

⑤ 质量安全技术措施。

⑥ 吊装施工现场平面布置。

⑦ 主要机具选用计划。

16.1.2 吊装工程施工方案的编写方法

(1) 封面、目录、审批栏

① 封面　标题应写清楚工程项目（某公司或厂、某装置）名称和吊装方案名称。下部落款为编制单位、日期。左上角有技术文件类型、编号等，右上角有保密和受控内容等。吊

装方案封面格式如表 16-1 所列。

表 16-1 吊装方案封面格式

建设单位名称：	技术文件类型：	保密级别：
工程项目名称：	技术文件编号：	受控编号：
建设单位(公司或厂)名称：		
工程项目(装置)名称：		
吊装施工方案：		
施工单位名称：		
		年　月　日

② 审批栏　首页为建设单位（业主）、监理和施工单位三方的技术总负责人（总工程师）和项目负责人（经理）审批签章；次页是施工单位主管部门审核会签，如表 16-2 所列。

表 16-2 审批、会签栏格式

(1)审批栏格式

建设单位	××公司 代表(签字)				
		(公章)	年	月	日
监理单位	××监理公司 专业工程师(签字) 总监(签字)				
		(公章)	年	月	日
施工单位	××公司 总工程师(签字) 经理(签字)				
		(公章)	年	月	日

(2)会签栏格式

主管部门	意见和签章					
技术部门		负责人(签字)	(公章)	年	月	日
安全部门		负责人(签字)	(公章)	年	月	日
质量部门		负责人(签字)	(公章)	年	月	日
调度部门		负责人(签字)	(公章)	年	月	日
人事部门		负责人(签字)	(公章)	年	月	日
计划部门		负责人(签字)	(公章)	年	月	日
物资部门		负责人(签字)	(公章)	年	月	日
审核(签字)		主编(签字)	参加编制人(签字)			

③ 目录　列出二级或三级目录、页号及附图位置。

(2) 工程概况

起重作业的基本概况，应反映起重吊装工程或任务的基本情况，一般应有以下内容。

① 起重作业任务名称。与吊装有关的工程介绍、地理位置等。

② 起重作业范围、作业时间、作业地点、作业特点及难度等。

③ 起重作业的规模及内容。

④ 吊装结构形式。吊件的材质、结构特征、吊件组成或安装后拼装以及分段吊装或整体吊装的要求。

⑤ 对吊装工艺进行技术可行性研究、安全可靠性分析和经济合理性分析，并比较。

⑥ 吊装方案（工艺方法）主要步骤简述。

（3）大型设备吊装参数汇总表

通常用列表法来表示实物量（吊件名称、数量、单件质量、安装高度等），并加必要的文字说明，如表 16-3 所列。

表 16-3　主要设备吊装实物量

序号	设备名称及编号	外形尺寸/mm	质量/t	数量	安装高度/m	备注

（4）大型吊装工艺方法及顺序步骤

作业方法与要求是起重吊装作业的核心内容。编制前应认真组织调查研究，反复对比分析，充分了解现场情况，结合施工单位及周边地区的施工机械和人力情况，再进行编制，编制后还应组织有关部门及专业人员进行讨论或论证。最后成稿上报审批。

① 初步选配起重机械。编制吊装方案时，应按重物的吊装高度、吊件最大质量（包括索具）、作业半径等基本技术参数以及结合本企业、本地区具有的或可租借到的起重设备来初步选配起重机械、机具、工具、辅助吊具和辅助车辆等，以满足起重吊装的需求并经过反复比较确定。

② 确定起重作业顺序。起重作业顺序一般应按设计要求来确定，每个吊件的先后吊装顺序应结合现场情况，先低后高，先里后外，使吊装机械行走方便。单件吊装工艺流程一般为绑扎吊件、起升、就位、找正、固定。

③ 明确施工方法及步骤。从起重作业的准备开始，每一个工序、作业步骤、施工交叉，直到作业完毕等情况，均用文字叙述一遍。还应绘制起重作业工序步骤流程图。在图中注明吊件名称或工号、吊件位置、起吊或就位点及吊装机具的移动等。

④ 制定施工工序过程中的质量标准和技术要求，绘制起重吊装作业示意图，如图 16-1 所示。

⑤ 进度和劳动力组织计划。

a. 吊装作业进度计划。起重作业进度计划一般分三个阶段：准备阶段、吊装阶段、完工退场阶段。需详细计算从准备工作到实施起重作业及吊装完退场全过程所用时间。除用文字叙述外，一般还用网络计划图来表示，如图 16-2 所示。

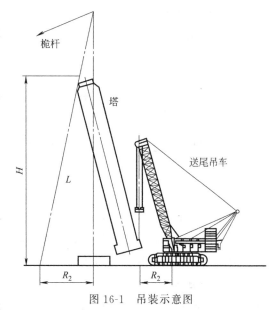

图 16-1　吊装示意图

b. 劳动力组织。起重作业在现场吊装时，通常为群体作业，总人数应按作业实际内容和工艺要求来确定。通常在吊装网络计划中就可以体现出来。吊装劳动力主要由起重指挥、起重司机、司索工、操作工及安装工、焊工、电工、钳工等辅助人员组成。列表写出主要岗位职责和人员分工，如表 16-4 所列。

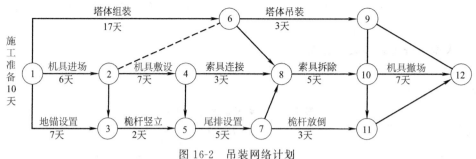

图 16-2 吊装网络计划

表 16-4 劳动力组织计划表

序号	专业工种	××××年				××××年								备注
		9	10	11	12	1	2	3	4	5	6	7	8	
1	起重	20	20	20	20	20	20	20	20	20	20	30	20	吊装运输
2	机械	18	18	18	18	18	18	18	18	18	18	18	10	卷扬机
3	司机	10	10	10	10	10	10	10	10	10	10	10	10	吊运车辆
4	铆工	1	1	1	1	1	1	1	1	1	4	4	4	现场配合
5	架工	2	2	2	2	2	2	2	2	4	4	4	4	现场配合
6	钳工	3	3	3	3	3	3	3	3	3	3	3	3	机械维护
7	电工	3	3	3	3	3	3	3	3	3	3	3	3	电气操作
8	焊工	2	2	2	2	2	2	2	2	2	2	2	2	现场配合
9	辅助	10	10	10	10	10	10	10	10	10	20	10	10	力工机动
10	管理	8	8	8	8	8	8	8	8	8	8	8	8	项目管理
	合计	77	77	77	77	77	77	77	77	77	92	97	74	

c. 网络计划中劳动力的比例。在起重作业网络计划下方可绘制一个劳动力比例图，也就是在施工进行到什么部位、什么时间，需用的劳动力是多少，这样可直接得到施工高峰人数和总计施工人数，如图 16-3 所示。

d. 交叉作业计划。各专业工种和工序的交叉作业、时间和进度计划。

⑥ 保证质量，落实安全措施。

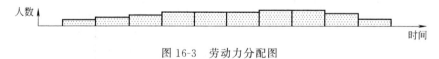

图 16-3 劳动力分配图

为了确保起重作业符合质量标准，确保安全，必须按照质量和安全的标准、规范及操作规程施工。这些措施必须针对性强，具体明确，容易操作，切实可行，行之有效。措施中应包括质量措施、安全措施和特殊措施。

a. 质量措施。质量措施中对每个工序应达到的质量标准和技术要求应详细说明。检查人员执行三检制，经确认后方可进入下道工序。

b. 安全措施。安全措施中应对关键、要害部位的作业提出技术要求和安全作业方案，并进行安全技术交底，在施工中进行检查确认。

c. 特殊措施。特殊措施中应包括非常规作业，如特大型吊装、特殊工件吊装措施，还应包括高温、阴雨、风雪等天气情况、寒冷季节、石油化工区域、复杂现场、多层交叉等作业的各项措施。

16.1.3 石化大型设备吊装方案的编制

在现代化的炼油及石油化工厂的建设中，大型设备的吊装是整个基建工程的重要组成部分，设备吊装的工期在整个施工工期中占有相当大的比重，因此为保证这些大型设备能迅速、安全、有条不紊地顺利安装在预定位置，必须事先制订好详细周全的吊装方案。

一份完善的吊装方案大体上应该包括：工程概况、吊装方案的确定、机具的选择与核算、施工场地的布置、施工技术要求、安全技术措施、技术经济核算等。总之从吊装前的准备工作直到完成吊装的全过程的一切细节都应事先作好周密安排，并以文字形式反映到吊装方案中来。吊装方案特别需要针对具体吊装对象、现场的具体情况，综合各种条件来制订，因此很难统一规定出一份完善的吊装方案究竟应该包括的项目有哪些。在这里只能就其主要内容作原则性介绍。

(1) 吊装工艺的选择

如前所述，直立设备就其数量、质量、高度、直径等方面来说在吊装作业中是具有代表性的，因此在这里重点分析直立设备的吊装工艺。

直立设备的施工方法，就其发展过程来看，经历了从单片组装、分段吊装、整体吊装到综合整体吊装的过程。在最早期的建设中，某些直立设备曾采用单片组装，即所谓的正装法，这种施工方法是从下往上逐片组装成整体的。显然，这种施工方法效率低、高空作业多、周期长、质量差，但当时受到施工技术水平的限制，这种方法应用较多。现在此法在高大直立设备的施工中已被淘汰，逐步被分段、整体及综合整体吊装法所取代。上述各种施工方法，目前均有使用，但究竟采用哪种方法则需视具体条件而定，因此无法制订出一种能明确确定何时及何种情况应用何种方法的具体划分标准。但是吊装技术总的发展趋势是增大一次起吊量，尽量减少高空作业。同时又需以建设速度、吊装质量和施工费用为主要内容作综合而细致的经济平衡，并以多种方案加以比较以保证在高效率、低成本的基础上进行吊装作业。

就技术的先进性来讲，综合整体吊装是最优的吊装方法。所谓综合整体吊装也就是保证设备的全部安装任务最大限度地在地面进行，即设备主体的拼接（如果设备是采用分段运输现场组装的话），内部结构（如塔盘、填料及其他构件）的安装，设备外部的接管、管线、平台、扶梯、保温材料以及照明电气线路等均在地面预先安装好。由于这些工作都在地面进行，基本上无高空作业，相对安全可靠，同时在地面安装上述各部分，施工场地及空间都较直立状态宽敞，可以多处交叉进行，因而可以缩短施工时间，加快工程进度。将设备起吊后所需进行的工作仅仅是将其找正后，再固定地脚螺栓、连接管线，接通电源即告完成。采用综合整体吊装时，设备具有最大的起重量，起吊的机具也就必须与之相适应。如果采用整体吊装或分段吊装，一次的起重量小了，对所要求的起吊机具也就可以相应减小；但不可避免地需要在高空进行拼装，安装平台、管线、保温及内部结构，高空作业多，且工作面狭窄，安装的材料又得分别提升到所需高度，零星分散，又不安全，施工周期势必延长，显然没有综合整体吊装效率高。与此同时，必须看到另一方面，当采用综合整体吊装时，由于机具相应笨重，拼装、竖立、移动起吊机具的辅助时间也就相对于轻型的机具花费的时间要多，因此有可能因安装所节省的施工时间被竖立和移动起吊机具的辅助时间所抵消。从经济角度看，大型机具的施工费用也较大，这就需要从不同角度加以综合考虑，不能片面地认为综合整体吊装工艺先进，而一律采用这种施工方法。起吊机具也不一定要按最大设备起重量来选配。

例如，我国早期建设的百万吨级的炼油厂，需要吊装的塔共有 77 个，如果按综合整体吊装方案考虑，重量在 50t 以下者为 57 个，占 74%；50～100t 者 16 个，占 21%；超过 100t 的只有 4 个，仅占 5%，其中只有一个减压塔重量达到 250t，其余三组均不到 200t。如果全部采用综合整体吊装，就需要配备双桅杆起重量为 250t 的桅杆及相配套的滑车组、卷扬机和钢丝绳。但用这套机具去吊装重量不足 100t 的大部分设备，显然是不经济的。若为吊装此塔而专门制作、配备一套机具，利用率也不高。经过综合技术经济分析，拟采用起重量为 100～200t 的双桅杆吊装较为合理。此时个别不能满足综合整体吊装条件的设备就只好采用整体（无附塔管线、梯子平台等）吊装。如果整体吊装也有困难，甚至更退一步，就只好采用分段吊装工艺了。从个别设备的安装来看，花费的施工时间确实较采用综合整体吊装的方案增多了，但从所有设备的安装来看，由于采用了较小型、较轻便的起吊设备，桅杆的转移、竖立所花费的时间，安装所节省的费用也就得到弥补。因此综合全面进行衡量，此方案还是合理的、经济的。如今炼油及石油化工厂的规模越来越大型化，随着单元加工能力的扩大，单体设备的质量也越来越大，20 世纪 60 年代石化企业的年处理量为 $250 \times 10^4 t$，现在建设的常、减压装置已经达到单套 $1000 \times 10^4 t/a$。随着生产能力的扩大，设备的外廓尺寸及质量也相应增大。因此要求安装这些设备的起重机具也应该逐步适应不断发展的要求。当初采用起重量为 100～200t 的桅杆及配套机具对于建设 $100 \times 10^4 t/a$ 的炼油厂是经济、合理的，在现阶段就不一定再是经济、合理的了。需要根据新的情况，综合各种因素，再核算其经济效果，以决定起重机具的能力，以便确定整个工程项目中，哪些设备应该综合整体起吊，哪些设备只好采用分段或整体起吊。当然也不排除一些大型施工单位，可以配备各种不同吨位的起吊设备以适应不同起吊量的要求。

除了吊装方法的选择外，关于起吊机具的种类也应该加以确定。一般来说，只要起重量、起吊高度及幅度在容许范围内，施工场地又能容纳，就应尽可能采用自行式起重机，如应用汽车式起重机、轮胎式起重机或履带式起重机等。因为它们机动灵活，吊装时把起重机开到现场，吊装完毕就可立即撤走，起重机周转快、利用率高，辅助时间大大减少。但使用自行式起重机要求施工场地较宽敞，平整坚实，同时由于自行式起重机倾覆稳定性差，起重量及起吊高度都有限，特别是幅度变化时对起重量影响较大。又由于自行式起重机包括提升、变幅、行驶等机构，结构复杂，使用、维修费都较高，所以在施工现场所配备的小吨位自行式起重机多用于辅助性工作，如装配作业、竖桅杆等。但近年来自行式起重机的吨位不断增大，有些施工单位用其进行吊装大型设备，这也是设备吊装发展的一个方向。

例如，用国产 100t 汽车式起重机双机抬吊 60t 重的氯乙烯塔，用 127t 及 75t 汽车起重机起吊，配合 40t 履带起重机支持塔底成功地吊装起重达 100t 的大型设备，以及用 100t 汽车起重机配合桅杆吊装 260t 重的塔等技术都达到了较先进的水平。但是能具备这样机具条件的施工单位目前还不多。因此在当前石化厂建设中，特大型直立设备的安装有时还不得不使用桅杆起吊。

采用桅杆起吊，根据桅杆的数量有单桅杆、双桅杆及多桅杆之分。单桅杆起吊适用于高度及起吊量都较小的设备，吊点多在设备顶部。而对较高和较重的设备，可以使用双桅杆抬吊，较大的设备，且起吊负荷由两根桅杆分担，一次起重量可更大些。对某些特重型设备或特殊结构，如双桅杆亦不能胜任，可以考虑多桅杆起吊，此时需要特别考虑，并应采取有效措施，关键问题是要保证各起吊机组的启动、提升速度、停车能协调一致，同步动作，使各机组负荷均匀。在吊装特殊的大型钢结构如大型网架屋盖时，大型钢结构不仅质量大而且横向尺寸大（某大型体育馆的网架屋盖重达 650t，横向尺寸 125m）曾采用 6 根桅杆整体起吊至 24m 高的立柱上旋转就位，此时多组的相互配合，对保证整个起吊均衡匀速提升的问题更为突出。

吊装方法按设备起吊的方式分，常用的有滑移法、回转法、推举法。

滑移法是先使设备抬头，而底部支持在地面上，并沿地面向基础逐渐滑移，当设备转至一定角度后才使设备离地提升至安装位置上。采用此法吊装设备时，由于全部负荷均施于起吊机具上，故起吊机具受力最大。该法适用于基础高度较大的设备，因为如果不将设备全部提升离地，就不能把设备安装到基础上。

回转法的特征是在起吊过程中设备的底部并不产生位移，仅仅绕设在设备底部的铰链轴上作旋转运动。使设备绕铰链轴旋转的起吊力，可以用自行式起重机，也可以用桅杆提升，或者采用扳倒法。不管采用哪种方式，设备底部都始终不离地，一部分起吊负荷由地面承受，因此作用在起吊机具上的力也就小一些。对同样能力的机具采用回转法就比滑移法能承担更大的起重量。采用回转法起吊设备要求设备安装基础的标高较低，使它在地面垫上不多的枕木就能达到基础的高度，然后经回转就可以直接就位于基础上。对基础不高而本身较高的起吊物，如烟囱、火炬筒架、高压输电线铁塔、电视发射塔等，多采用扳倒回转法。

推举法就设备在起吊过程运动的特点来看和回转法是一致的，即设备绕其底部的轴铰链回转至直立就位状态，但回转法是依靠滑车组的提升力使其旋转的，而推举法则是通过卷扬机牵引，使桅杆底部在导轨上向基础滑移，而产生推举力作用在设备上使其旋转。这种安装方法也由于在旋转过程中设备始终没有离开地面，即起吊负荷的一部分由地面承受，故桅杆受力较小，同时这种方法不需要桅杆的拖拉绳，省去了许多材料消耗。特别是在周围建筑物多，无法在基础附近竖直桅杆及布置拖拉绳的狭窄地段，或在已投产的生产装置中技术改造或更新设备时采用推举法更为适用。

综上所述，设备吊装方法是多种多样的，各具特点，不同的吊装方法适用于不同的吊装环境和吊装对象。选用何种吊装方法则要根据吊装物的特点、施工现场的状况、施工机具条件等因素综合考虑后决定。

（2）编制吊装方案的依据

为了使编制吊装方案的工作建立在可靠和充分的基础上，必须掌握足够的原始资料作为进行设计的依据，一般应包括以下几项内容。

1）各种技术图纸

将进行吊装工作的工艺装置的平面布置及单体设备结构图和安装的施工图等资料备齐。通过这些图纸资料可以了解整个工程项目的概况，高、大、重的设备有多少，各种设备的相对位置、基础标高、外形尺寸（直径、高度）、自身质量等基本数据及结构的特点，这些资料都是编制吊装方案所不可缺少的。综合这些资料可以初步决定各种设备的吊装方法，哪些设备可以采用自行式起重机吊装，哪些设备必须用桅杆吊装；是采用综合整体吊装还是分段吊装；设备的吊装顺序等，因此在方案编制前必须充分熟悉工艺装置原设计的有关材料，在此基础上开始着手编制方案。

2）工程进度计划安排

基本建设工程总是从土建施工开始，在土建工程进展到一定阶段后，其他工程项目有可能同时开展，这样就构成多工种交叉作业，它们之间既相互影响又相互关联。为了按一定程序有条不紊地进行施工，需要编制工程进度表，其中包括设备安装工期等，在编制设备吊装方案时，必须以它作为依据之一。设备吊装是整个工程施工计划的一部分。

3）标准和规范

与大型设备吊装工作有关的现行技术标准、规范、定额及其他有关规定等技术资料是积累前人施工经验的总结和概括，反映现阶段的技术水平，在一定程度上带有法规性质，必须遵守。同时也是为加强技术管理，使施工建立在科学、合理的基础上所采取的措施。

4）调查研究资料

收集并掌握现场情况是编制设备吊装方案所不可缺少的重要资料。例如，施工场地的地形、地貌、道路、土质，场地承载能力，已有的临时设施、永久性建筑、材料堆放等情况。因为采用什么样的施工方案，在相当大的程度上依赖于现场的具体情况，针对性非常强，绝对不能闭门造车，而应该深入现场，召开有关人员会议，集思广益，同时也要考虑过去施工中的经验以及国内、外的先进经验和新技术，吸取其有效和可行的内容充实到施工方案中来。

综上所述，在编制方案之前，必须掌握和熟悉必要的原始资料，才能制订出全面、完善而又先进、可靠的吊装方案。

（3）吊装方案的组成

在掌握足够原始资料的前提下，可以着手编制设备吊装方案。大体上应该包括以下几方面的内容。

1）编制说明

这一部分应首先介绍工程概况、任务，扼要地说明编制本吊装方案的目的及主要内容。

2）施工方案平面布置

为了确保起吊重物及起吊机具在施工过程中有足够的空间进行工作，必须根据现场的具体情况预先加以配置，合理安排，保证施工过程顺利进行，事先必须按预定方案绘制平面布置图。平面布置图应包括已有的地面建筑物，架空管道、电缆，地下隐蔽工程及交通运输道路。然后根据这些已有构筑物的方位及标高，合理布置起吊重物的运输路线及待吊位置，起吊机具安放位置以及桅杆、锚桩、导向滑轮的位置。

在进行大型设备吊装时，地上及地下已存在许多已施工完毕或正在施工的各种建筑物、构筑物，它们的存在妨碍了设备的起吊，使工作空间及场地受到限制。要想合理、周到地安排起吊设备及机具，就需要充分地调查现场情况，如考虑不周，必定会使起吊工作无法顺利进行。在布置起吊机具时，有一点要特别注意，一套工艺装置，常常有多台设备需要吊装，各种设备的吊装顺序应预先安排好，以保证所有设备吊装任务顺利完成，并使桅杆移动的次数及移动的距离要最少。在一台重型设备的吊装中，往往需要使用多台提升卷扬机及溜放卷扬机，这些卷扬机在起吊过程中必须很好地配合、协调一致。为了有效地听从指挥人员的指挥调度，一般情况下，尽可能将所有卷扬机集中在一起，这可以通过装置导向滑轮来实现。卷扬机设置的位置应保证指挥人员既能看清设备的起吊情况，又能灵活调度卷扬机的操作。

锚桩的布置从理论上讲应按每一根桅杆的拖拉绳数量均匀布置在一个一定半径范围的圆周上，这个半径最好能保证拖拉绳与地面的夹角不大于30°，角度过大使拖拉绳的张力在桅杆上的轴向分力增大，不利于桅杆的工作。如果桅杆的高度为 H，则为了使拖拉绳与地面的夹角不大于30°，就要求锚桩布置在半径不小于 $H/\tan30°$ 的圆周上，即应布置在大于 $1.73H$ 的圆周上。在实际中这个半径范围内要设置的锚桩可能因有建筑物或地下设施而无法装设，此时就应加以调整，适当延伸远一些或者适当收缩近一些。锚桩的方位有时也不一定要完全按设想的位置放置，也需根据具体情况适当调整，但是主拖拉绳的方位应尽可能予以保证。因此锚桩实际布置情况就不可能均匀分布在同一个圆周上，而是疏密不匀、参差不齐、因地制宜地设置在一定的范围内。

当拖拉绳穿越马路时，应保证拖拉绳下可以通过重型载重车辆，这个高度一般不低于4m。一幅完整的平面布置图还应标明：设备的运输路线、桅杆放置位置、拼装及安装构件的场地、材料堆放场地、施工指挥人员的指挥位置等。总之通过绘制平面布置图，将有关吊装工作中需要占用一定空间的设备、器材都反映到图纸上来。图 16-4 为一个经简化了的平面布置图，可供参考。

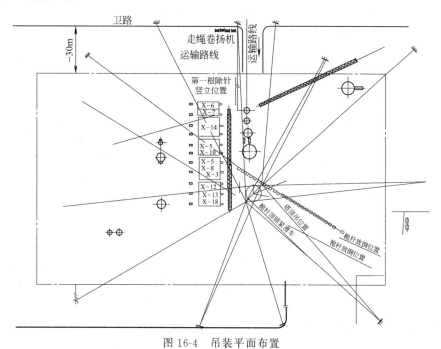

图 16-4　吊装平面布置

3）起吊机具的核算

承担起吊设备的各种机具，都需承受一定的负荷，因此这些机具都存在一个强度问题。特别是主要的承载机具如桅杆，除了强度问题应保证以外，根据其受力的特点分析，属于偏心压杆，还有一个稳定问题，因此不仅要核算它的强度要符合要求，还应该保证刚度也要满足要求。如果说吊装方案中其他部分具有相当大的灵活性和针对性的话，那么这一部分内容则要求具有其严格性和科学性。除了建立在静力学基础上的强度与刚度的核算外，还有一些其他相关的参数也必须加以确定，以得出有关定量的结论。需要核算的内容包括以下几项。

① 桅杆的受力分析及核算　请参考相关书籍的有关章节中详细的核算方法，在这里只是运用它的分析及核算原则以解决具体问题，并将分析计算的程序与结论反映到吊装方案中来。桅杆的核算是各种起吊机具中最主要、最关键的部分，核算需要仔细认真，并需反复核对。

② 卷扬机的选择与核算　卷扬机的选择主要指卷扬能力，这里与滑车组及起吊重物等有关技术参数及现场具备的条件结合起来考虑。在起吊量一定的条件下，卷扬机的卷扬能力不足，可以通过增加滑车组的滑轮数来加以解决。如果现场具备的滑车组的轮数满足不了要

求，则可以选用大功率的卷扬机，它们之间有一定的联系，要根据具体情况，灵活掌握，原则上要采用较少的机组及器材能完成吊装任务以达到较高的效率。卷扬机的核算包括：滑车组出绳端拉力是否在卷扬机的出力范围内；容绳量够不够；最后一个导向滑轮距卷扬机滚筒的距离是否符合要求等。

③ 滑车组及导向滑轮的选择　目前起重滑车已标准化、系列化，一般的情况下当然应该选择系列化产品，关于滑车组的选择在后面有详细叙述。但在实际工作中，原有非标准系列的产品或自制滑车仍在继续使用，在没有报废之前，仍能发挥作用，但必要时应对滑车组的主要零件作强度核算，如滑轮、轴、夹板、吊钩、吊梁等。具体核算的方法可参考有关机具设计计算的技术资料。

④ 钢丝绳的选择与核算　起吊工作需要使用钢丝绳的场合有滑车组的跑绳、稳定桅杆的拖拉绳、设备的绑绳或吊索和溜放设备的尾部溜绳、桅杆底部的止推封底用的钢丝绳等，它们要承受一定的载荷，故都要根据其工作的特点选定它的形式，然后根据受力的大小确定规格尺寸。对滑车组的跑绳，还要选择其长度。

⑤ 锚桩的核算　目前在设备吊装施工中，大型设备都是采用桅杆起吊，为了稳定桅杆，要设置一定数量的拖拉绳，而拖拉绳一端固定在锚桩上。现场大都采用水平锚桩，对承载3～40t的水平锚桩已有现成设计，可供参考，直接按已有数据选用绘图即可，如要求的承载能力不在上述范围内，需自行另外设计，则按有关内容校验锚坑的垂直方向的稳定性和水平方向的耐压性应符合有关规定。所有有关数量的计算都是建立在一定的科学依据的基础上的，不能盲目主观臆断而作出结论。运算要准确，同时要经上级技术负责人复审无误，方可付诸施工。

4）施工用设备与器材明细表

编制施工用设备与器材明细表是为了便于做好施工准备工作，以便根据此表备足设备器材。在这些设备、器材中，有一部分是现场已有的，有一部分可能有库存，可以按手续领取；也可能有一部分需要外出采购，提出申请计划，落实施工用设备与器材。

在所列各设备及器材项目中，要求达到项目全、规格对、数量足。

在设备、器材的品种中，除已熟悉的与起吊直接有关的起吊机、索具如桅杆、卷扬机、钢丝绳、绳卡、绳扣、埋设锚桩、支持桅杆、溜放设备用的钢管、圆木、方木等以外，施工中的各种辅助配合用的设备及器材也应标列，如指挥旗、通信联络用的步话机、找正用的经纬仪、观察用的望远镜、准备辅助工作中用的棕绳、运输车辆、配合工作中用的吊车、施工用电源的电缆、上水管线等均应一一列出。

5）劳动力安排及工时定额估计

合理的劳动组织是保证顺利施工的重要一环，在吊装方案中，需要事先组织安排各岗位的人员、数量，并明确相关人员职责。

在设备起吊施工中以下有关岗位及职责不可缺少。

① 总指挥一人　总指挥的职责如下。

a. 率领有关人员具体负责吊装准备工作的现场检查。

b. 向上级汇报准备工作及试吊情况。

c. 征得上级批准后，发布起吊命令。

d. 指挥起重吊装作业全过程。

e. 有权指挥调度参加吊装工作的所有人员。

f. 对吊装中出现的问题负责组织有关人员研究解决办法，落实解决措施。

g. 发布中止起吊和吊装结束命令。

某些大型吊装工程中，施工范围较大，若仅依靠一个总指挥直接调度各执行命令的岗位有困难的话，则可在总指挥下再增设若干分指挥；有时也因施工现场障碍物多，接受指挥的人员的视线无法直接看到总指挥的命令及信号，可通过中间指挥人员进行传递。

② 滑车组指挥一人 滑车组指挥的职责如下。

a. 听取并认真执行总指挥发布的起吊、中止、结束等命令。

b. 根据总指挥的命令及监督观察人员提供的情况，协调各卷扬机的工作。

c. 发布各卷扬机起、停命令。

③ 卷扬机手若干 每一台卷扬机要配备一名卷扬机手，负责卷扬机的操作，认真执行指挥的起、停命令，观察卷扬机的工作状况，防止跑绳偏斜，使钢丝绳能均布于滚筒上，及时反映卷扬机的工作状况及出现的故障。

④ 高空作业人员若干 高空作业人员负责有关桅杆的各项工作。例如，桅杆本身的检查，滑车组、跑绳、绳扣、吊耳、卡扣等工具在高空中的检查和工作中出现的故障及其排除方法。高空作业人员在起吊过程中处于待命状态。

⑤ 地面检查监督人员若干 在每一个锚桩和一些重要的导向槽轮处都要设置检查监督人员，保证各工作点的正常工作状况。如发现隐患及出现故障应立即向指挥人员反映，但一些小的故障可及时自行处理，如绳夹松动、导向滑轮上的钢丝绳出槽等。

⑥ 地面故障排除人员若干 地面故障排除人员的职责是保障地面设施的正常工作，应由多工种组成，包括起重工、钳工、电工等。起重工的职责是处理起重机具地面部分发生的各种故障，如卷扬机跑绳偏斜，底部导向滑轮不正，调整桅杆底部封绳、拖拉绳等，对发现的问题应该及时解决。钳工的职责是负责在起吊前对卷扬机机械部分进行详细检查、修理和排除隐患，保证吊装安全，对吊装中出现的机械故障应立即抢修。电工的职责是对卷扬机的电气部分进行检查、修理、排除隐患，保证电动机、控制器等工况完好，监督卷扬机的一些电气参数，如测定电流、电压、功率等，对吊装过程中发现的电气故障应立即排除，保证吊装顺利进行。劳动力的组织与安排是整个施工组织的一大环节，而且是有主观能动性的一个环节，在各种物质和技术条件具备的前提下，顺利的吊装要靠人来实现，所以吊装人员的组织工作也必须完善。最后应列出人员汇总表。

6）施工技术要求

施工技术要求这一部分内容是施工人员在施工过程中应该掌握和达到的标准，施工技术负责人应首先熟悉它的内容，并向有关人员进行技术交底。在技术要求中，首先要明确进行吊装前应具备的条件，这些条件包括以下内容。

① 设备基础已按设计施工完毕，并经有关单位验收证明合格。

② 基础周围的土方，已按要求回填并夯实平整。

③ 施工现场已经平整，通道已经修好。

④ 施工电源已经具备，并能保证供应。设备已到厂，经检查符合设计图纸要求，并具备起吊条件（如试压、防腐、保温及其他一次吊装的工作量均已完成）。

⑤ 起吊机、索具已按吊装方案要求配备好，并拥有合格证明。如无合格证者，须经检查试验。检查中发现的问题已得到合理的解决。与吊装工程有关的技术要求可从桅杆的拼装、竖立、移动、钢丝绳、滑车、卷扬机、锚桩等分别提出，具体要求的项目可参阅有关技

术规程或借鉴已施工的吊装方案。

7）安全技术措施

在设备吊装施工中，除应遵循一些基本的共同性的安全操作规程以外，还应在吊装方案中列出有关的安全技术措施，这些安全技术措施应针对吊装过程的特点，并应在施工中严格加以实施。实际中发生的种种事故往往是由于违反安全规程造成的，给国家和人民的生命财产造成了重大损失。例如，按安全操作规程规定直立设备必须将地脚螺栓固定好之后方可允许高空作业人员登空操作，但是工地上就曾发生过在一座塔吊竖立之后还没有紧固地脚螺栓，即派人登上塔顶，解脱起吊绳扣，致使该塔倾倒造成重大伤亡及设备损坏事故，教训十分惨痛。在吊装方案中所要制订的安全技术措施，主要有以下几方面的要求。

① 有关施工人员方面的要求　凡参加本工程的施工人员，应熟悉本工程的内容及施工方法，对自己负责的岗位职责明确，对吊装信号应很熟悉。在起吊过程中，严守岗位，服从命令听指挥。

② 有关机具设备方面的要求　规定起吊工作中使用的机具检验方面的要求，包括：理论方面的核算和实际测定的数据；选用代用材料时的规定。

③ 有关设备试吊及起吊过程的要求　一般大型设备的吊装必须先经过试吊，试吊是指设备离地，机具各部分处于受力状态，然后检验有无问题，经检查确认无误允许正式起吊。这些内容要列入安全措施中去。重大设备第一次吊装，还应安排测试性起吊。以同样重量的重物，检查各主要承力部位的受力情况，验证计算结果，而后才能开始正式起吊工作。

16.1.4 吊装方案中安全技术措施的编制

吊装工程施工方案是指导施工具体行动的指南，其安全技术措施是施工方案中的重要组成部分。为了确保工程施工过程中的安全，必须通过预先分析和危险辨识，从而更好地控制、消除工程施工过程中的不安全因素，保证工程施工顺利进行。

（1）对工程施工方案编制人员的要求

施工方案的编制人员是施工工程的设计师，必须树立"安全第一"的思想，从施工图纸开始就必须认真考虑施工安全问题，尽可能地不给施工和操作人员留下隐患，编制人员应当充分掌握工程概况、施工工期、场地环境条件，根据工程的特点，科学地选择施工方法、施工机械、变配电设施及临时用电线路架设方法，合理地布置施工平面。安全施工涉及施工的各个环节，因此，工程施工方案编制人员应当了解施工安全的基本规范、标准及施工现场的安全要求，如《农村低压电力技术规程》、《农村低压电气安全工作规程》等，还必须熟悉相应的专业技术知识，才能在编制工程施工方案时确立工程施工安全目标，并通过采取措施加以落实。施工方案编制人员还必须了解施工工程内部及外部给施工带来的不利因素，通过综合分析后，制定具有针对性的安全施工措施，使之起到保证施工进度，确保工程质量和安全，科学、合理、有序地指导施工的作用。

（2）安全技术措施编制的主要内容及注意事项

① 从施工工程整体考虑。线路架设前首先考虑工程施工期间对周围道路、行人及邻近居民、设施的影响，采取相应的防护措施（如设立安全区域、标示牌）、安全通道及高处作业对下部和地面人员的影响；临时用电线路的整体布置、架设方法；安装工程中的设备、配件吊运，起重设备的选择和确定，起重以外安全防护范围等。复杂的吊装工程还应考虑视角、信号、步骤等细节。

② 季节性工程施工的安全技术措施。如夏季防暑降温、雨季施工防雷、防触电、防汛、冬季防火、防大风等。安全技术措施编制内容不拘一格，按其施工项目的复杂、难易程度及施工环境条件，选择安全防范重点，但施工方案必须贯彻"安全第一、预防为主"的原则。为了进一步明确编制安全技术措施的重点，应注意防高空坠落、防触电、防交通事故、防误操作等。为预防各种伤害事故制定相应的安全措施，内容要充实，具有针对性。

③ 技术措施指的是为保证人员安全施工和设备安全运行，从技术上对设备和人员操作采取的措施。制定技术措施时，应视工作对象和内容的不同，以规程为依据，特别是要根据现场实际情况编写。编写技术措施时，应详细了解施工现场的实际情况，掌握电网运行方式，明确带电设备，对需要检修和处理的设备从技术上采取安全保证，对施工人员要采用的工作方式从技术上加以规范，确保安全施工。

④ 安全措施应从人员教育、危险点预控、措施落实、安全管理等方面进行详细的安排，尤其要深入进行危险点分析。实行预控就是要根据作业内容、工作方法、作业环境、人员状况（包括人员情绪）、设备参数等去分析，查找可能导致人为失误事故的危险因素，再依据规程制度逐一制定防范措施，不得照搬规程或套用其他工程安全措施，并在生产现场实施程序化、规范化作业，以达到防止人为失误、预防事故发生的目的。安全措施应详细体现工程施工过程中逐级监督、逐级管理、层层落实安全责任的思想，强调责任到人，确保各项措施落到实处。对工程施工过程中涉及的较为特殊的作业项目，在安全措施中要加以特别体现。

(3) 认真做好安全技术交底和检查落实

① 工程开工前，工程负责人应向参加施工的各类人员认真进行安全技术措施交底，使大家明白工程施工特点及各时期安全施工的要求，这是贯彻施工安全技术措施的关键。施工单位安全负责人核对现场安全技术措施是否符合施工方案的要求，若存在漏洞则不可开工，应对措施进行完善，直至符合要求方可开工。

② 施工过程中，现场管理人员应按施工安全措施的要求，对操作人员进行详细的工作程序中安全技术措施交底，使全体施工人员懂得各自岗位职责和安全操作方法，并认真贯彻施工方案和安全措施。

③ 安全技术交底要结合规程及安全施工的规范标准进行，避免口号式、无针对性的交底。并认真履行交底签字手续，以提高有关人员的责任心。同时要经常检查安全措施的贯彻落实情况，纠正违章操作，使方案措施始终得到贯彻执行，从而实现施工安全目标。

16.2　吊装工程施工方案实例

16.2.1　400t桥式起重机吊装施工方案

(1) 工程概况

400t/80t吊钩桥式起重机是某重型汽轮发电机厂房最大的吊车，安装在厂房的高跨上层。厂房为钢结构，全长264m，高跨跨距36m，柱距12m，屋架距6m，屋架下弦标高28.40m，柱顶标高32.50m，行车轨道面标高21.20m。该行车为国内制造，跨距34m，小车轨距6.7m，总质量359.007t，其中桥架155.302t，大车运行机构54.667t，小车运行机构142.27t，电气系统6.768t。起重机结构形状对称，其重心位置可按均质对称确定。其外轮廓尺寸如图16-5所示。

行车全部以部件散装方式供货，由于设备在露天堆放时间较长，部分有锈蚀现象，吊装前，需进行必要的除锈、清洗、校正、组装。

根据吊装的具体内容及现场各方面的情况，确定采用整体和分部吊装相结合的方法。桥架先在地面用临时端梁固定，单桅杆（240t）整体起吊；然后在高空拆去临时端梁；将两榀桥架分别向外拉开，留出小车吊装间距，再竖立一根桅杆（150t），同时抬吊小车；当小车超过小车行走轨道面高度后，再将桥架组合拼装，最后小车就位。

此吊装方法的另一特点是用滑轮组串联。六组 H50×5D 滑轮分别挂在桅杆两侧的平衡梁上，每边各三组，同侧滑轮用一根跑绳串联起来，四台卷扬机双机牵引起吊，这样可大大减少牵引力，从而提高了起吊能力。

为使六组滑轮受力均匀、卷扬机牵引力平稳，增设平衡梁，在起吊时，又增设了两台卷扬机，使桥架能平稳升起。

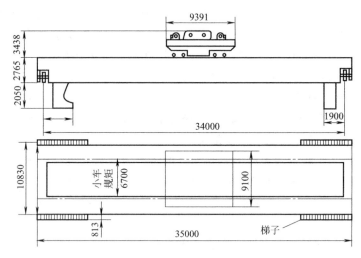

图 16-5　外轮廓尺寸示意图

(2) 吊装技术数据

吊装技术数据见表 16-5。

表 16-5　吊装技术数据

分项	序号	名称	整体质量/t	组合质量/t	分散质量/t
桥架与运行机构	1	桥架	155	146	
	(1)	主梁(2榀)	134	134	
	(2)	端梁(4根)	8.9	4.5	4.4
	(3)	小单轨、缓冲器	6.8	6.8	
	(4)	操纵室、修理室	1		1
	(5)	滑线栏杆	1.2		1.2
	(6)	其他	2.3		2.3
	2	大车运行机构	54.6	54.6	
	(1)	平衡台车轮组	46	46	
	(2)	传动机构	8.5	8.5	
	(3)	电气	6.7		6.7
小车	1	小车架	36	36	
	2	平衡台单组	11.9	11.9	
	3	传动与起升机构	67	67	
	4	400t 吊钩组	17		17

续表

分项	序号	名称	整体质量/t	组合质量/t	分散质量/t
小车	5	80t 吊钩组	2.5		2.5
	6	钢丝绳 φ43mm	5.8		5.8
	7	钢丝绳 φ32.5mm	1.3		1.3
合计:359t					

(3) 吊装程序

吊装程序见图 16-6。

(4) 主、副桅杆的布置

1) 桅杆布置

240t、150t 桅杆布置见图 16-7。

2) 受力计算

① 桥梁吊装受力计算　桥梁吊装受力计算见表 16-6。

② 双桅杆抬吊小车受力计算　双桅杆抬吊小车受力计算见表 16-7。

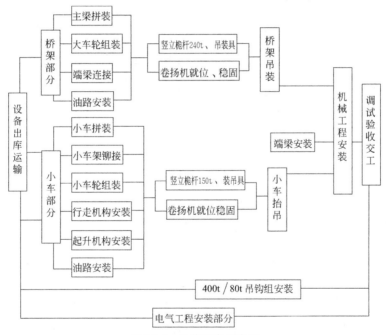

图 16-6　吊装程序示意图

(5) 设备运输

该行车总重 359t,各部件采用分体装箱,最重部件(主梁)77t,存放于厂房东约 25m 处。因此,在风柱未安装之前,主梁必须运入厂房内。

根据现场和部件的堆放情况以及机具能力,除两榀主梁外,其余部件都用 25t 吊车装上 40t 平板拖车运至组装场地。

1) 主梁的运输方案

用 65t 汽车吊和 50t 履带吊将主梁抬起平移 1~2m,使主梁有回转余地,然后 50t 履带吊向前行走,在图 16-8 所示位置上放置钢排,利用卷扬机和导向滑轮使主梁转动后拉入厂房。

2）主梁的运输计算

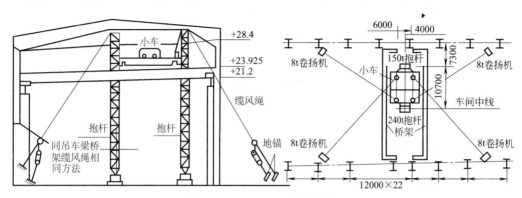

图 16-7　240t、150t 桅杆布置

表 16-6　桥梁吊装受力计算

名称	符号	数值	单位	数据来源式或计算
已知数据				
桥架吊装质量	Q	200.797	t	起重机图纸
索具质量	g	8.20	t	占吊装质量的 4%
主吊点滑轮组	m	6		
导向滑轮数	T'	1		
出绳滑车组数	m_0	4		
动载荷系数	K	1.1		
滑轮组与抱杆夹角（就位时）	r	12°		
揽风绳的根数	n_0	8		
缆风绳与水平面方向的夹角	ϕ	10°		
桅杆允许倾斜角	θ	2°		
桅杆全长	L	30.5	m	
卷扬机一侧的滑轮工作绳数	n	15		
油轴承系数	f	1.05		
桅杆质量（$L=30.5\text{m}$）	G	20.2	t	
受力计算				
计算荷重	P	230	t	$P=(Q+q)K$
每组滑车组受力	P_1	39.20	t	$P_1=P/m\cos\gamma$
桥架一侧出绳滑轮平均受力	P_0	58.80	t	$P_0=mP_1/m_0$
卷扬机牵引力	S	5.40	t	$S=[(f-1)(f_n-1)/(f_n-1)]f_TP_0$
每个吊点捆绑绳受力	P_d	44.49	t	$P_d=\sqrt{P_1^2+S^2+2P_1S-\cos\gamma}$
缆风绳受力	T	9.20	t	$T=[(Q+q)K+G]\sin\theta/[\cos(\phi+\theta)-0.7(n_0-2)\sin\phi\sin\theta]$
缆风绳预拉力的轴向力	T_1	7.30	t	$T_1=0.7T(n_0-2)\sin\phi$
桅杆对基础总压力	P_x	281	t	$P_x=(P+G+t)\cos\theta+T\sin(\phi+\theta)+\sum S$
240t 桅杆设计数据				
主肢的全截面积	A	306.02	cm²	等边角钢∠200mm×20mm　4 根
最小/最大惯性矩	J_{min}/J_{max}	0.4066	cm⁴	$J_{min}/J_{max}=371708.62/914098.44$
截面系数	W	15234.97	cm³	$W=2J_{max}/120$
惯性半径	i	54.64	cm	
细长比	λ	59.15		$\lambda=C\mu_0L/i$
换算细长比	λ_h	62.09		
长度换算系数	μ_0	0.672		
计算长度	L	32	m	

续表

名称	符号	数值	单位	数据来源式或计算
长度系数	C	1		
稳定系数	ϕ_{pg}	0.723		
稳定性验算	σ	156.202	MPa	$\sigma = N/(\phi_{pg}A)$
偏心率	ε	0.2008		
主要机具选用和验算				
240t 桅杆强度		截面 1200mm×1200mm×32000mm		$\sigma=156.231$MPa
起吊部分				
①卷扬机		$Q=8$t		计算最大牵引力 $S=5.4$t
②跑绳		6×87-26-155		安全系数 $K'=38.85/5.4=7>5$
③滑轮组滑车		H50×6D		最大受力 $P_1=39.20$t$<$50t
④滑轮组卡环		50t		最大受力 $P_d=44.49$t$<$50t
⑤捆绑绳(每点捆绑3道即6根)		6×37-39-155		安全系数 $K'=87.5×6/44.49=11.88>8$
⑥导向滑车		H16×KBG(L)		
缆风绳		6×37-26-155		安全系数 $K'=38.85/9.2=4.2>3.5$

表 16-7 双桅杆抬吊小车受力计算

序号	名 称	符号	数值	单位	数据来源及计算公式
一	已知数据				
1	小车吊装质量	Q_1	155.288	t	起重机图纸
2	索具质量	Q_2	4.7	t	按吊装质量的 4%
3	滑轮组组数		4		
4	动载荷系数	K	1.1		
5	桅杆与滑轮组夹角(就位时)	α	4°		
6	每根桅杆缆风绳数		6		
7	缆风绳与水平方向的夹角	ϕ	15°		
8	滑轮工作绳数	n	11		
9	导向滑轮数	T'	1		
10	含油轴承系数	f	1.05		
11	缆风绳系点到桅杆底座距离	L	30	m	
12	桅杆吊耳到底座的距离	L'	29.5	m	
13	桅杆吊耳中心到桅杆中心距离	e	0.7	m	
14	缆风绳系点到桅杆中心距离	e_1	0.6	m	
二	受力计算				
1	计算荷重	P	132	t	$P=(Q+q)K$
2	每组滑轮组受力	P_1	33	t	$P_1=P/m\cos\alpha$
3	卷扬机牵引力	S	4.5	t	$S=[(f-1)(f_n-1)/(f_n-1)]fT'P_1$
4	主缆风捆绑绳受力	P_d	37.5	t	$P_d=\sqrt{P_1^2+S^2+2P_1S-\cos\alpha}$
5	主缆风绳受力	T	7.5	t	$T=2P_dL'\sin\alpha+e\sin\alpha/(e_1\sin\phi-\cos\phi)$
三	主要机具选用和验算				
1	150t 桅杆强度		1000×1000×32000		$\sigma=145.1$MPa$<[\sigma]$
	起吊部分				
	①卷扬机		$Q=8$t		计算最大牵引力 $S=4.5$t
	②跑绳		6×37-26-155		安全系数 $K'=38.85/4.5=8.6>5$
2	③滑轮组滑车		H50×60		最大受力 $P_1=33$t$<$50t
	④滑轮组卡环		50t		最大受力 $P_d=37.5$t$<$50t
	⑤捆绑绳(每吊点捆绑2道,即4根)		6×37-39-155		安全系数 $K'=87.5×4/37.5=9.3>8$
	⑥导向滑车		H16×1KBG(L)		
3	缆风绳		6×37-26-155		安全系数 $K'=38.85/7.5=5.18>3.5$

水平拉力：

$$S_启 = K_启 Q_计 \left[(f_1 + f_2)/D + 1/n \right]$$
$$Q_计 = (Q + q) K_1 K_2$$

式中　Q——主梁质量，$Q = 77t$；

　　$Q_计$——计算载荷；

　　q——钢排质量，$q = 3t$；

　　$K_启$——启动系数，$K_启 = 2$；

　　K_1——动载系数，$K_1 = 1.1$；

　　K_2——不均匀系数，$K_2 = 1.1$；

　　D——滚杠直径，$D = 108mm$；

　　f_1——滚杠与枕木滚动摩擦因数，$f_1 = 0.1$；

　　f_2——滚杠与钢排的滚动摩擦因数，$f_2 = 0.05$；

　　$1/n$——运输途中假设的坡度，$1/n = 1/10$。

计算载荷：

$$Q_计 = (Q + q) K_1 K_2 = (77 + 3) \times 1.1 \times 1.1 = 96.8(t)$$

水平拉力：

$$S_启 = K_启 Q_计 \left[(f_1 + f_2)/D + 1/n \right] = 2 \times 96.8 \times [(0.1 + 0.05)/10.8 + 1/10] = 22.05(t)$$

选用 H32×4D 滑轮组，4 个导向滑轮。

跑绳拉力：

$$S_跑 = S_启 \alpha_1$$

式中　α_1——载荷系数，$\alpha_1 = 0.167$。

$$S_跑 = S_启 \alpha_1 = 22.05 \times 0.167 = 3.68(t)$$

选用 5t 卷扬机，跑绳规格为 6×37-170。

跑绳破断拉力：

$$P_破 = S_跑 K$$

式中　K——安全系数，$K = 5$。

$$P_破 = S_跑 K = 3.68 \times 5 = 18.4(t)$$

得钢绳直径 $\phi = 19.5mm \approx 3/4in$

3）导向滑轮计算

受力分析见图 16-9。

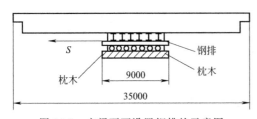

图 16-8　主梁下面设置钢排的示意图

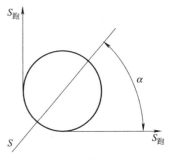

图 16-9　受力分析

S 为导向滑轮受力：

$$S=2S_{跑}\cos\alpha$$

式中 α——运输中导向滑轮受力方向与跑绳的最小夹角，$\alpha=45°$。

$$S=2S_{跑}\cos\alpha=2\times3.68\times0.707=5.2(t)$$

选用 H8×1KB 导向滑轮。

4）车间钢柱地脚螺栓强度校核

车间钢柱最大受力：

$$P_{\max}=S+S_{启}（在12^{\#}柱）=5.2+22.05=27.25(t)$$

因钢柱地脚螺栓是 6 个，所以按 3 个螺栓受剪切计算。

强度条件：

$$\tau=P_{\max}/3F\leqslant[\tau]$$

式中 $[\tau]$——许用剪应力，$[\tau]=900kgf/cm^2=90MPa$（Q235）；

F——面积，$F=\pi d^2/4$；

d——螺栓直径，$d=8cm$。

$\tau=P_{\max}/3F=4P_{\max}/(3\pi d^2)=4\times27250/(3\times3.14\times8^2)=181(kgf/cm^2)=18.1MPa$

$\tau<[\tau]$，安全

(6) 桥架吊装工艺

1）桅杆中心位置与基础（图 16-10）

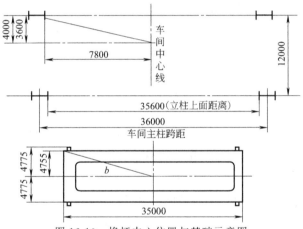

图 16-10 桅杆中心位置与基础示意图

① 桅杆中心位置计算　桅杆中心到钢柱上部内侧的距离 a：

$$a=\sqrt{3600^2+17800^2}=18160(mm)$$

桥架用临时端梁连接，其对角线的一半 b：

$$b=\sqrt{4775^2+17500^2}=18140(mm)$$

单侧回转间隙 ΔX：

$$\Delta X=a-b=18160-18140=20(mm)$$

② 240t 桅杆基础计算　吊装时桅杆对基础的总压力为 305.7t，取土壤的承压能力为 13t/m²。共需基础总面积 S：

$$S=305.7/13=23.5(m^2)$$

2）桥架及大车运行机构组装（总重 216.7t）

① 桥架就位。每榀主梁重约 77t（包括电机和变速箱）。主梁用枕木垫起，注意跑绳位

置，勿与枕木相撞，主梁底面垫起要高于±0.00，然后找正、找平。

② 组装临时端梁和平衡台车轮组。由于临时端梁一端是与主梁临时连接的，故连接板要在现场配作（520mm×690mm×12mm 四块）。连接孔不对时用铰刀扩孔，不允许气割。

③ 栏杆等安装。

3）吊点和吊具的选择

① 吊点位置　主吊点为 6 点，对称分布于两主梁中部。在主梁对称吊点捆绑滑轮组。

为使吊装时受力良好，在靠近小车行走轨道处开孔（300mm×500mm）。为使桥架起吊时纵向平衡上升，增设两吊点。

② 吊具选择

a. 吊具受力计算。

计算载荷 P。

$$P = K_1(Q+q)$$

式中　Q——桥架重，$Q=216.7\text{t}$；

　　　q——索吊具重，$q=8.3\text{t}$；

　　　K_1——动载系数，$K_1=1.1$。

$$P = K_1(Q+q) = 1.1 \times (216.7+8.3) = 247.5(\text{t})$$

滑轮组受力见图 16-11。

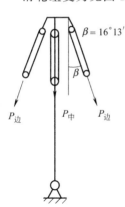

图 16-11　滑轮组受力分析

中间滑轮组受力 $P_中$：

$$P_中 = P/(n\cos\alpha)$$

式中　n——滑轮组数，$n=6$；

　　　α——滑轮组与垂线夹角，$\alpha=12°$。

$$P_中 = P/(n\cos\alpha) = 247.5/(6 \times 0.9781) = 42(\text{t})$$

两边每组滑轮组受力 $P_边$：

$$P_边 = P_中/\cos\beta$$

式中　β——中、边滑轮组之间夹角，$\beta=16°13'$。

$$P_边 = P_中/\cos\beta = 42/0.9605 = 44(\text{t})$$

每台主卷扬机牵引力 S 及出绳端拉力 S_1：

$$S = [(f-1)f^{n-1}f^T P_平]/(f^n-1)$$

式中　f——含油轴承系数，$f=1.05$；

　　　n——工作绳数，$n=15$；

　　　T——导向滑轮数，$T=3$；

　　　$P_平$——滑轮组平均受力。

$$P_平 = (2 \times 44 + 42)/2 = 65(\text{t})。$$

$$\begin{aligned}
S &= [(f-1)f^{n-1}f^T P_平]/(f^n-1)\\
&= [(1.05-1) \times 1.05^{15-1} \times 1.05^3 \times 65]/(1.05^{15}-1)\\
&= 6.3(\text{t})
\end{aligned}$$

$$S_1 = [(1.05-1) \times 1.05^{15-1} \times 1.05 \times 65]/(1.05^{15}-1) = 6(\text{t})$$

每个滑轮组上部捆绑绳受力 P_d：

$$P_d = \sqrt{P_边^2 + S_1^2 + 2P_边 S_1\cos\alpha} = \sqrt{44^2 + 6^2 + 2 \times 44 \times 6 \times 0.9781} = 50(\text{t})$$

主缆风绳拉力 T 见图 16-12。

当桅杆倾斜 $\theta=2°$ 时，缆风绳预拉力垂直分力之和为：

$$t=0.7T(n_0-2)\sin\phi$$

$$T=(P+G)\sin\theta/[\cos(\phi+\theta)-0.7(n_0-2)\sin\phi\sin\theta]$$

式中　P——计算荷重，$P=247.5t$；

　　　　G——桅杆自重，$G=25t$；

　　　　θ——桅杆倾角，$\theta=2°$；

　　　　n_0——缆风绳数，$n_0=8$；

　　　　ϕ——缆风绳与水平线夹角，$\phi=10°$。

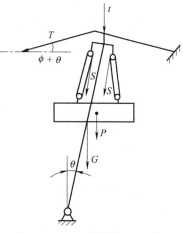

图 16-12　主缆风绳拉力分析

$$T=(P+G)\sin\theta/[\cos(\phi+\theta)-0.7(n_0-2)\sin\phi\sin\theta]$$
$$=(247.5+25)\times0.0349/[0.9781-0.7\times(8-2)\times$$
$$0.1736\times0.0349]=10(t)$$

若桅杆向南或向北倾斜：

$$T_1=0.38T=0.38\times10=3.8(t)$$

若桅杆向东或向西倾斜：

$$T_1=0.8T=0.8\times10=8(t)$$

缆风绳预拉力垂直分力之和 t：

$$t=0.7\times10\times(8-2)\times0.1736=7.3(t)$$

b. 主要机具规格选用。

• 跑绳和卷扬机选用：

主卷扬机牵引力 $S=6.3t$。

选 8t 卷扬机 6 台：主卷扬机 4 台，平衡卷扬机 2 台。

跑绳选用：取安全系数 $K=5$；破断拉力 $P_p=6.3\times5=31.5(t)$。

选钢绳规格为 6×37-26-155。

• 捆绑绳（或卡环）选用：

$P_d=50t$，取安全系数 $K=8$；破断拉力 $P_p=50\times8=400(t)$。

选钢绳规格为 6×37-39-155；其破断拉力为 72t。

用 6 股捆绑，其破断拉力 $P_p=6\times72=432(t)$。

• 缆风绳选用：

缆风绳拉力 $T'=8t$，取安全系数 $K=3$；破断拉力 $P_p=3.5\times8=28(t)$。

选钢丝绳规格为 6×37-26-155。

• 主吊滑车组选用：

$H50\times5D$ 10 个；$H50\times6D$ 2 个。

• 平衡滑车组选用：

$H50\times5D$ 4 个。

c. 起吊时对底座的总压力。

$$P_z=(P+G+t)\cos\theta+T\sin(\phi+\theta)+\sum S$$
$$=(247.5+25+7.3)\times0.9994+10\times0.2079+4\times6.3$$
$$=306.9(t)$$

4）240t 主桅杆的竖立（重约 25t）

① 240t 桅杆制作好后，经检查确认合格，才能使用。

② 桅杆基础施工，桅杆底座就位。

③ 将桅杆吊进桥架中间斜倒在端梁上。

④ 在桅杆顶部装平衡滑车，对称捆好。

⑤ 拴好缆风绳。

⑥ 用 50t 和 28t 吊车抬吊桅杆竖直于底座上，分别紧固缆风绳，受力应均匀。用吊线锤找中心。

⑦ 采用专用吊具，两个平衡梁、六个滑轮组稳固吊装在桅杆吊耳上。

5）吊点捆绑和卷扬机放好位置

6）桥架吊装

用 240t 桅杆使桥架慢慢提升，超出安装高度（+21.20m），即可旋转就位。

(7) 双桅杆抬吊小车

1）桥架分开

① 桥架和平衡台车轮组的平衡梁之间用钢板垫稳、临时焊牢。

② 由 4 台 5t 卷扬机牵引或用千斤顶把桥架分开，使主梁空间间距约 11m。注意两主梁与桅杆中心线的距离要相等。

③ 装上端梁，利用屋架节点挂好 3t 千斤顶或 3t 滑轮，用 5t 卷扬机牵引，组装端梁。

2）小车组装（重约 115.3t）

① 小车架铆接。

② 车架上钢排（准备运至吊装位置），然后在车架上按图纸要求组装各部件，按质量标准检查。

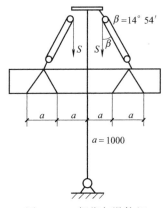

图 16-13 捆绑与滑轮组
连接示意图

③ 润滑油管安装。

3）150t 副桅杆位置和竖立（约 15t）

抬吊小车，继续使用已吊过桥架的 240t 桅杆和吊具再竖立一根 150t 桅杆。

竖立 150t 桅杆：利用桥架挂滑车，用卷扬机牵引，进行竖立。

4）吊点和吊具选择

① 吊点 采用 4 组滑轮组，如图 16-13 所示进行捆绑，捆绑点增加支承，由现场制作。焊接支承以及平台上开孔，应选择适当位置。

② 吊具选择

a. 计算载荷 P。

$$P = (Q+q)K$$

式中 Q——小车重，$Q = 115.3t$；

q——索吊具重，$q = 2.7t$；

K——动载系数，$K = 1.1$。

$$P = (Q+q)K = (115.3+2.7) \times 1.1 = 130(t)$$

每个滑车组受力 P_1：

$$P_1 = P/(n\cos\alpha\cos\beta)$$

式中 n——滑轮组数，$n = 4$；

α——滑车与垂线夹角，$\alpha = 4°18'$；

β——滑车与滑车夺吊夹角，$\beta=14°54'$。

$$P_1 = P/(n\cos\alpha\cos\beta) = 130/(4\times0.9972\times0.9664) = 34(\text{t})$$

每台卷扬机牵引力 S：

$$S = (f-1)f^{n-1}f^T P_1/(f^n-1)$$

式中 P_1——滑车受力，$P_1=34\text{t}$；

n——工作绳数，$n=9$；

T——定滑轮数，$T=3$；

f——含油轴承系数，$f=1.05$。

$$S = (f-1)f^{n-1}f^T P_1/(f^n-1)$$
$$= (1.05-1)\times1.05^{9-1}\times1.05^3\times34/(1.05^9-1) = 5(\text{t})$$

滑车出绳端拉力 S_1：

$$S_1 = (f-1)f^{n-1}fP_1/(f^n-1)$$
$$= (1.05-1)\times1.05^{9-1}\times1.05\times34/(1.05^9-1) = 4.5(\text{t})$$

捆绑绳受力 P_d：

$$P_d = \sqrt{P_1^2 + S_1^2 + 2P_1 S_1\cos\alpha}$$
$$= \sqrt{34^2 + 4.5^2 + 2\times34\times4.5\times0.9972} = 34.7(\text{t})$$

b. 计算主缆风绳受力 P_t。

主缆风绳受力分析见图 16-14。

取 30t 滑车的预紧力 $P_0=25\text{t}$。

$$\sum M = 0$$

$$P_1 = [2P_d(L'\sin\alpha + e\cos\alpha) - P_0 e]$$
$$/(L\cos\phi + e_1\sin\phi)$$
$$= [2\times38.5(29.5\times0.075 + 0.7\times$$
$$0.9972) - 20\times0.7]/(30\times0.9659$$
$$+0.6\times0.2588)$$
$$= 7.2(\text{t})$$

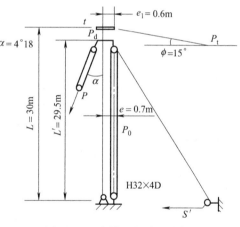

图 16-14   主缆风绳受力分析

式中 L——缆风绳系点到底座的距离，$L=30\text{m}$；

L'——吊点到底座的距离，$L'=29.5\text{mm}$；

e——吊耳中心到桅杆中心的距离，$e=0.7\text{m}$；

e_1——缆风绳系点到桅杆中心的距离，$e_1=0.6\text{m}$；

ϕ——缆风绳与水平线夹角，$\phi=15°$；

α——桅杆与滑轮组的夹角，$\alpha=4°18'$。

c. 选择吊具。

主桅杆仍用两组 H50×5D 的滑轮组，中间一组滑车的绳头卡死。另一侧吊耳的滑车固定于桅杆下部，或由一台卷扬机提供预紧力。

副桅杆挂两组 H50×5D 滑轮组，同时与主桅杆抬吊小车。另一侧吊耳可用 H30×4D 滑轮组锁于配重上进行平衡。

d. 选择捆绑绳。

$P_d = 38.5t$。取安全系数 $K = 8$，破断拉力 $P_破 = 38.5 \times 8 = 308$（t）。

选用钢绳 6×37-39-155，捆绑 5 股。

e. 小车吊装就位。

两片主梁分开一定距离，端梁中部用临时支承。待起吊小车超过轨道行走标高后，立即迅速合拢（除用卷扬机、导链外，还可以搬动运行机构的主电机），装好端梁中部的连接螺栓，小车就位。

5）拆除机、索具

① 采用专用吊具拆除 240t 桅杆顶部的所有吊具。

② 在小车上捆绑滑车组（30t，4 轮），先拆除 150t 桅杆，后拆除 240t 桅杆。

在桅杆 1/3 处捆绑吊点，底部用卷扬机牵引。吊点慢落，卷扬机慢牵，二者适当配合，安全拆除。

6）安装质量标准

① 桥架安装质量标准　桥架安装质量标准见表 16-8。

② 小车安装质量标准　小车安装质量标准见表 16-9。

表 16-8　桥架安装质量标准　　　　　　　　　　　　　　　　　　　　mm

序号	名　称	标准值	允许偏差
1	桥架跨距	$L_K = 34000$	±6
2	台车组主平衡轴距	$L = 7500$	6
3	轮轴对角线		5
4	小车轨距	$L_K = 6700$	±3
5	大车轮水平倾斜	$m = 80\%$	<0.8
6	同一端梁上车轮的同位差		3

表 16-9　小车安装质量标准　　　　　　　　　　　　　　　　　　　　mm

序号	名称	标准值	允许偏差
1	小车跨距	$L_K = 6700$	±3
2	小车轮轴对角线		3
3	小车轮轴距	$L' = 6480$	3
4	车轮水平倾斜	$m = 70\%$	<0.7
5	同侧车轮的同位差		2

(8) 吊装安全技术措施

① 确保 400t 行车施工安全，按时完成任务。牢固树立安全第一的思想，消除事故隐患，实行统一指挥，做到文明施工。

② 桥架和小车吊装过程中，采用红绿旗、哨子作为直接指挥的信号，为了保证高空与地面的联络，可使用对讲机、扩音器传话。

③ 所需机具均进行严格检查，加足润滑油，确认性能良好，符合要求，才能使用。严禁超负荷使用。

④ 通过试吊，全面检查施工方案的合理性、准备工作的完善性、机具设备的可靠性。实行统一指挥，进行演习和考核，全体参加人员要精力集中，不可大意。当起吊至 300～500mm 时，停机稳定，检查各受力点是否可靠，并作反复升降。桅杆铅垂度用吊线锤的方法检查，收紧缆风绳，调整桅杆的铅垂度不超过 100mm。

⑤ 通过试吊并对存在的问题进行处理，确认万无一失，才能正式起吊。在吊装过程中，如发现桥架起升不平衡，应立即进行纠正，使其平衡，严禁任何人在下面通过。

⑥ 严格执行各种操作规程，在吊装区域做明显的标志，未经许可，不得进入。

⑦ 严防钢丝绳由于电焊时造成碰电损伤。

⑧ 吊装临时供电用专线时，确保容量与电压符合要求。各电动卷扬机必须接地，防止漏电。

⑨ 参加此工程的施工人员，应严格遵章守纪。施工现场必须正确佩戴安全帽，高空作业拴挂好安全带。严禁酒后作业。

⑩ 主卷扬机开始起吊前，滚筒上应有10圈的跑绳。

（9）工程施工综合计划

1）施工进度及劳动力计划

施工进度及劳动力计划见表16-10。

2）主要机具用量计划

主要机具用量计划见表16-11。

（10）调试、验收交工

1）空运转

① 电气设备全部具备调试条件，按说明书要求，各加油部件按量加足。

② 400t和80t吊钩组按图穿钩。

③ 各限位实验是否灵敏可靠。

④ 调整制动器，各机构运转前先试电机，灵活可靠方可开机。

⑤ 各机构做一次往返、全行程空动作。

2）静负荷实验

① 第一步：定额负荷400t，吊线锤测量下降挠度≤$L/700$，即≤48mm。

② 第二步：1.25倍定额负荷500t，停悬10min，用吊线锤测量主梁下挠度无永久变形。

3）动负荷实验

1.1倍额定负荷，各机构运行时间总计不少于15min，检查项目要求，根据有关规定进行。

16.2.2 大型油压机搬迁吊装施工方案

（1）工程概况

1）编制说明

① 受某公司委托将进行500t、550t、750t油压机的拆卸、运输、吊（安）装工作。为了准点、安全、优质地完成施工任务，根据提供的油压机设备的基本规格数据，结合对施工现场的勘察情况，编制本施工方案。

② 本施工方案在编制过程中，本着"安全、优质、环保、科学、实用"的原则，阐述施工单位对该工程保证质量的施工方法，并力争做到内容全面、措施合理、目标明确，使之能够很好地指导施工。

2）施工范围

500t、550t、750t油压机的拆卸吊装、装车封车、运输到新建车间现场、吊（安）装就位，配合调整找正。

表 16-10　施工进度及劳动力计划

序号	施工项目	施工进度/天 4 8 12 16 20 24 28 32 36 40 44 48 52 56 60 64 68 72 76 80 84	说　明
1	工机具进场和施工准备	———	拆除障碍物,道路碾压,钢排加工等
2	设备出库	———	
3	桥架组装	———	主梁就位,机构清洗,大车轮梅杆安装
4	安装200t梅杆	———	组装捆扎,装机具,缆风绳,卷扬机
5	桥架吊装	—	试装机具,缆风绳,拆除捆扎绳
6	小车组装	—	小车架焊接,行走,捆扎,起升机构安装
7	安装150t梅杆运吊小车	—	装端梁,组装,捆扎,试吊,合拢,安装吊具卷扬机
8	双梅杆抬吊小车	—	桥架分开,合拢,试吊,处理问题
9	操作室安装收尾		
10	全部拆除机具		
11	电气工程安装调试	———	80t/400t吊钩组装
12	试车验收交工		

劳动力安排

工种	工日						
起重工	3076工日	起重工40	起重工45	起重工45	起重工45	起重工20	起重工6
钳工	1488工日	钳工20	钳工20	钳工20	钳工20	钳工20	钳工8
焊工	272工日	焊工4	焊工4	焊工4	焊工4	焊工4	焊工4
电工	728工日	电工3	电工10	电工10	电工10	电工10	电工10	电工24
合计	5564工日	合计67	合计79	合计79	合计79	合计79	合计24

机具使用台班

机具	台班						
汽车吊 65t	36台班	1台	1台	1台	1台		
履带吊 28t	52台班		1台	1台	1台		
履带吊 50t	52台班	1台	1台	1台	1台		
叉车 1t	68台班	1台	1台	6台	6台	1台	
卷扬机 8t	216台班	1台	6台	4台	2台		
卷扬机 5t	96台班	2台	2台	2台	2台		
直流电焊机	104台班						

主要施工机具
汽车吊65t 36台班
履带吊28t 52台班
履带吊50t 52台班
叉车1t 68台班
卷扬机8t216台班
卷扬机5t 96台班
拖车40t 30台班
拖车15t 30台班

表 16-11　主要机具用量计划

编号	名　称	规格型号	单位	数量	备注
1	桅杆	240t/32m	根	1	
2	桅杆	150t/32m	根	1	
3	卷扬机	8t	台	6	
4	卷扬机	5t	台	4	
5	滑车组	H50×5D	个	14	
6	滑车组	H50×6D	个	2	
7	滑车组	H32×4D	个	4	
8	单轮开口滑子	H16×1KBG	个	12	
9	单轮开口滑子	H10×1KBG	个	4	
10	单轮开口滑子	H5×1KBG	个	4	
11	单轮开口滑子	H3×1KBG	个	8	
12	卡环	50t	个	15	
13	卡环	30t	个	4	
14	卡环	20t	个	20	
15	卡环	10t	个	20	
16	卡环	8t	个	20	
17	卡环	5t	个	30	
18	卡环	3t	个	20	
19	卡环	2t	个	15	
20	卡环	1t	个	15	
21	绳卡	ϕ1in(1in=0.0254m)(Y8-25) ϕ1/2in(Y3-10)	个	100	
22	绳卡	ϕ5/8in(Y5-15)	个	100	
23	绳卡	ϕ1/2in(Y4-12)	个	150	
24	绳卡	ϕ3/8in(Y3-10)	个	300	
25	棕绳	ϕ1in	kg	100	
26	棕绳	ϕ3/4in	kg	50	
27	棕绳	ϕ1/2in	kg	50	
28	螺旋千斤顶	50t	个	4	
29	螺旋千斤顶	30t	个	4	
30	螺旋千斤顶	5t	个	2	
31	螺旋千斤顶	3t	个	2	
32	测力磅	10t	台	2	
33	叉车	1.5t	台	1	
34	枕木	2500mm×250mm×200mm	根	500	
35	链式起重机	5t	个	9	
36	链式起重机	3t	个	4	
37	钢丝绳	6×37-37.5-170	m	500	
38	钢丝绳	6×37-32.5-170	m	300	
39	钢丝绳	6×37-26-170	m	3500	
40	钢丝绳	6×37-15.5-170	m	1000	
41	钢丝绳	6×37-13-170	m	1000	
42	钢丝绳	6×37-11-170	m	1000	

3）主要施工的工作特点

① 所安装的油压机为整体式油压机，其规格较大，运输超限。

② 搬迁运输及安装车间现场空间小，房顶低，施工作业比较困难。

③ 500t、550t 油压机的安装基础在车间中部，大型吊车无法进入吊装，需考虑设置工具安装。

(2) 编制依据及施工执行标准

① 油压机设备的基本规格数据。

② 对施工现场的勘察。

③ 施工单位多年来成功完成制造、运输、吊装、安装的施工经验。

④《起重机械安全规程》(GB 6067)。

⑤ 施工用大型汽车吊性能表。

⑥《大型设备吊装工程施工工艺标准》(SH/T 3515)。

(3) 工程实物量

500t 油压机一台，550t 油压机一台，750t 油压机两台（设备、部件的具体规格尺寸、质量有厂家提供的图纸资料）。

500t 油压机（主体）单体最重件重 45t。

550t 油压机（主体）单体最重件重 57t。

750t 油压机（主体）单体最重件重 68t。

(4) 主要施工方案

1) 施工准备

① 施工方案的编制及技术交底。施工前要了解整个施工组织计划及安全技术质量的要求，编制审核切实可行的施工方案、措施，并对参与施工的人员现场进行技术方案交底，明确整个施工过程程序步骤及施工工艺，明确每个作业人员的岗位和责任。

② 施工组织。根据方案要求，组织好具备特种作业上岗资格、责任心强的作业人员和管理人员。

③ 积极与业主联系，贯彻落实施工过程计划，并按计划完成施工。

④ 落实施工所用设备、材料、机索、工具等和施工用吊车，按要求组织到位，并且要保证其使用性能良好。

⑤ 根据现场实际情况做好安全保护措施。

2) 主要施工方案

根据施工技术人员对 500t、550t、750t 油压机设备的基本规格数据的理解，结合对施工现场的勘察了解，编制其拆卸、运输、吊（安）装方案。

① 油压机设备部件的拆卸

a. 拆卸前准备工作。拆卸前与厂家及设备安装调试专家共同制定油压机设备部件的拆卸安装顺序。提前准备好设备上油管、电缆、电线的拆卸标识，以便设备到新机位后，能够正确组装。拆卸前与厂家人员共同准备好油压机设备部件分装箱等工作。

b. 部件拆卸。按照拆卸顺序进行施工，所有零、部件拆卸及分装到箱时必须检查确认做好其标识。拆卸下的零、部件要放在不影响现场施工及厂家作业的安全区域，若放在室外则必须做好防尘及防雨工作。零、部件拆除选用 30t 以下汽车吊吊卸。

② 500t 油压机吊卸方案及性能校核　选用 250t 履带吊（主吊用）和 50t 汽车吊（溜尾吊用）进行油压机吊卸装车就位工作。500t 油压机安装基础中心距主吊吊车的距离即作业半径为 20m。

a. 吊装工程　确认 500t 油压机的外形规格尺寸及重量，250t 履带吊进入现场，组装好停在站位 1 位置。吊车系挂好（主吊）吊装千斤绳，将 500t 油压机卸下吊出车间。检查确认油压机状况。系挂好 50t 吊车（辅助溜尾吊）的吊装千斤绳，然后两吊车抬吊将 500t 油压机吊起旋转 90°平放在运输拖车上（设备装车时要检查确认拖车上安放设备的底排托架完好）。

b. 吊装性能校核　主吊吊车停在站位 1 位置，作业半径控制为 20m。进行此设备主体的拆卸吊装工作。吊装性能参数为作业半径 20m。杆长 36m 的工况允许吊装 58t，大于 500t 油压机设备质量 45t，安全可行。

③ 550t 油压机吊卸方案及性能校核　550t 油压机安装基础中心距主吊吊车的距离即作业半径为 28m。

a. 方案一。

•吊装过程。确认 550t 油压机的外形规格尺寸及重量，卸除油压机固定螺栓，将油压机用千斤顶平稳顶起，在设备与基础面布设平移胎具，将 550t 油压机平移到 500t 油压机基础位。250t 履带吊车停在站位 1 位置，吊车系挂好（主吊）吊装千斤绳，将 550t 油压机卸下吊出车间。检查确认油压机状况。系挂好 50t 吊车（辅助溜尾吊）的吊装千斤绳，然后两吊车抬吊将 550t 油压机吊起旋转 90°平放在运输拖车上（设备装车时要检查确认拖车上安放设备的底排托架完好）。

•吊装性能校核。主吊吊车停在站位 1 位置，作业半径控制为 20m。进行此设备主体的拆卸吊装工作。吊装性能参数为作业半径 20m。杆长 36m 的工况允许吊装 58t，安全可行。

b. 方案二。采用框架桅杆吊起放平油压机，自制拖排，然后将油压机拖出，再用 250t 履带吊将 550t 油压机平吊装车。

④ 750t 油压机吊卸方案及性能校核　750t 油压机安装基础中心距主吊吊车的距离即作业半径为 13m。

a. 吊装工程。确认 750t 油压机的外形规格尺寸及重量，250t 履带吊进入现场，组装好停在站位 2 位置。吊车系挂好（主吊）的吊装千斤绳，将 750t 油压机卸下吊出车间。检查确认油压机状况。系挂好 50t 吊车（辅助溜尾吊）的吊装千斤绳，然后两吊车抬吊将 750t 油压机吊起旋转 90°平放在运输拖车上（设备装车时要检查确认拖车上安放设备的底排托架完好）。

b. 吊装性能校核。主吊吊车停在站位 2 位置，作业半径控制为 13m。进行此设备主体的拆卸吊装工作。吊装性能参数为作业半径 14m。杆长 36m 的工况允许吊装 97t，大于 750t 油压机设备质量 68t，安全可行。

3）油压机主体设备的运输

装车前，将运输平板拖车驶入装车位，检查全部轮胎气压、管路、螺栓、电路和手柄等，润滑各个润滑点，进行车辆调试。

设备装车前要在拖车上布置好安放设备的底排托架，油压机重心在装车时要与平板车的中轴线重合。油压机起吊要求缓慢稳步地将设备平稳地装在拖车板所设计的位置。封车后吊带或钢索及 3～5t 手拉葫芦封锁紧，每侧封 2～3 道，封车与设备面有接触的部位间要垫胶皮等物，以防拉伤设备。

运输高度一般控制在 4.5m 以内，尽可能地降低运输高度。车辆行驶速度要控制在 10km/h 以内。

4）油压机主体设备安装

① 500t、550t 油压机吊（安）装。500t、550t 油压机安装基础在新建车间中部，大型吊车无法驶入吊装作业，需设立框架桅杆式结构，布置卷扬起吊机构进行吊（安）装就位工

作。根据现场尺寸按框架桅杆吊装机构示意图制作框架桅杆式结构。

由 25t 吊车配合现场组装框架桅杆结构，布置卷扬起吊机构和揽风绳。油压机运输到车间内基础旁边，由桅杆吊油压机上吊耳，两台 30t 吊车吊油压机下吊耳，将油压机吊起卸车，拖车驶离现场。通过桅杆吊油压机上吊耳（主吊），两台 30t 吊车吊油压机下吊耳（溜吊），将油压机旋转 90°就位在基础上。

配合厂家技术人员调整油压机的安装水平，直到达到技术规范。拆除桅杆吊及其机、索具，使 25t 吊车进入吊装油压机配件。

② 750t 油压机吊装。选用 250t 履带吊（主吊）和 50t 汽车吊（溜尾吊用）进行油压机吊卸装车就位工作。吊装技术要求与拆卸相同。

5）计划施工过程

施工前准备→框架桅杆式结构制作→布置卷扬起吊机构→油压机拆卸→吊车及拖车进场→500t 油压机拆除吊装→500t 油压机运输到位→550t 油压机拆除吊卸→550t 油压机运输到位→750t 油压机拆除吊卸→750t 油压机运输到位→油压机吊装到位→安装找正→检验验收→吊车、桅杆拆卸→机、索具清理退场。

(5) 技术质量管理及保证措施

① 施工前，对所有施工人员进行技术质量交底，明确整个施工过程中的各个步骤，明确每个施工人员所承担的责任。

② 施工过程中应严格遵守工艺规范，严格按施工技术方案的要求进行，严格执行质量控制程序。

③ 对每道施工工序，必须进行质量自检，主要工序进行复检。

④ 对于隐蔽工程，对其质量控制点在隐蔽前要及时向甲方汇报，待甲方确认后方可进行下道工序。

⑤ 执行企业的奖惩办法，采取有效教育措施，强化全体施工人员的质量意识。

(6) 安全管理保证措施

1）安全管理目标

① 确保无任何施工安全事故。

② 现场文明施工标准化。

2）安全保证措施

① 为规范施工现场的安全管理，确保拆卸、运输、吊装、安装的顺利进行，保障施工人员安全，保障施工设备的正常使用，要求参加施工的全体员工，执行国家的有关安全要求和规定，执行甲方的有关工种、岗位的安全技术操作规程。

② 认真贯彻安全管理制度，在施工中切实贯彻预防为主的指导思想，落实安全责任制，对施工班组和个人实行安全评分制，并与经济利益挂钩。

③ 在施工前向施工人员进行施工方案及安全措施交底，并做好交底记录。

④ 加强安全信息反馈，及时掌握安全措施环节，定期进行安全教育和安全检查，实现安全施工全过程的安全控制。

⑤ 现场所用施工设备和起重机具应符合有关规范、标准的规定。

⑥ 对使用的机具、索具、现场吊点、锚点等在使用前必须进行质量检查，并符合安全规定要求。

⑦ 设备安装、吊装须在 5 级风以下才能作业，大雨、大雪、雷电、大雾或能见度低均

不允许吊装作业。

⑧ 施工过程中，吊车站位应准确，不允许超负荷作业，吊车支腿要垫平支稳。

⑨ 进入施工现场必须戴好安全帽，高空作业系好安全带。每天进行班前安全讲话，对当天的施工任务要指出安全重点，并做好防范措施。

⑩ 设备安装、吊装前，要组织进行联合检查。发现问题及时整改，确认无问题后，下令进行施工。文明施工，做到"工完、料净、场地清"。

16.3 大型设备吊装安全技术管理

16.3.1 吊装工程安全技术要点

(1) 吊装工程安全技术一般规定

① 吊装前要编好吊装方案或制定施工措施，明确起重吊装安全技术要点和保证施工安全技术措施。

② 参加吊装人员应体检合格。在吊装前应进行安全技术教育和安全技术交底。

③ 吊装前应对所有设备、索具、夹具、卡环等进行仔细检查或实验，发现问题及时解决。

(2) 防止高空坠落

① 吊装人员应戴安全帽，高空作业人员应佩戴安全带，穿防滑鞋，带工具袋。

② 吊装工作区应有明显的安全标志，并设专人警戒，与吊装无关人员严禁入内。起重机工作时，起重臂杆半径范围内严禁站人或通过。

③ 登高用的梯子、临时操作台应绑扎牢靠；梯子与地面夹角以 $60°\sim70°$ 为宜，操作台跳板应铺平绑扎，严禁出现挑头板。

(3) 防止物体滑落或物体打击

① 从高空往地面运输货物时，应用绳捆好吊下。吊装时不得在构件上堆放或悬挂零星物件。不得随意抛掷物体、工具，以免滑脱伤人或发生意外事故。

② 构件必须捆扎牢固，起吊点必须通过构件重心位置，吊升应平稳，避免振动和摆动。

③ 起吊时速度不宜过快。不得在高空停留过久，严禁猛升猛降。

④ 构件就位后临时固定前，不得松钩、解开吊装索具。构件固定后应检查连接牢固和稳定情况，当连接确定安全可靠时，才可拆除临时固定工具和进行下一步吊装。

⑤ 风雪天、雾霾天、雨天吊装应停止作业，夜间应有足够的照明。

(4) 防止起重机倾翻

① 起重机行驶的道路必须平整、坚实、可靠，停放地点必须平坦。

② 起重机不得停放在斜坡道上作业，不允许起重机两条履带或支腿停留部位一高一低或土质一软一硬。

③ 起重机应尽量避免满负荷行驶；在满负荷或接近满负荷时，严禁同时进行提升与回转作业，以免引起翻车事故。

④ 吊装时应有专人负责统一指挥，指挥信号应统一、准确。

⑤ 风力大于或等于 6 级时，严禁在室外吊装作业。

（5）起重机停止工作时需注意的事项

起重机停止工作时，应刹住回转和行走机构，锁好司机室门。吊钩上不得悬挂构件，并应升至高处，以免摆动伤人和造成吊车失稳。

（6）防止吊装结构失稳

① 构件吊装应按规定的吊装工艺和程序进行，未经计算和采取可靠的技术措施，不得随意改变或颠倒工艺程序安装结构构件。

② 构件吊装就位，应经初步找正并临时固定或连接可靠后才卸钩，最后固定后方可拆除临时固定工具。

③ 构件固定后不得随意撬动或移动位置，如需重新校核时必须回钩。

（7）预防触电

① 吊装现场应有专人负责安装、维护和管理用电线路及设备。

② 构件运输、起重机在电线下进行作业或在电线旁行驶时，构件或吊杆最高点与电线之间水平和垂直距离应符合安全用电的有关规定。

③ 使用塔式起重机或长吊杆的其他类型起重机及钢井架，应有避雷防触电设备，各种用电机械必须具有良好的接地和接零保护，接地电阻不应大于 4Ω，并定期进行接地电阻检测。

16.3.2 起重伤害事故分析及对策

（1）事故类型及原因

1）挤压碰撞

挤压碰撞是指作业人员被运行中的起重机械或吊物挤压碰撞而发生伤亡。

起重机械作业中的挤压碰撞主要有四种情况：

① 吊物（具）在起重机械运行过程中挤压碰撞伤人。其原因有：一是司机操作不当，运行中机构变化过快，使吊物产生巨大的惯性；二是指挥有误，吊运线路不合理，致使吊物（具）在剧烈摆动中挤压碰撞伤人。

② 吊物（具）摆放不稳发生倾倒碰砸伤人。其原因有：一是吊物（具）旋转方式不当，对重大吊物（具）旋转不稳，没有采取必要的安全防护措施；二是吊运作业现场管理不善，致使吊物（具）突然倾倒碰砸伤人。

③ 在指挥和检查流动式起重机作业中被挤压碰撞，即作为指挥人员在起重机械运行机构与回转机构之间，受到运行（回转）中起重机械的挤压碰撞。其原因有：一是指挥作业人员站位不当（如站在回转臂架与机体之间）；二是检修作业中没有采取必要的安全防护措施，致使司机在贸然启动起重机械（回转）时挤压碰撞伤人。

④ 在巡检或维修桥式起重机作业中被挤压碰撞，即作业人员在起重机械与建（构）筑物之间（如站在桥式起重机大车运行轨道上或站在巡检人员通道上），受到运行中的起重机械的挤压碰撞。其原因有：一是巡检人员或维修人员与司机缺乏相互联系；二是检修作业中没有采取必要的安全防护措施（如将起重机固定在大车运行区间的装置），致使司机在贸然启动起重机时挤压碰撞伤人。

2）触电（电击）

触电（电击）是指起重机械作业中作业人员触及带电体而发生触电（电击）。

起重机械作业中作业人员触电（电击）主要有四种情况：

① 司机碰触滑触线。其原因有：一是司机室设置不当，一般不宜设置与滑触线同侧；二是起重机在靠近滑触线端侧没有设置防护板（网），致使司机触电（电击）。

② 起重机械在露天作业时触及高压输电线，即露天作业的流动式起重机在高压输电线下或塔式起重机在高压输电线旁侧，在伸臂、变幅和回转过程中触及高压输电线，使起重机械带电，致使作业人员触电（电击）。

③ 电气设施漏电。其原因有：一是起重机械电气设施维修不及时，发生漏电；二是司机没有设置安全绝缘垫板，致使司机因设施漏电而触电（电击）。

④ 起升钢丝绳触碰滑触线，即由于歪拉斜吊或吊运过程中吊物（具）剧烈摆动时起升钢丝绳碰触滑触线，致使作业人员触电。其原因有：一是吊法不当，歪拉斜吊违反安全规程；二是起重机械靠近触线端侧没有设置滑触线防护板，致使起升钢丝绳碰触滑触线而带电，导致作业人员触电（电击）。

3）高处坠落

高处坠落是指起重机械作业人员从起重机械上坠落，主要发生在起重机械安装、维修过程中。

起重机械作业中作业人员发生高处坠落主要有三种情况：

① 检修吊笼坠落。其原因有：一是检修吊笼设计结构不合理（如防护栏杆高度不够，材质选用不符合规定要求，设计强度不够等）；二是检修作业人员操作不当；三是检修作业人员没有采取必要的安全防护措施（如系安全带），致使检修吊笼作业人员坠落。

② 跨越起重机时坠落。其原因有：一是检修作业人员没有采取必要的安全防护措施（如系安全带、挂安全绳、架安全网等）；二是作业人员麻痹大意，违章作业，致使发生高处坠落。

③ 安装或拆卸可升降塔身（节）式塔式起重机作业中，塔身（节）连同作业人员坠落。其原因有：一是塔身（节）设计不合理（拆装固定结构存有隐患）；二是拆装方法不当，作业人员与指挥配合有误，致使塔身（节）连同作业人员一起坠落。

4）吊物（具）坠落砸人

吊物（具）坠落砸人是指吊物或吊具从高处坠落砸向作业人员与其他人员。其危险性极大，后果十分严重，往往导致人身伤亡。

吊物（具）坠落砸人有四种情况：

① 捆绑吊挂方法不当。其原因有：一是捆绑钢丝绳间夹角过大，无平衡梁，捆绑钢丝绳拉断，致使吊物坠落砸人；二是吊运带棱角的吊物未加防护板，捆绑钢丝绳被磕断，致使吊物坠落砸人。

② 吊索具有缺陷。其原因有：一是起升机构钢丝绳折断，致使吊物（具）坠落砸人；二是吊钩有缺陷（如吊钩变形、吊钩材质不合要求折断、吊钩组件松脱等），致使吊物（具）坠落砸人。

③超负荷。其原因有：一是作业人员对吊物的重量不清楚（如吊物部分埋在地下、冻结于地面上，地脚螺栓未松开等）盲目起吊，发生超负荷拉断索具，致使吊索坠落（甩动）砸人；二是歪拉斜吊发生超负荷而拉断吊索具，致使吊索或吊物坠落砸人。

④ 过（超）卷扬。其原因有：一是没有安装上升极限位置限制器或限制器失灵，致使吊钩继续上升直到卷（拉）断起升钢丝绳，导致吊物（具）坠落砸人；二是起升机构主接触器失灵（如主触头熔接、因机构故障或电磁铁的铁芯剩磁过大使主触头释放迟缓）、不能及

时切断起升直到卷（拉）断起升钢丝绳，导致吊物（具）坠落砸人。

5）机体倾翻

① 机体倾翻是指起重机械作业中整台起重机倾翻，通常情况是从事露天作业的流动式起重机和塔式起重机被大风刮倒。其原因有：一是露天作业的起重机夹轨器失效；二是露天作业的起重机没有防风锚定装置或防锚定装置不可靠，当大（台）风刮来时，致使起重机被刮倒。

② 履带式起重机倾翻。其原因有：一是吊运作业现场不符合要求（如地面地基松软，有斜坡、坑、沟等）；二是操作方法不当，指挥作业失误，致使机体倾翻。

③ 汽车式、轮胎式起重机倾翻。其原因有：一是吊运作业现场不符合要求（如地面地基松软，有斜坡、坑、沟等）；二是支腿架设不符合要求（如支腿垫板尺寸太小、高度过高、材质腐朽等）；三是操作不当、超负荷，致使机体倾翻。

（2）事故特点

① 发生在起重机械安装、维修作业中的伤害事故多。

② 起重伤害事故比较集中。

③ 管理不善造成的伤害事故多。

④ 桥式、流动式起重机伤害事故多。

（3）对策措施

① 建立或完善安全制度。

② 加强培训教育。

③ 实行系统安全管理。

④ 强化安全监察力度。

⑤ 起重吊装安全检查。

⑥ 起重吊装机械操作安全交底。

16.3.3 建设工程施工现场安全应急预案

（1）目的与任务

根据建设工程的特点，工地现场可能发生的事故类别有坍塌、火灾、中毒、爆炸、物体打击、高空坠落、车辆伤害、机械伤害、触电等，应急预案的人力、物资、技术准备主要针对这几类事故。

应急预案应立足于安全事故的救援，立足于工程项目自援自救，立足于工程所在地政府和当地社会资源的救援。

（2）应急组织

成立各级应急组织，应急领导小组，现场抢救组，医疗救治组，后勤服务组，保安组。明确各个组的职责，各负其责，协作配合，力争把事故损失减少到最小。

（3）救援器材

① 医疗器材：担架、氧气袋、塑料袋、小药箱。

② 抢救工具：一般工地常备工具，即基本满足使用。

③ 照明器材：手电筒、应急灯 36V 以下安全线路、灯具。

④ 通信器材：电话、手机、对讲机、报警器。

⑤ 交通工具：工地常备一值班车辆，以做应急处理。

⑥ 灭火器材：灭火器等。

(4) 应急知识培训

应急小组成员在项目安全教育时必须同时接受应急救援培训。

培训内容：伤员急救常识、灭火器材使用知识、各类重大事故抢救常识等。务必使应急小组成员在发生重大事故时能熟练履行抢救职责。

(5) 通信联络

项目部必须将110、120、119、项目部应急领导小组成员的手机号码、企业应急领导组织成员手机号码、当地安全监督部门电话号码，明示于工地显要位置。工地抢险指挥及保安应熟知这些号码。

(6) 事故报告

工地发生安全事故后，企业、项目部除立即组织抢救伤员，采取有效措施防止事故扩大和保护事故现场，做好善后工作外，还应按下面规定报告有关部门。

轻伤事故：应由项目部在24h内报告企业领导、生产办公室和企业工会。

重伤事故：企业应在接到项目部报告24h内报告上级主管单位、安全生产监督管理局和工会组织。

重伤3人以上或死亡1～2人的事故：企业应在接到项目部报告4h内报告上级主管单位、安全生产监督管理局和工会组织和人民检察机关，填报《事故快报表》；企业工程部负责安全生产的领导接到项目部报告后应以最快速度到达现场。

急性中毒、中毒事故：应同时报告当地卫生部门。

易爆物品爆炸和火灾事故：应同时报告当地公安部门。

参 考 文 献

［1］ 华玉洁. 起重机械与吊装. 北京：化学工业出版社，2006.

［2］ 罗顶瑞，朱兆华. 大型吊装组织设计与方案实例分析，北京：化学工业版社，2008.

［3］ 何焯. 设备起重吊装工程便携手册. 2版，北京：机械工业出版社，2005.

［4］ 杨文渊. 起重吊装常用数据手册. 北京：人民交通出版社，2001.

［5］ 刘爱国，安振木，陈剑锋，翟让. 起重机械安装与维修实用技术. 郑州：河南科学技术出版社，2003.

［6］ 张青. 工程起重机结构与设计. 北京：化学工业出版社，2008.